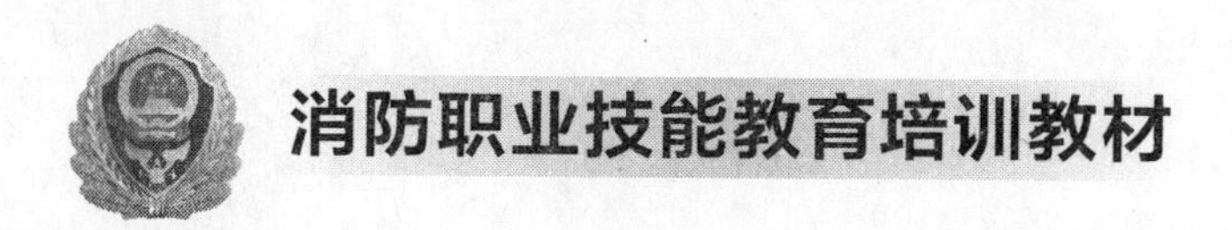

计算机应用基础

主　编　张媛媛　许才敬
参　编　王　祥　石　松　刘加奇

南京大学出版社

图书在版编目(CIP)数据

计算机应用基础/张媛媛,许才敬主编. —南京:
南京大学出版社,2018.12
ISBN 978-7-305-20696-2

Ⅰ.①计… Ⅱ.①张…②许… Ⅲ.①电子计算机-
高等学校-教材 Ⅳ.①TP3

中国版本图书馆 CIP 数据核字(2018)第 176490 号

出版发行 南京大学出版社
社　　址 南京市汉口路 22 号　　邮　编 210093
出 版 人 金鑫荣

书　　名 计算机应用基础
主　　编 张媛媛 许才敬
责任编辑 吕家慧 蔡文彬　　编辑热线 025-83597482

照　　排 南京理工大学资产经营有限公司
印　　刷 南京京新印刷有限公司
开　　本 787×1092 1/16 印张 20.25 字数 480 千
版　　次 2018 年 12 月第 1 版 2018 年 12 月第 1 次印刷
ISBN 978-7-305-20696-2
定　　价 44.00 元

网　　址:http://www.njupco.com
官方微博:http://weibo.com/njupco
微信服务号:njuyuexue
销售咨询热线:(025)83594756

消防职业技能教育培训教材
编委会

前 言

随着我国经济社会快速发展，各种传统与非传统安全威胁相互交织，公共安全形势日益严峻，而消防救援队伍作为国家综合性常备应急骨干力量，应急救援任务日趋繁重。面对火灾、爆炸、地震和群众遇险等需要应急救援的突发状况，如何提高消防员火灾扑救和应急救援能力，提升消防救援队伍战斗力，促进人才队伍建设，是当前迫切需要解决的问题，也是我们编写本套教材的初衷和目的。

本套教材紧盯新时期消防救援队伍训练实战化需求，遵循职业教育规律和特点，总结了灭火救援、执勤训练和教育培训经验，同时吸收了消防技术新理论、新成果和先进理念。教材编写注重实用、讲求实效，不追求内容的理论深度，而讲求知识的实用性和技能的可操作性，紧密结合灭火救援实战，将相关的知识和技能加以归纳、提炼，使读者既可以系统学习，也可以随用随查，以便于广大消防从业人员查阅、使用，不断提高消防职业技能水平。

本教材由张媛媛、许才敬任主编。参加编写的人员有：石松（第一章），王祥（第二、四章），许才敬（第三、五章），刘加奇（第六、八章），张媛媛（第七、九章）。

本教材在编写过程中，得到了应急管理部消防救援局和兄弟单位关心和支持，在此一并表示感谢。

由于编写人员水平有限，难免出现错误和不足之处，敬请读者批评指正。

消防职业技能教育培训教材编委会

二〇一八年十二月十六日

目 录

MU LU

上篇 计算机基础

下篇　计算机应用

上篇

第一章 计算机基础知识

DI YI ZHANG

数字计算机的发明是20世纪人类文明最伟大的成就之一。经过半个多世纪的发展,计算机与信息处理技术已形成强大的产业,计算机的应用深入各行各业,计算机知识与技能已成为从业人员必修的基础文化课程之一。

第一节 计算机构成

一、计算机的基本构成

计算机的基本结构包括五大部分:运算器、存储器、控制器、输入设备和输出设备,如图1-1-1所示。

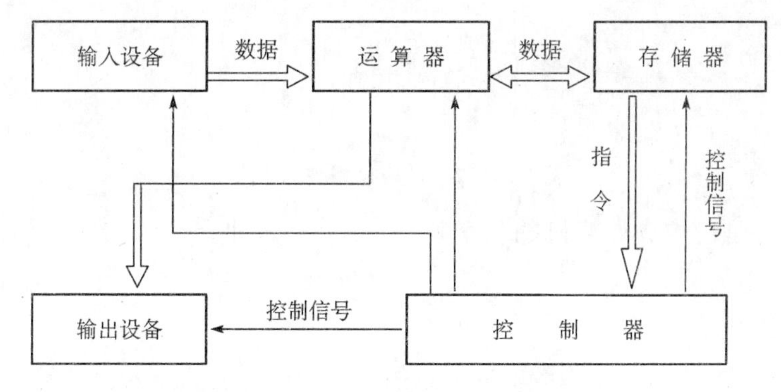

图1-1-1 计算机的基本结构

计算机基本结构框图在计算机中基本上有两股信息在流动。一股是数据,即各种原始数据、中间结果、程序等。这里的数据不只是简单的数字,还包括各种符号、文字及图表等。这些都要由输入设备输入至运算器,再存于存储器中。在运算处理过程中,数据从存储器读入运算器进行运算,运算的中间结果再存入存储器中,或最后由运算器经输出设备输出。人给计算机的各种命令(即事先编好的程序),也是以数据的形式由存储器送入控制器,由控制器经过译码后,变为各种控制信号,所以另一股即为控制命令。由控制器控制输入装置的启动或停止，控制运算器按规定一批批地进行各种运算和处理，控制存储器的读或写，控制输出设备输出结果等。在实际生产制造时，往往把运算器和控制器合在一起，称为中央处理器CPU(Central Processing Unit)，可见CPU是计算机的核心部件。

计算机系统是由硬件和软件两大部分组成的，如图1-1-2所示。

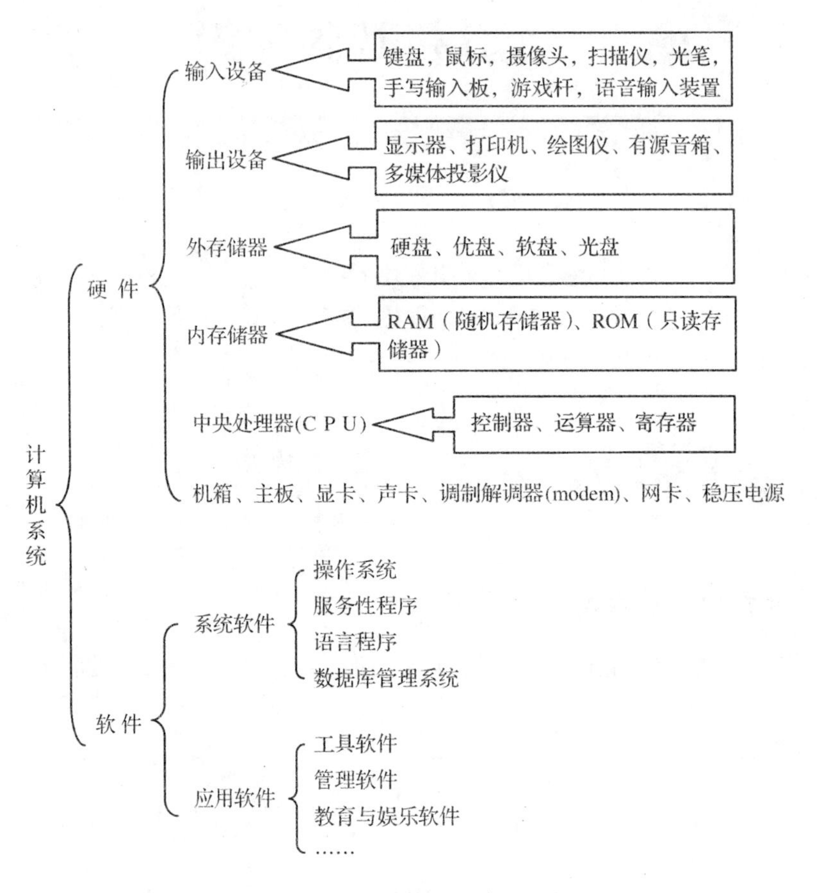

图1-1-2 计算机系统的组成

计算机硬件是指构成计算机的各个物理的零部件，即有形的实体。如：鼠标、键盘、显示器等。

（一）输入设备

输入设备是指能向计算机系统输入信息的设备。最常用的输入设备是键盘，另外还有鼠标、光笔、图像扫描仪、条形码读入器、数码照相(摄像)机等。

1. 键盘

目前，市场上微机所配键盘绝大部分都是标准的Windows键盘，它采用104个键，一般分为：打字键区、功能键区、光标控制键区和数字键区四个部分，如图1-1-3所示。

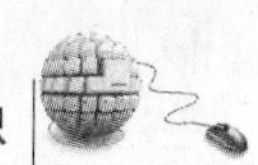

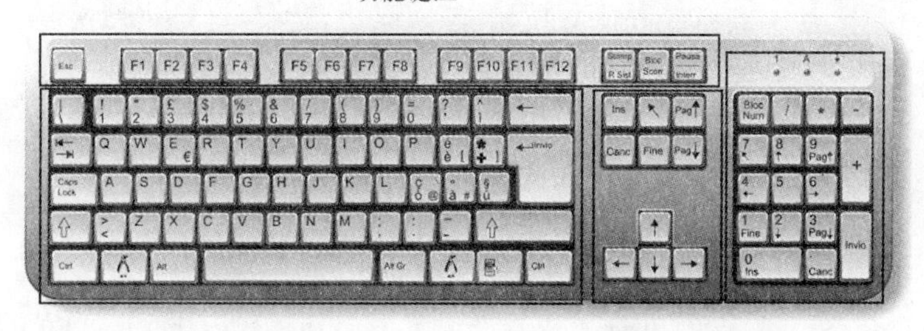

图1-1-3　键盘

(1) 打字键区

① 空格键

当按一下此键,插入方式时,它会把一个空格送给计算机,同时将屏幕上当前光标位置右边的字符向右移动;改写方式时,它会将屏幕上当前光标位置右边的一个字符"涂"掉,即改写为空格。

② Shift 键——状态转换键或上档键

键盘的有些键上有两个符号,当需要输入标在上面的那个符号时,可同时按下 Shift 键和该键;在文本编辑时,如需输入英文字母,可同时按下 Shift 键和字母键;当不是处于大写锁定状态(即处于小写状态),需要输入大写字母时,可同时按下 Shift 键和字母键;当处于大写锁定状态时,Shift 键可将大写转为小写。

③ Ctrl 键——控制键

这个键总是与其他键组合使用以实现各种功能,在不同的软件中有不同的定义。例:Ctrl+C 复制,Ctrl+Home 将光标快速移动到文档的开头。

④ Alt 键——控制键

它和 Ctrl 键一样总是与其他键一起使用,同样在不同的软件中有不同的定义。例:在 Windows 中,Alt+F4 关闭当前窗口或退出程序和关闭计算机。

⑤ Caps Lock 键——大写字母锁定键

这个键按一下,在键盘右上角的 Caps Lock 指示灯亮,可将字母"A~Z"锁定为大写状态,再按一次,指示灯灭,就可退出大写锁定状态。

⑥ Enter 键——回车键

它常被用来告诉计算机开始执行某项工作或某个指令。在不同的软件中,还有某些特殊的功能,例如在 Word 编辑状态下,可以输入空行或一段文字结束另起一行。

⑦ Backspace 键——退格键

用它可以删除当前光标左边的一个字符,并将光标左移一个位置。

⑧ Tab 键——跳格键

这个键用来将光标移动到下一个跳格位置。在 Windows 系统中不常使用,特殊情况下,如鼠标无法使用时,可以用此键结合光标移动键和回车键来选中对话框的某个按钮或选择菜单的某个菜单项。

⑨ 开始菜单键

开始菜单键上面印有 Windows 开始菜单标志，左右各一个，按一下此键，弹出 Windows 的开始菜单。

开始菜单键＋L 键锁定屏幕，重新返回屏幕，需输入用户账户密码。

⑩ 鼠标右键

鼠标右键上面印有鼠标指针箭头标志，按一下此键，相当于在目标上点击鼠标右键。

(2) 功能键区

为了给输入命令提供方便，键盘上特意设置了一些功能键，F1～F12 和 Esc 键共 13 个键，它们的具体功能由操作系统或应用程序来定义，即不同的软件可以定义不同的功能。例如：Windows 中，按 F1 用来调用帮助；在 Windows 初始启动时按 F8 可调出启动菜单；Esc 键在绝大部分软件中被定义为退出或返回。

(3) 光标控制键区

① Print Screen 键——屏幕打印键

按一下此键，将会把屏幕上显示的内容通过打印机打印出来。

Ctrl＋此键抓取当前屏幕，Alt＋此键抓取当前窗口。

② Scroll Lock 键——屏幕锁定键

按一下此键，屏幕停此滚动，再次按一下此键屏幕滚动继续。Windows 系统已很少使用。

③ Pause/Break 键——暂停/中止键

同时按下 Ctrl＋Pause/Break 键，正在执行的程序将被中止。在 Windows 系统中采用“Ctrl＋Alt＋Del”调出“任务管理器”来结束正在执行的任务。

④ Insert/Ins 键——插入/改写转换键

Word 默认为插入方式，可以在文本的一行中插入字符，插入一个字符后，光标右侧的所有字符将被向右移动一个位置。按此键，进入改写方式，此时输入的字符将覆盖光标右边的字符。再按此键，又返回到插入方式。

⑤ Del/Delete 键——删除键

它用来删除当前光标位置右边的字符，当一个字符被删除后，光标右侧的所有字符将左移一个位置。

⑥ Home 键

按此键时，光标移到本行的行首。Ctrl＋Home 将光标移动到文本的开头。

⑦ End 键

按此键时，光标移到本行中最后一个字符的右侧。Ctrl＋End 将光标移动到文本的结尾。

⑧ PageUp 和 PageDown 键

常用来实现光标的快速移动，文本上翻或下翻一页。

⑨ 光标移动键

光标将按箭头方向移动，左右移动一格，上下移动一行。

(4) 数字键区

这些键受数字锁定键 NumLock 的控制。按下 NumLock 键，键盘右上角的指示灯亮，

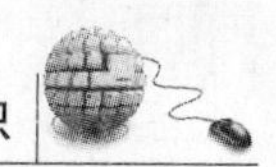

此时为数字锁定状态，这时键的功能为输入数字和运算符号。再按一下 NumLock 键，指示灯灭，这时标有两个符号的键状态发生改变，这些键上的各种符号功能分别对应主键盘上相应键的功能。

2. 鼠标

鼠标的分类有很多种，按键数分有：两键鼠标和三键鼠标；按构造分有：机械鼠标、光电鼠标和触摸式鼠标；按接口分有：COM 口鼠标、PS/2 口鼠标、USB 口鼠标和无线鼠标，如图 1-1-4 所示。

图 1-1-4　鼠标

(1) 鼠标的操作

定位——在桌面上移动鼠标，使屏幕上的鼠标指针移动到所选择的对象上不动。其作用是显示所选对象的提示信息。

单击左键——迅速按下鼠标左键并立即释放，其作用是选中该对象。

单击右键——迅速按下鼠标右键并立即释放，其作用是弹出该对象的快捷菜单，供进一步选择。快捷菜单中往往包含了某对象最常用的功能，所以掌握鼠标右键的使用，既方便又实用。

双击左键——连续两次快速点击鼠标左键，两次点击期间不能移动鼠标，其作用是选中并执行该对象。

拖动——按住鼠标左键(或右键)不放，移动鼠标指针到另一位置再放开，其作用可分为以下几种情况：

① 移动窗口或对话框；

② 移动桌面图标；

③ 移动滚动条；

④ 拖动文件或文件夹(按住左键拖动，在同一驱动器中相当于“移动”，在不同驱动器中相当于“复制”；按住右键拖动，弹出快捷菜单，供进一步选择)。

(2) 鼠标的属性设置

在“控制面板”窗口中，双击“鼠标”图标，弹出“鼠标属性”对话框。在对话框中，用户可以使用其中的“鼠标键”选项卡来切换鼠标左右键功能，以满足部分习惯使用左手的用户；可以使用“指针”选项卡来更换鼠标指针形状，以满足用户的美观需求等。

(二) 输出设备

常见的有显示器、打印机、绘图仪、影像输出系统、语音输出系统、磁记录设备等。比较常见的是显示器和打印机。

1. 显示器

显示器是计算机主要的输出设备，用于显示用户输入的各种命令、数据、计算机执行的结果以及各种提示信息等。另外，对需要打印输出的信息，一般应首先以屏幕显现，供操作者确认满意后，再进行打印输出；又为编辑排版和图形处理的操作者提供了操作环境和界面。如图 1-1-5 和图 1-1-6 所示。

图 1-1-5　CRT 显示器

图 1-1-6　液晶显示器

显示器一般有阴极射线管(CRT)显示器、液晶显示器和等离子显示器。显示器与主机的连接是通过数据线接在显示卡的数据输出口上。

CRT 显示器的工作原理同电视机类似,有单色和彩色两种,目前在绝大部分场所已被淘汰。

液晶显示器和等离子显示器是平板式的,它们体积小,功耗少,而且几乎无电磁辐射。随着液晶显示器制造成本的下降,目前已广泛应用于个人电脑的配置。而等离子显示器由于价格较高,还没有得到广泛应用。

显示器的主要性能指标有:分辨率、彩色种类、扫描速度。

分辨率:满屏可以区分的光点数,即水平光点数×垂直光点数。

彩色种类:可以显示多少种颜色。

扫描速度:电子束每秒钟对屏幕扫描的帧数。

2. 打印机

打印机按打字方式分为击打式和非击打式。击打式打印机是利用打印头上的钢针与色带和打印纸相撞而印出字符或图形的。非击打式打印机是利用光、电、磁、喷墨等物理和化学的方法把字印出来。目前打印机主要有针式打印机、喷墨打印机和激光打印机,如图 1-1-7 所示。

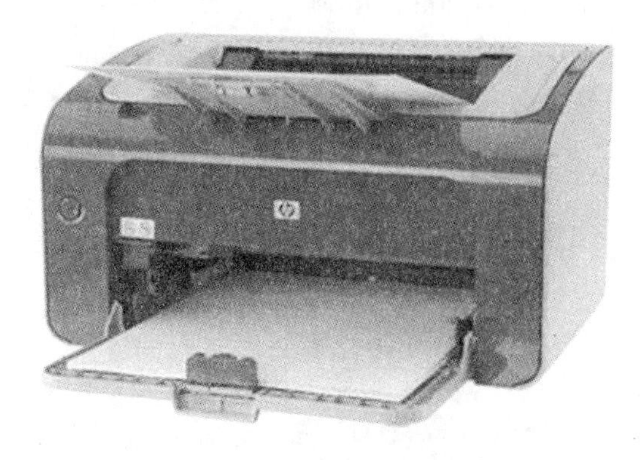

图 1-1-7　激光打印机

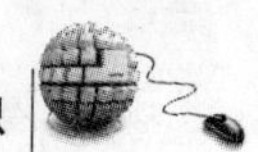

针式打印机是最早使用的击打式打印机，由于它打印速度慢、噪声大，现已退出主流市场，但要打印蜡纸和金融系统票据仍必须使用。

喷墨打印机与针式打印机类似，是通过精制的喷头将墨水喷到纸面上形成字符和图形的，不同的是可以打印彩色。

激光打印机是利用电子照相原理，机器控制激光束的开、合，使光打在印字记录装置上，在印字记录装置上面均匀地涂有静电电荷，被激光束打中的地方产生放电现象，这样就形成了静电印刷板；再利用静电复印的原理，把有字符的地方吸附上碳粉，印刷到纸张上，最后把纸张加热定影，输出印字结果。它是页式输出，因而打印速度较快，且由于采用了非击打式的印刷原理，它工作时的噪声也较低。但是，由于激光打印机在出纸前需要加热定影，因而受潮的打印纸往往容易卡纸。

（三）外存储器

个人计算机的外存储器主要是指磁盘和光盘，磁盘是利用电磁信号来记录信息的。它一般有两种类型，即硬盘和软盘。硬盘速度快、容量大；软盘速度较低、容量也小，在实际应用中已极少使用。

1. *硬盘*

硬盘有固态硬盘（SSD 盘，新式硬盘）、机械硬盘（HDD 传统硬盘）、混合硬盘（HHD，一块基于传统机械硬盘诞生出来的新硬盘）。下面以机械硬盘展示，如图 1－1－8 所示。

图 1－1－8　机械硬盘

SSD 采用闪存颗粒来存储，HDD 采用磁性碟片来存储，混合硬盘（HHD：Hybrid Hard Disk）是把磁性硬盘和闪存集成到一起的一种硬盘。绝大多数硬盘都是固定硬盘，被永久性地密封固定在硬盘驱动器中。

机械硬盘是由铝合金材料制成的圆盘，并在其上下两面都喷上磁性材料而制成的。它把多个盘片固定在一根轴上，盘片可以随轴转动，这叫作一个盘组。一台磁盘机可以由一组或几组磁盘组组成。盘片的每一面都有一个磁头，存取数据时，磁头沿着盘面的径向移动，称它为活动头盘。最典型的是温彻斯特盘，又称“温盘”。它的主要特点是把硬盘片、磁头、电机、硬盘的驱动部件全做在一个密封的盒子中，它体积小，重量轻，防尘性好，可靠性高，盘的容量大，使用环境比较随便。最初的温盘容量为 10 MB，目前可达上千个 GB。

硬盘最主要的性能指标是转速和容量。

转速是硬盘盘片旋转的速度，转速越大，硬盘读写速度越快：目前家用市场上主要有 4 200 r/min、5 400 r/min 和 7 200 r/min 这几种。

容量是指硬盘能存放多少信息，以字节为单位，以英文字头 B 来表示。在计算机中，一个英文字符占一个字节的存储容量，一个汉字占两个字节的存储容量。容量的具体换算关系为：

1 TB=1 024 GB

1 GB=1 024 MB

1 MB=1 024 KB

1 KB=1 024 B

硬盘在使用中应特别注意防强磁场。

2. 光盘

光盘是一种利用激光技术存贮信息的装置，它是由光盘片和光盘驱动器构成的。光盘主要分为 CD、DVD、蓝光光盘等几种类型，目前用于计算机系统的光盘可分为：只读光盘(CD 或 DVD)、一次性写入光盘和可改写光盘三大类。CD 光盘的存贮容量一般为 650 MB 左右，DVD 光盘的存贮容量为 4 GB 左右。盘片和驱动器是分开的，因而盘片可以单独存放和随身携带。盘片在使用中应特别注意防划伤。

（四）内存储器

内存储器又称为主存储器，它直接与 CPU 相连接，是计算机中的工作存贮器，即当前正在运行的程序与数据都必须存放在主存储器内，计算机工作时所执行的指令及操作数都是从主存中取出的，处理的结果也存放在主存中。依据性能、特点内存储器可分为只读存储器(ROM)和随机存储器(RAM)，平常所说的微机的内存，一般均指 RAM(如图 1-1-9 所示)。

图 1-1-9　内存条

ROM 中的数据在使用时只能读出而不能写入，因此一般用来存放一些固定的程序和常数。通常由生产厂商将不允许用户修改的内容存放在里面，供计算机使用。

RAM 中的数据是可变的，用户随时可以通过指令把程序以及各种有关数据写入 RAM 中，然后又通过指令读出使用。但是机器断电后，其中的数据将全部丢失。

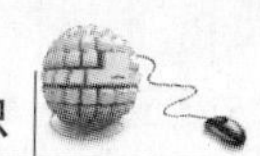

（五）中央处理器（CPU）

中央处理器是微机的核心部分，主要由控制器和运算器两部分组成（另外还有一些寄存器）。控制器是微机的指挥中心，主要作用是控制管理微机系统，它按照程序指令的操作要求向微机的各个部分发出控制信号，使整个微机协调一致地工作；运算器可以完成各种运算和处理，例如完成各种算术运算和逻辑运算以及移位、比较等操作。

CPU 的性能主要决定于它在每个时钟周期内处理数据的能力（每次能处理数据的位数）和时钟频率（主频）。位数越多，处理能力越强；频率越高，处理速度越快。

（六）机箱

机箱是电脑主机的外壳，习惯上把机箱以及安装在机箱内的设备通称为主机。机箱的外形一般分为卧式和立式两种，目前立式机箱使用较为广泛。机箱一般还包含电源（变压器）、电源开关、指示灯、前置 USB 接口、前置耳麦接口等。

（七）主板

主板（如图 1－1－10 所示）又称为母板，是电脑中的主要部件之一，是整个电脑工作的基础。目前计算机的制造技术已经非常成熟，主板的制造几乎都是模块化设计，主要涵盖以下内容。

图 1－1－10　主板

（1）内存条插拔的方法：将内存条上的缺口对准插槽中的凸起位置，对正压下。拔出时只要按压插槽两端的卡钮即可；

(2) CPU 的接入方法:先将插座边上的金属杆扳起垂直于主板,再将 CPU 的缺角对准插座的缺角,对正压下,最后压回金属杆即可;

(3) 主板供电的电源接口及连接硬盘和光驱的数据线接口;

(4) 主板上的电池是在关机断电状态时为系统时钟供电的。

(八) 显示卡

显示卡简称显卡,又叫显示适配器(如图 1-1-11 所示),是主机向显示器输出图形图像的硬件设备,有主板集成显卡和独立显卡两种形式,一般独立显卡的性能要优于集成显卡。显卡的主要性能指标有:

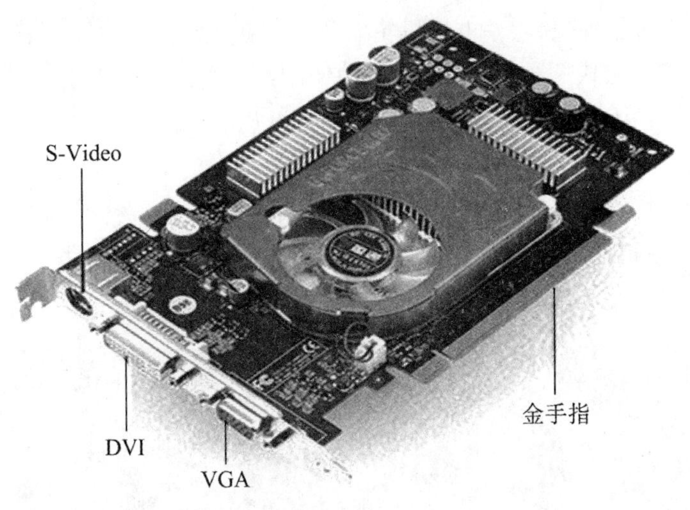

图 1-1-11 显卡

1. 分辨率

显卡的分辨率表示显卡在显示器上所能描绘的像素的最大数量,一般以横向点数×纵向点数来表示。例如:分辨率为 1 024×768。分辨率越高,显卡输出的图像就越清晰,图像和文字就可以更小。

2. 色深

色深是指在某一分辨率下,每一个像素点可以显示的颜色数量,以 bit(位)为单位。当然显卡的位数越高,支持的颜色种类就越多。

3. 显存容量

显存是用来接收和存储来自 CPU 的图像数据信息。显存容量的大小决定了显卡处理图像的能力。

(九) 声卡

声卡(如图 1-1-12 所示)是处理计算机声音信号的设备,分为独立声卡和集成声卡两类。由于大多数个人电脑对声卡的要求不是很高,故广泛采用主板集成声卡。少部分用户如要使用独立声卡,应首先屏蔽主板集成声卡。声卡上一般有三个接口孔:一个输出声音到音箱、一个麦克风输入声音到电脑、另一个叫线性输入,是通过双头线输入声音信号到电脑。

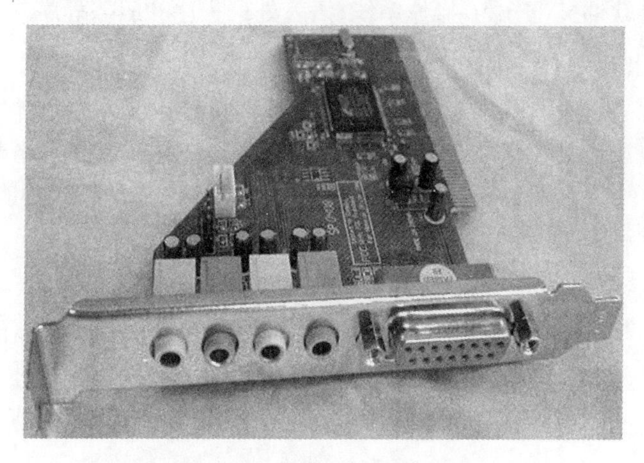

图 1－1－12　声卡

（十）调制解调器和网卡

调制解调器的英文名称叫“Modem”，俗称“猫”，是电脑通过电话拨号上网的必需设备，通过它可以实现电脑的数字信号在模拟的电话线路上传输。

网卡（如图 1－1－13 所示）是电脑互联设备，也是电脑通过宽带上网的必需设备，有独立网卡和集成网卡两种形式，目前大多数主板都带有集成网卡。个人计算机可以使用双网卡来实现服务器的功能。

图 1－1－13　网卡

（十一）UPS 稳压电源

UPS 稳压电源能够为电脑工作时提供稳定的电压，以及在市电突然中断时自动转入后备蓄电池供电，供电时间的长短跟蓄电池的功率有关。

二、计算机的系统组成

软件是指为了满足用户的需要而编制的各种程序的总和，一般分为系统软件和应用软件两大类。

（一）系统软件

系统软件用于对计算机资源的管理、维护、控制，并帮助用户编写、调试、装配、翻译和运行应用程序。系统软件又可分为:操作系统、语言处理程序和服务程序。

1. 操作系统

操作系统是计算机系统软件的核心,它控制和管理着系统硬件、软件及数据资源,使计算机系统的所有资源最大限度地发挥作用,为用户提供方便、有效的服务界面。

操作系统是一个庞大的管理控制程序,主要包含五个方面的管理功能:进程与处理机调度、作业管理、存储管理、设备管理和文件管理。

2. 语言处理程序

它是面向用户的程序,用户使用的语言需要通过语言处理程序翻译成机器能执行的语言,如:汇编程序、编译程序、解释程序。

3. 服务程序

面向计算机维护管理人员的程序,是维护人员使用的软件工具。常用的有:

诊断程序——用于机器故障诊断。

查错程序——检查程序中出错的程序语句。

监控程序——具有使机器正常启动、调入 DOS、调用汇编程序、编译程序、控制输入装置、输入信息、输入用户源程序及运行等功能。

调试程序——对新编制的程序进行调试,以便发现或寻找错误。

(二) 应用软件

应用软件主要为了某一类的应用需要或为解决某个特定问题而编制的程序或系统管理软件,例如:文字处理软件 Word、电子表格软件 Excel、辅助设计软件 AutoCAD 等。

第二节 中文输入法

我们中国使用的文字是汉字,使用的语言是汉语,我国社会中需要进行处理的信息主要是汉字信息。然而,汉字信息的输入输出及处理,都比西文信息的处理困难得多。国外研制的计算机及其配套软件系统大多是适合西文信息处理的,一般不能直接实现汉字的输入与输出。为解决汉字信息的计算机处理问题,我们国家在 20 世纪 60 年代后就开始了对汉字信息处理技术的探索和研究。经过几代计算机研究者的艰苦努力,在解决计算机的汉字处理方面取得了突破性进展,汉字输入技术现在已经发展到了成熟阶段。

从文字信息处理的角度来说,英文是拼音文字,字母数量少,字形简单,很容易处理;而数以万计的汉字是一种表意文字,字形复杂,汉字输入和建立汉字字模库的技术难度都很大。

一、输入法工具介绍

近几年来,随着硬件和软件技术的提高,汉字信息处理问题已从技术上取得了可喜的成绩。在汉字输入技术上,特别是在键盘上的汉字输入技术,经过许多软件人员的研究,汉字的输入法已经有 600 余种,好的就达 10 多种。如国标区位输入法、全拼拼音输入法、智能

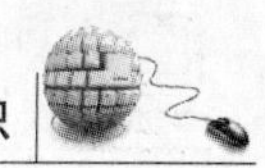

ABC 输入法、郑码输入法、表形码输入法、五笔字型输入法等。而且，国外研制的计算机及配套软件系统现在大多都提供了中文环境，能直接支持汉字的输入与输出。

另外还有语音输入、手写输入、扫描输入等中文输入方法，但目前最常用的还是汉语拼音输入法和五笔字型输入法，下面我们分别介绍。

二、汉语拼音输入法

汉语拼音输入法有很多种，这里我们介绍较常用的微软拼音输入法。

微软拼音输入法是美国微软公司在全球范围内采用 OEM(Original Equipment Manufacturing)分销商策略而随品牌计算机一起生产和销售的产品，它是内置的汉字输入法，一经安装 Windows 中文版，在"控制面板"的"输入法"项中即可得到微软拼音输入法。它是一个优秀的汉语拼音语句输入法，用户可以使用它连续输入汉语语句的拼音，系统会自动选出拼音所对应的最可能的汉字，免去了用户逐字逐词进行同音选择的麻烦。

微软拼音输入法提供了强大的功能，例如自学习功能、用户自造词功能等，经过一定时间与用户的交互，微软拼音输入法就能适应用户的专业术语和句法习惯，这样，用户就能越来越容易地一次输入语句成功，从而大大提高输入效率。微软拼音输入法还支持南方模糊音输入、不完整输入等许多丰富的特性，以满足用户的不同需求。

微软拼音输入法的用户界面与其他汉字输入法的界面基本一致，只不过叫法不同。通过它的输入法状态条，也可以进行类似于其他汉字输入法的特性设置工作。

（一）输入法的三个窗口

启动微软拼音输入法后，屏幕上即出现它的输入法状态条。键入第一个拼音字母后，该状态条即发生变化，形成拼音窗口。随着操作的进行，还会出现汉字候选窗口和组字窗口，如图 1-2-1 所示。

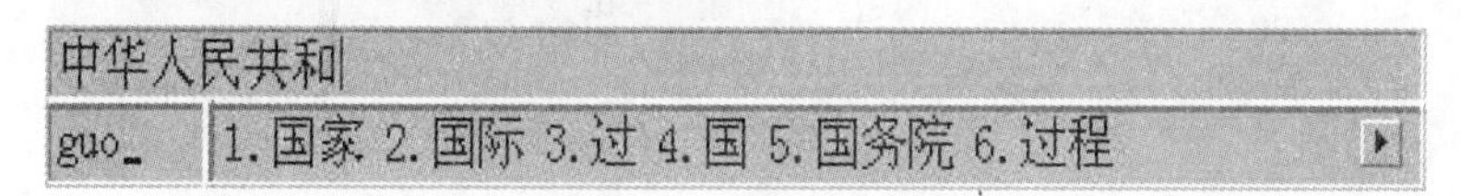

图 1-2-1　输入法窗口界面

(1) 拼音窗口。即其他中文输入法的外码输入窗口，用于显示和编辑用户键入的拼音代码。

(2) 候选窗口。同其他中文输入法的汉字候选窗口，用于显示和提示可能的待选词。

(3) 组字窗口。该窗口中包含的是用户编辑的语句。在光标跟随状态下，组字窗口表现为编辑窗口中当前光标后的一串带下划线的文本。

输入过程中，使用<Esc>键可以取消拼音窗口、组字窗口和候选窗口。

（二）光标跟随与光标不跟随

微软拼音输入法提供了两种用户界面：光标跟随和光标不跟随。用户可以根据自己的喜好选择输入界面。使用鼠标右键单击输入法状态条，从弹出的菜单中选择“光标跟随”或取消“光标跟随”即可启动相应的用户界面。

光标跟随状态是指三个编辑窗口的位置在当前编辑光标处，并随着当前编辑光标位置的移动而移动。顾名思义，“光标跟随”就是跟随光标位置进行编辑的意思。

光标不跟随状态是指三个编辑窗口的位置是固定在屏幕上的，用户先在系统给定的一个组字窗口中进行语句输入，在句子确认之后整个句子再插入到当前编辑光标位置。

（三）输入法设置

为了方便不同的用户，微软拼音输入法还提供了一些特殊功能，用户可以根据自己的需要选择自己喜欢的输入方式及功能。

操作时，可以用鼠标右键单击输入法状态条，从弹出的菜单中选取“属性设置”命令，屏幕上就会立即出现它的对话框（如图 1－2－2 所示），用户只需在该对话框中激活或取消需要的相应功能即可。

（四）汉字输入方法

微软拼音输入法支持两种拼音输入方式：全拼输入和双拼输入。而且在两种输入方式中都可以支持带调、不带调或两者的混合输入，带音调拼音输入的自动转换准确率略高于不带音调的拼音输入。输入时分别以数字键<1>，<2>，<3>，<4>代表拼音的四声，<5>代表轻声。输入的各汉字拼音之间无需用空格隔开，输入法将自动切分相邻汉字的拼音。对于某些音节歧义，目前系统还不能完全识别，出现这种情况时，需要用户使用音节切分键即<Space>（空格）键来断开。

但用户应该注意，当“逐键提示”功能生效时，数字键用于从候选窗口中选取候选词，而不再有表示音调的功能。

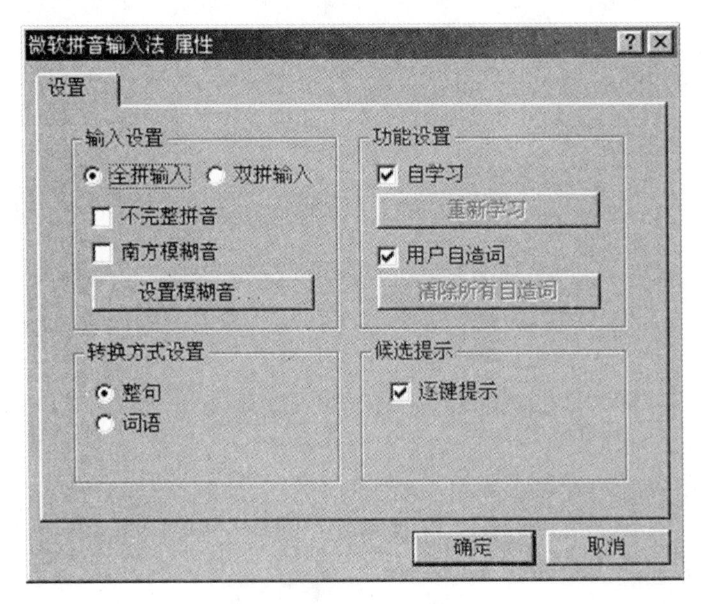

图 1－2－2　输入法设置

（五）英文输入

用鼠标左键单击输入法状态条中的“中文/英文”切换按钮即可。在英文输入状态下，可以利用＜Shift＞键来切换输入英文的大小写状态。

（六）输入句子

输入句子时，在完成一个句子以前，微软拼音输入法将在转换出的结果下面显示一条虚线，表示当前句子还没有经过确认，尚处于句内编辑状态，我们称此窗口为组字窗口。在该窗口内，用户可以对输入错误、音字转换错误等进行修改。检查无误后，按确认键即可将当前语句送入编辑窗口的当前光标位置。目前微软拼音输入法定义的确认键是＜Enter＞(回车)键。

此外，当键入“，”“.”“；”“?”和“!”等标点符号后，微软拼音输入法在下一句的第一个声母键入时，将自动确认该标点符号之前的句子。

（七）错字修改

当用户连续输入一串汉语拼音时，微软拼音输入法可以通过语句的上下文自动选取最优的输出结果；但是，在某些情况下，输入法自动转换的结果与用户希望得到的结果会有所不同，这时，用户可以通过输入法提供的候选字、候选词功能修改该输出结果。修改错字的操作步骤如下：

(1) 使用鼠标或键盘移动光标到错字处。

(2) 这时，候选窗口自动打开。

(3) 使用鼠标或键盘从候选窗口中选出正确的字或词。

例如，我们想输入“大地焕新春”一词，可键入拼音：“dadihuanxinchun”，微软拼音输入法马上将该拼音转换为“大地还新春”。接下来移动光标到“还”字的前面，这时，候选窗口中显示出可以选择的字词：“1. 欢欣 2. 欢心 3. 环 4. 换 5. 患 6. 焕”，用鼠标或键盘从候选窗口中选择“6”即可修改“还”为“焕”。

此外，微软拼音输入法也定义了标点符号的候选符号，错误的符号也可以用同样的方法从候选窗口中选取。

（八）不完整输入

微软拼音输入法支持拼音的不完整输入。用户可以只输入拼音的声母，从而减少击键次数，提高输入速度。设置不完整拼音的操作方法很简单，只需用鼠标右键单击输入法状态条，在打开的菜单中选择“属性设置”命令，然后从出现的对话框中选择“不完整拼音”选项。此后，用户就可以输入拼音的不完整形式，得到需要的汉字信息。

（九）繁体汉字输入

微软拼音输入法支持 GBK 大字符集的简体和繁体汉字输入。默认输入状态为简体。启动繁体输入状态的方法是：使用鼠标单击输入法状态条中的“简/繁”切换按钮，即可将简体状态切换成繁体状态；反之亦然。在繁体状态下输入句子或词语的汉语拼音，即可以得到繁体汉字的句子及词语。

（十）自学习功能

微软拼音输入法具有自学习功能，该功能可以使经过用户纠正的错字、错误重现的可能性大大减小。使用鼠标右键单击输入法状态条，从出现的菜单中选择“属性设置”命令，在打开的对话框中选中“自学习”功能。此后，系统将对用户的每一处修改都进行自学习。取消自学习功能后，系统对于用户的修改则不再进行学习，相应地，错字的重现率可能会增大。

此外，在属性设置对话框中关闭自学习功能后，单击“重新学习”按钮，系统将删除以前学习的全部内容，开始新一轮的自学习。

（十一）在线用户自造词典

对于自己经常使用的词语，用户可以使用微软拼音输入法提供的在线用户定义词典功能，将这些词语定义到用户词典中。“在线”指的是用户进行语句输入的同时可以进行自造词的定义。微软拼音输入法为每一个用户保留一个用户词典文件。用户定义词典和自学习两个功能相辅相成，使得微软拼音输入法能够逐渐适应单个用户，并成为适合各个用户的输入工具。

设置和取消用户定义词典功能的方法是，使用鼠标右键单击输入法状态条，从出现的菜单中选择“属性设置”命令，在打开的对话框中选择“用户自造词”选项。此后，微软拼音输入法将允许用户定义长度为 2～9 个汉字的词。

有时，用户可能需要清除所有自定义词，这可在属性设置对话框中取消用户自造词典功能，单击其中的“清除所有自造词”按钮，微软拼音输入法便会删除用户定义的所有词语。

使用自造词典功能，在线即在汉字输入过程中定义词的基本操作步骤如下：

（1）在属性设置对话框中激活用户自造词典功能。

（2）在未确认语句之前用光标或键盘进行选块操作，将需要定义的词选中为块。

（3）如果块中的助词就是希望定义的词，可以直接按＜Enter＞键确认，所定义的词将进入用户定义词典；否则按＜Space＞键激活候选窗口，修改错字，直到块中的词就是希望定义的词，再按＜Enter＞键确认。如果修改完毕后光标已经移到选中块的最后，则用户定义词将自动进入用户定义词典，而不需要再按＜Enter＞键加以确认。

此时，微软拼音输入法就将用户选中的词语定义到用户词典中了，以后就可以直接输入该词了。

（十二）离线用户自造词典工具

离线用户自造词典工具是微软拼音输入法相对独立的一项功能。离线是指定义词的过程与编辑用户语句的过程是分离的，定义自造词不是在组字窗口中，而是在专门的工具中进行。离线用户自造词典工具是一个独立的程序。可以用右键单击输入法状态条，从弹出的菜单中选择“定义词典”功能，调出用户自造词工具。

用户可以单独定义一个词，也可以从文件中成批定义一些词，可以修改某个词，也可以删除某个词。

单独定义一个新词的方法是，从用户自造词工具窗口“工具”菜单中选择“增加新词”命令后，在“自造词”框输入新定义的词。目前微软拼音输入法支持的最大自定义词的长度为 9 个汉字，注意不要超过这个长度。新词输入完成后系统会自动给出它的拼音，如果其中有多音字，用户可以在该字拼音编辑窗的下拉菜单中选择正确的拼音。拼音确定后即完成新词的定义操作。

成批定义词的方法是，首先将需要定义的词写入一个文本文件，该文件编写时应遵循一定的格式，即每一行为一个用户自造词，各个字的拼音用＜Tab＞键隔开，或者用空格隔开，并保证空格与拼音相加的长度为 8 个字符。然后，从自造词工具窗口“文件”菜单中选择“输入”命令，该命令打开一个对话框，用户需要从中输入或选定包含自定义词的文本文件名。退出该对话框后，系统便会把合法的新自造词显示出来，并自动修正有错误的拼音。

修改自造词的方法很简单，只需单击并选中窗口中需要修改的词，即可对它进行修改。单击并选中自造词前面的编号，然后选择“工具”菜单中的“删除词条”命令，就可以删除这个自造词。

在线定义用户自造词与离线定义词共用一个词典文件，因此也可以用此工具对在线定义的词进行修改和删除操作。

三、五笔字型输入法

五笔字型输入法是一种依据汉字的字形属性编码输入汉字的技术，是由河南省中文信息研究会王永民等人研究的。它根据汉字字形与结构的特性，采用字根拼形输入汉字的方案，对成千上万的汉字，只用 130 个经过优选的基本字根像搭积木一样拼合而成。字根被科学地分区归位，巧妙地与计算机标准键盘上的 25 个键位联系在一起，规律性较强，易学好用。用五笔字型输入汉字，编码长度短，无论多么复杂的汉字或词汇，最多只需击四键即可输入（个别重码字除外）；重码少，基本不用选字；字词兼容，字、词输入无须换档；输入效率高，经过盲打和指法训练，可达到每分钟输入 160 个汉字的水平。

（一）五笔字型汉字编码的基础

由于五笔字型是根据汉字的字形编码输入汉字的，因而要学习使用五笔字型汉字输入技术，首先要了解汉字结构的基本知识。

1. 汉字的三个层次

汉字起源于象形文字，随着社会的发展，楷化以后的汉字对汉字的图形线条和笔势进行了规范，形成了笔画。由若干笔画复合交叉连接形成的相对不变的结构称为字根（通常称为偏旁、部首）。字根按一定的位置关系拼合形成为数众多的汉字。因此，汉字可以划分为三个层次：笔画、字根、单字。

2. 汉字的五种笔画

笔画是书写汉字时一次写成的一个连续不间断的线条。尽管汉字笔画的形状多种多样，但如果只考虑笔画的运笔方向，不计其长短轻重，可将笔画划分为五种：横、竖、撇、捺、折。为了便于记忆和应用，根据这五种笔画使用频率的高低，依次用 1，2，3，4，5 作为它们的代码。

除基本笔画外，还对汉字的具体形态结构中的笔画变形进行了归类。这样归类的理由是：在汉字的具体形态结构中，其基本笔画“一”“丨”“丿”“㇏”“乙”常因笔势和结构上的匀称关系而产生某些变形，例如，“丨”一带笔变成了“亅”（左竖钩），或者走向多了一些转折变成了“々”“㇏”等。这些基本笔画的变形可以用一口诀来记忆：“提笔”视为横，“点点”视为捺，“左竖钩”视为竖，“带折”均为“折”。

3. 汉字的三种字型

汉字的字型指的是字根构成汉字时，字根在汉字中所处的位置关系。成千上万的汉字可以划分为三种类型：左右型、上下型和杂合型。按照各种字型拥有汉字的多少，分别用1，2，3作为代码。

(1) 左右型(1型)

当汉字的各字根之间有明显的左右位置关系且其间有一定距离时，划归为左右型。在左右型汉字中，或者字根从左到右依次排列，或者一个字根与另外两个字根的组合呈左右排列。所有左右型的汉字，都可用“一刀”或“两刀”纵向切分成左右两个部分或三个部分。

(2) 上下型(2型)

当汉字的各字根之间有明显的上下位置关系且其间有一定距离时，划归为上下型。在上下型汉字中，或者字根从上到下依次排列，或者一个字根与另外两个字根的组合呈上下排列。所有上下型的汉字，都可用“一刀”或“两刀”横向切分成上下两个部分或三个部分。

(3) 杂合型(3型)

当汉字的各个字根之间没有简单、明显的左右位置关系或上下位置关系时，一律划归为杂合型。

4. 汉字的结构分析

一切汉字都可由字根拼合构成，许多作为汉字一部分的单体结构(既没有被选作为字根，又不是汉字)，如“制”左、“决”右等，也都可由字根构成。在构成单字或单体结构时，字根与字根之间的关系可分为单、散、连、交四种类型。

(1) 单：构成汉字的字根只有一个。例如：“人”“木”“川”“月”“田”等。

(2) 散：构成汉字的字根不止一个且其间有一定的距离。例如：在构成汉字“和”时，字根“禾”与“口”之间有一定的距离。类似的例子还有“汉”“吕”“困”“别”“型”等。

(3) 连：包括两种，一种是一个字根与一单笔画相连，例如，汉字“千”是由字根“十”与单笔“丿”相连构成；另一种是一个字根之前或之后有一孤立点，例如，“玉”“主”“太”“术”等均是由一个字根与一个孤立的点组合构成的。

(4) 交：构成汉字的字根之间是交叉套叠的。例如：汉字“里”由两个字根“曰”与“土”交叉构成。

字根在构成汉字时，还有一种情况是混合型，即字根之间既有交的关系，又有连的关系。例如“丙”字是“一”下边连了一个“内”，而“内”又由“冂”和“人”相交而成。

汉字的这种单、散、连、交的构成形式与汉字的字型之间有一定的联系。当汉字仅由一个字根构成时，不需划分字型；只有当构成汉字的字根之间的关系是“散”时，汉字才可分为左右型或上下型；对字根与字根之间的关系属于“连”或“交”的汉字，一律划归为杂合型。

(二) 五笔字型字根键盘

1. 五笔字型的基本字根

前面曾提到，字根是由笔画构成的、用于构成汉字的一种相对不变的结构。然而对于哪些结构应该选作为字根，以及选择多少个字根，不同的研究目的有着不同的规定。五笔字型

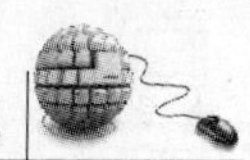

经过大量统计和反复试验，选择了组字频率高及实用频率高的 125 个字根及 5 种单笔画作为拼合汉字的基本字根。基本字根中的大部分是传统的偏旁部首，如“讠”“亻”“阝”“木”等，也有一些不是偏旁部首。值得注意的是一些常见的偏旁部首，如“礻”“足”“鱼”“犭”等，没有被选作为基本字根。如图 1-2-3 所示。

金钅勹 ⺈鱼犭乂 儿夕⺈厂 35 Q	人 亻 八癶 34 W	月日舟彡 氏𧘇⺤豕 乃用豸 33 E	白手手扌 彡⺧斤斤 厂 32 R	禾⺮𠂉丿 竹彳夂 攵 31 T	言讠亠 丶乀广文 方圭 41 Y	立冫丬䒑 丷六辛 疒门 42 U	水氵小⺌ 氺⺍⺌氺 水 43 I	火灬业 灬米 44 O	之辶廴 冖宀礻 45 P
工匚七弋 戈廾廿艹 廾 15 A	木丁 西 14 S	大犬三𡗗 手古石厂 镸丆ナ𠂇 13 D	土士二十 干甲寸雨 12 F	王王一五 戋 11 G	目且丨上 卜上止⺊ 虍⺊丨 21 H	日曰刂刂 刂丨早 虫 22 J	口 川 川 23 K	田甲四皿 车力口罒 罒 川 24 L	: ;
Z	纟幺弓匕 纟匕 55 X	又厶巴马 マ 54 C	女刀九彐 臼巛 53 V	子孑也凵 了阝耳卩 㔾巜 52 B	巳己巳乙 尸尸心忄 羽コ小⺗ 51 N	山由冂贝 几⺇ 25 M	< ,	> .	? /

图 1-2-3 五笔字型的基本字根

2. 五笔字型字根键盘的布局

五笔字型把优选的 130 个基本字根和一些变形共 200 个左右的字根按照起笔笔画的不同划分成五大类，把每类字根再分为五组。将这些字根对应于标准键盘上的键位时，每类字根占据键盘上相连的一片键，称为“区”，每组字根占据一个键，称为“位”。用两位数命名区号和位号(十位数为区号，个位数为位号)，以 11～15，21～25，31～35，41～45，51～55 共 25 个代码标识。这样，所有字根不仅可以用字母键 A～Y 表示，而且可以用区位号识别。如图 1-2-4 所示，其中各键位上的数字是该键位的区位号。

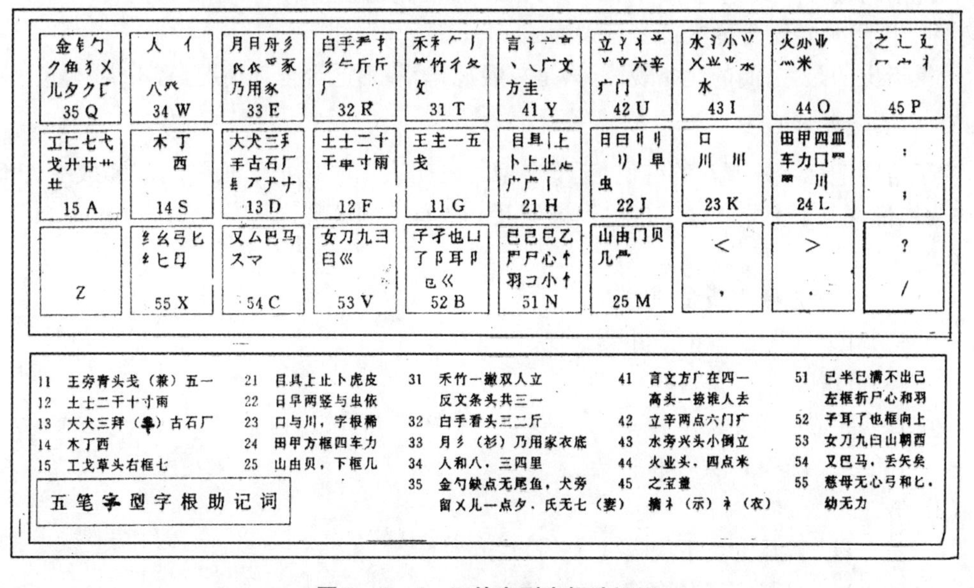

图 1-2-4 五笔字型字根助记词

3. 键名的规定及记忆

在五笔字型字根键盘上，从安排在同一键位上的一组基本字根中选择一个最有代表性的字根，作为该键位的键名，作为键名的字根称为键名字根。如图 1-2-4 所示，图中写在各个键位上的第一个字根就是该键位的键名字根。为了便于记忆键名，可以把键名字编成如下键名谱，辅助记忆：

1 区横起类：王土大木工(GFDSA)

2 区竖起类：目日口田山(HJKLM)

3 区撇起类：禾白月人金(TREWQ)

4 区捺起类：言立水火之(YUIOP)

5 区折起类：已子女又纟(NBVCX)

4. 五笔字型基本字根分布的一般规律

五笔字型的基本字根在键盘上的分布是经过精心设计、科学安排的，具有较强的规律性。了解这些规律，有助于记忆字根在键盘上的位置和在字根键盘中找寻字根，加快输入汉字的速度。五笔字型基本字根分布的主要规律有：

(1) 字根的首笔画代码与所在键位的区号一致。例如：字根“目”“日”“口”“田”“山”的首笔画都是竖，代码为 2，与其所在键位的区号一致。

(2) 相当一部分字根的第二笔画的代码与所在键位的位号一致。例如：字根“言”“禾”“王”“广”的第二笔画是横，代码为 1，与它们所在键位的位号一致。

(3) 位于同一键位上的部分字根的外形相近或渊源相同。例如：位于键位 51(N 键)上的字根“己”“巳”“乙”等与键名字根“已”的形状相近；位于键位 52(B 键)上的字根“卩”“阝”与字根“耳”渊源相同。

(4) 由单笔画或复合散笔画构成的字根的笔画代码与所在键位的区号一致，笔画数目与所在键位的位号一致。例如：字根“一”“二”“三”所在键位的区位号分别为 11，12，13，字根“、”“冫”“氵”所在键位的区位号分别为 41，42，43。

值得指出的是，上面的几条规律，只是一般规律，并不适合全部情况，有不少例外。

5. 字根分布助记词

为了帮助记忆字根所在的键位，五笔字型的发明人王永民把字根的名字编成一首渔家傲，作为助记词。下面是各区字根的助记词及一些有关的解释。

(1) 第一区

11　G　王旁青头戋(兼)五一

12　F　土士二干十雨寸

13　D　大犬三羊古石厂

14　S　木丁西

15　A　工戈草头右框七

(2) 第二区

21　H　目具上止卜虎皮

22　J　日早两竖与虫依

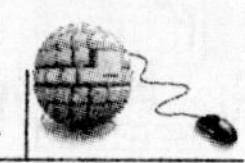

23 K 口与川,字根稀
24 L 田甲方框四车力
25 M 山由贝,下框几

(3) 第三区

31 T 禾竹一撇双人立
反文条头共三一
32 R 白手看头三二斤
33 E 月彡(衫)乃用家衣底
34 W 人和八,三四里
35 Q 金勺缺点无尾鱼
犬旁留 X 儿一点夕
氏无七(妻)

(4) 第四区

41 Y 言文方广在四一
高头一捺谁人去
42 U 立辛两点六门病
43 I 水旁兴头小倒立
44 O 火业头,四点米
45 P 之宝盖建道底
摘(示)(衣)

(5) 第五区

51 N 已半巳满不出己
左框折尸心和羽
52 B 子耳了也框向上
53 V 女刀九臼山朝西
54 C 又巴马,丢矢矣
55 X 慈母无心弓和匕
幼无力

(三) 五笔字型拆分汉字的方法

拆分汉字,即将汉字拆分成以一定方式组合在一起的基本字根。五笔字型规定,对汉字的拆分以字根键盘上的字根为基本单位,遵循汉字的习惯书写顺序,从左到右,从上到下,从外到内依次进行拆分。拆分的具体方法,按照构成汉字的基本字根之间的相互关系(单、散、连、交)各有不同规定,下面分别介绍。

(1) 当汉字仅由一个基本字根构成时,不需拆分。

(2) 当构成汉字的字根之间是散的关系时,把汉字从散的界线拆开。例如“汉”拆分成“氵”和“又”,“类”拆分成“米”和“大”。

(3) 当构成汉字的字根之间是连的关系时,把汉字拆分成单笔画与基本字根,例如“户”拆分成“、”和“尸”,“天”拆分成“一”和“大”。

(4) 当构成汉字的字根之间是交叉关系或交连混合关系时，把汉字按书写顺序拆分成尽可能大的字根，以增加一笔不能构成已知字根来决定笔画分组。例如“果”应该拆分成“曰”和“木”，不应拆分为“旦”和“小”，因为字根“曰”增加一笔后，成为“旦”，而“旦”不是基本字根。也不应该拆分成“田”和“木”，因为这种拆分方法把笔画割断了。

以上几项中，属于第三项的情况时，不能按第四项的方法进行拆分，因为这样常会失去直观性。例如：“生”拆分成“人、土”或“人、十、一”均不如拆分成“丿”和“[illegible]”直观。

在具体拆分过程中，应注意下面四个要点：

(1) 能散不连：如果一个汉字结构可以视为由几个基本字根以散的关系构成的，就不要按连的关系拆分。例如“足”“充”“首”“左”“页”等均应按散的关系拆分。

(2) 兼顾直观：拆字的目的是为了给汉字的字根编码并输入字根，因而拆分得到的字根有较好的直观性将有助于联想记忆，给输入带来方便。为了照顾直观性，“羊”拆分成“两点和三横一竖”比拆分成“两点两横和一横一竖”要直观得多。

(3) 能连不交：如果一个汉字结构能按连的关系拆分，就不应按交的关系拆分。例如：“天”能按连的关系拆分成“一”和“大”，就不要按交的关系拆分成“二”和“人”。

(4) 取大优先：在各种可能的拆分方法中，保证按书写顺序每次都拆分出尽可能大的字根。尽可能大，即再加一笔就不能构成已知字根。

拆分时应当兼顾上面几个方面的要求，一般说来，应当保证每次拆分出最大的基本字根，在拆分出字根数目相同时，“散”比“连”优先，“连”比“交”优先。此外，拆分中还应注意，一个笔画不能割断出现在两个基本字根中，例如“里”不能拆分成“田”和“土”，而应拆分成“曰”和“土”。

（四）五笔字型汉字编码与输入的规则

1. 单字的编码与输入

应用五笔字型汉字输入技术输入单个汉字，必须遵循以下五个原则：

(1) 依照汉字的书写顺序，从左到右，从上到下，从外到内依次取码；

(2) 取码以五笔字型字根键盘上的字根为单位；

(3) 按第一、第二、第三及最末字根取码，最多取四码；

(4) 非基本字根拆分时，取大优先；

(5) 不足四码时，补充末笔字型交叉识别码。

要输入一个汉字，首先要判断要求输入的汉字是否为键面上的字根（称为键面字），如果是键面字，还要进一步判断是键名汉字，还是成字字根，然后根据判断得到的结论，按照不同的情况，确定出要输入汉字的编码，最后在五笔字型输入方式下，用小写字母依次键入要输入汉字的编码。

2. 词汇的编码与输入

五笔字型支持词汇输入，且词汇的输入与单字的输入是统一的，即输入词汇可与输入单字交叉进行，不需换档，也无需作任何标记。词汇编码也用四码，取码规则由词汇的长度确定，即双字词、三字词、四字词或多字词各有不同的取码规则。

(1) 双字词：取所含汉字的前两码。例如：

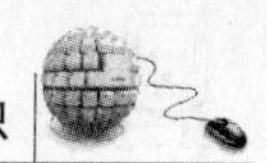

汉字:ICPB　　　　电脑:JNEY

全部:WGUK　　　　国家:LGPE

(2) 三字词:取前两个字的第一码及后一个字的前两码。例如:

计算机:YTSM　　　　操作员:RWKM

办公室:LWPG　　　　展销会:NQWF

(3) 四字词:取所含各字的第一码。例如:

五笔字型:GTPG　　　　广大群众:YDVW

程序设计:TYYY　　　　科学研究:TIDP

(4) 多字词:取词中第一、二、三及最后一字的第一码。例如:

中国共产党:KLAI　　　　中华人民共和国:KWWL

为人民服务:YWNT　　　　人民大会堂:WNDI

由于词汇的编码一律为等长四码,因而以词汇为单位输入汉字可以提高汉字的输入效率(对多字词尤为明显)。鉴于五笔字型方法中的词汇输入可与单字输入混合进行,因而如果记得清楚词汇的编码,就可以词汇码输入,以求其快;如果记不清,仍可以单字逐字输入,以求其准。

3. 简码输入

为了提高输入速度,五笔字型对常用汉字(使用频度较高的汉字)设置了简码输入法。简码共分为三级,下面分别介绍。

(1) 一级简码

一级简码是为特高频字(使用最为频繁的字)设计的。在11～55的25个键位上,各安排一个最常用的汉字与之对应,即一、地、在、要、工;上、是、中、国、同;和、的、有、人、我;主、产、不、为、这;民、了、发、以、经。对于这类特高频字的输入,只需按一次对应的字母键,再按一次空格键即可。例如,要输入"我",只需按字母键Q及一空格键即可。

(2) 二级简码

二级简码由汉字全码的前两个代码构成。采用二级简码共可编码25×25个常用汉字,但为了避免重码,实际按二级简码编码的汉字只有近600个。输入具有二级简码的汉字时,只需先键入其前两个字根的代码,再加一空格即可。例如,输入汉字"信",只需先键入其前两个字根的代码WY,再键入一空格键。

(3) 三级简码

三级简码由汉字全码的前三个代码构成。采用三级简码共可编码25×25×25个汉字,但实际上目前按照三级简码编码的汉字只有4 400多个。输入此类汉字时,只要键入其前三个字根的代码,再加一空格即可。

采用三级简码输入汉字与采用全码输入汉字相比,击键数量没有减少,但由于采用三级简码输入汉字可省去最末字根或末笔字型识别码,因而不仅输入效率高,而且更加易学、易用。

由于用简码编码的汉字已有5 000多个,占常用汉字的绝对多数,因而掌握简码输入方法可以有效地加快输入汉字的速度。此外,有时同一个汉字可能有多种简码,例如"经"就有一、二、三级简码及全码四种,在输入时,可以灵活地选用。

4. 重码与万能学习键

(1) 重码

尽管五笔字型编码方案采用了多种措施避免重码，然而采用目前的版本编码汉字时仍然存在重码现象，例如“辅”与“圃”的编码均为“LGEY”“枯”与“柘”的编码均为“SDG”等，为了提高重码汉字的输入效率，五笔字型编码方案按其实用频率作了分级处理，为其中使用频率较高的字设置了简码以避开重码的问题。例如，为“枯”设置了二级简码“SD”，这样在输入“枯”时可用简码输入，避开与“柘”重码的问题。对于那些无法通过设置简码避开重码的汉字，在编码输入后，五笔字型方案将会按使用频度的高低在提示行上显示出全部重码汉字(使用频度较高的汉字排在前面，使用频度较低的汉字排在后面)供用户选择。而且，如果显示在第一个位置上的汉字就是要输入的汉字，只要继续输入后文，该字就会自动出现在屏幕上部的大光标处，好像不存在重码一样；只是在所需输入的汉字不是显示在第一个位置上的汉字时，才需根据它的位置序号按相应的数字键将字输入。例如，当输入编码“LGEY”后，在提示行上出现“1. 辅　2. 圃”，此时若要输入“辅”，可不作任何处理，继续输入后文即可；而若要输入“圃”，只需按数字键 2 即可。

(2) 万能学习键

在五笔字型汉字输入技术中，字母键 Z 被安排作为一个万能学习键。它可以用来代替编码中一时记不清楚或一时难以确定的字根的代码，帮助操作员尽快把字找出来，并通过提示行告知 Z 键所对应的键位或字根，例如，如果在输入汉字“型”时，可用 Z 代替其编码“GAJF”中的任一代码。

万能学习键 Z 不仅可以用来代替汉字编码中的一个字根的代码，而且可以代替两个、三个甚至四个，给学习、使用五笔字型汉字输入技术带来很大方便。但也应指出，Z 键带来的这种方便是以牺牲速度为代价的：使用 Z 键时需要在提示行中查找和选择汉字，影响汉字的输入速度。

第三节　常用工具软件

在日常办公中，一些工具软件的使用是非常必要的。掌握了一些常用的工具软件，可以为我们的日常办公提供更好、更安全的保障。

一、压缩软件

压缩软件的作用是使原文件的存储容量变小，减少占用的磁盘空间；还可以加密压缩，保证原文件的安全。WinRAR 为广泛使用的压缩软件，这里介绍它的使用。

(一) 压缩文件(夹)

1. 压缩到当前位置

(1) 在选中的对象“1. doc”上单击鼠标右键弹出快捷菜单如图 1－3－1 所示。

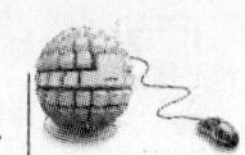

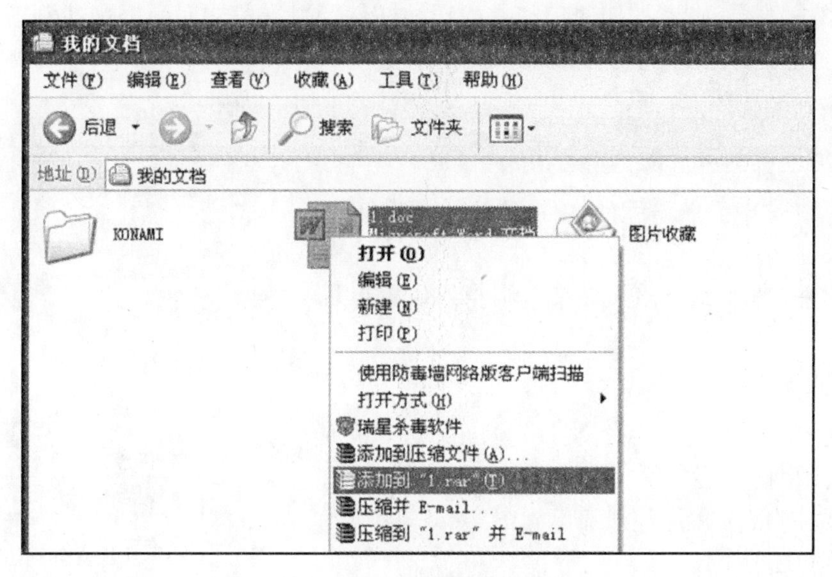

图 1-3-1 压缩到当前位置

(2) 选择"添加到'1. rar'"。

(3) WinRAR启动进行压缩并将压缩文件保存到当前的位置。

2. 压缩后文件到其他位置

(1) 在选中的对象"1. doc"上单击鼠标右键弹出快捷菜单。

(2) 选择上图中"添加到压缩文件",弹出如图 1-3-2 所示对话框(在当前窗口可以对压缩文件名进行修改)。

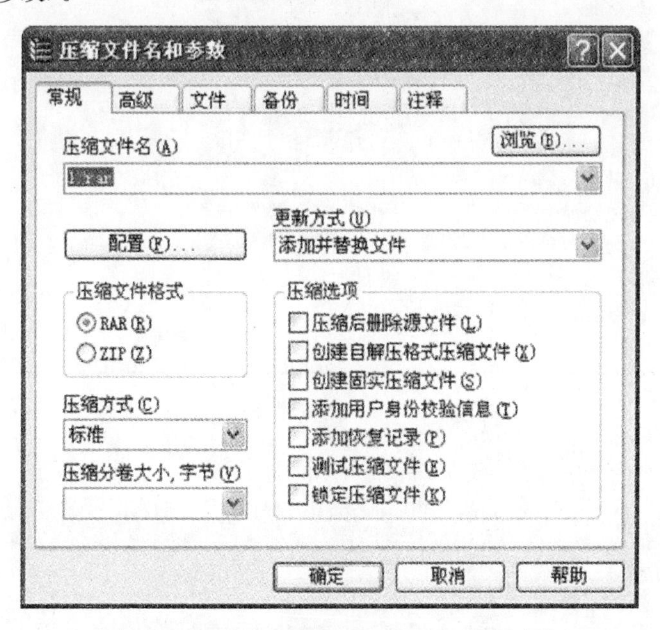

图 1-3-2 压缩文件名和参数设置

(3) 单击右侧“浏览”按钮，打开“查找压缩文件”对话框，在对话框中找到需保存的位置，单击“确定”，则将压缩后文件保存到指定位置。

（二）解压缩文件

1. 解压文件到当前位置

(1) 右键选中需解压缩的文件，弹出快捷菜单如图 1-3-3 所示。

(2) 选中“解压到当前文件夹”，则当前位置出现原来文件。

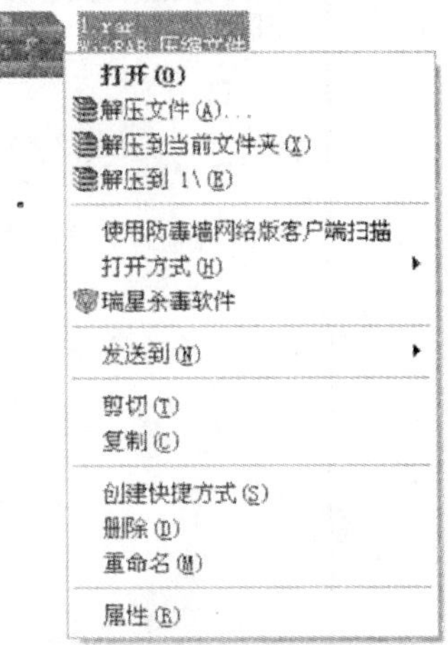

图 1-3-3　压缩文件到当前位置

2. 解压文件到其他位置

(1) 右键选中需解压缩的文件，弹出快捷菜单如图 1-3-3 所示。

(2) 选中“解压文件”，则弹出如图 1-3-4 所示“解压路径和选项”对话框。

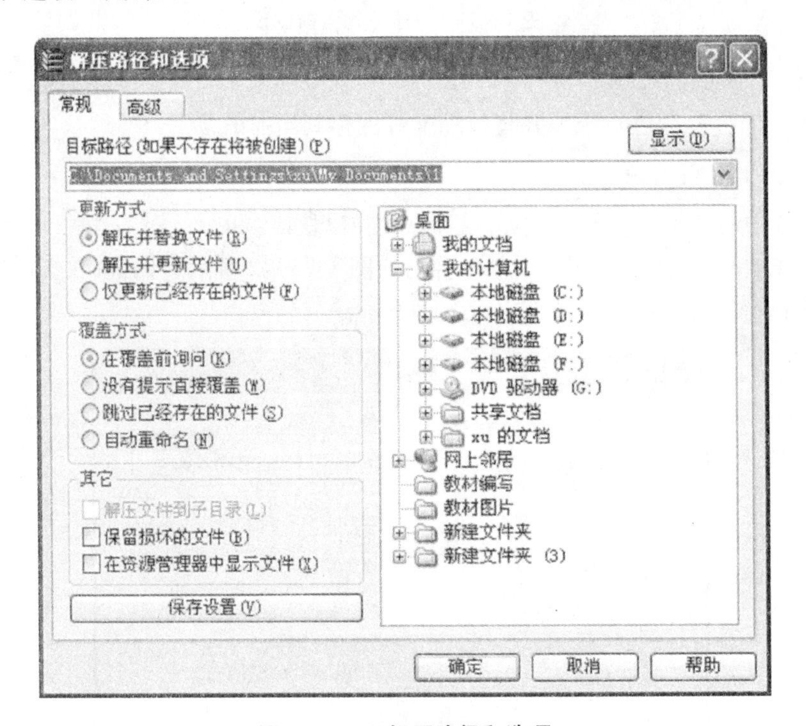

图 1-3-4　解压路径和选项

(3) 在对话框中找到需要保存的位置，单击“确定”。

常用压缩软件还有 WinZip 等软件，其操作方法与 WinRAR 操作方法类似。

二、图形图像处理软件

图形图像处理软件是被广泛应用于广告制作、平面设计、影视后期制作等领域的软件。常见的图像图形处理软件有：Photoshop，ExifShow，ACDsee，True Photo，MiYa 数码照片

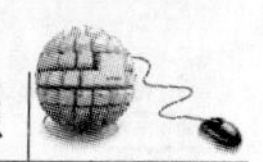

边框伴侣,光影魔术手等。由 Adobe 公司开发的 Photoshop 以其强大的功能和友好的界面成为当前最流行的产品之一,其功能强大,但入手难度较高,需要专业的图像技术,下面介绍“光影魔术手”这款实用、简单、易用的图形图像处理软件。

图 1-3-5　**Photoshop**

光影魔术手是款针对图像画质进行改善提升及效果处理的软件;简单、易用,不需要任何专业的图像技术,就可以制作出专业胶片摄影的色彩效果,其具有许多独特之处,如反转片效果、黑白效果、数码补光、冲版排版等,且其批量处理功能非常强大,是摄影作品后期处理、图片快速美容、数码照片冲印整理时必备的图像处理软件,能够满足绝大部分人照片后期处理的需要。

图 1-3-6　光影魔术手

比较常用的功能有：尺寸的调整、图像的裁剪、图像色彩的调整以及多图的拼组。这些功能都在软件非常醒目的地方，下载软件后零基础的人也可以非常迅速的上手处理好图片。

三、音频、视频处理软件

常用的音频处理软件有：Adobe Audition，GoldWave，NGWave Audio Editor，All Editor，Wavosaur 等。

常用视频处理软件有：AE，爱剪辑，会声会影，Edius，Adobe After Effects，Adobe Premiere，狸窝全能视频转换器，格式工厂 Adobe After Effects 软件可以帮助您高效且精确地创建无数种引人注目的动态图形和震撼人心的视觉效果。利用与其他 Adobe 软件无与伦比的紧密集成和高度灵活的 2D 和 3D 合成，以及数百种预设的效果和动画，为您的电影、视频、DVD 和 Macromedia Flash 作品增添令人耳目一新的效果。下面介绍“格式工厂”这款实用、简单、易用的视频处理软件。

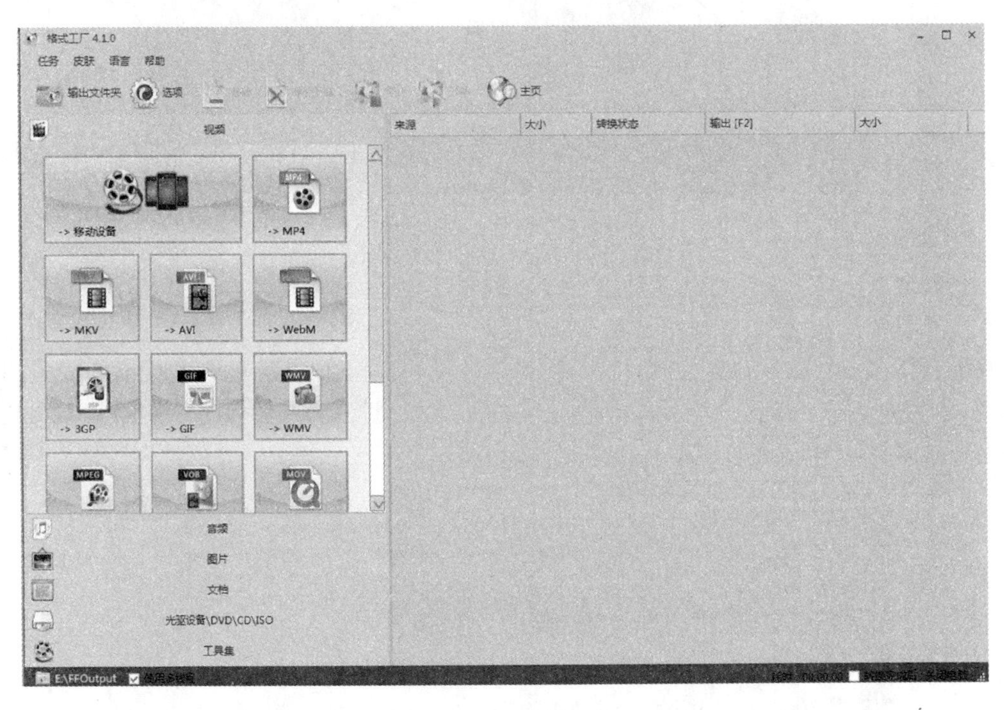

图 1-3-7　格式工厂

格式工场几乎支持所有类型多媒体格式。转换过程中，可以修复损坏的文件，让转换质量无破损，可以帮您的文件“减肥”，使它们变得“瘦小、苗条”，既节省硬盘空间，同时也方便保存和备份，支持图片常用功能，备份简单，能够满足绝大部分人视频后期处理的需要。

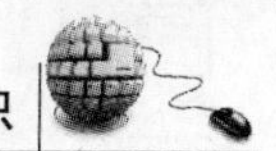

图 1-3-8　视频的格式转换

比较常用的功能有:视频的格式转换、视频的合并、音频和视频的混流、视频的剪辑尺寸的调整。下载软件后零基础的人也可以非常迅速地上手处理好视频。这些功能都在软件非常醒目的地方,以要转换成“MP4”格式为例,打开软件后,选择左侧视频列表,点击“MP4”;“添加文件/文件夹”,选择“输出文件夹路径”,然后点击“确定”;点击“开始”待转换完成后,点击“输出文件夹”,即可找到转好后的文件;结束。

四、电子书阅读软件

电子书是人们阅读的数字化出版物,区别于以纸张为载体的传统出版物。目前电子书的文件类型和阅读软件种类很多,下面主要以 PDF 文件和阅读软件 Adobe Reader 来说明具体操作方法。

(一) 阅读文件

1. 打开 Adobe Reader 软件,执行窗口“文件”菜单中“打开”命令,在弹出的“打开”窗口中选定需要阅读的 PDF 文件。

2. 单击“视图”菜单中“缩放”命令,可以调整阅读的页面比例大小。如图 1-3-9 所示。

3. 通过鼠标滚轮可以翻看文件,也可以单击工具栏中向上和向下箭头进行翻页浏览。

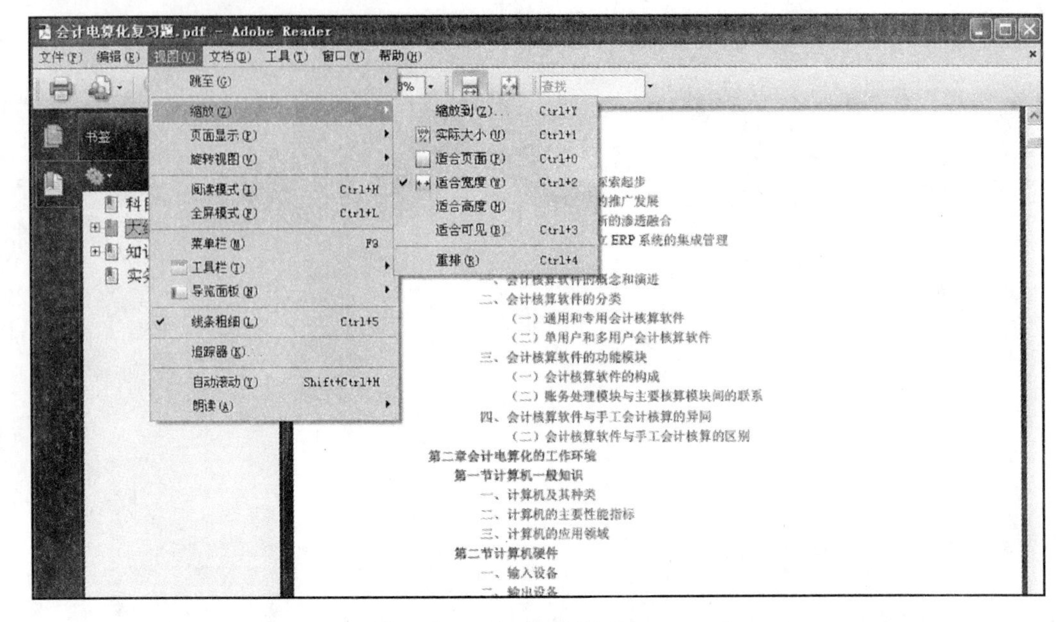

图 1-3-9　浏览窗口

（二）选定对象

PDF 文件中文字和图片可以选定后复制到其他文件中，具体操作如下：

(1) 打开 PDF 文件，单击“工具”菜单中“选择和缩放”命令，在子菜单中选中“选择工具”。

(2) 在文件中单击鼠标拖动选定文字或图片。

(3) 单击右键，在弹出的快捷菜单中选中“复制”或“复制图像”。

(4) 打开其他文件，单击右键，在弹出快捷菜单中选中“粘贴”，则将文字或图片粘贴到此处。

（三）文件格式转换

PDF 文件可以转换为其他格式，执行“文件”菜单中“另存为文本”，则可把当前文档转换为. txt 文本文件。

常用阅读软件还有 CAJViewer 等。

第四节　技能实训

实训 1　计算机组装

(1) 实训题目

使用所提供配件组装一台计算机。

(2) 实训目的

根据本章介绍内容，理解掌握组装一台计算机的方法以及注意事项。

(3) 实训内容

正确安装计算机硬件,设备连接方法正确,所有板卡、外设安装到位,计算机系统加电启动,没有报警声音,20 min 内完成所有操作。

(4) 实训方法

① 安装开始前用手触摸接地装置、佩戴防静电手套以消除静电。

② 正确安装计算机硬件,设备连接方法正确,所有板卡、外设安装到位。

③ 计算机系统加电启动,没有报警声音。

④ 不进行操作系统安装。

⑤ 20 min 内完成所有操作。

(5) 实训总结

根据实训中出现的问题做出总结。

实训 2　文字录入

(1) 实训题目

录入纸质文件材料内容。

(2) 实训目的

根据本章介绍内容,使用适当的输入法录入文件材料。

(3) 实训内容

选用合适的输入法录入纸质文件材料内容。

(4) 实训方法

① 选用合适的输入法录入纸质文件材料内容。

② 录入内容准确无误。

③ 20 min 内完成所有操作。

(5) 实训总结

根据实训中出现的问题做出总结。

第二章 Windows操作系统

DI ER ZHANG

Microsoft Windows，是美国微软公司研发的一套操作系统，它问世于 1985 年，起初仅仅是 Microsoft-DOS 模拟环境，后续的系统版本由于微软不断的更新升级，不但易用，也慢慢地成为人们最喜爱的操作系统。

Windows 采用了图形化模式 GUI，比起从前的 DOS 需要键入指令的使用方式更为人性化。随着电脑硬件和软件的不断升级，Windows 也在不断升级。

第一节 Windows 操作系统基础知识

一、Windows 操作系统简介

操作系统的版本有很多，用户可以根据自己的喜好进行选择，但它们的安装步骤是相似的。本章主要讲述常用操作系统及安装方式，主要内容有认识主流操作系统、操作系统的安装方式和 BIOS 设置等。

计算机的软件系统主要包括应用软件和系统软件两部分，而操作系统是计算机能正常使用的基础。因此，用户首先要对目前的主流操作系统有所了解，才能更好地选择最适合自己的操作系统。目前的操作系统大致可分为 Windows 操作系统、Linnux 操作系统、Mac 操作系统和虚拟操作系统。

Windows 操作系统由微软公司开发，有 25 年左右的发展历史，从 Windows 98 到 Windows XP 以及 Windows Vista 和 Windows 7，如图 2-1-1 所示。

图 2-1-1 Windows 7 和 Windows 98 界面

（一）Windows XP

Windows 操作系统是一款由美国微软公司开发的窗口化操作系统。采用了 GUI 图形化操作模式，比起从前的指令操作系统（如 DOS）更为人性化，如图 2-1-2 所示。

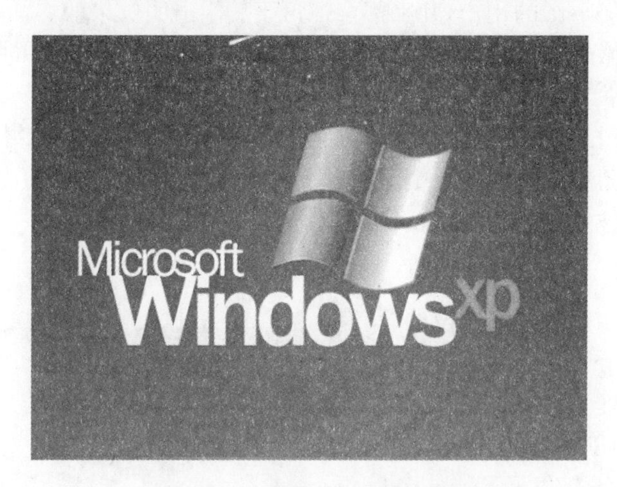

图 2-1-2　Windows XP 界面

Windows XP 操作系统是 2001 年发行的，到 2009 年宣布停止免费主流支持服务。但由于其具有较好的硬件兼容性，仍是目前主流计算机中使用率最高的操作系统。

（二）Windows Vista

微软公司于 2007 年推出了 Windows XP 的后续版本——Windows Vista。在 Vista 平台上，搜索的特性得到了前所未有的强化，无论开始菜单还是应用程序的每个窗口都有动态搜索栏，真正实现了“搜索无处不在”。而且用户也可以自己保存搜索结果，有效地节省了搜索的时间，以提升工作效率。

此外，在 Windows Vista 平台下首页界面的右侧，还提供各式各样的搜索引擎，服务于互联网的搜索，方便了用户的操作。准确地说，Vista 通过将应用程序生成的文档和数据集成到“搜索和组织”体验中，使用户更容易找到信息，如图 2-1-3 所示。

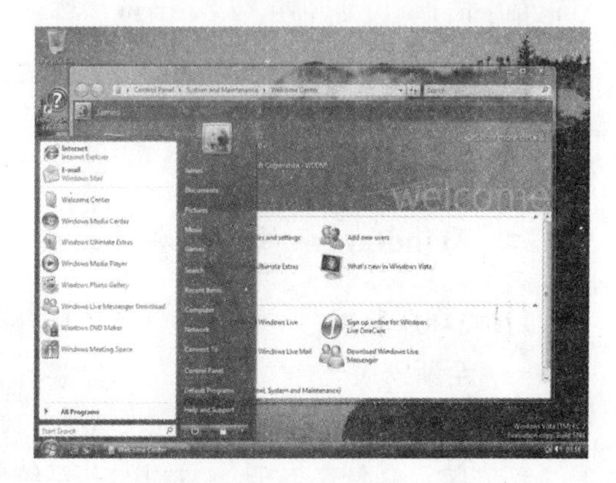

图 2-1-3　Windows Vista 界面

在首页界面的 Sidebar 功能，是 Vista 平台的一次创新。它将各式各样小巧的功能或者小软件统统集合起来，包括表、便签、计算器等。作为一个全开放的中心，Sidebar 也成为一个信息交互的场所。

见过 Windows Vista 的用户，几乎都会惊讶于其半透明效果的界面、纵深感的 3D 切换界面和动态预览。微软公司希望通过实现界面的美观，使用户在操作的过程中获取到更舒服的感受，进而提高工作效率。

Vista 一词源于拉丁文的 Vedere，在包括英语在内的大多数语言中有"远景、展望"之意。微软公司除了希望它能展望未来，继续执掌操作系统大旗之外，更是为未来 PC 乃至其他个人电子设备的技术和创新铺路，引领下一代计算体验。

（三）Windows 7

Windows 7 是由微软公司开发的，具有革命性变化的操作系统。该系统旨在让人们的日常计算机操作更加简单和快捷，为人们提供高效易行的工作环境。Windows 7（开发代号：Blackcomb 以及 Vienna，后更改为"7"）可供家庭及商业工作环境、笔记本电脑、平板电脑、多媒体中心等使用。微软公司于 2009 年 10 月 22 日在美国正式发布 Windows 7。

图 2-1-4　Windows 7 界面

Windows 7 的 Aero 效果更华丽，有碰撞效果、水滴效果，还有丰富的桌面小工具。这些都比 Vista 增色不少。

Windows 7 的设计主要围绕五个重点——针对笔记本电脑的特有设计；基于应用服务的设计；用户的个性化；视听娱乐的优化；用户易用性的新引擎。微软公司宣称 Windows 7 将使用与 Vista 相同的驱动模型，即基本不会出现类似 XP 至 Vista 的兼容问题。

处理机管理是操作系统的基本管理功能之一，它所关心的是处理机的分配问题。也就是说把 CPU（中央处理机）的使用权分给某个程序，通常把这个正准备进入内存的程序称为作业，当这个作业进入内存后我们把它称为进程。处理机管理分为作业管理和进程管理两个阶段去实现处理机的分配，常常又把直接实行处理机时间分配的进程调度工作作为处理机管理的主要内容。

二、Windows 操作系统安装方式

目前，操作系统的安装方式有 4 种：全新安装、升级安装、覆盖安装、自动安装。

（一）全新安装

在硬盘中没有任何操作系统的情况下或虽有操作系统但要重新格式化后安装系统，就是全新安装。全新安装安全性能较好，系统安装好后是一个纯净的操作系统环境。

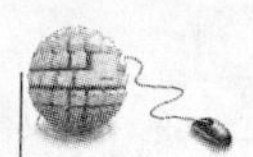

（二）升级安装

用较高版本的操作系统来覆盖原有计算机中较低版本的操作系统，就是升级安装。例如，从 Windows 98 升级到 Windows XP，从 Windows XP 升级到 Windows 7。

升级安装的优点是速度快，节省时间，同时原有的操作系统中的程序及数据依然存在，系统安装后性能较好。

（三）覆盖安装

用原有版本的系统重新进行的安装，称为覆盖安装。覆盖安装可以修复原有系统中存在的一些问题。

（四）自动安装

系统安装时按默认设置进行安装，无须用户操作，实现无人看护与值守，这种安装方式称为自动安装。自动安装最适于计算机公司批量安装系统。

三、Windows 7 安装

硬件组装完成后实际上计算机还是个裸机，因为它还没有安装系统。本节主要介绍 Windows 7 操作系统的安装。

（一）开始安装过程

准备工作做好后，将 BIOS 设置为从光驱启动，然后将 Windows 7 安装光盘放入光驱中。

图 2-1-5　Windows 7 安装初始界面

1. 用 Windows 7 安装光盘引导系统后，等待安装文件载入内存中。

2. 开始安装 Windows 7 操作系统。若对安装 Windows 7 系统有不明白的地方，将光标移动到“安装 Windows 须知”，右击后打开。

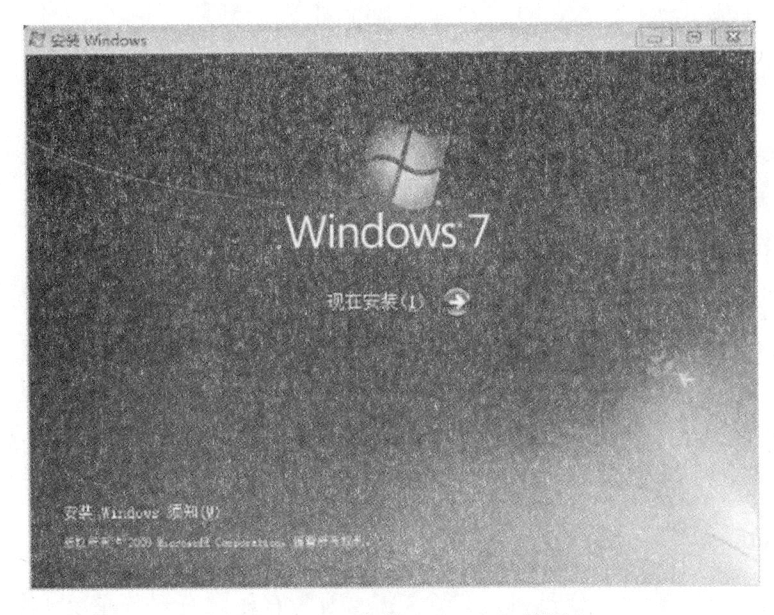

图 2-1-6　安装 Windows 7 界面

如图 2-1-7 所示是安装 Windows 7 的常规信息。用鼠标滑动右边的滚动条,可翻页阅读。最后单击“×”关闭该页面。

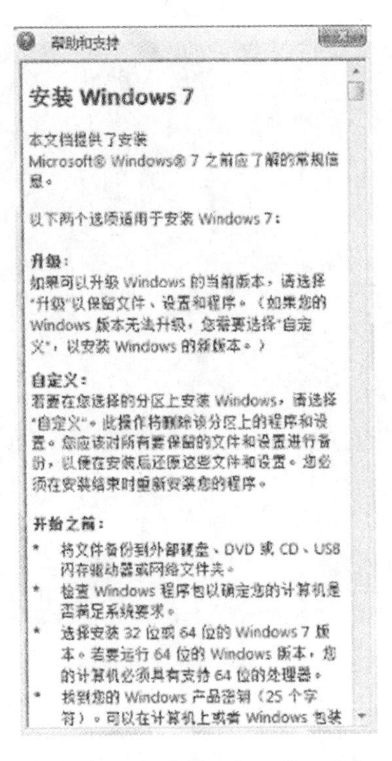

图 2-1-7　安装 Windows 7 须知

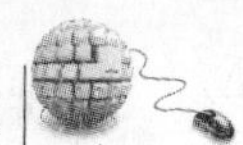

单击“→”，就开始安装了。

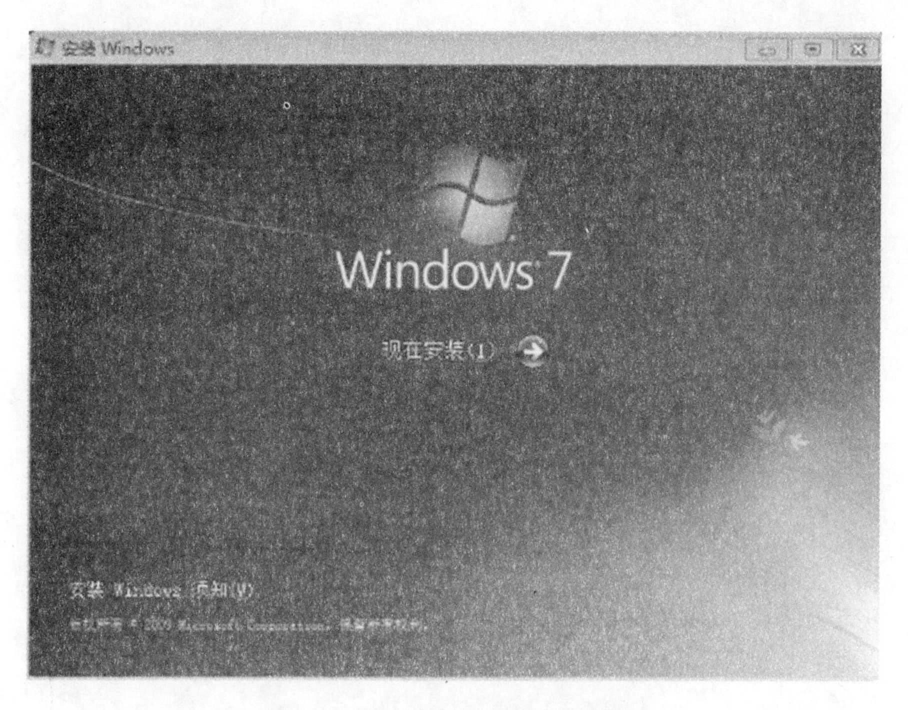

图 2-1-8　Windows 7 开始安装界面

（二）开始自动安装

所有安装选项的设置完成后，安装程序就开始进入自动安装阶段。具体操作方法如下：

(1) 安装程序将自动进行“复制 Windows 文件”“展开 Windows 文件”“安装功能”“安装更新”“完成安装”等操作。当每完成一项任务后，该项前面就会出现“√”，如图 2-1-9 所示。

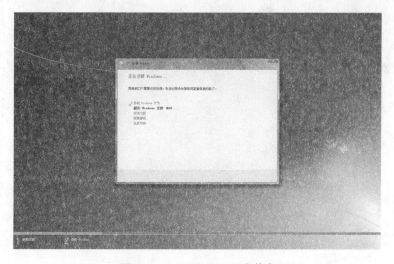

图 2-1-9　Windows 7 安装中

(2) 重新启动操作系统。因每个计算机的配置不同，整个安装过程用时在 20～40 min

不等。此后，计算机系统会自动重新启动，如图 2－1－10 所示。

正在启动 Windows

图 2－1－10　重新启动操作系统

安装程序正在更新注册表设置的界面，如图 2－1－11 所示。

安装程序正在更新注册表设置

图 2－1－11　安装程序正在更新注册表设置的界面

安装程序正在启动服务的界面，如图 2 - 1 - 12 所示。

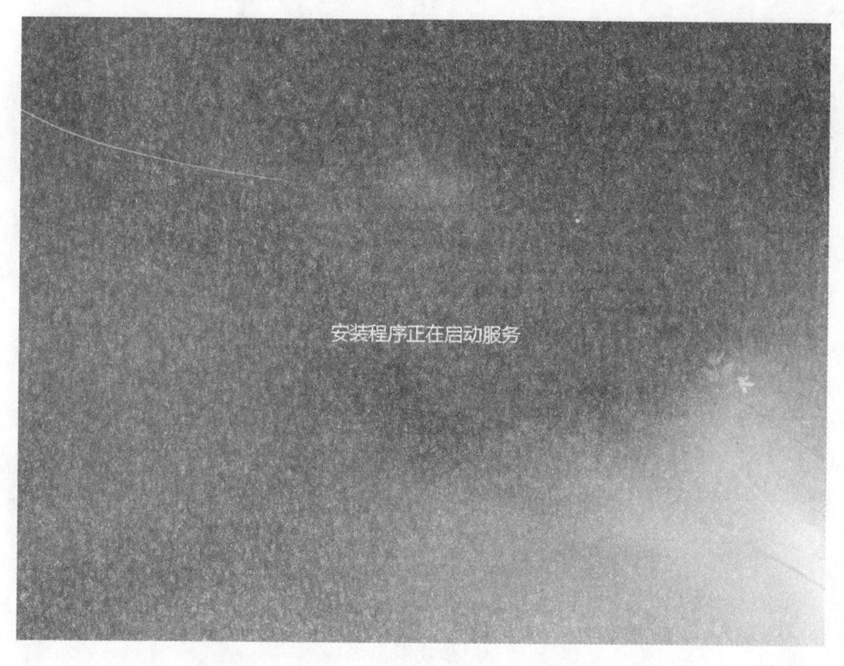

图 2 - 1 - 12　安装程序正在启动服务的界面

正在安装 Windows 的界面，下面的彩色安装进度条可以显示出安装的进程，如图 2 - 1 - 13 所示。

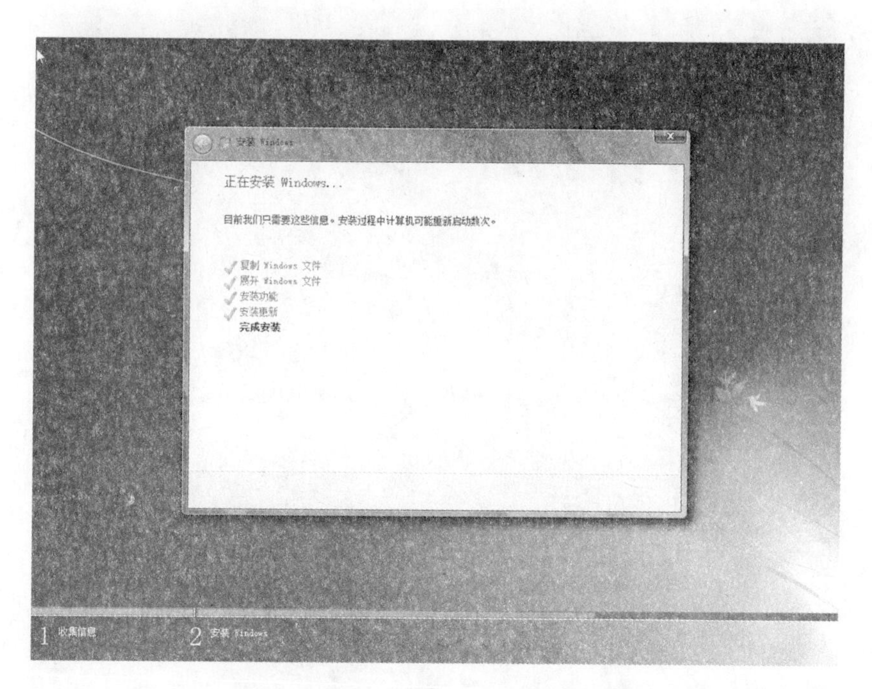

图 2 - 1 - 13　正在安装 Windows 的界面

计算机再次启动，如图 2－1－14 所示。

正在启动 Windows

图 2－1－14　计算机再次启动

（3）进行使用前的准备工作。启动后，安装程序正在为首次使用计算机做准备，进行使用前的一些检查，如图 2－1－15 所示。

安装程序正在为首次使用计算机做准备

图 2－1－15　进行使用前的准备工作

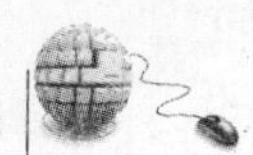

（三）最后设置阶段

（1）正在准备桌面界面，如图 2-1-16 所示。

图 2-1-16　正在准备桌面界面

（2）设置完成后，进入 Windows 7 界面，如图 2-1-17 所示。

图 2-1-17　Windows 7 安装成功界面

（3）选择计算机当前的位置。选择一个网络，如果不确定，就选择“公用网络”。

第二节 操作系统基础应用

一、桌面组成

Windows 桌面是指系统启动完成后屏幕显示的内容，包括“开始”菜单、桌面图标和“任务栏”三个部分。

（一）“开始”菜单

用鼠标单击“开始”按钮，弹出如图 2-2-1 所示的菜单。列出当前计算机上安装的程序，程序以图标的形式出现，后面是程序名。若需要的程序不在当前菜单中，可以用鼠标点击“所有程序”，会弹出子菜单，单击要运行的程序，启动程序。

图 2-2-1 “开始”菜单

（二）桌面图标

桌面图标可分为系统图标和应用程序快捷方式图标两类。系统图标是操作系统为方便用户管理和应用计算机资源而在桌面上创建的快捷方式图标，例如：“我的电脑”“我的文档”“回收站”等。应用程序快捷方式图标是由用户根据个人需要安装到系统中的各个应用软件所产生的快捷调用图标。桌面图标除“回收站”外，都可以重新命名。在实际应用中，为了保证个人数据资料的安全，建议不要使用“我的文档”，可在桌面创建个人文件夹快捷方式图标。

（三）“任务栏”

打开程序和文档后，在“任务栏”上会出现一个标有文档名称的按钮，若要切换界面，单击代表该界面的按钮。若右键单击该按钮，则可以弹出快捷菜单关闭界面。

双击“任务栏”最右侧的时钟，用户可以通过它设置日期和时间。

单击“任务栏”右侧的输入法按钮，弹出如图 2-2-2 所示的输入法菜单，可以选择一种输入法。

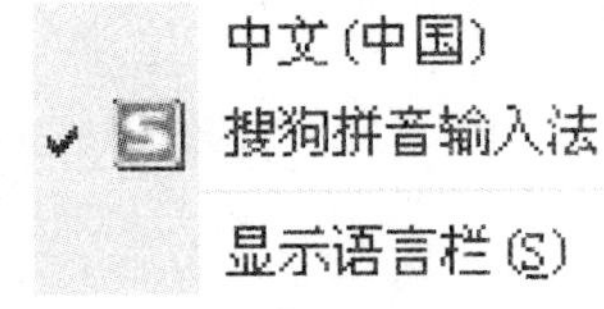

图 2-2-2 输入法菜单

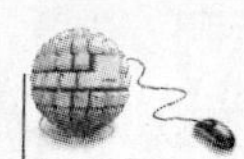

二、文件管理

（一）文件和文件夹

1. 文件

打开计算机的任何一个窗口发现的最基本的元素是文件。文件用图标和名称表示，如图 2－2－3 所示。

Pc.doc

图 2－2－3　文件的表示

文件名包括两个部分：文件主名和扩展名。图 2－2－3 中 Pc 为文件主名，是用户在建立文件时命名的，一般文件主名应该用有意义的词汇或数字命名，做到顾名思义；.doc 为扩展名，表示文件的类型，由建立该文件的程序定义，用户不能修改。

2. 文件夹

计算机的磁盘中可能有成千上万个文件，为避免混乱，可以把文件放到文件夹中。通常将内容相关的文件存放在一个文件夹中。

（二）建立文件（夹）

选定存储文件或文件夹的位置，如打开“我的文档”，如图 2－2－4 所示。

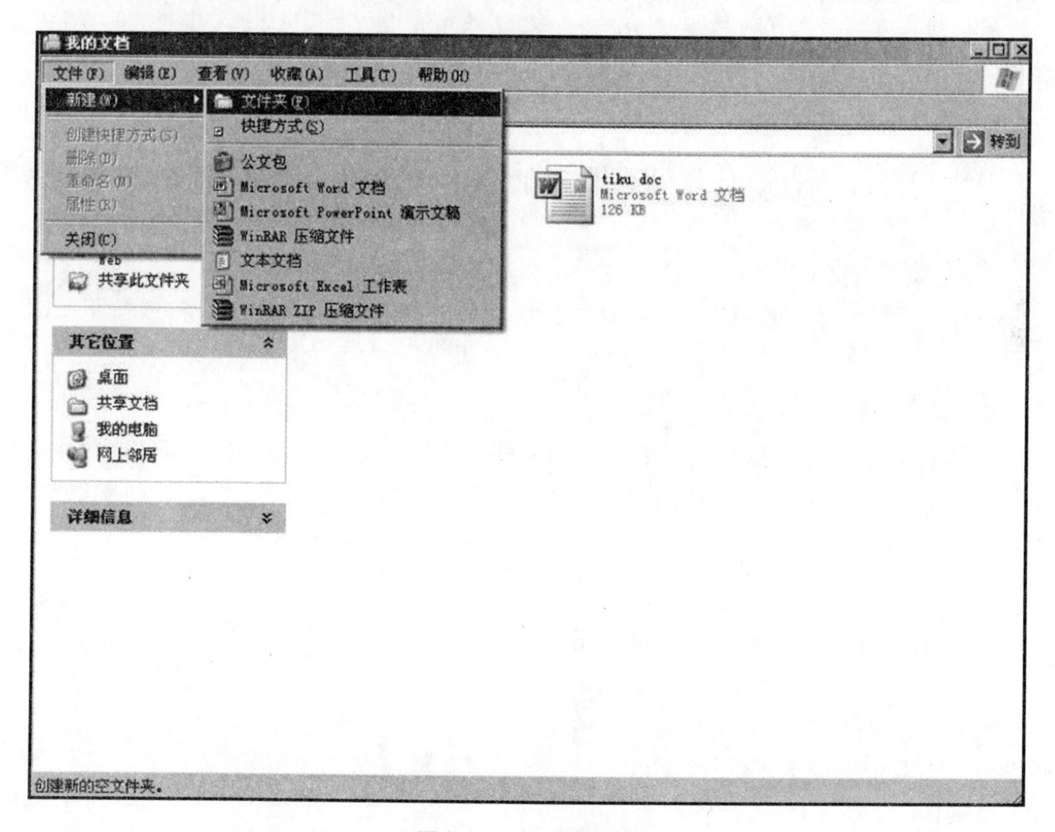

图 2－2－4　新建文件

(1) 单击窗口中的“文件”菜单。

(2) 选择“新建”子菜单中“文件夹”或列表中某文件。“我的文档”中增加了一个叫做“新建文件夹”的文件夹或“新建文档”的文件。

(3) 输入一个新名称。

(4) 按 Enter 键，文件或文件夹建立完毕。

以上操作也可以单击右键通过快捷菜单完成。

（三）重命名文件(夹)

Windows 允许更改文件或文件夹的名称，具体操作如下：

(1) 选中重命名的文件。

(2) 在“文件”菜单中选择“重命名”，文件名在框内突出显示。

(3) 输入新名称。

(4) 按 Enter 键，完成文件重命名。

以上操作也可以右键单击文件通过快捷菜单完成。

（四）选中文件(夹)

1. 选中连续文件(夹)

鼠标单击第一个文件，按下 Shift 键后用鼠标单击最后一个文件，则选中一组连续文件。

2. 选中不连续文件(夹)

鼠标单击第一个文件，按下 Ctrl 键后，用鼠标单击另一个文件，依次选中多个不连续文件。

3. 选中所有文件(夹)

鼠标单击任一个文件，执行窗口中“编辑”菜单，选中“全部选定”命令(或按下 Ctrl+A 键)。

（五）复制、移动文件(夹)

复制文件是将文件复制一份副本后，将副本另存到其他位置。移动文件是将文件从原来位置搬到其他位置。复制、移动文件和文件夹的操作基本类似，如选中“我的文档”中的 work. txt 文件。

1. 复制

(1) 单击窗口中“编辑”菜单，选中“复制”命令。

(2) 打开 D:盘窗口。

(3) 单击窗口中“编辑”菜单，选择“粘贴”命令。

(4) D:盘中出现 work. txt 文件。

此时“我的文档”和 D:盘各存有一份 work. txt 文件。

快捷键方法：选中文件，按下 Ctrl+C 键，即执行“复制”命令，在目标位置按下 Ctrl+V 键，即执行“粘贴”命令。

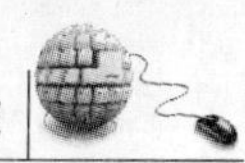

2. 移动(或剪切)

将上述操作中的“复制”命令改成“剪切”命令,则实现移动文件。此时“我的文档”中的 work. txt 文件消失了,而 D:盘中出现 work. txt 文件。

快捷键方法:选中文件,按下 Ctrl+X 键,即执行“剪切”命令,在目标位置按下 Ctrl+V 键,即执行“粘贴”命令。

(六) 删除文件(夹)

1. 临时删除文件(夹)

(1) 用鼠标选中文件。

(2) 在窗口中“文件”菜单中选择“删除”命令(或按下 Delete 键)。

(3) 原有位置的文件消失了,被放到了“回收站”中。

“回收站”中的文件是可以被还原到原始位置的,具体操作请参考“回收站”的内容。

2. 永久删除文件(夹)

选中文件后按下 Shift+ Delete 键,或者在“回收站”中选中文件,单击窗口中“文件”菜单中“删除”命令,则文件从“回收站”中消失,被永久删除。

(七) 查找文件或文件夹

当忘记某一文件的具体存放位置,查找某个文件(夹)的功能就显得非常重要。操作如下:

(1) 执行“开始”菜单的“搜索”命令。

(2) 在“搜索结果”窗口中,输入查找的文件名。

(3) 选择查找范围,可以在任意磁盘中查找。

(4) 单击“搜索”按钮,查找结果将在窗口右侧显示。

在设置搜索条件时,文件名或文件夹名可以使用通配符“ * ”和“?”,其中“ * ”代表任意字符(0 个或多个),“?”代表一个字符。例如,“ *. doc”表示文件类型是. doc 的全部文件;“w?? k. doc”表示文件名是四个字符的. doc 文件,其中第一个字符是“w”,最后一个字符是“k”,中间两个字符是任意字符。

三、控制面板

控制面板是用来进行系统设置和设备管理的一个工作集。在控制面板中,用户可以根据自己的喜好对鼠标、键盘、桌面等进行设置和管理,还可以添加或删除软件和硬件。执行“开始”菜单的“控制面板”命令可以启动控制面板,如图 2-2-5 所示。

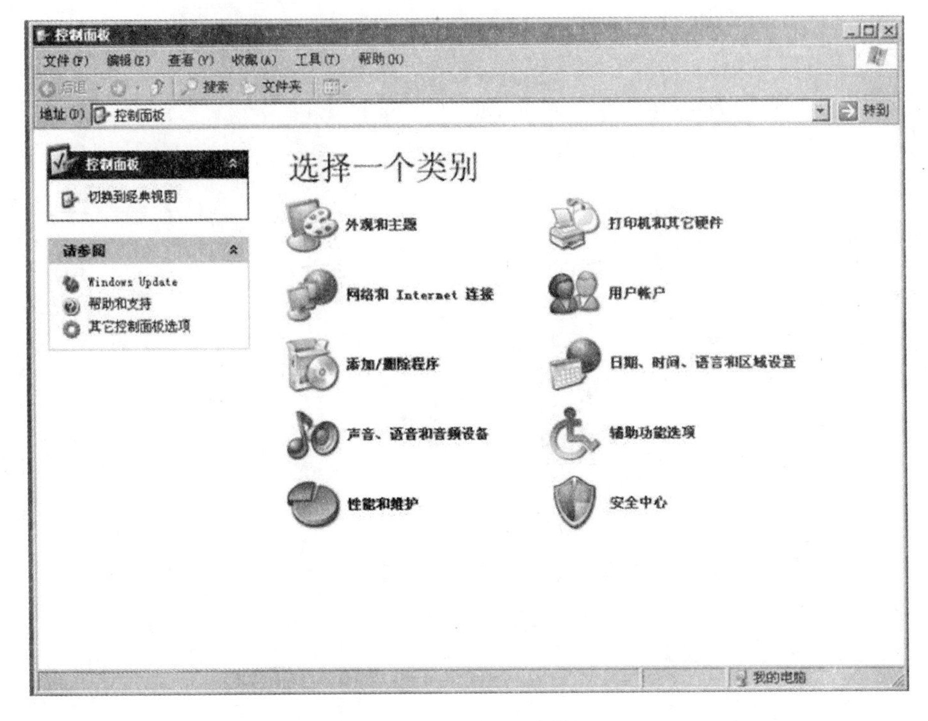

图 2-2-5　控制面板

（一）添加硬件

目前，绝大多数硬件都是即插即用。下面以添加打印机为例介绍具体操作：

(1) 将打印机连接到计算机上后，Windows XP 会自动检测到设备。

(2) Windows XP 在计算机硬盘中查找该设备的驱动程序，若硬盘中没有，则提示请插入与设备一起提供的光盘。

(3) 驱动程序安装完毕后，Windows XP 将为设备配置属性和设置。打印机图标上有"√"选中号，表示该打印机为用户的默认打印机。

在控制面板中，双击"打印机和传真"图标，右键单击默认打印机，在快捷菜单中单击"属性"命令，打开当前打印机"属性"对话框，选择"共享"选项卡，选中"共享这台打印机"项，并在后面的文本框中输入共享时该打印机的名称，则在网络中同一工作组的其他用户也可以使用该打印机。

（二）添加或删除程序

1. 添加程序

目前，安装程序有多种途径，主要有以下三种：

(1) 许多应用程序以光盘形式提供，光盘上带有自动安装文件 Auto-run. inf，该光盘在放入光驱后可自动运行安装程序。

(2) 直接运行安装盘中安装程序，如 setup. exe 或 install. exe。

(3) 若安装程序是从互联网上下载的，通常整套软件被捆绑成一个. exe 文件，运行该文

件直接安装。

安装程序过程在安装向导提示下进行，用户根据具体要求选择安装位置等参数，完成安装。

2. 删除程序

删除程序有两种途径：

(1) 执行“开始”菜单“所有程序”命令，在程序列表中找到要删除的程序，如果该程序提供了“卸载”工具，则执行工具即可删除程序。

(2) 执行“开始”菜单的“控制面板”命令，启动控制面板，打开“添加或删除程序”窗口，在“当前安装的程序”列表中选中要删除的程序，单击右侧“更改/删除”按钮，即可删除程序。

（三）显示属性

在桌面上单击右键，从快捷菜单中选择“属性”命令，则打开如图 2-2-6 所示的显示属性对话框。

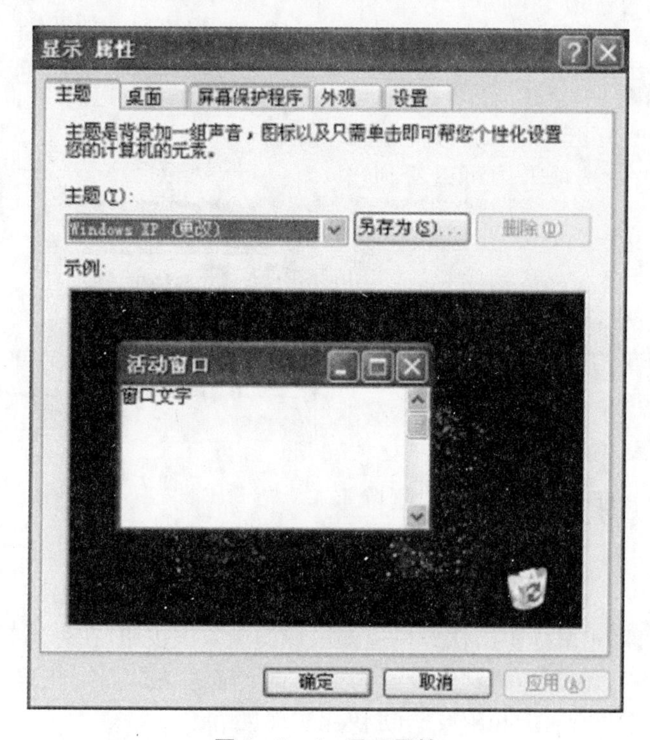

图 2-2-6　显示属性

在该对话框中可以完成如下常用设置：

1. “桌面”

单击“桌面”选项卡，在“背景”范围中选择可以设置为墙纸的图片，若该范围没有，可以单击“浏览”按钮，在计算机磁盘中选择。通过对话框中“位置”的变化，可以改变墙纸外观。

2. “屏幕保护程序”

“屏幕保护程序”是在一段时间内没有使用计算机时，屏幕上出现的移动的图片。单击“屏幕保护程序”选项卡，在“屏幕保护程序”列表中选择方案，并可以设置等待多少时间启动“屏幕保护程序”。同时可以选中“在恢复时使用密码保护”命令，从而保证只有用户本人才能恢复屏幕内容。

3. “设置”

在“设置”选项卡中，可以对显示器进行设置。拖动“屏幕分辨率”游标，改变像素大小。

（四）系统属性

右击我的电脑，从快捷菜单中选择“属性”命令，则打开如图 2-2-7 所示的系统属性对话框。

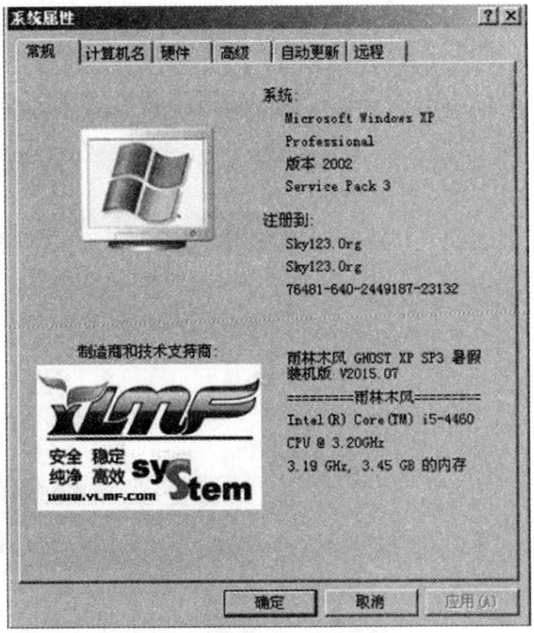

图 2-2-7　系统属性

（五）区域与语言选项

在“控制面板”窗口中，双击“区域与语言选项”图标，选择对话框“语言”选项卡，单击“详细信息”按钮，打开“文字服务和输入语言”对话框，在设置选项卡中可以看到当前安装的各种输入法。

1. 添加输入法

单击“添加”按钮，选中“键盘布局/输入法”，在下拉列表中选中需要添加的输入法，单击“确定”。

2. 删除输入法

选中需要删除的输入法，单击“删除”按钮。

3. 更改键设置

中英文切换可以用鼠标单击任务栏通知区域的输入法按钮，在弹出的菜单中选择“中文(中国)”，也可以用“Ctrl+ Space”组合键切换中英文输入法。如果在不同的汉字输入法间进行切换，可以使用“Ctrl+ Shift”组合键快速实现。

若需要设置某种输入法的组合键顺序，可以选中该输入法，单击“键设置”按钮，在“高级键设置”中找到该输入法，单击“更改按键顺序”，选中“启用按键顺序”项，并设置需要的键顺序，单击“确定”。

（六）设置系统时间

在“控制面板”窗口中，双击“日期/时间”图标，弹出“日期/时间属性”对话框。用户可以在“时区”选项卡中选择“北京”。在“时间和日期”选项卡中，可以调节年、月、星期和时钟。

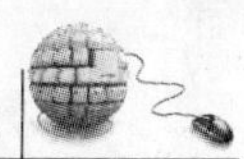

（七）用户账户

用户账户是计算机使用者的身份凭证。Windows 在一台电脑上建立多个用户账号，不同用户用不同账号登录，尽量减少相互之间的影响。每个经常使用计算机的人都应该有一个用户账户。用户账户由一个“用户名”和一个“口令”来标识，二者都需要用户在登录时键入。以下操作均以管理员的身份登录之后，进行设置。

1. 创建用户账户

(1) 在“控制面板”中单击“用户账户”图标，打开“用户账户”窗口。

(2) 单击“创建一个新账户”。

(3) 按照要求输入用户名，然后点击“下一步”。

(4) 挑选账户类型：计算机管理员或受限。计算机管理员账户允许更改所有计算机设置，受限用户只允许更改某些设置。

(5) 点击“创建用户”，此账户就被加入计算机中了。

2. 更改用户

计算机管理用户进入“用户账户”界面，可以更改用户名称、用户图片，并可添加密码。

3. 删除用户

计算机管理用户进入“用户账户”界面，单击受限用户，选中删除用户。

第三节 Windows 操作系统管理应用

一、注册表应用

微软采用注册表来统一管理软硬件配置，从而大大提高了系统的稳定性和安全性，同时也使我们能更容易地对系统进行维护和管理。

（一）注册表基础

总的来说注册表实际上是一个庞大的数据库，它包含了应用程序和系统软硬件的全部配置信息，初始化信息及其他重要数据。从一般用户的角度看，注册表系统由两部分组成：注册表数据库和注册表编辑器。其中注册表数据库包括两个文件：System. dat 和 User. dat。前者用来保存计算机的系统信息，如安装的硬件和设备驱动程序的有关信息等；后者则用来保存每个用户特有的信息，如桌面设置、墙纸或窗口的颜色设置等。它们一般都放在 C 盘 Windows 目录下。同时，微软为了防止注册表文件的损坏，特地准备了两个备份文件 System. da0 和 User. da0（文件类型是. da），也是放在 C 盘 Windows 目录下。

注册表编辑器是用来对注册表进行各种编辑的工具。可以在“开始”菜单中点击运行，在运行的对话框中填入“Regedit”即可看到注册表编辑器。

下面具体看看系统预定义的五个主关键字（即根键）：

(1) HKEY_CLASSES_ROOT：基层类别键，定义了系统中所有已经注册的文件扩展名、文件类型、文件图标等。

(2) HKEY_CURRENT_USER:定义了当前用户的所有权限,实际上就是 HKEY_USERS \.Default 下面的一部分内容,包含了当前用户的登录信息。

(3) HKEY_LOCAL_MACHINE:定义了本地计算机(相对网络环境而言)的软硬件的全部信息。当系统的配置和设置发生变化时,其下面的登录项也会随之改变。

(4) HKEY_USERS:定义了所有的用户信息,其中部分分支将映射到 HKEY_CURRENT_USER 关键字中,它的大部分设置都可以通过控制面板来修改。

(5) HKEY_CURRENT_CONFIG:定义了计算机的当前配置情况,如显示器、打印机等可选外部设备及其设置信息等。它实际上也是指向 HKEY_LOCAL_MACHINE\Config 结构中的某个分支的指针。

另外,每个根键再由若干主键组成,键名代表一特定的注册项目,键值可分为字符串值、二进制值和 DWORD 值,都能用注册表编辑器进行修改。

Windows 的注册表是控制系统启动、运行的最底层设置,其文件就是 System.dat 和 User.dat,它们不仅至关重要,而且极其脆弱。

(二) 注册表初级应用

1. 启动 Windows 时增加警告标题或问候信息

在 HKEY_LOCAL_MACHINE\Software\Microsoft\Windows NT\CurrentVersion\Winlogon 下新建两个字符串值,一个是信息框的标题:“LegalNoticeCaption”,它的值不妨设为“请你注意!”;另一个自然是信息框的内容了:“LegalNoticeText”=“上机没关系,可不要太久哦,你还有很多事没做呢!”。这样在你启动系统时,就会有一个信息框提醒你注意上机的时间和效率,不至于玩物丧志。当然,你完全可以输入其他的座右铭或问候语,来个极具个性化的“开场白”。

2. 删除开始菜单中不需要的子项

有时当你出于某种原因不再需要开始菜单中的某个子项时,你可以修改注册表将其删除。在 HKEY_CURRENT_USER\Software\Microsoft\Windows\CurrentVersion\Policies\Explorer 下添加相应的 DWORD 值,其中可以删除的子项有:收藏夹、文档、控制面板、查找、运行、注销、关闭系统及单击从这里开始的活动图标,相应的键为:“NoFavoritesMenu”“NoRecentDocsMenu”“NoSetFolders”“NoFind”“NoRun”“NoLogoff”“NoClose”及“NoStartBanner”,所有的键值均是“1”为关闭,“0”为激活(即原 Windows 默认状况)。HKEY_CURRENT_USER 的设置是对应于所有用户的,若要针对当前登录用户,则在 HKEY_USERS 子树相应的目录下更改即可。

3. 隐藏驱动器和禁用任务栏

在必要的时候你甚至可以隐藏某个驱动器以防止别人偷看你的个人隐私或机密文档。在 HKEY_CURRENT_USER\Software\Microsoft\Windows\CurrentVersion\Policies\Explorer 下新建二进制串值“NoDrives”。此键值与相应要隐藏的驱动器的关系有:“01 00 00 00”为隐藏 A 驱,“02 00 00 00”为隐藏 B 驱,“04 00 00 00”为隐藏 C 驱,“05 00 00 00”为隐藏 D 驱,隐藏全部的为“FF FF FF FF”。相同路径下 DWORD 值为“1”

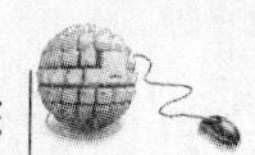

的“NoSetTaskbar”能让他人无法使用你的任务栏。

4. 锁定桌面和禁止使用注册表编辑器

当你不希望别人修改你机器上的个人设置时，可直接把桌面锁起来，甚至对别人禁用注册表编辑器 Regedit(但需要为自己留条后路，储备第二个修改器)。在 HKEY_CURRENT_USER\Software\Microsoft\Windows\CurrentVersion\Policies\Explorer 下加入 DWORD 值为“1”的“NoSaveSettings”和"NoChangeStartMenu”。此后系统对用户所作修改将不进行保存，也就是说用户对系统所做的一些修改都仅对当次运行有效，重启后就会自动恢复成修改前的状态。在 HKEY_CURRENT_USER\Software\ Microsoft\Windows\CurrentVersion\ Policies 下新建一主键“System”，就可用一个 DWORD 值为“1”的“DisableRe gistryTools”禁止 regedit 的使用。

5. 手动控制系统启动时自动加载的程序

在 HKEY_LOCAL_MACHINE\Software\Microsoft\Windows\CurrentVersion 下 Run 的若干主键，它们就是系统启动时被加载的自动运行程序。可以根据不同的情况灵活处理，自己控制自动运行的程序。

(三) 注册表高级应用

工具软件可对注册表进行一系列的优化等操作。但碰到特殊的个案，就不灵了，还是需要我们手动进行。在对注册表操作之前，切记做好备份，否则极容易“一失足成千古恨”。

1. 让“回收站”换名或从桌面上删除它

打开 HKEY_CLASSES_ROOT/CLSID/{645FF040-5081-101B-9F08-00AA002F954E}将“默认”字符串的键值由“回收站”变为其他。

2. 隐藏桌面的所有图标

HKEY_CURRENT_USER/Software/Microsoft/Windows/CurrentVersion/Policies/Explorer，右窗口空白处新建 Dword 为 Nodesktop，将其键值改为 1。恢复时只需将值改为 0，或直接删除 Nodesktop 即可。如果更名为 Nosavesettings，双击将其键值改为 1，则会使桌面保持在第一次设置时的状态，即锁住桌面。如果更名为 Noclose，双击将其键值改为 1，则生效后开始菜单无“关闭系统”选项。恢复法同上。

3. 改变“我的电脑”“回收站”的图标

“HKEY_LOCAL_MACHINE\SOFTWARE\Classes\CLSID”选项，然后选择“编辑”，“查找”，键入“回收站”并确认。当找到该项后，选择该项的 DefaultIcon 选项，双击名称栏中的 “Full”(或“Deafult”“Empty”)，在弹出的对话框中显示的是“回收站”所对应的图标文件，更改该值为您喜欢的图标文件(注意要写全文件路径)。用同样的方法可以修改“我的电脑”的图标，只要在查找时键入“我的电脑”并确认即可。

4. 时间也能个性化

打开 HKEY_CURRENT_USER\ControlPanel\International 主键，在右边窗口的空白处新建名为“sTimeformat”的字符串。将其键值修改为“hh 点 mm 分”。

5. 修改IE默认连接首页

HKEY_LOCAL_MACHINE\SOFTWARE\Microsoft\Internet Explorer\Main

HKEY_CURRENT_USER\Software\Microsoft\Internet Explorer\Main

修改“Start Page”的键值，来达到修改浏览者IE默认连接首页的目的。

二、组策略应用

注册表是Windows系统中保存系统软件和应用软件配置的数据库，而随着Windows功能越来越丰富，注册表里的配置项目也越来越多，很多配置都可以自定义设置，但这些配置分布在注册表的各个角落，如果是手工配置，可以想像是多么困难和繁杂。而组策略则将系统重要的配置功能汇集成各种配置模块，供用户直接使用，从而达到方便管理计算机的目的。

（一）组策略基础

其实简单地说，组策略设置就是在修改注册表中的配置。当然，组策略使用了更完善的管理组织方法，可以对各种对象中的设置进行管理和配置，远比手工修改注册表方便、灵活，功能也更加强大。

在Windows 2000/XP/2003系统中，系统默认已经安装了组策略程序，在“开始”菜单中，单击“运行”选项，在打开的对话框中输入“gpedit. msc”并确定，即可运行组策略。

使用上面的方法，打开的组策略对象是当前的计算机，而如果需要配置其他的计算机组策略对象，则需要将组策略作为独立的MMC管理单元打开：

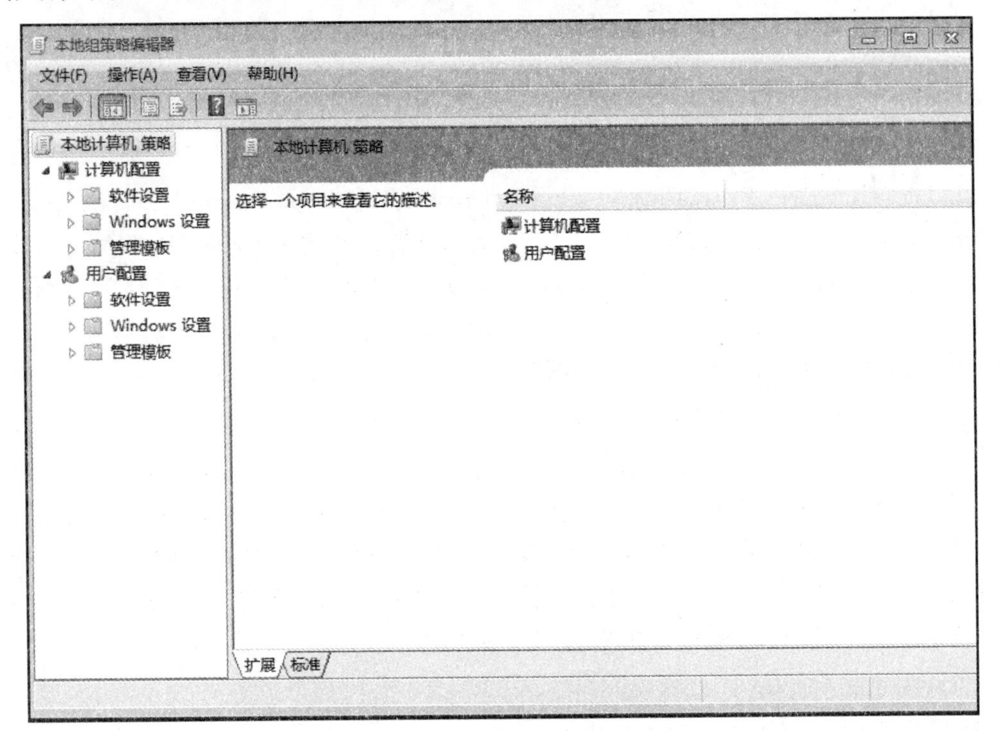

图2-3-1 本地组策略编辑器界面

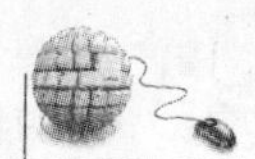

（1）打开 Microsoft 管理控制台(可在“开始”菜单的“运行”对话框中直接输入“MMC”并确定)。

（2）单击“文件→添加/删除管理单元”菜单命令，在打开的对话框中单击“添加”按钮。

（3）在“可用的独立管理单元”对话框中，单击“组策略”选项，然后单击“添加”按钮。

（4）在“选择组策略对象”对话框中，单击“本地计算机”选项编辑本地计算机对象，或通过单击“浏览”查找所需的组策略对象。

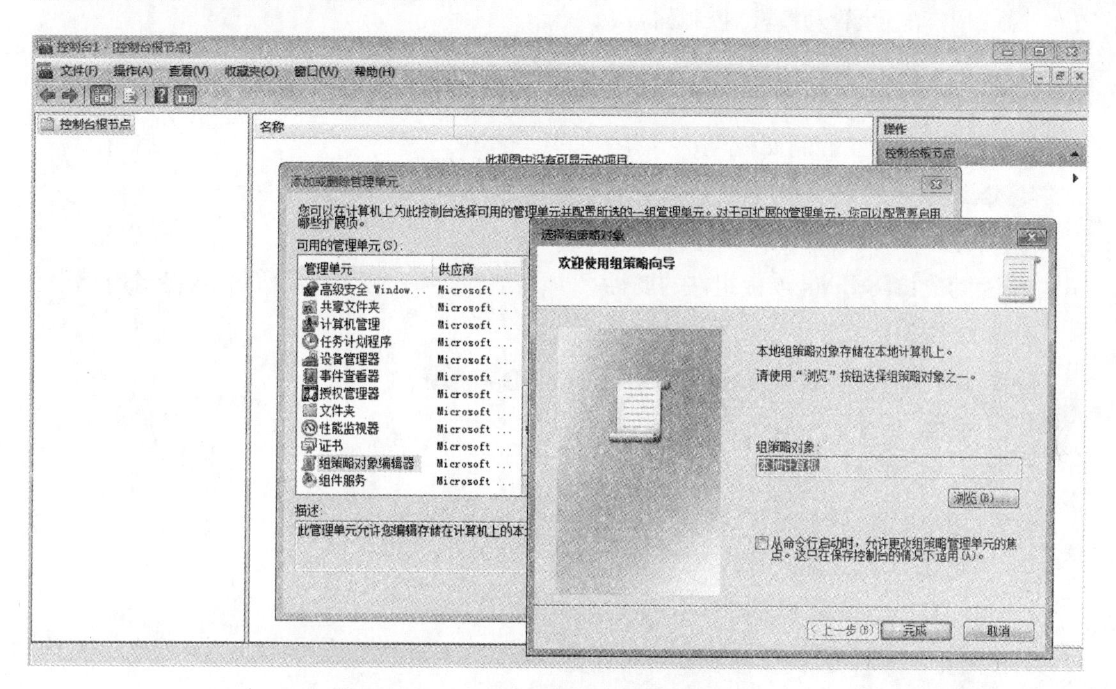

图 2-3-2　编辑的组策略对象过程

（5）单击“完成”按钮，组策略管理单元即打开要编辑的组策略对象。

（6）在左窗格中定位需要更改的选项的位置，在右窗格中右键单击需要更改的具体选项，单击“属性”命令，即可打开其属性对话框，从中选择“已启用”“未配置”“已禁用”选项即可对计算机策略进行管理。

（二）组策略应用示例

1. 隐藏电脑的驱动器

位置：用户配置\管理模板\Windows 组件\Windows 资源管理器\

隐藏“我的电脑”中的这些指定的驱动器	已启用
防止从“我的电脑”访问驱动器	未配置

启用后，发现我的电脑里的磁盘驱动器全不见了，但在地址栏输入盘符后，仍然可以访问，如果再把下面的防止从“我的电脑”访问驱动器设置为启用，在地址栏输入盘符就无法访问了，但在运行里直接输入 cmd，在 DOS 下仍然可以看见，接下来就是把 CMD 命令也禁用了。

位置：用户配置\管理模板\系统\

阻止访问命令提示符　　已启用

2. 禁用注册表

位置:用户配置\管理模板\系统\
　　阻止访问注册表编辑工具　　已启用

3. 禁用控制面板

位置:用户配置\管理模板\控制面板\
　　禁止访问“控制面板”　　已启用

如果你只想显示隐藏某些配置,就选择下面的
　　隐藏制定的“控制面板”项　　已启用

4. 禁止更改 TCP/IP 属性

位置:用户配置\管理模板\网络\网络连接
　　禁止访问 LAN 连接组件的属性　　已启用

5. 删除任务管理器

位置:用户配置\管理模板\系统\Ctrl＋Alt＋Del 选项\
　　删除“任务管理器”　　已启用

6. 禁用“添加/删除程序”

位置:用户配置\管理模板\控制面板\添加/删除程序
　　删除“添加或删除程序”　　已启用

7. 禁用 IE“工具”菜单下的“Internet 选项”

为了阻止别人对 IE 浏览器设置的随意更改。

位置:用户配置\管理模板\Windows 组件\Internet Explorer\浏览器菜单
　　“工具”菜单:禁止“Internet 选项”菜单选项　　已启用

8. 只运行许可的 Windows 应用程序

如果您启用这个设置,用户只能运行您加入“允许运行的应用程序列表”中的程序。

位置:用户配置\管理模板\系统\
　　只运行制定的 Windows 应用程序　　已启用

三、本地安全策略应用

(一) 如何启动本地安全策略?

(1) 运行 secpol. msc 可直接进入本地安全策略。

(2) “开始”→“控制面板”→“管理工具”→“本地安全设置”也可启动本地安全策略。

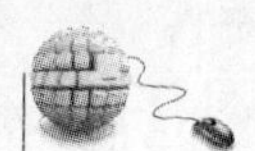

（二）本地安全策略构成

1. 账户策略

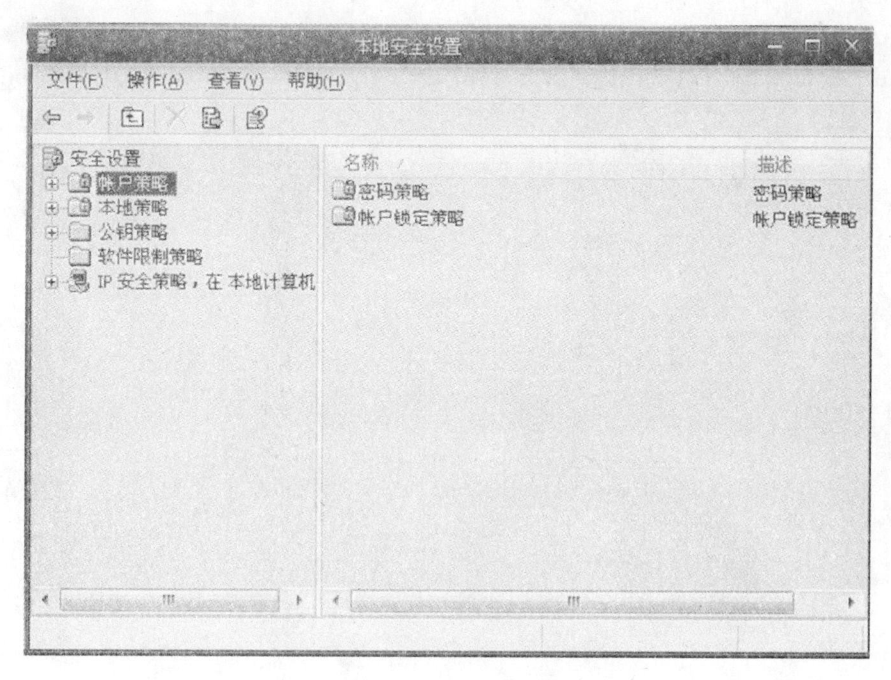

图 2－3－3　账户策略

（1）密码策略

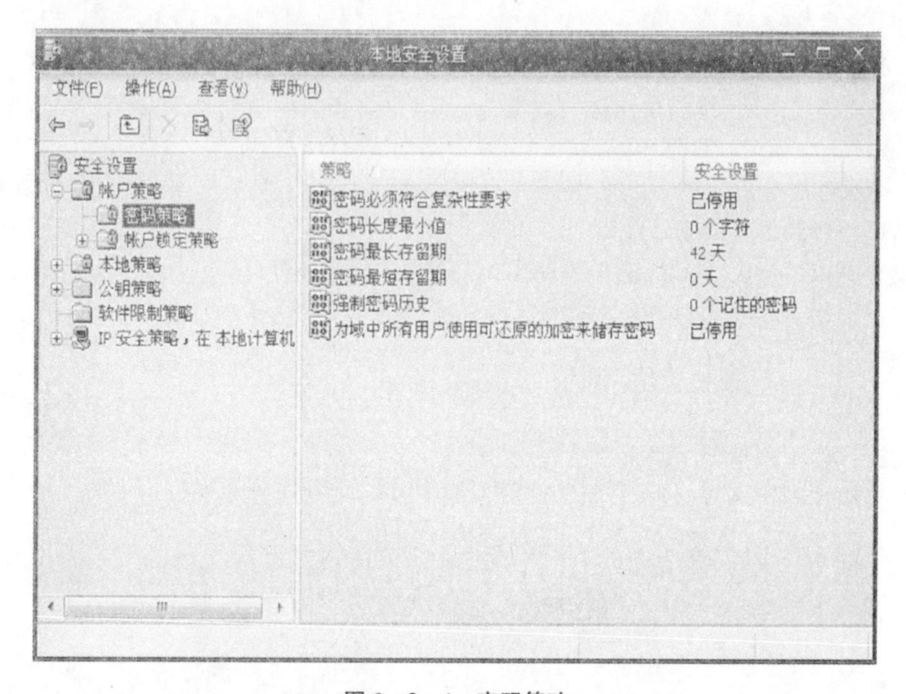

图 2－3－4　密码策略

(2) 账户锁定策略

作用就是管理员可以把系统中的一些账户锁定，使这些账户不能登录系统，而且还可以来设置锁定的时间长短。

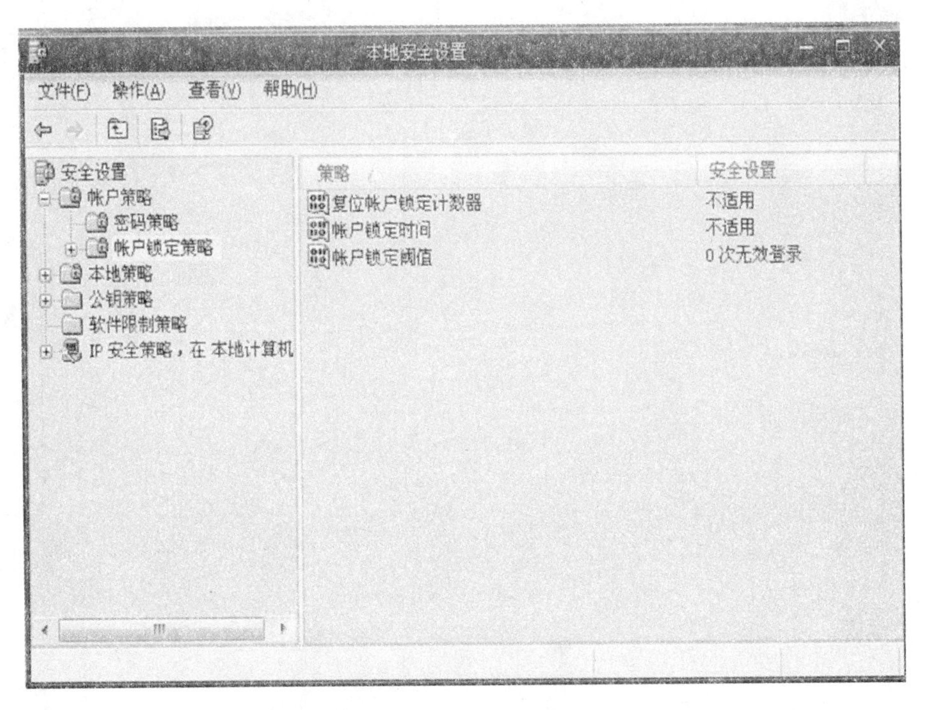

图 2-3-5 账户锁定策略

➢ 账户锁定阈值：指用户输入几次错误的密码后，将用户账户锁定，设置范围 0～999 之间，默认值为 0，代表不锁定账户。

➢ 账户锁定时间：指当用户账户被锁定后，经过多长时间就会自动解锁。设置范围0～99 999，0 代表必须由管理员手动解锁。

➢ 复位账户锁定计数器：指用户由于输入密码错误开始计数时，计数器保持的时间，当时间过后，计数器将复位为 0。

例如：账户锁定阈值为 5，账户锁定时间设为 30，复位账户锁定计数器设为 10，则表示 10 min 之内，有连续 5 次登录没有成功，则锁定该账户 30 min。而如果 10 min 内，只有 4 次登录没有成功，那么 10 min 后，这 4 次未成功登录将不计。

2. 本地策略

审核策略：用来设置一些审核系统的内容，如审核登录账户、审核系统事件、审核策略更改等，一般用户不用进行设置，只要按照默认配置即可。

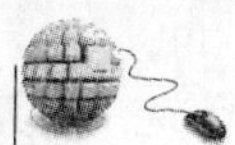

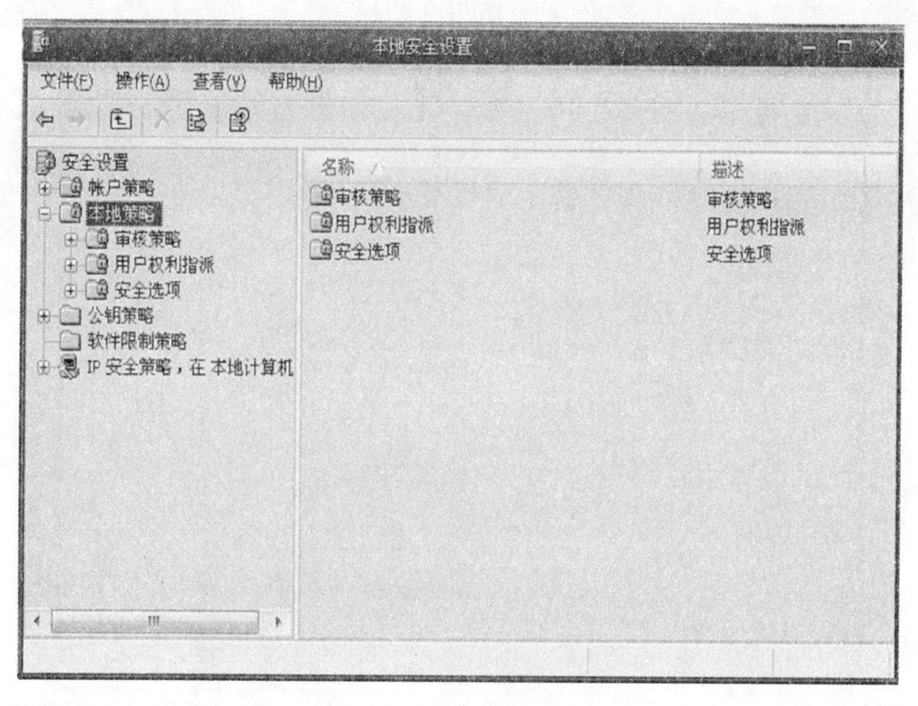

图 2-3-6　本地安全设置

用户权利指派:设置系统的策略内容有哪些账户可以用。

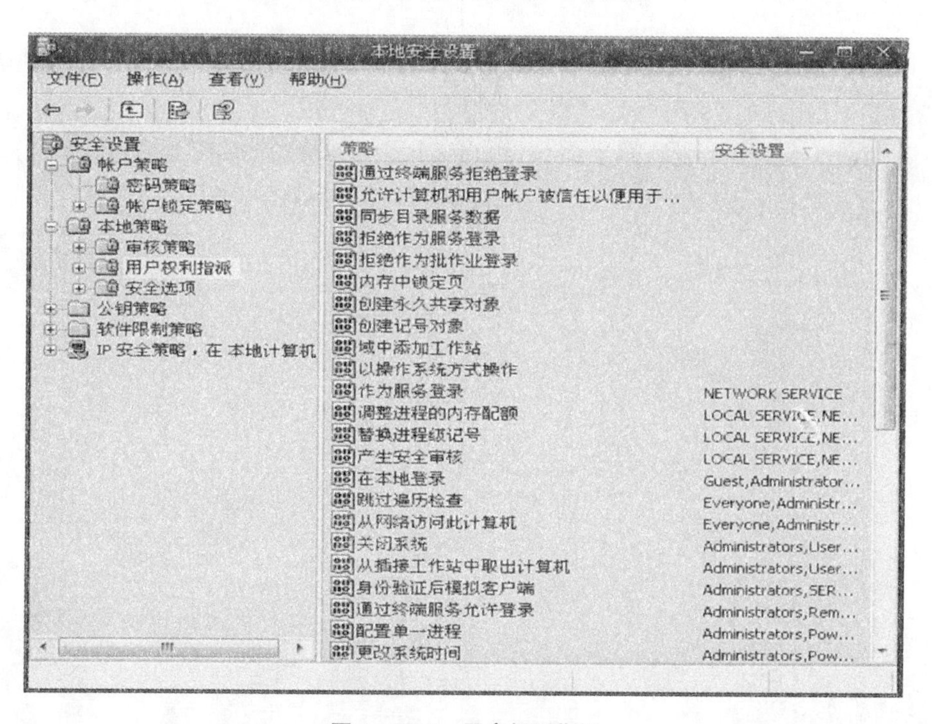

图 2-3-7　用户权利指派

“安全选项”:用来设置一些系统安全方面的策略内容。我们可以在这里设置策略的“启用”或“停用”。

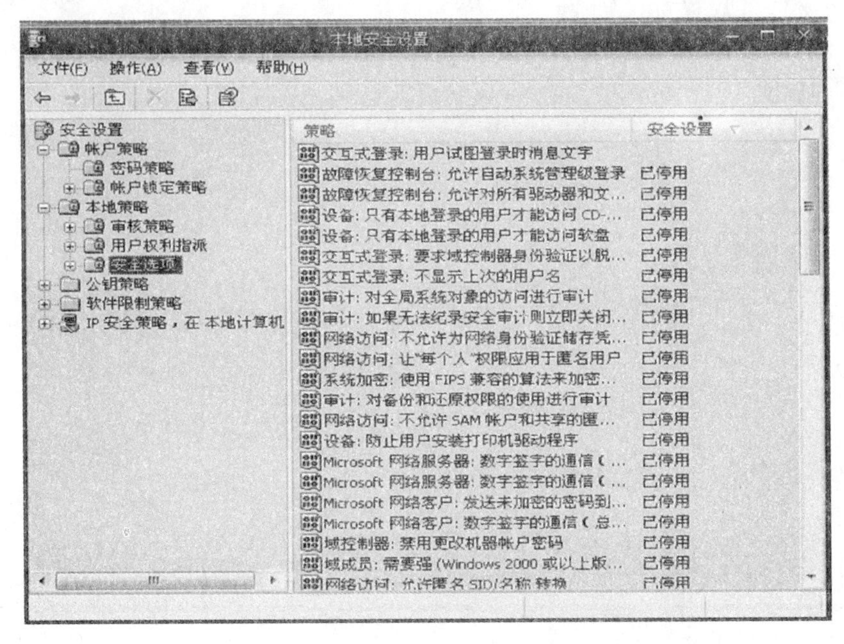

图 2-3-8　安全选项

3. 公钥策略

公钥策略:可以让电脑自动向企业证书颁发机构提交证书申请并安装颁发的证书,这样有助于电脑能获得在组织内执行公钥加密操作的权限。

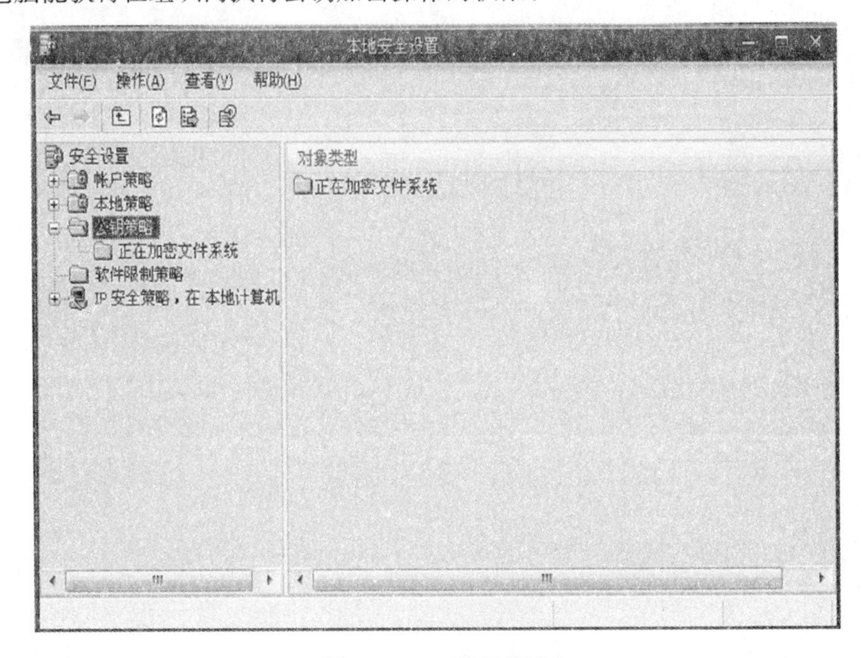

图 2-3-9　公钥策略

4. 软件限制策略

简单地说,就是设置哪些软件可以用,哪些软件不可以用,默认情况下是关闭的。如果要设某软件不可用,可以用右键单击“软件限制策略”选项并选择其中的“建立新的策略”选项,接着单击“其他规则”,并在右框中选择“新路径规则”选项,接下来单击“浏览”来选择相应程序,最后在安全级别中选择“不允许”并单击“确定”按钮即可完成。

5. IP 安全策略

IP 安全策略:设置 IP 地址的安全保护,用它可以防止别人 ping 我们的电脑,而且还可以关闭一些危险的端口。

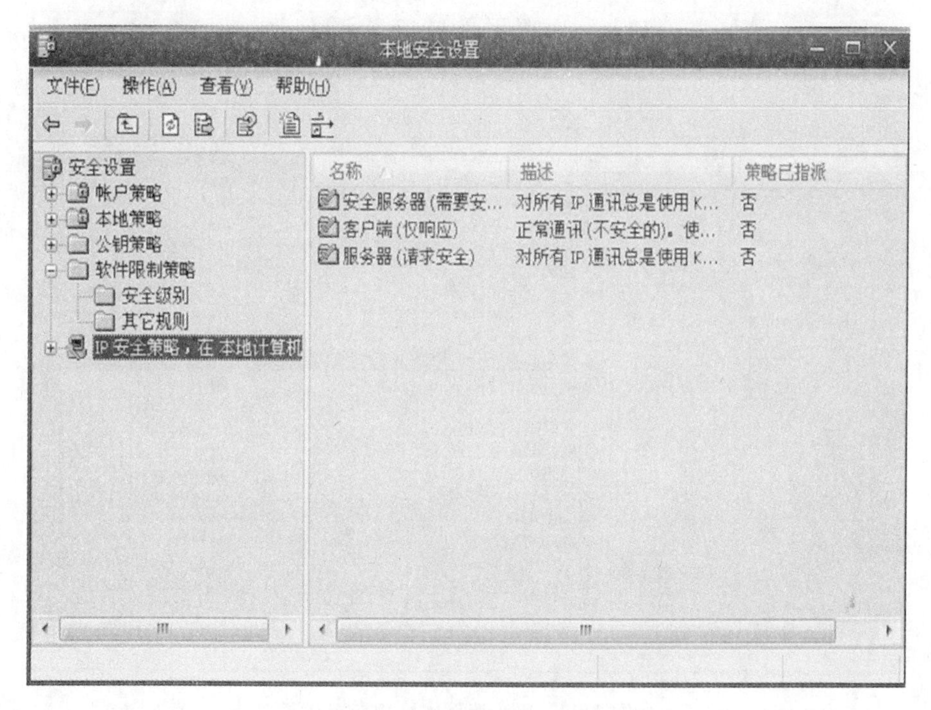

图 2-3-10　IP 安全策略

(三)“本地安全策略”的使用

1. 禁止枚举账号

某些具有黑客行为的蠕虫病毒可以通过扫描 Windows XP 系统的指定端口,然后通过共享会话猜测管理员系统密码,因此,我们需要通过在“本地安全策略”中设置禁止枚举账号,从而抵御此类入侵行为 。(启用:不允许 SAM 账户和共享的匿名枚举 ,再重命名系统管理员账户)

2. 账户管理

为了防止入侵者利用漏洞登录机器,我们要在此设置重命名系统管理员账户名称及禁用来宾账户。(停用账户:来宾账户状态;更改账户:重命名系统管理员账户)

3. 指派本地用户权利

如果你是系统管理员身份，那么就可以指派特定权利给组账户或单个用户账户。在“安全设置”中，定位于“本地策略”→“用户权利指派”，而后在其右侧的设置视图中，可针对其下的各项策略分别进行安全设置 。

例如，若是希望某用户获得系统中任何可得到的对象的所有权：包括注册表项、进程和线程以及 NTFS 文件和文件夹对象等（该策略的默认设置仅为管理员），首先应找到列表中“取得文件或其他对象的所有权”策略，用鼠标右键单击，在弹出菜单中选择“属性”，在此点击“添加用户或组”按钮，在弹出对话框中输入对象名称，并确认操作即可。

图 2-3-11　指派本地用户权利

四、系统修复应用

无论系统多么完美，总有崩溃的那一刻。然而重装系统费时费力，如果之前做好了系统备份，那么即使系统崩溃，也万事无忧。

ghost，原意为幽灵，即是死者的灵魂，以其生前的样貌再度现身于世间。

Norton Ghost（诺顿克隆精灵 Symantec General Hardware Oriented Software Transfer 的缩写译为“赛门铁克面向通用型硬件系统传送器”）是美国赛门铁克公司旗下的一款出色的硬盘备份还原工具。

（一）利用 Ghost 备份系统

准备一张含有 Ghost 的启动光盘。操作步骤如下：

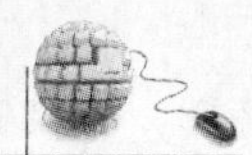

(1) 进入 BIOS 设置程序,设置系统启动顺序为光驱启动。将 Ghost 光盘放入光驱中,按 F10 键保存退出,重启计算机。

(2) 启动光盘,运行 Ghost 程序,弹出 Ghost 的系统信息对话框。

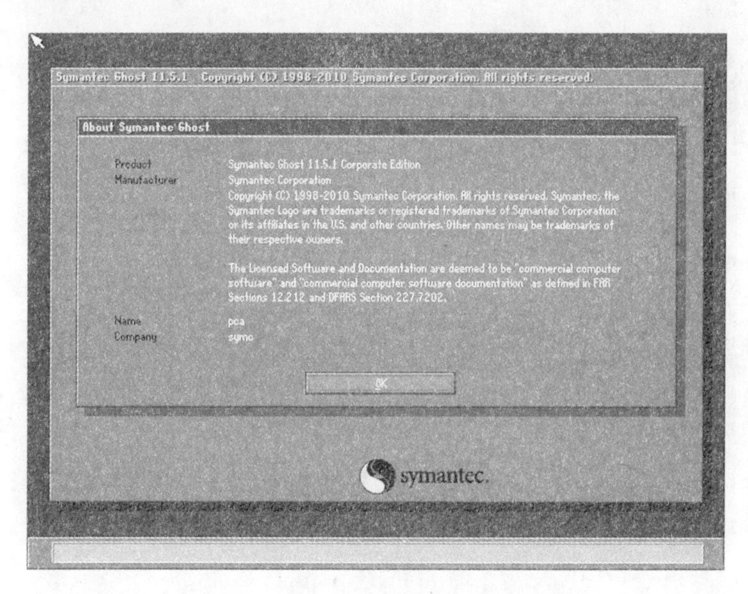

图 2-3-12　系统信息对话框

(3) 单击"OK"按钮,进入 Ghost 主界面。

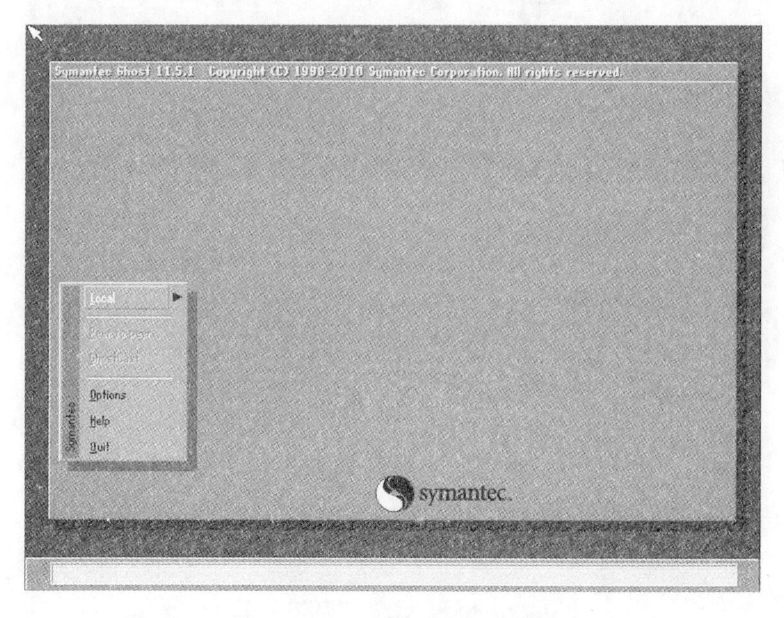

图 2-3-13　进入 Ghost 主界面

(4) 选择【Local】/【Partition】/【To Image】命令，如 2－3－14 图所示，将弹出选择硬盘对话框。

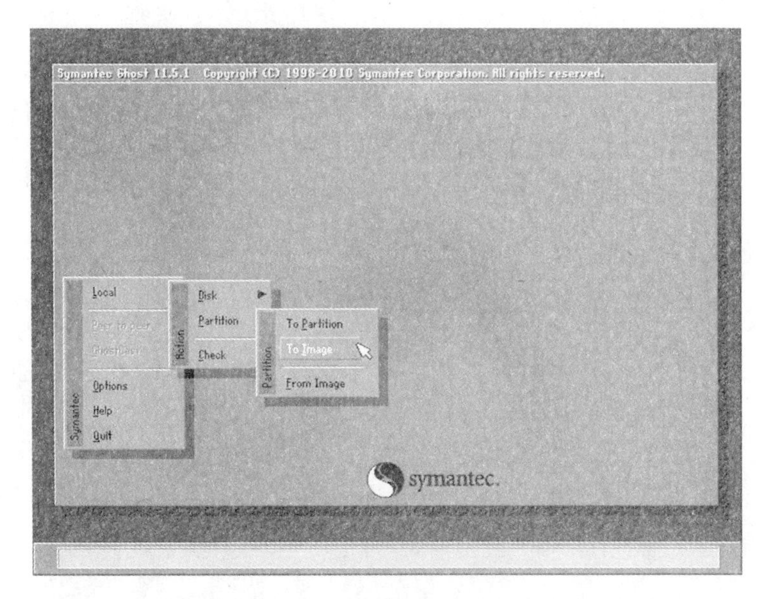

图 2－3－14　系统备份选择

(5) 该计算机只有一个硬盘，所以默认选择“1”。

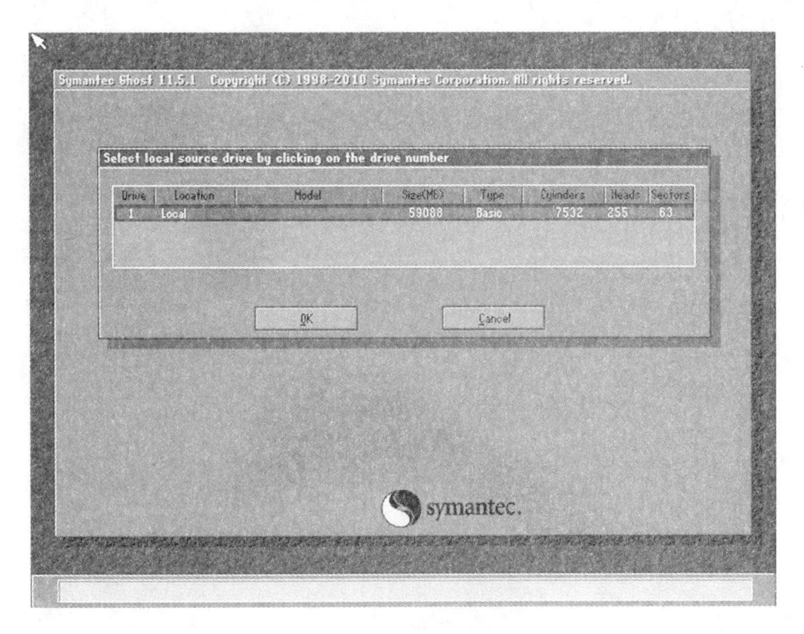

图 2－3－15　选择要备份的硬盘

(6) 单击“OK”按钮，弹出源分区选择对话框，选择 1 分区(即 C 盘)。

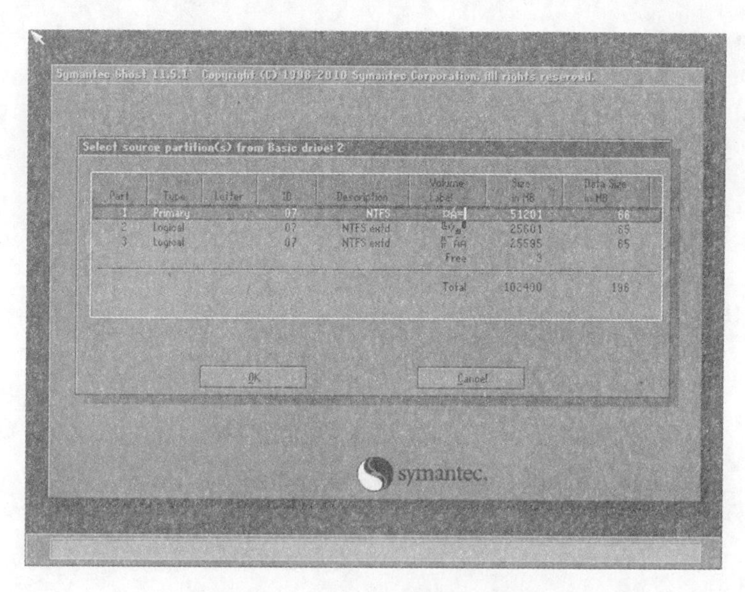

图 2-3-16　源分区选择对话框

(7) 单击“OK”按钮，弹出存放镜像输出文件对话框，在【Look in】下拉列表中选择【1.2：[]NTFS drive】选项，将镜像文件存放在 E 盘中，在【File name】的输入框中为镜像文件命名为：“XiTongBeiFen”。

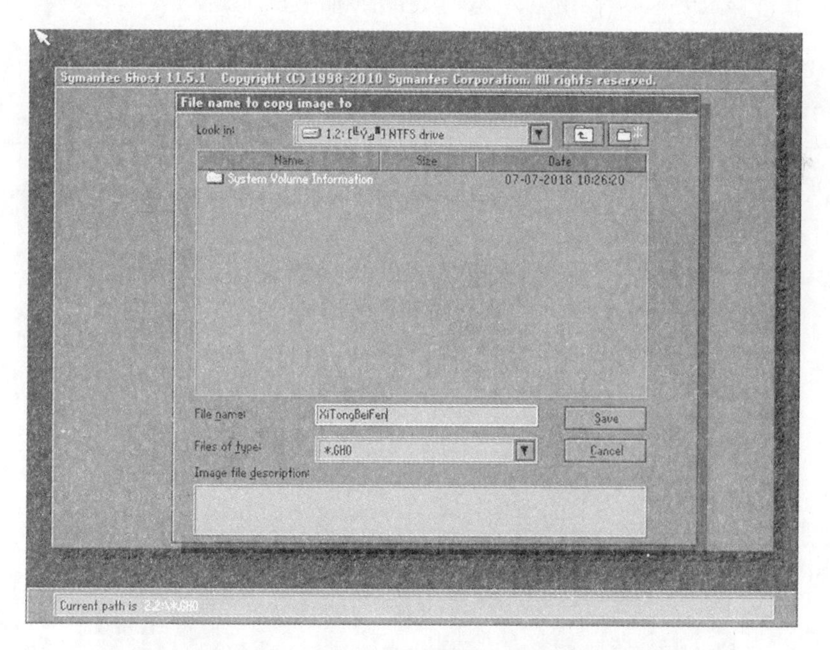

图 2-3-17　命名备份系统文件

(8) 单击“Save”按钮，弹出压缩方式选择对话框。

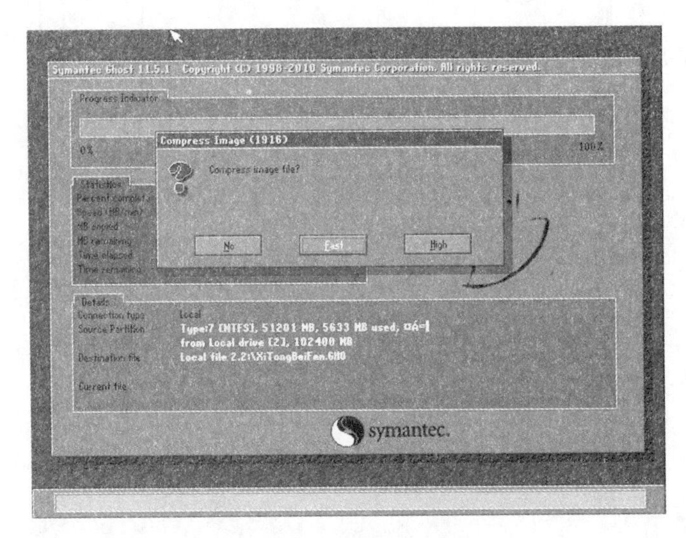

图 2-3-18 压缩方式选择

表 2-3-1 压缩方式

按钮名称	压缩方式
No	表示只采用基本压缩
Fast	表示快速压缩，制作和恢复镜像使用的时间较短，但是生成的镜像文件将占用较多的磁盘空间
High	表示高度压缩，制作和恢复镜像使用的时间较长，但是生成的镜像文件将占用较小的磁盘空间

(9) 单击“Fast”按钮，将弹出一个确认对话框。

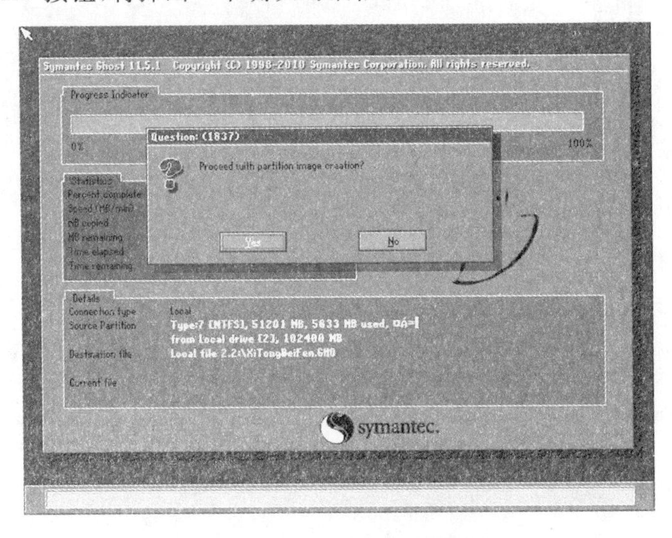

图 2-3-19 确认对话框

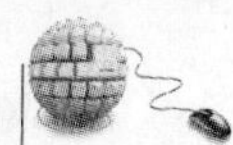

(10) 当镜像制作完成后，将弹出完成信息对话框，提示系统备份已经完成。

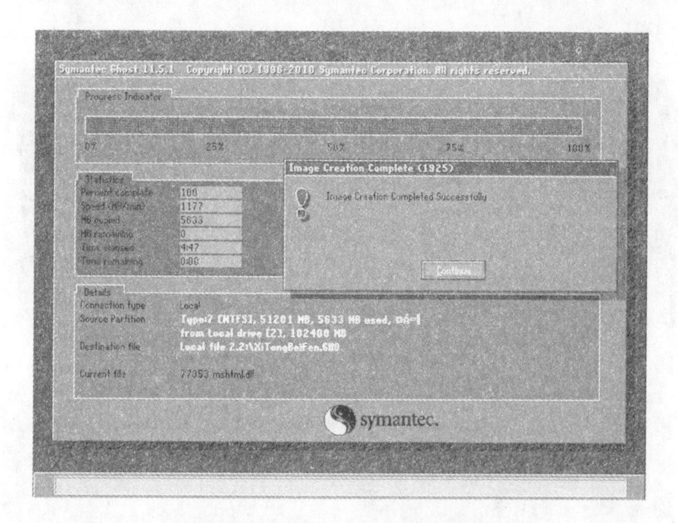

图 2-3-20　系统备份完成

(11) 单击“Continue”按钮，将返回 Ghost 的主界面，然后选择【Quit】命令，可退出 Ghost。然后从光驱中取出光盘，重启计算机，将会在 E 盘上看到生成的镜像文件“XiTongBeiFen. GHO”。

(二) 利用 GHOST 还原系统

准备一张含有 Ghost v11. 02 的启动盘，并已经在计算机上创建了备份文件。操作步骤如下：

(1) 进入 BIOS，设置系统启动顺序为光驱启动。放入有 Ghost 程序的启动光盘，重启计算机。

(2) 启动光盘，运行 Ghost 程序，进入 Ghost 的主界面。

(3) 选择【Local】/【Partition】/【From Image】命令。

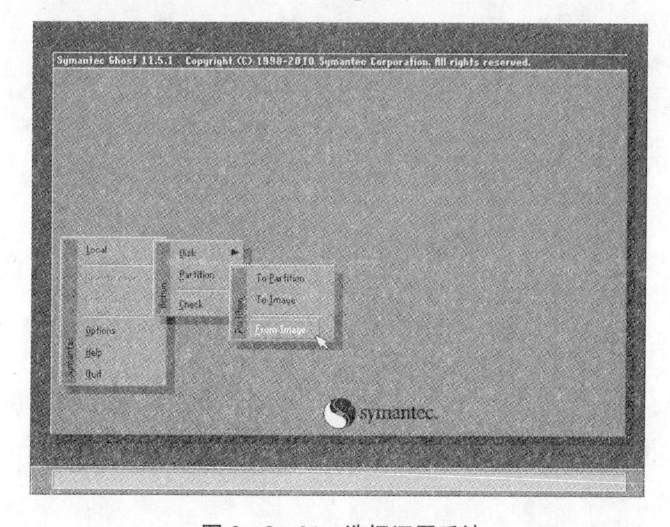

图 2-3-21　选择还原系统

(4) 弹出选择要使用的镜像文件对话框,选择上面制作的镜像文件"XiTongBeiFen.GHO"。

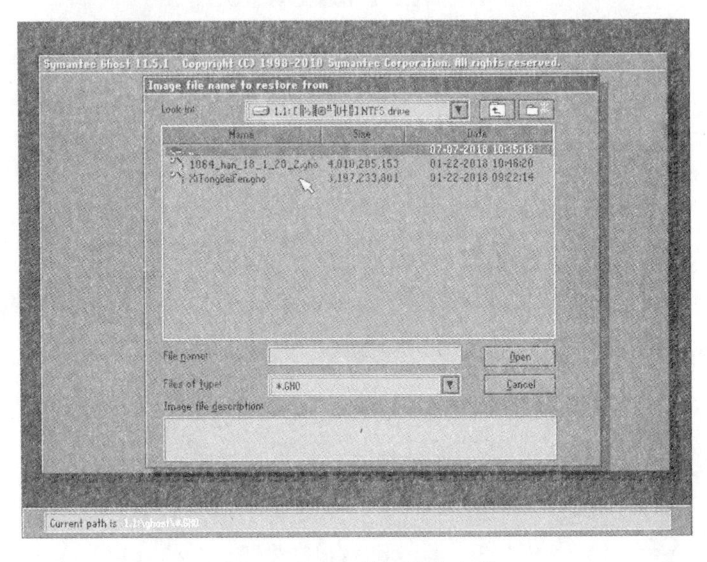

图 2-3-22　选择镜像文件

(5) 单击"Open"按钮,弹出源分区选择对话框,选择分区 1。

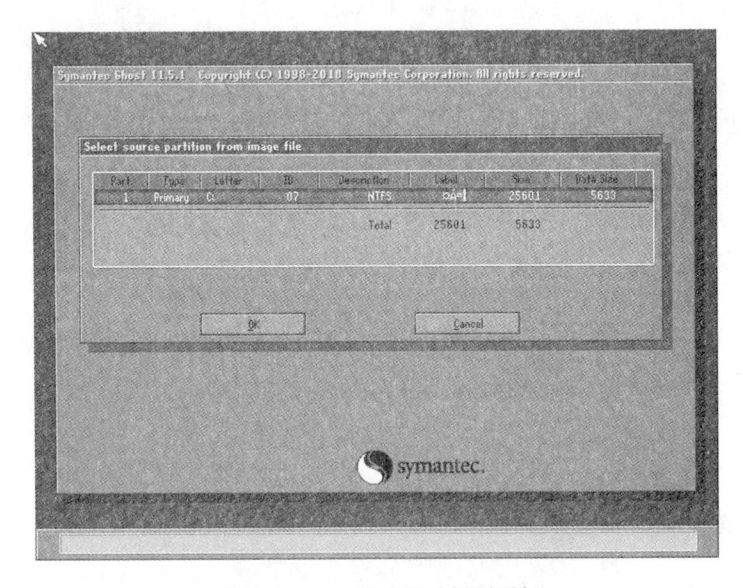

图 2-3-23　源分区选择对话框

(6) 单击“OK”按钮,弹出目标硬盘选择对话框,选择硬盘 1。

图 2-3-24 选择硬盘

(7) 单击“OK”按钮,弹出要还原的分区选择对话框,选择分区 1(即 C 盘)。

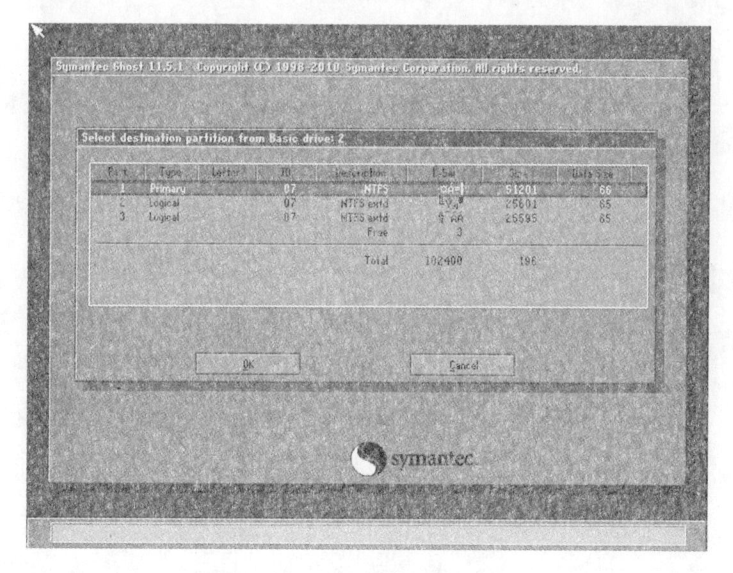

图 2-3-25 分区选择对话框

(8) 单击“OK”按钮,将弹出确认对话框。

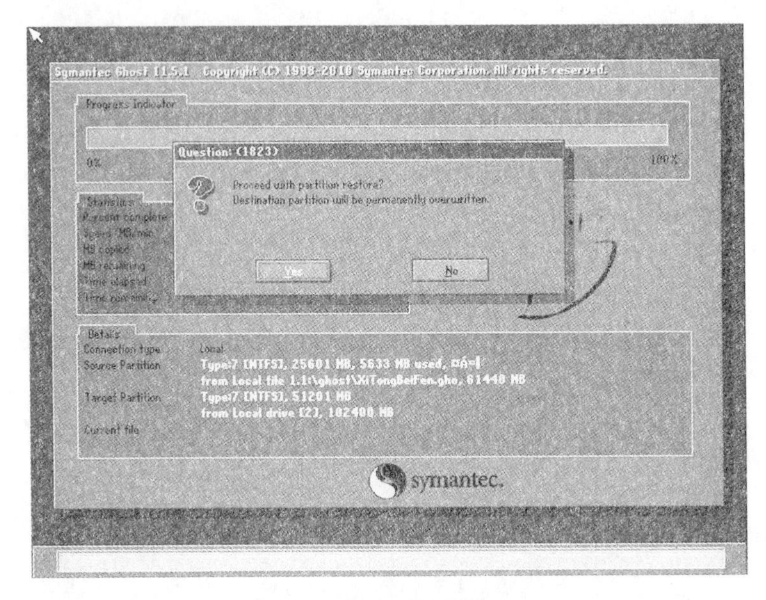

图 2-3-26 确认对话框

(9) 单击“Yes”按钮,系统开始用镜像文件进行系统还原,将会覆盖C盘上所有的数据。

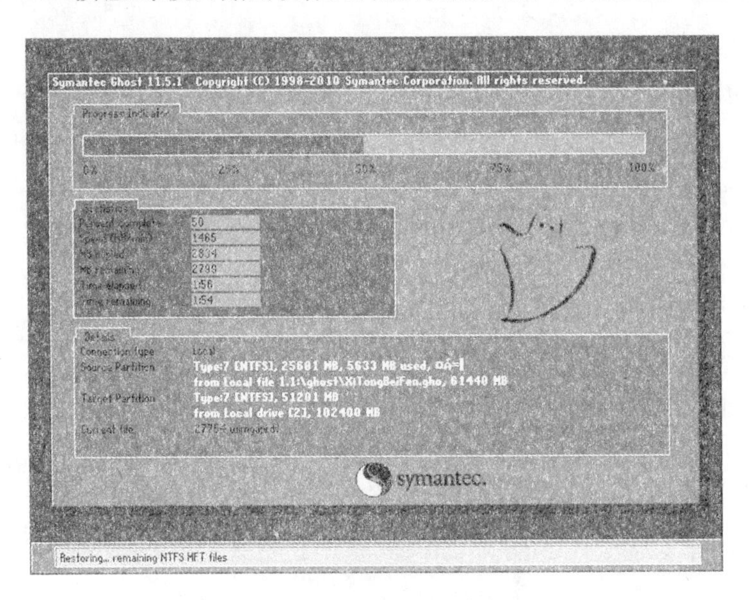

图 2-3-27 还原进度条界面

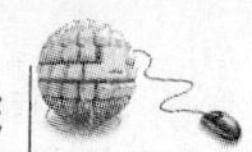

（10）还原完毕后，将弹出完成信息对话框，提示系统还原已经完成。单击“Reset Computer”按钮，重启计算机。

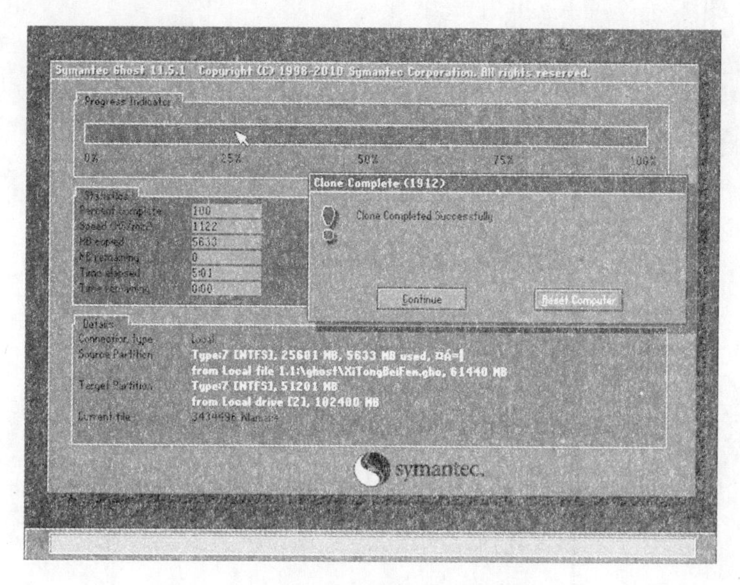

图 2-3-28　系统还原成功界面

系统安装完成后交付使用，如果用户使用不当，在系统中容易产生大量垃圾，导致运行速度变慢，直至崩溃。因此，掌握必要的维护技巧至关重要。本节从不同方面讲述了系统的各种实用维护技巧。

第四节　技能实训

实训 1　Windows 7 操作系统快速安装与配置

（1）实训题目

给计算机安装 Windows 7 系统。

（2）实训目的

根据本章介绍内容，快速给计算机安装 Windows 7 系统。

（3）实训内容

正确安装计算机系统，并安装驱动程序，在 40 min 内完成所有操作。

（4）实训方法

① 硬盘分为 4 个区其中 C 盘空间大于 50 G，安装显卡、网卡驱动。

② 显示设置为 1 024×768 以上。

③ 网卡配置正确，能够接入网络。

④ 40 min 内完成全部操作。

（5）实训总结

根据实训中出现的问题做出总结。

实训 2　操作系统注册表修改

(1) 实训题目

通过注册表的修改,变更 IE 主页和时钟显示格式。

(2) 实训目的

根据本章介绍内容,理解掌握注册表修改。

(3) 实训内容

通过修改注册表,将“百度”设为主页,在任务栏系统区中的时间前加上“北京时间:”,在 10 min 内完成所有操作。

(4) 实训方法

① 备份注册表保存至桌面。

② 修改 IE 主页为“www. baidu. com”。

③ 在任务栏系统区中的时间前加上“北京时间:”。

④ 10 min 内完成所有操作。

(5) 实训总结

根据实训中出现的问题做出总结。

实训 3　操作系统安全策略配置

(1) 实训题目

按要求配置本地安全策略。

(2) 实训目的

根据本章介绍内容,理解掌握计算机安全策略配置优化能力。

(3) 实训内容

正确使用本地安全策略配置密码复杂性要求,禁用 TCP135 端口,在 10 min 内完成所有操作。

(4) 实训方法

① 启用密码复杂性要求。

② 密码最小长度不小于 10 字符。

③ 禁用 TCP135 端口。

④ 10 min 内完成所有操作。

(5) 实训总结

根据实训中出现的问题做出总结。

实训 4　组策略配置

(1) 实训题目

按要求配置组策略。

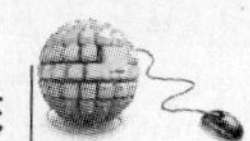

(2) 实训目的

根据本章介绍内容，理解掌握计算机组策略配置优化能力。

(3) 实训内容

正确使用组策略，禁止系统读取可移动磁盘，禁用端口，修改远程登录端口；禁用注册表编辑器，在 10 min 内完成所有操作。

(4) 实训方法

① 禁止系统读取可移动磁盘。

② 禁用 TCP135 端口。

③ 修改远程登录端口 13389。

④ 禁用注册表编辑器。

⑤ 10 min 内完成所有操作。

(5) 实训总结

根据实训中出现的问题做出总结。

第三章

办公软件应用

DI SAN ZHANG

Microsoft Office 是微软公司开发的一套基于 Windows 操作系统的办公软件套装。常用组件有 Word、Excel、Access、Powerpoint、FrontPage 等。最初的 Office 版本包含 Word、Excel 和 Powerpoint。下面就分别介绍其组件。

第一节 Word

Word 能快速地创建各种业务文档，提高工作效率，它具有强大的编辑排版功能和图文混排功能，可以方便地编辑文档、生成表格、插入图片、动画和声音等，实现“所见即所得”的效果。下面以 Word 2003 为例介绍常用操作方法。

一、文档基本操作

（一）在 Word 文档窗口中建立

（1）启动 Word，自动建立新文档“文档 1”。

（2）单击“文件”菜单中的“新建”命令，在屏幕右侧弹出“新建文档”任务窗格，如图 3－1－1 所示，选择要建立的文件类型。

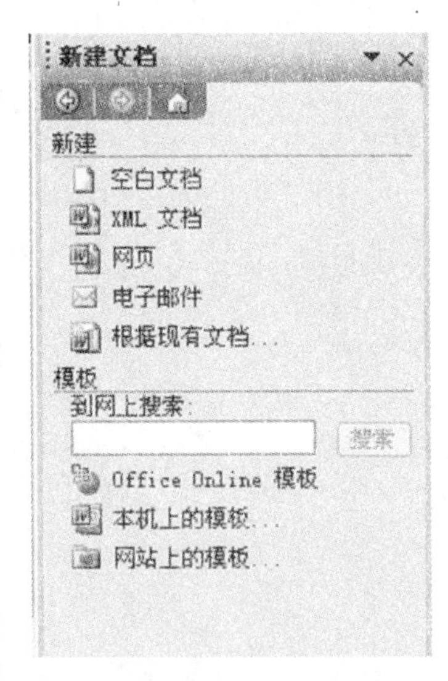

图 3－1－1 新建文档快捷菜单

（3）单击“空白文档”，系统建立“文档 2”（每次新建文档都用数字命名，表示建立第 n 个新文档），直到文档存盘时由用户确定具体的文件名。

单击工具栏中的按钮，Word 也可以建立新文件。

（二）通过快捷菜单建立

（1）选定保存文件的位置。

（2）单击右键弹出快捷菜单，执行“新建”命令中“Microsoft Word 文档”，在当前位置出现文档，名称为“新建 Microsoft Word 文档. doc”。

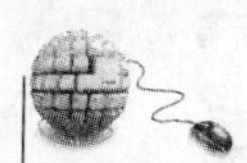

二、文本编辑

（一）文本复制或剪切

（1）选定要复制的文本块。

（2）单击工具栏“复制”按钮或执行“编辑”菜单中的“复制”命令。

（3）将插入点移到新位置，单击工具栏上的“粘贴”按钮或执行“编辑”菜单中的“粘贴”命令，内容复制到新位置。

文本的剪切则是单击内容执行工具栏“剪切”按钮后，执行“粘贴”命令。

如果要进行多次复制，只需重复步骤“3”。

（二）文本删除

（1）删除插入点左侧的一个字符用 Backspace 键。

（2）删除插入点右侧的一个字符用 Del 键。

（3）删除较多连续的字符或成段的文字，选定要删除的文本块后，按“Del”键。

（三）查找和替换

查找可以快速定位到指定字符处，使用替换可以快速修改指定的文字。具体操作如下：

（1）单击“编辑”菜单中的“查找”命令，弹出“查找和替换”对话框。

（2）在“查找内容”框内键入要搜索的文本，如“计算机”。单击“查找下一处”按钮，则开始在文档中查找。

（3）单击“替换”选项卡，在“替换为”框内输入要替换的文字，单击“替换”，则选中内容被替换，下一个查找到内容被选中。

（4）如果要将查找的全部字符串进行替换，单击“全部替换”按钮。

（四）撤销和恢复

在编辑的过程中出现误操作，可以单击工具栏上的撤销按钮或执行“编辑”菜单中的“撤销”命令；撤销多次误操作的步骤为：

（1）单击工具栏上“撤销”按钮旁边的小三角，查看最近进行的可撤销操作列表。

（2）单击要撤销的操作。

（3）如果该操作不可见，可滚动列表。撤销某操作的同时，也撤销了列表中所有位于它之前的所有操作。

（4）重复功能用于恢复被撤销的操作，单击工具栏上“恢复”按钮。其操作方法与撤销操作基本类似。

（五）文档排版

1. 字符排版

字符排版是对字符的字体、大小、颜色、显示效果等格式进行设置。

（1）选中需要排版的文字（对象可以是几个字符、一句话、一段文字或整篇文章）。

(2) 执行"格式"菜单"字体"命令，在弹出的"字体"对话框中设置，如图 3-1-2 所示。

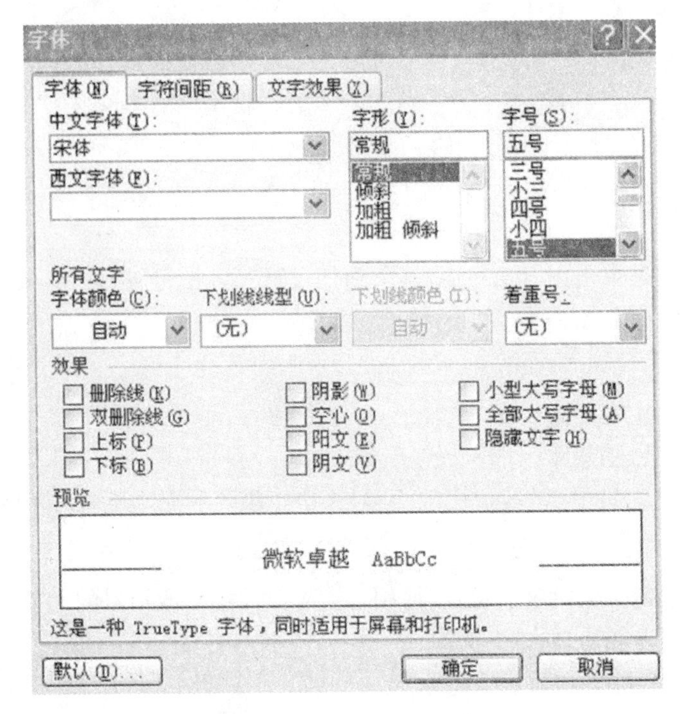

图 3-1-2　字体格式设置

(3) 按照参数要求在对应设置项中完成字体格式化。

(4) 单击"确定"。

单击"格式"工具栏的对应按钮，从列表中选择所需设置，如图 3-1-3 所示，也可以实现对字体的排版。

图 3-1-3　字体格式工具

2. 段落排版

在文档中执行回车可以进行分段，段落排版主要包括段落对齐，段落缩进，行距、段间距、段落的修饰等，具体操作如下：

(1) 将光标放人到段落中 (按下 Ctrl 键可以选中多段)。

(2) 执行"格式"菜单"段落"命令，在弹出的"段落"对话框中设置，如图 3-1-4 所示。

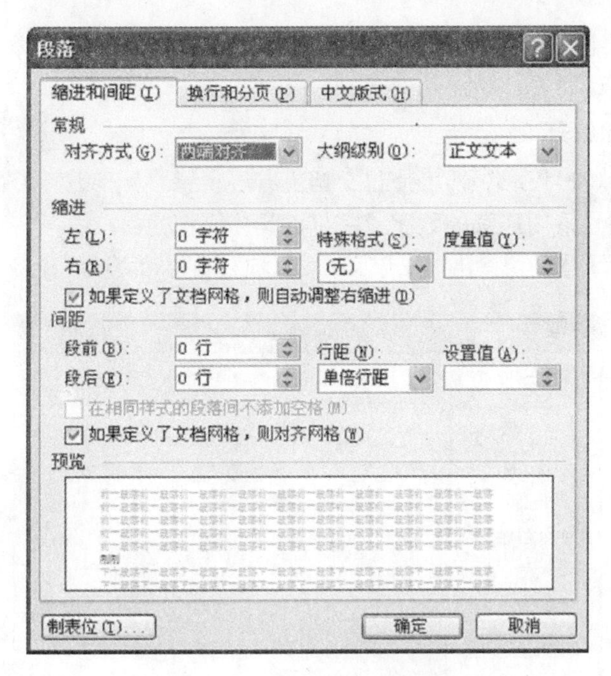

图 3-1-4　段落格式设置

(3) 通过“缩进和间距”选项卡进行各种参数设置，完成段落格式化操作。

(4) 单击“确定”。

(5) 段落对齐。段落的对齐方式包括两端对齐、居中对齐、右对齐和分散对齐，在图3-1-4“段落”对话框中的常规项“对齐方式”中设置。执行工具栏中相应的按钮如图 3-1-5 所示，也可完成段落对齐设置。

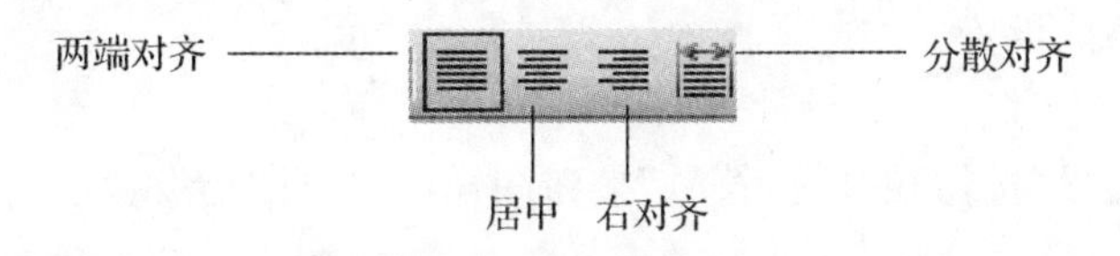

图 3-1-5　段落对齐工具

(6) 段落缩进。段落缩进在图 3-1-4“段落”对话框中的“缩进”项中设置。拖动水平标尺相应的游标也可设置左、右缩进、首行缩进和悬挂缩进，如图 3-1-6 所示。

首行缩进控制段落中第一行第一字起始位，一般为两个字符。

悬挂缩进是控制段落中首行以外的其他行的起始位。

左缩进和右缩进控制段落左边界和右边界的位置。

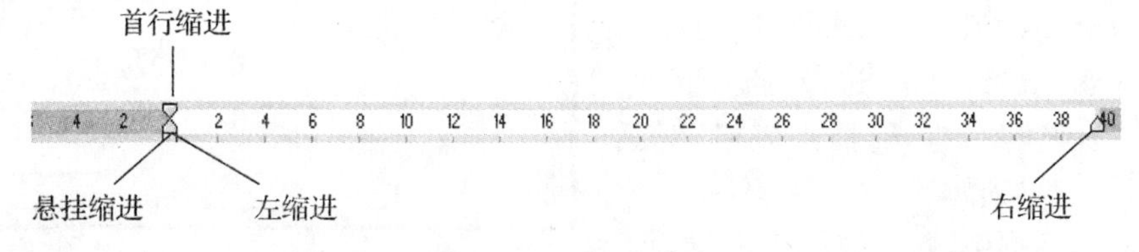

图 3-1-6　水平标尺

(7) 段落间距。段落间距表示行与行、段与段之间的距离。在图 3-1-4"段落"对话框中的"间距"项中设置。

(六) 项目符号和编号

给列表添加项目符号和编号,可使得文档更有层次感,易于阅读和理解。项目符号使用相同的符号,项目编号采用连续的数字或字母。具体操作为:

(1) 选定要设置的段落,单击"格式"菜单的"项目符号和编号"命令,弹出如图 3-1-7 所示对话框。

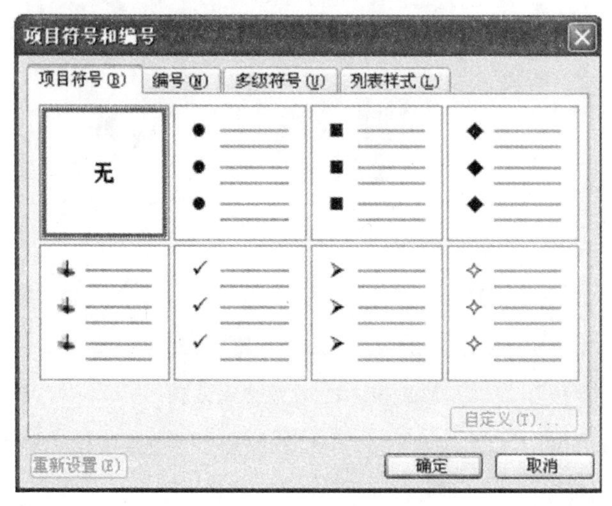

图 3-1-7　项目符号和编号

(2) 单击"项目符号"、"编号"选项卡,在提供的选项中选择给段落设置的符号或编号。

(3) 若对 Word 提供的项目符号或编号格式不满意时,可单击"自定义"按钮,在"自定义"对话框中改变格式设置。

(4) 单击"确定"。

在工具栏中"编号"按钮和"项目符号"按钮同样可以对段落设置项目符号和编号。

三、表格编辑

表格由许多行和列的单元格组成,在表格的单元格中可以随意添加文字或图形。建立对表格的编辑方法有很多,下面主要介绍使用菜单的常用方法。

(一) 建立表格

(1) 移动光标到要插入表格的位置。

(2) 单击"表格"菜单,选择"插入"下级菜单中的"表格"项,打开"插入表格"对话框,如图 3-1-8 所示。

(3) 在对话框中输入列数、行数。

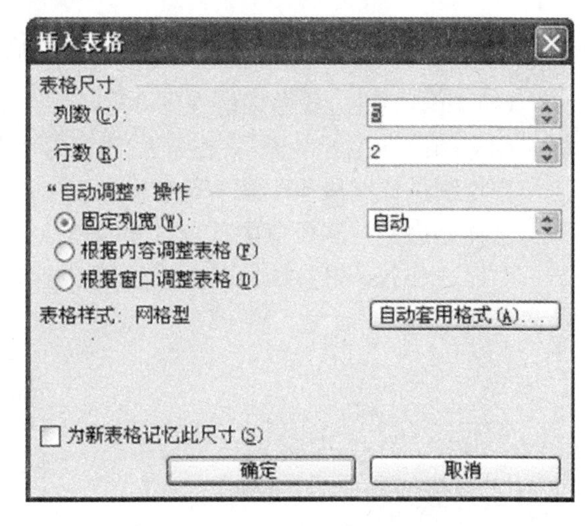

图 3-1-8　插入表格设置

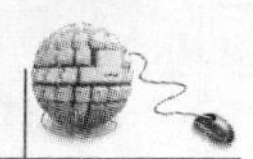

(4) 单击“确定”按钮。

（二）编辑表格

文档中插入一个空表格后，单击鼠标可将插入点定位在某单元格，即可进行文本输入。对单元格中已输入的文本内容进行复制、移动和删除，与一般文本的操作一样。

1. 选定单元格

将鼠标放置在单元格左下角，鼠标呈↗状时，单击鼠标可选中当前单元格，按下 Ctrl 键可以选中多个单元格。

鼠标单击任一单元格，执行“表格”菜单中的“选定单元格”“选定行”“选定列”或“选定表格”命令，可以选中当前单元格所在的行、列或表格。

2. 插入单元格、行或列

(1) 将光标放置于要在其上方或下方插入新行或列的单元格。

(2) 执行“表格”菜单中“插入”命令的级联菜单，再选择相应命令。

如果要在表格末添加一行，可单击最后一行的最后一个单元格，再按下 Tab 键或 Enter 键。

3. 删除单元格、行或列

(1) 将光标放置在要删除的行或列所在的任一单元格中。

(2) 执行“表格”菜单中“删除”命令的级联菜单，再选择相应命令。

(3) 如果选择的是“删除单元格”命令，将弹出“删除单元格”对话框，选择需要的方式按“确定”按钮即可。

4. 拆分单元格

(1) 先选定要拆分的单元格，执行“表格”菜单中的“拆分单元格”命令后，弹出“拆分单元格”对话框，如图 3-1-9 所示。

(2) 在“列数”框中输入要拆分的列数，在“行数”框中输入要拆分的行数。

(3) 如果选择了多个单元格，“拆分前合并单元格”处于选中状态。

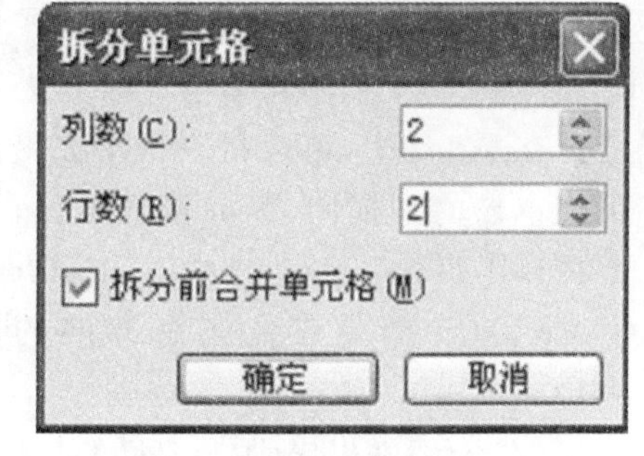

图 3-1-9 拆分单元格设置

5. 合并单元格

合并单元格是将同一行或同一列中的两个或多个单元格合并为一个单元格。选定单元格后选择“表格”菜单中的“合并单元格”选项，则实现合并。

（三）表格属性设置

1. 改变表格行高、列宽

如果没有指定表格的行高，则各行的行高将取决于该行中单元格的内容以及段落文本前后间隔。使用菜单改变表格行高、列宽的方法如下：

(1) 选定需要改变行高的一行或多行(改变列宽则选中一列或多列)。

(2) 单击"表格"菜单中的"表格属性"命令,弹出如图3-1-10所示的"表格属性"对话框,单击"行"选项卡或"列"选项卡。

(3) 选中"指定高度"或"指定宽度"复选框,在其后的数值框中输设置值。

(4) 单击"下一行"或"上一行"按钮可以设置相邻行的行高,单击"前一列 "或"后一列"改变相邻列的列宽。

(5) 设置完后,单击"确定"按钮。

要使多行、多列或多个单元格具有相同的高度、宽度,可选定这些行、列或单元格,单击"表格"菜单中"自动调整"子菜单,执行"平均分布各行"命令或"平均分布各列"命令,Word 将按照整张表的宽度、高度自动调整行高、列宽。

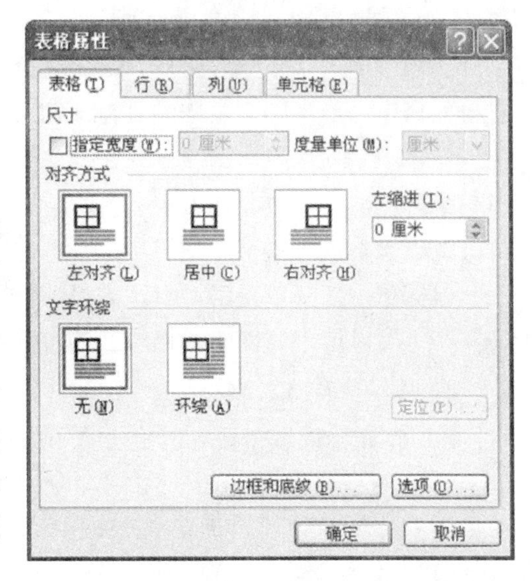

图3-1-10　表格属性设置

另一种方便的方法是将鼠标指针移到要调整行高或列宽的行边框、列边框上,当指针变为双向箭头时,按住鼠标左键拖动到理想的高度或宽度后,松开鼠标即可。

2. 单元格中文本的对齐

改变表格单元格中文本的对齐方式:

(1) 选定要设置文本对齐方式的单元格。

(2) 右击弹出快捷菜单,执行"单元格对齐方式"子菜单中需要对齐格式的命令。

3. 改变文字方向

在 Word 中,可以将表格单元格内的文本显示为横向、纵向或其他方向。具体操作如下:

(1) 选择要改变文字方向的单元格。

(2) 右击弹出快捷菜单,执行"文字方向"命令,在弹出"文字方向"对话框选中所需的文字方向,如图3-1-11所示。

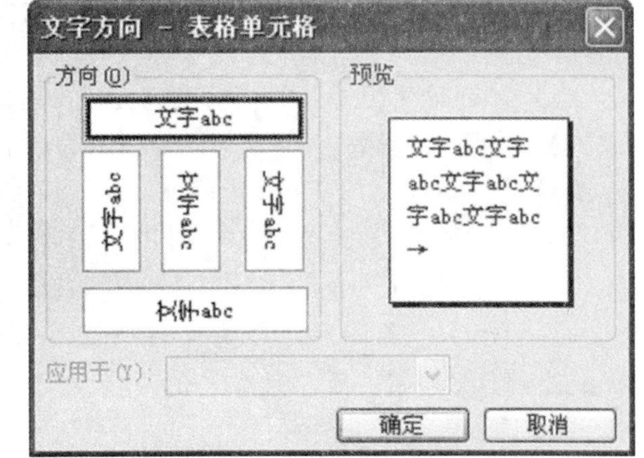

图3-1-11　文字方向设置

4. 表格的边框和底纹

给表格设置边框和底纹时,首先选中表格,执行"格式"菜单中的"边框和底纹"命令,具体设置方法与段落的边框和底纹设置相同,但应在"应用于"项中选择"表格"。

5. 表格自动套用格式

Word 有多种已定义好的表格格式，用户可通过自动套用格式快速格式化表格。操作方法如下：

(1) 在表格内任意处单击。

(2) 单击"表格"菜单中的"表格自动套用格式"命令，弹出如图 3-1-12 所示的"表格自动套用格式"对话框。

(3) 在"表格样式"选择区和"将特殊格式应用于"选择区中选择所需选项。

(4) 单击"确定"按钮，将选定的表格格式应用于当前表格。

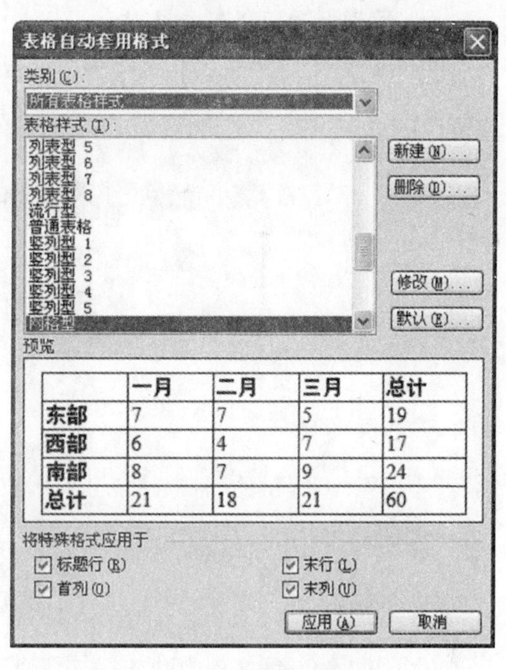

图 3-1-12　表格自动套用格式

(四) 绘制斜线表头

表头总是位于所选表格第一行、第一列的第一个单元格中。具体操作如下：

(1) 单击要添加斜线表头的表格。

(2) 单击"表格"菜单中的"绘制斜线表头"命令，弹出如图 3-1-13 所示的"插入绘制斜线表头"对话框。

(3) 在"表头样式"列表中，单击所需样式。使用"预览"框来预览所选的表头从而确定所需样式。

(4) 在各个标题框中输入所需的行、列标题。

(5) 单击"确定"。

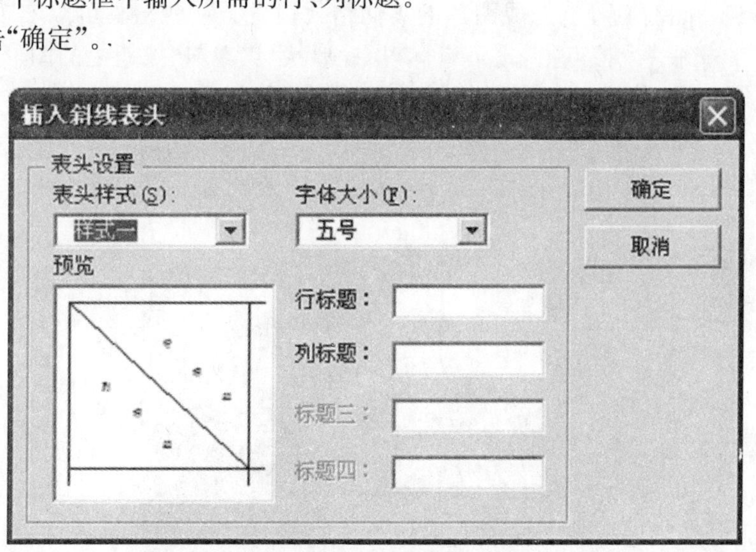

图 3-1-13　插入斜线表头设置

调整表头尺寸时，将鼠标放置在表头上，鼠标形状变为双向十字时选中表头，拖动句柄直到斜线表头合适为止。

（五）转换表格和文本

在 Word 中，可以将已具有某种排列规则的文本转换成表格，转换时必须指定文本中的逗号、制表符、段落标记或其他字符作为文本的分隔符，操作步骤如下：

（1）选定要转换的文本。

（2）单击“表格”菜单“转换”子菜单中的“文字转换成表格”命令，弹出“将文字转换成表格”对话框。

（3）在“文字分隔位置”选项区内选定分隔符，用分隔符分开的各部分内容分别成为相邻的各个单元格的内容。

（4）单击“确定”按钮。

四、图片编辑

利用 Word 提供的图文混排功能，用户可以在文档中插入图片，使文档更加赏心悦目。

（一）插入图片

（1）单击“插入”菜单“图片”子菜单中的“来自文件”，在打开窗口中选择需要的图片，单击“插入”。

（2）图片插入到文档中，同时弹出工具栏，如图 3－1－14 所示。

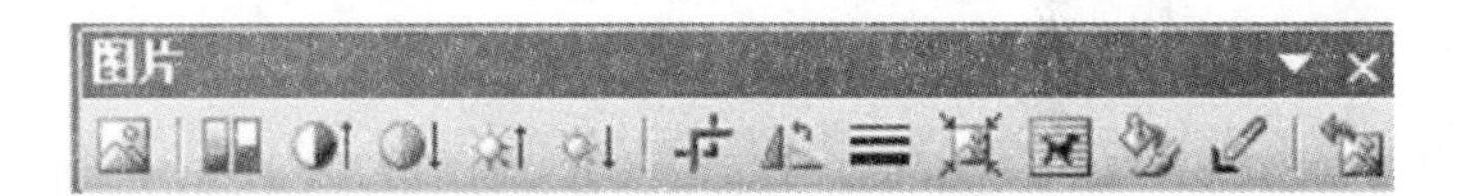

图 3－1－14　图片格式设置

（3）单击各功能按钮可以完成图片的不同格式设置。裁剪工具可以实现对图片的剪裁，将鼠标指针移到一个控点上，按下鼠标，指针形状与“裁剪”按钮上的图形相同，拖动鼠标，在图片上会出现一个虚框，虚框表示裁剪后图片的剩余部分，如图 3－1－15 所示。

图 3－1－15　图片裁剪设置

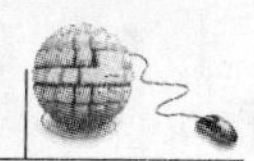

工具栏中图片版式工具可以设置图片和文字的相对位置。分为嵌入式和浮动式，嵌入式指直接从插入点放置到文字中的图形；浮动式可以在页面精确定位或使图片在文字上方或文字下方。

（二）插入艺术字

艺术字是带有装饰的文字。插入艺术字的步骤如下：

（1）将插入点定位于想插入艺术字的位置。

（2）选择“插入”菜单中的“图片”子菜单，单击“艺术字”命令，弹出如图 3－1－16 所示的“艺术字库”对话框。

（3）用鼠标单击其中一种样式，再单击“确定”按钮，弹出“编辑艺术字文字”对话框。

（4）在“文字”框中输入内容，单击“确定”按钮。

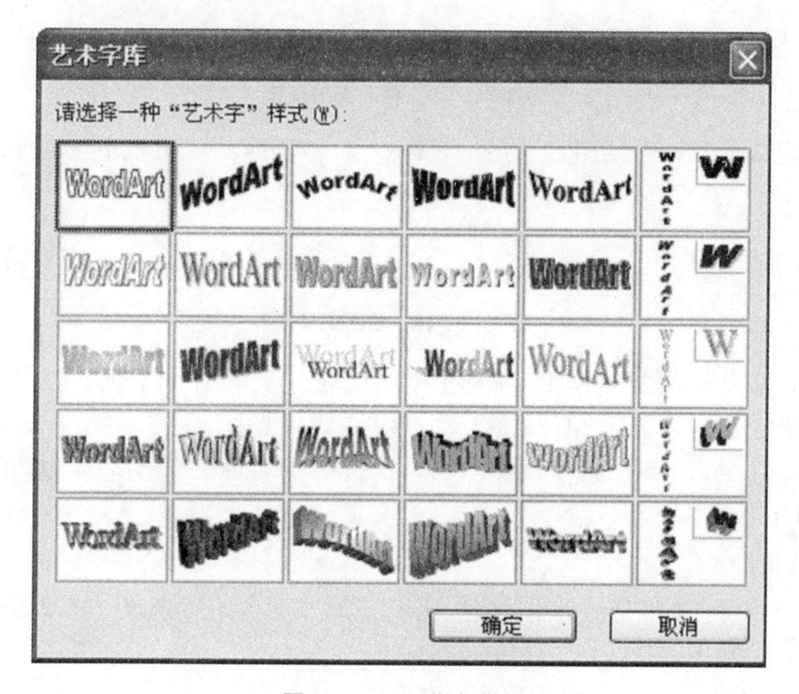

图 3－1－16　艺术字库

（三）绘制图形

利用 Word 可以绘制一些简单的图形。具体操作如下：

1. 插入图形

（1）单击文档中要创建绘图的位置。

（2）单击“插入”菜单中“图片”子菜单中的“绘制新图形”，在文档中弹出如图 3－1－17 所示的“绘图画布”区域，在该区域上绘制多个形状。因为形状包含在绘图画布内，所以它们可作为一个单元移动和调整大小。若删除画布，可以按 Esc 键。

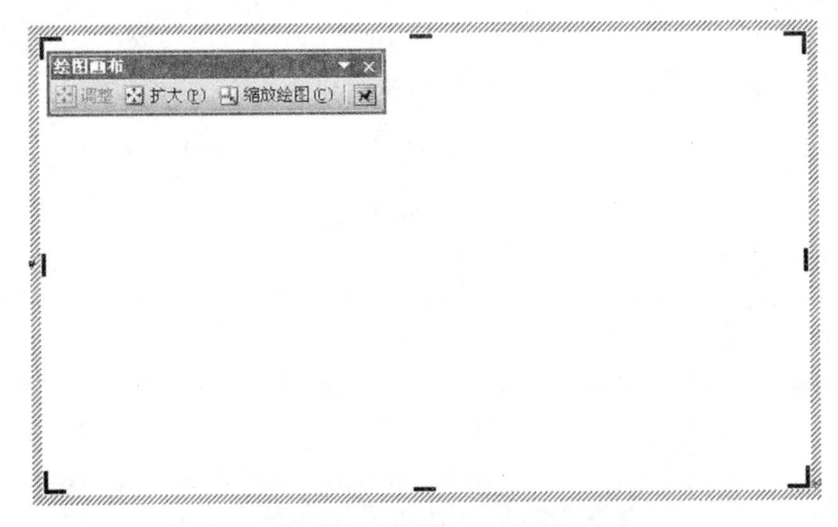

图 3-1-17　插入图形设置

(3) 在窗口底部出现“绘图”工具栏，如图 3-1-18 所示。工具栏中包含可执行命令的按钮和选项。

图 3-1-18　绘图工具栏

(4) 单击需要添加图形的按钮，鼠标呈十字状，在需要画图线的地方按住左键不放，然后拖动鼠标向某方向移动，直到合适的长度，放开左键。

利用绘图工具栏可以绘制自选图形、箭头、矩形、椭圆、标注等图形，还包括上面介绍的艺术字和图片等。

2. 修改图形

在 Word 中可以对图形的大小、颜色、阴影、三维效果等进行修改。修改前先选定图形对象，然后单击“绘图”工具栏上的相应按钮即可。

(1) 填充颜色工具可以为图形修改填充颜色。

(2) 线条颜色工具可以为图形修改线条颜色。

(3) 线型工具可以为图形修改线条粗细。

(4) 虚线线型工具可以将图形线条修改为各种虚线。

(5) 箭头工具可以给直线增加箭头或修改箭头形状。

(6) 阴影样式工具可以给图形增加或取消阴影。

(7) 三维效果样式工具可以给图形增加或取消立体效果。

3. 分布和对齐

该操作只能处理多个浮动图形对象。

(1) 用 Ctrl 选中需对齐的多个对象，或使用“绘图”工具栏中的“选择对象”工具，按住左键不放，然后拖动鼠标向某方向移动，将对象框在范围内。

(2) 在“绘图”工具栏上，单击“绘图”。

(3) 指向“对齐或分布”，确认没有选中“相对于页”或“相对于画布”。

(4) 选择所需对齐。

采用同样的方法，可以对多图实现叠放和次序、旋转和翻转的效果变化。

4. 组合图形

组合对象是将多个对象组合在一起，以便能够像使用一个对象一样来使用它们。组合后的对象作为一个单元来进行翻转、旋转、调整大小以及更改属性等操作。该操作只能处理多个浮动图形对象。通常绘制完成多图形组成的对象后，均采用“组合”方式，便于文档排版。

(1) 用 Ctrl 键选中需组合的多个对象，或使用“绘图”工具栏中的“选择对象”工具。

(2) 在“绘图”工具栏上，单击“绘图”。

(3) 执行“组合”命令。

(4) 当放弃“组合”时，执行“取消组合”命令。

(四) 文本框

文本框是一种可移动、可调大小的文字或图形容器。使用文本框，可以在一页上放置数个文字块，或使文字按与文档中其他文字不同的方向排列。

1. 把现有的内容纳入文本框

(1) 选取欲纳入文本框的所有内容。

(2) 选择“插入”菜单“文本框”命令，或在“绘图”工具栏中单击“插入文本框”按钮，同时选择文字排列方式。

2. 插入空文本框

在无内容选择时，单击“插入”菜单“文本框”命令，鼠标指针变成“+”字形；按住鼠标左键拖动文本框到所需的大小与形状之后再放开即可。这时插入点已移到空文本框处，用户即可输入文本框内容。

3. 编辑文本框

文本框具有图形的属性，所以对其编辑与图形编辑方法相同。

五、页面、打印设置

(一) 视图

每一种显示方式称为一种视图。使用不同的显示方式，用户可以把注意力集中到文档的不同方面，从而高效、快捷地查看、编辑文档。Word 提供了多种视图，其中普通视图和页面视图是最常用的两种方式。

1. 普通视图

在普通视图中可以输入、编辑文字，并设置文字的格式，对图形和表格可以进行一些基本的操作，普通视图简单、方便，且在编排长文档时，可以提高处理速度，节省时间。但是当需要编辑页眉和页脚、调整页边距，以及剪切图片时，在普通视图中无法实现。

2. 页面视图

页面视图是Word默认视图，可以显示整个页面的分布情况和文档中的所有元素，如正文、图形、表格、图文框、页眉、页脚、脚注、页码等，并能对它们进行编辑。在页面视图方式下，显示效果反映了打印后的真实效果，即"所见即所得"功能。

3. 大纲视图

大纲视图使得查看长篇文档的结构变得很容易，并且可以通过拖动标题来移动、复制或重新组织正文。在大纲视图中，可以折叠文档，只查看主标题；或者扩展文档，以便查看整个文档。

各种视图之间可以方便地相互转换，通过执行"视图"菜单中的"普通""页面""大纲""Web版式"命令来实现，或单击编辑区下方水平滚动条左侧的相应按钮。

（二）页面排版

页面排版一般选择在页面视图中完成。

(1) 打开"文件"菜单，选择"页面设置"命令，弹出"页面设置"对话框，如图3-1-19所示。

(2) 在"页面设置"对话框中单击"页边距"选项卡，在相应的框中输入数值，设置正文与纸张边缘的距离。

(3) 若只修改文档中一部分文本的页边距，可在"应用于"框中选择"所选文字"选项。

(4) 在"方向"项中选择纸张的方向。

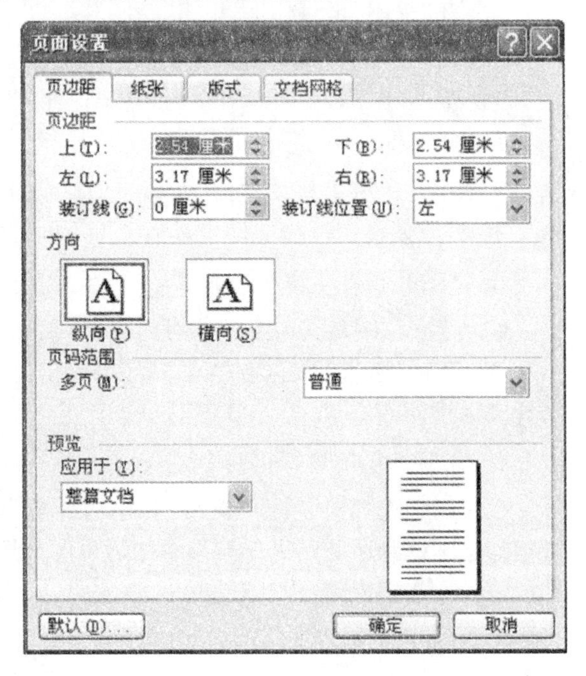

图3-1-19　页面设置

（三）页眉和页脚

页眉或页脚包含文件(书)名、章节名、页码、日期等信息文字或图形，页眉打印在顶边上，而页脚打印在底边上。在文档中可自始至终用同一个页眉或页脚，也可在文档的不同部分用不同的页眉和页脚。例如，奇数页页眉用节名，偶数页页眉用章名。

1. 创建页眉或页脚

(1) 单击"视图"菜单中的"页眉和页脚"命令，弹出如图3-1-20所示"页眉/页脚"工具栏。

图3-1-20　页眉和页脚工具栏

(2) 在页眉区输入文字或图形，也可单击"页眉和页脚"工具栏上对应的按钮插入页数、日期等。

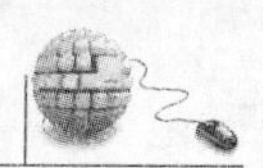

(3) 单击“在页眉和页脚间切换”按钮，插入点移到页脚区，输入内容。

(4) 单击“关闭”按钮。

(5) 插入点移到页面文字编辑状态，页眉、页脚编辑完成。

在某一页设置了页眉和页脚后，文档的每一页都会设置相同的页眉、页脚，并且页码连续。

2. 创建文档不同部分的不同页眉或页脚

为文档的不同部分建立不同的页眉或页脚，需将文档分成多节来设置。

(1) 将光标移到需要分节的位置。

(2) 选择“插入”菜单中的“分隔符”命令，弹出“分隔符”对话框，如图 3－1－21 所示。

(3) 在“分节符类型”选择框中选择下一节的起始位置：

① “下一页”表示从分节线处开始分页。

② “连续”表示从上、下节内容紧接。

③ “偶数页”表示从下一个偶数页开始新节。

④ “奇数页”表示从下一个奇数页开始新节。

(4) 单击“确定”按钮。

(5) 单击“视图”菜单中的“页眉和页脚”命令，进入页眉、页脚编辑区设置。与上述设置不同之处是在“页码格式”对话框中，选中“起始页码”项，断开当前节和前一节页眉或页脚间的连接，设置当前节起始页码，如图 3－1－22 所示。

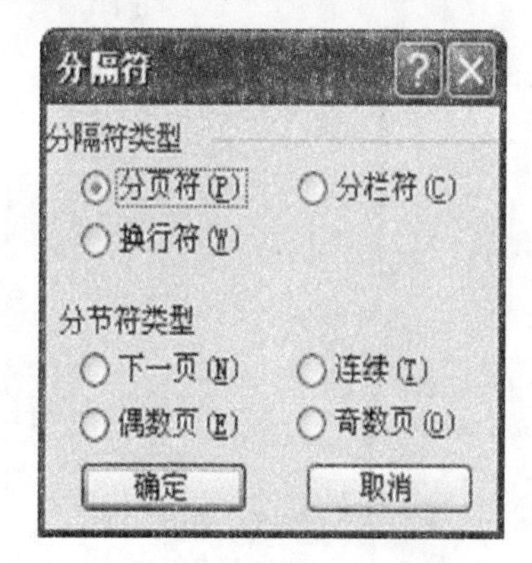

图 3－1－21　分隔符设置

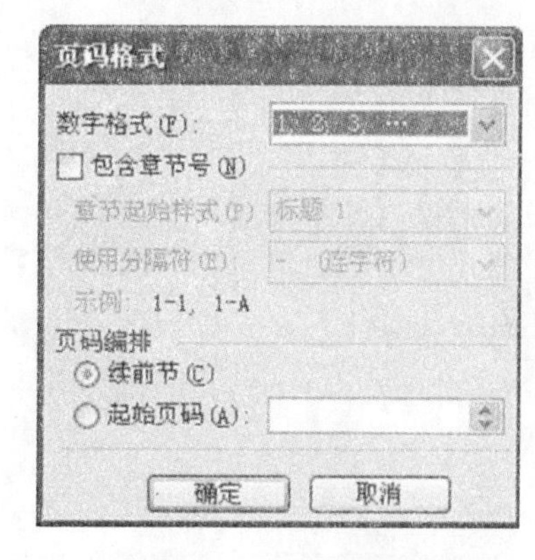

图 3－1－22　页码格式

3. 设置页码

如果在页眉或页脚中只需要包含页码，则操作步骤为：

(1) 单击“插入”菜单中的“页码”命令，弹出“页码”对话框，如图 3－1－23 所示。

(2) 在“位置”框指定将页码置于页面的页眉还是页面的页脚。

(3) 在“对齐方式”中设置页面对齐方式。

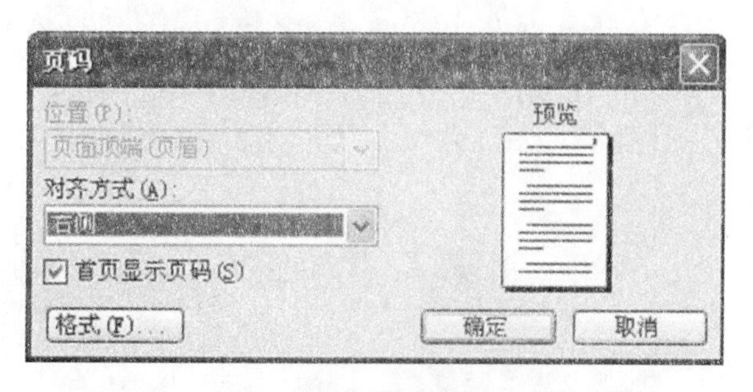

图 3－1－23　页码设置

(4) 用“格式”按钮设置页码的格式是罗马数字还是阿拉伯数字等。

(5) 单击“确定”按钮。

(四) 打印预览

在正式打印之前，通常应按照设置好的页面格式进行打印预览，以查看最后的打印效果，方法如下：

单击工具栏上的“打印预览”按钮或选择“文件”菜单中的“打印预览”命令。

(五) 打印

打印前要确保打印机已经连接到主机端口上，电源接通并开启，打印纸已装好；在软件方面，要确保所用打印机的打印驱动程序已经安装好。

(1) 单击“文件”菜单“打印”命令或单击“常用”工具栏的“打印”按钮，显示“打印”对话框，如图 3-1-24 所示。

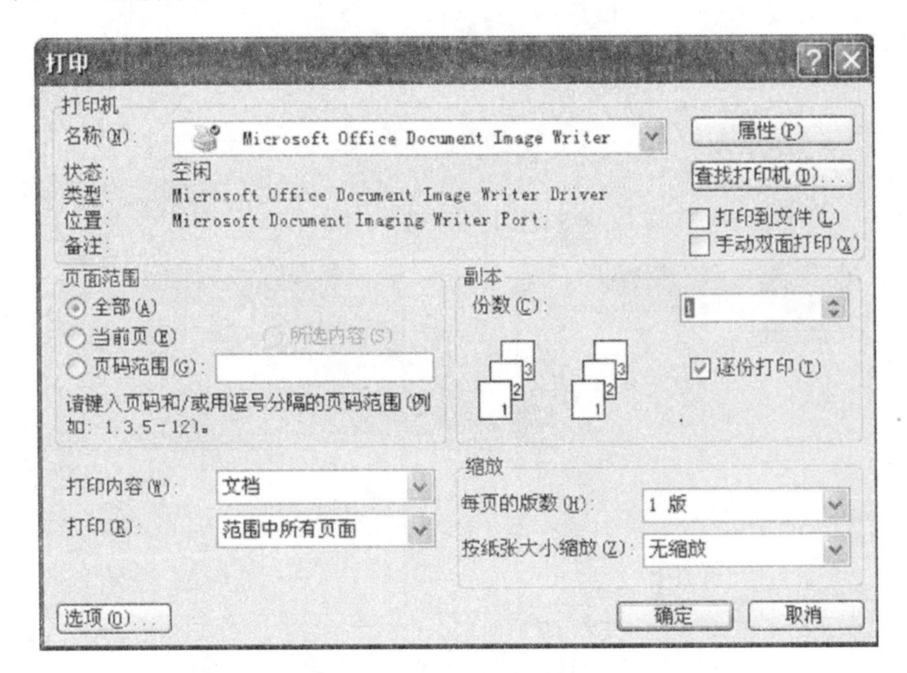

图 3-1-24　打印设置

(2) 在“页面范围”框提供了打印的范围，有全部、插入点所在当前页或某些页码范围。

(3) 在“副本”框选择打印的份数。

(4) 进行好了各项设置后，单击“确定”按钮就可以进行打印。

第二节　Excel

Excel 电子表格是用于管理和显示数据，并能对数据进行各种复杂的运算和统计的表格文件，本章主要介绍使用该软件对表格的基本操作。

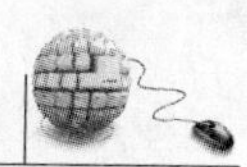

一、工作表基本操作

建立、保存和打开 Excel 文档的方法与 Word 文档操作方法相同，文件的名称为“XX.xls”，又称“工作簿”，如图 3－2－1 所示为 Excel“工作簿”文档窗口。

新建的工作簿文件会同时新建 3 张空工作表：Sheet1、Sheet2 和 Sheet3。每张工作表由行和列构成，行号在屏幕中自上而下由数字编号，列号由左到右采用字母编号。

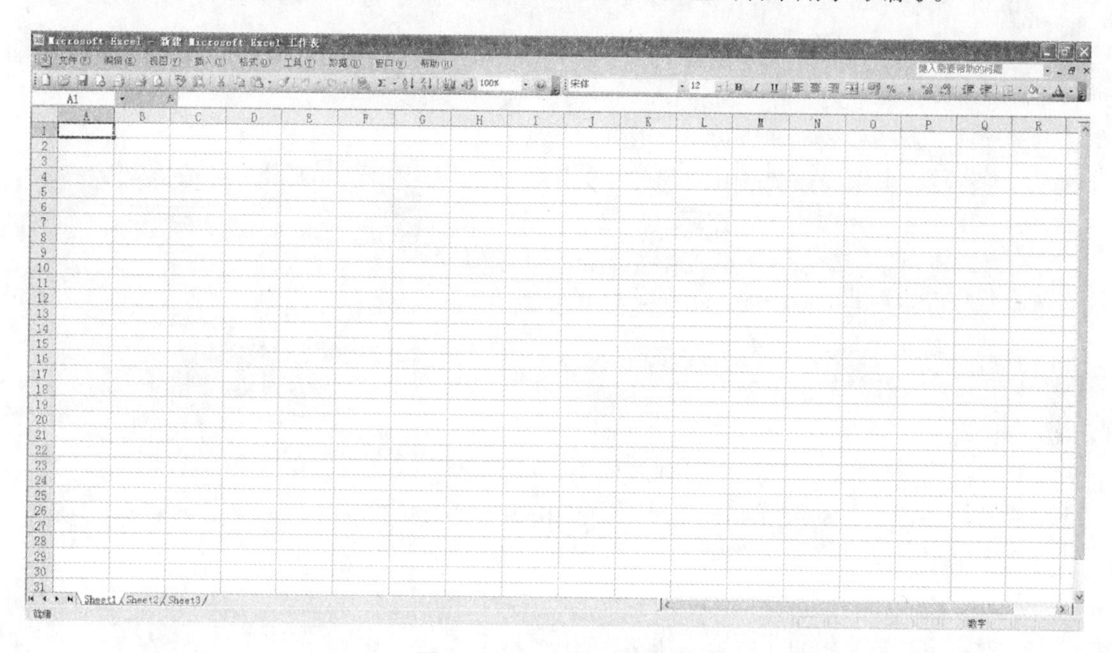

图 3－2－1　Excel 文档窗口

（一）添加工作表

一个工作簿可以包含多个工作表，需要添加时可按照以下方式进行操作：

（1）单击工作表。

（2）单击“插入”菜单，选择“工作表”菜单项命令，在当前工作表前添加一个新的工作表。

另外一种方法是用鼠标右键单击工作表，在快捷菜单中选择“插入”菜单项，就可在当前工作表前插入一个新的工作表，如图 3－2－2 所示。

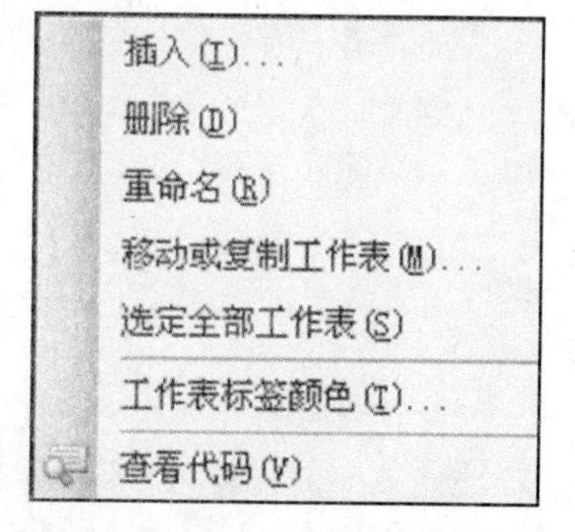

图 3－2－2　添加工作表设置

（二）删除工作表

在工作簿中，不需要的工作表可以删除，具体操作如下：

（1）选中要删除的工作表（按 Ctrl 键可选多个工作表）。

（2）单击“编辑”菜单，在下拉菜单中选择“删除工作表”命令。

用鼠标右键单击工作表名字，在快捷菜单中选择“删除”菜单项同样可将当前工作表删除。

（三）重命名工作表

为方便工作，可将工作表命名为自己易记的名字，重命名的方法如下：

(1) 单击需要重命名的工作表。

(2) 单击“格式”菜单，选择“工作表”菜单中“重命名”命令，工作表标签栏的当前工作表名称将反相显示，即可修改工作表的名字。

用鼠标右键单击工作表，在快捷菜单选择“重命名”命令同样可以实现。或者双击需要重命名的工作表标签，输入新的名称。

（四）移动或复制工作表

移动或复制工作表的步骤如下：

(1) 若需将工作表移动或复制到已有的工作簿上，要先打开用于接收工作表的工作簿。

(2) 切换到需移动或复制的工作表上，单击“编辑”菜单中“移动或复制工作表”命令，系统会弹出如图 3-2-3 所示对话框。

(3) 在“工作簿”下拉菜单中，选择用来接收工作表的工作簿。

(4) 在“下列选定工作表之前”列表框中，单击选择需要在其前面插入移动或复制的工作表。如果需要将工作表添加或移动到目标工作簿的最后，则选择“移到最后”列表项。

(5) 如果只是复制而非移动工作表，选中对话框中的“建立副本”复选框即可。

图 3-2-3　移动或复制工作表设置

二、公式函数

（一）直接输入数据

可直接在单元格或编辑栏输入数据，具体操作如下：

(1) 选中需要输入数据的单元格使其成为活动单元格。

(2) 输入数据并按 Enter 键或 Tab 键。

(3) 重复步骤“2”直至输完所有数据。

（二）数据类型说明

1. 文本

文本是键盘上可键入的任何符号。对于数字形式的文本型数据，如编号、身份证号等，在输入数字前先输入“’”，例如：输入“’010101”，则以“010101”显示。

选中需要输入数据的单元格，单击“格式”菜单中的“单元格”命令，在“单元格格式”对话框中，选择“数字”选项卡，在“分类”项中默认参数是“常规”，根据需要选择“文本”，在单元格中输入内容。

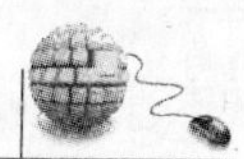

2. 数值

数值包括数字和＋、－、*、/等符号，如果输入数据太长，系统自动以科学计数法表示。

3. 日期时间

日期和时间被视为数字来处理，日期可用斜杠或减号分隔年、月、日，如 2008/08/08。

在表格中还可以输入其他类型的数据，可以在“单元格格式”对话框中设置。如图 3－2－4 显示了多种数据输入的示例。

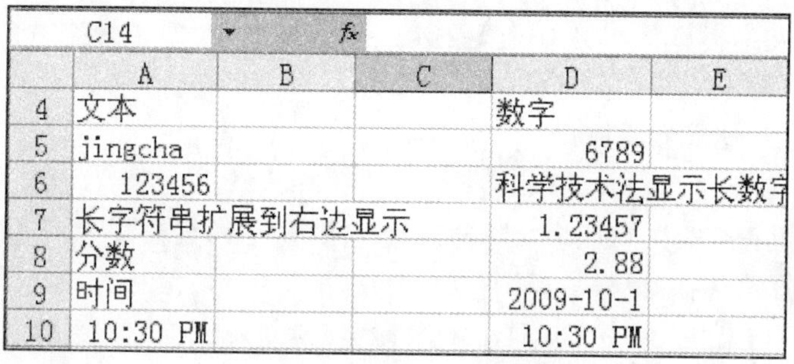

C14　fx

	A	B	C	D	E
4	文本			数字	
5	jingcha			6789	
6	123456			科学技术法显示长数字	
7	长字符串扩展到右边显示			1.23457	
8	分数			2.88	
9	时间			2009-10-1	
10	10:30 PM			10:30 PM	

图 3－2－4　多种数据类型

（三）自动填充数据

通过自动填充数据方式可以提高数据输入效率。可将选定单元格中的内容复制到同行或同列中的其他单元格；也可以通过“编辑”菜单上的“填充”命令按照指定的“序列”自动填充数据。

1. 填充相同的数据

如图 3－2－5 所示，选中第一个单元格内容“5”，按住右下方的“＋”填充柄往垂直方向拖曳，在下方单元格中填充相同内容(也可以往水平方向拖曳)。

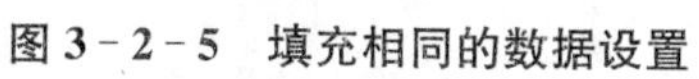
图 3－2－5　填充相同的数据设置

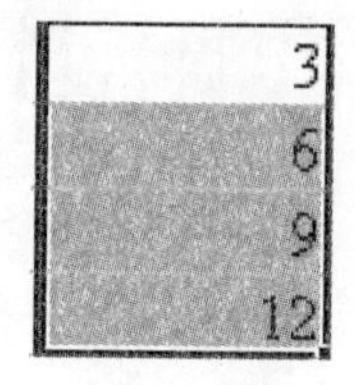

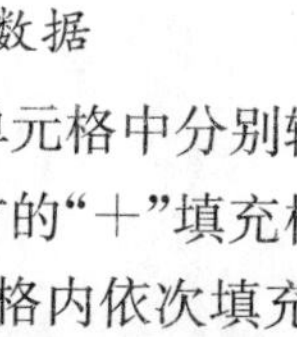

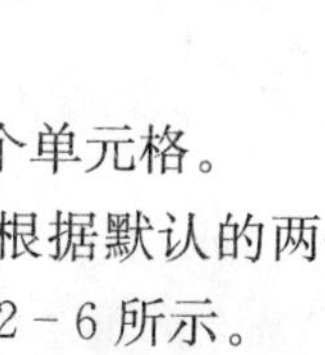

图 3－2－6　按序列填充数据设置

2. 按序列填充数据

(1) 在同一列单元格中分别输入“3”和“6”，并选中两个单元格。

(2) 按住右下方的“＋”填充柄往垂直方向拖曳，系统根据默认的两个单元格的等差关系，在拖曳到的单元格内依次填充有规律的数据，如图 3－2－6 所示。

或者先选定包含初始值的同一行或同一列区域，选择“编辑”菜单上的“填充”菜单，出现“向下填充”“向右填充”“向上填充”“向左填充”以及“序列”等命令，选择不同的命令可以将内容填充至不同位置的单元格，如果选定弹出如图 3－2－7 所示的对话框，在对话框中按照需要进行设置。

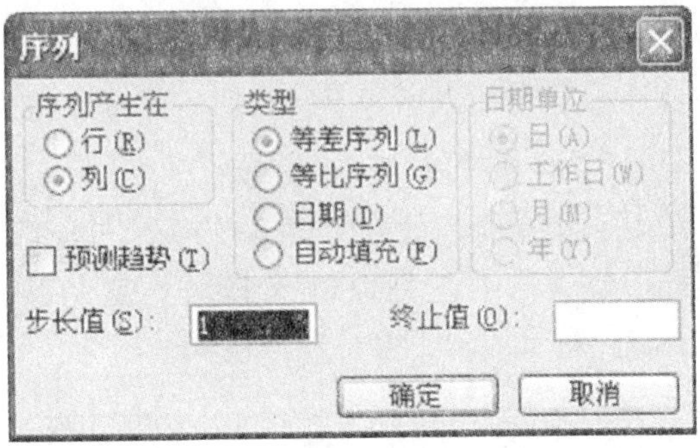

公式可以对工作表中的数据进行加、减、乘、除等运算。公式可以由值、函数或运算符等组成。公式的特征是必须以“=”开始，一般在编辑栏输入。

（一）运算符

Excel 包含 4 种类型的运算符：算术运算符、比较运算符、文本运算符和引用运算符。

图 3-2-7　序列设置

(1) 算术运算符：+、-、*、/、%以及^(乘方)，计算顺序为先乘除后加减。

(2) 比较运算符：=、>、>=、<、<=、< >(不等于)。

(3) 文本运算符：“&”，将两个文本值连接起来产生一个连续的文本值。

(4) 引用运算符包括：冒号、逗号、空格，其中“：”为区域运算符，如 C2：C10(单元格地址，C2 指第“2”行与第“C”列交叉位置上的单元格)是对单元格 C2 到 C10 之间(包括 C2 和 C10)的所有单元格的引用。

三类运算计算顺序由高到低依次是：数学运算符、文字运算符、比较运算符。

（二）输入公式

(1) 选定要输入公式的单元格。

(2) 在单元格或编辑栏中输入“=”。

(3) 输入设置的公式，按 Enter 键。

例如图 3-2-8 中所示的部分员工数据，要计算奖金。奖金由两部分组成：每一年工龄乘以 2 加上工资的 18%。对员工张三的奖金计算公式见编辑栏，其余人的奖金可以利用自动填充方式快速完成，如图 3-2-9 所示。

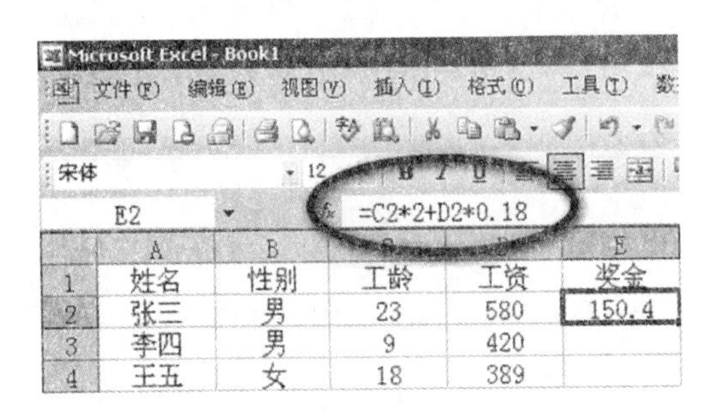

图 3-2-8　公式

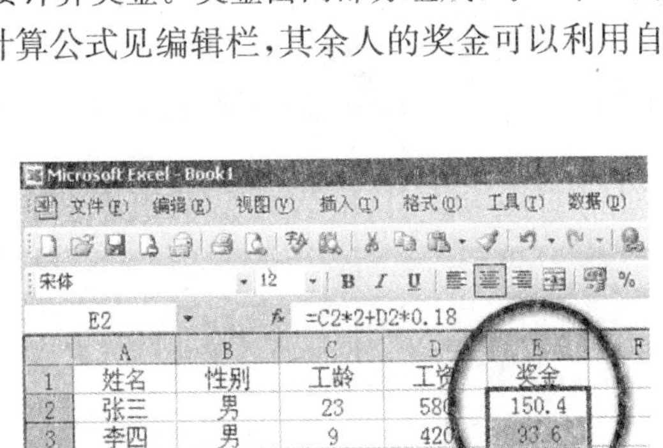

图 3-2-9　自动填充公式计算

（三）函数

Excel 提供了大量的函数，可以加快数据的录入和计算速度。函数的一般格式为：函数名(参数 1，参数 2，参数 3，…)

在活动单元格中用到函数时须以“=”开头，或单击“插入”菜单，再单击“函数”命令。下面介绍求和函数 SUM()和求平均值函数 AVERAGE()。

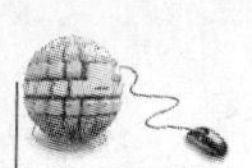

1. 求和函数 SUM()

函数格式：SUM(numberl,number2,…),numberl,number2,……是所求和的 1 至 30 个参数。该函数的功能是对所划定的单元格或区域进行求和，参数可以为一个常数、一个单元格引用或者一个函数。例如：在 F1 单元格中输入“总额”，求出每位员工的总额，操作步骤如下：

(1) 单击第一位员工“总额”所在的 F2 单元格，使其变成活动单元格。

(2) 单击“插入”菜单中的“函数”命令，出现如图 3-2-10 所示的对话框。

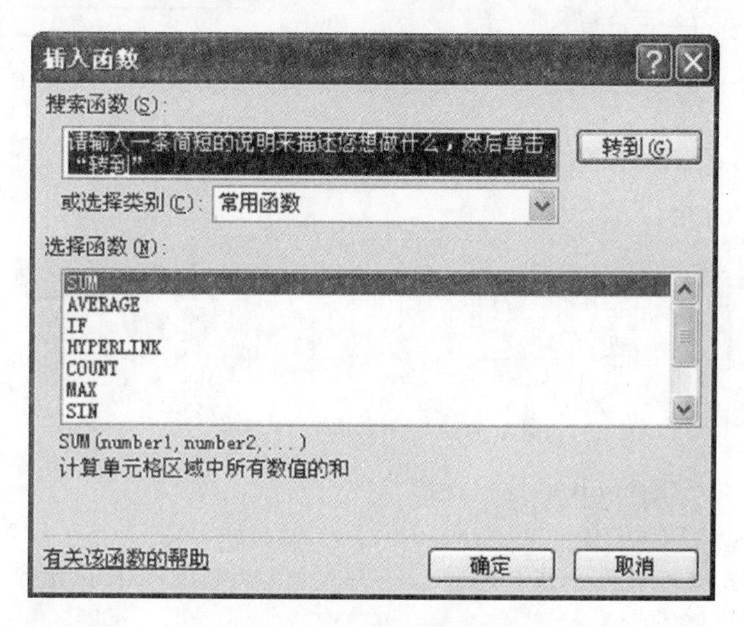

图 3-2-10　插入函数设置

(3) 单击“选择函数”列表框中的“SUM”选项。

(4) 单击“确定”按钮，显示如图 3-2-11 所示的“函数参数”对话框。

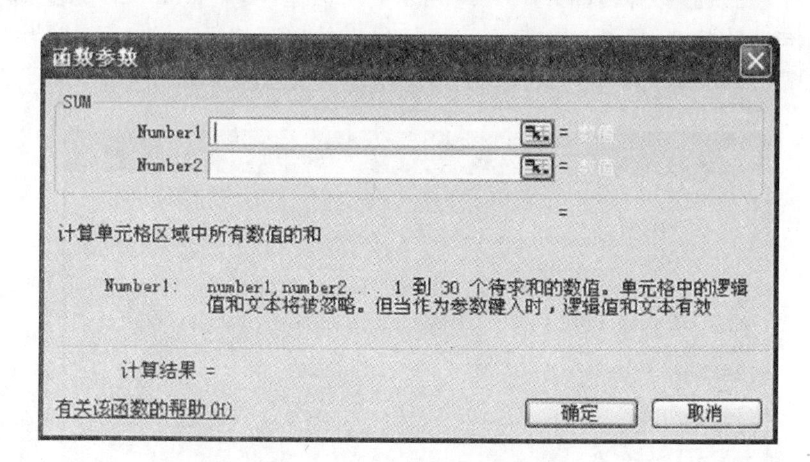

图 3-2-11　函数参数设置

(5) Excel 会根据活动单元格所在位置与行列的关系，自动赋予 Numberl 一个求值范围。如本例中，系统就给 Numberl 自动赋予了 C2：D2，根据表中数据，应是 D2：E2 区域的和，因此用鼠标在表中选定区域后，单击“确定”，如图 3-2-12 所示。

SUM ▾ ✕ ✓ fx =SUM(D2:E2)

	A	B	C	D	E	F	G	H
1	姓名	性别	工龄	工资	奖金	总额		
2	张三	男	23	580	150.4	=SUM(D2:E2)		
3	李四	男	9	420	93.6	SUM(number1, [number2], ...)		
4	王五	女	18	389	106.02			

图 3-2-12　总和设置

(6) 完成总额求和。

(7) 其余人的总额可以利用自动填充方式快速完成，如图 3-2-13 所示。

F2 ▾ fx =SUM(D2:E2)

	A	B	C	D	E	F
1	姓名	性别	工龄	工资	奖金	总额
2	张三	男	23	580	150.4	730.4
3	李四	男	9	420	93.6	513.6
4	王五	女	18	389	106.02	495.02

图 3-2-13　自动填充方式求和

2. 求平均值函数 AVERAGE()

函数格式：AVERAGE(numberl，number2，…)，这是一个求平均值函数，要求参数必须是数值。如图 3-2-15 所示，求 3 人的工资的平均值并将其放入 B5 单元格中。求平均值的步骤同求和基本相同：

(1) 单击 B5 单元格为活动单元格。

(2) 然后单击工具栏中的“插入函数”按钮，在“选择函数”列表框中选择“AVERAGE”函数，单击“确定”按钮后，弹出图 3-2-14 所示的对话框，其中 Numberl 为空，单击右侧折叠按钮，显示电子表格，用鼠标选中三个工资值所在的单元格 D2：D4 区域，并且“函数参数”对话框中显示单元格 D2：D4 区域，如图 3-2-15 所示。

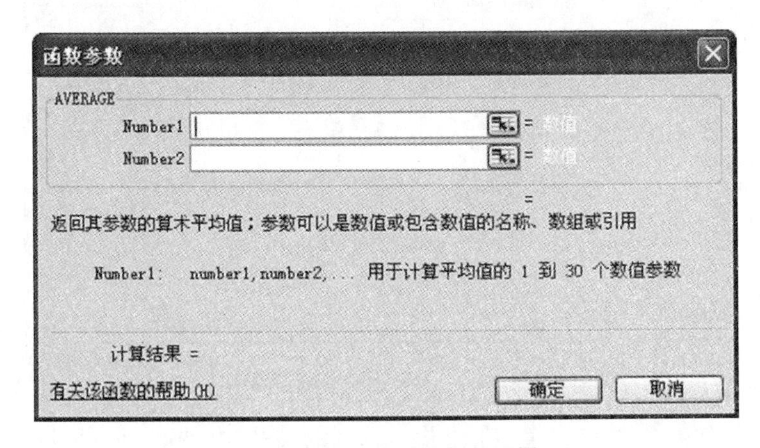

图 3-2-14　平均值函数设置

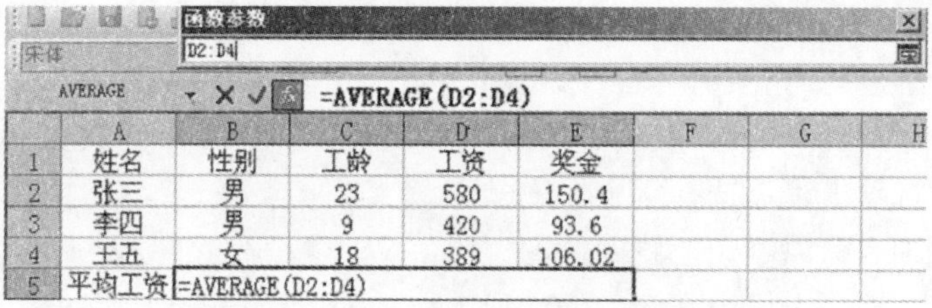

函数参数

D2:D4

AVERAGE　=AVERAGE(D2:D4)

	A	B	C	D	E	F	G	H
1	姓名	性别	工龄	工资	奖金			
2	张三	男	23	580	150.4			
3	李四	男	9	420	93.6			
4	王五	女	18	389	106.02			
5	平均工资	=AVERAGE(D2:D4)						

图 3-2-15　平均值函数参数设置

(3) 单击右侧折叠按钮，展开对话框，显示平均值。

(4) 单击“确定”，在 B5 单元格中显示平均值。

三、数据图表

图表是 Excel 最常用的对象之一，它是依据选定的工作表单元格区域内的数据按照一定的数据系列生成的，是工作表数据的图形表示方法。图表能形象地反映出数据的对比关系及趋势，将抽象的数据形象化，当数据源发生变化时，图表中对应的数据也自动更新使得数据更加直观，用户一目了然。

(一) 创建图表

创建图表的过程由图表向导完成，下面以建立 3 人工资值图表为例介绍操作方法。

(1) 单击“插入”菜单，选择“图表”选项启动图表向导，弹出如图 3-2-16 所示“图表类型”对话框。

(2) 在“图表类型”窗口中选择柱形图，在“子图表类型”复选框选择第一张图。单击“下一步”，弹出如图 3-2-16 所示“图表数据源”对话框。

图 3-2-16　图表类型

图 3-2-17　源数据设置

(3) 在“图表数据源”对话框“数据区”选项卡“数据区域”编辑框中输入图表数据源的单元格区域，或直接用鼠标在工作表中选取“工资”数据区域 $D $2:$D $4，选择“系列产生在”选项为“列”。

(4) 选择图 3-2-17 所示的“系列”选项卡，在“名称”中选中“工资”单元格 $D$1，在“分类轴标志”中选中“姓名”列$A$2:$A$4，单击下一步，弹出“图表选项”对话框。

(5) 在对话框“标题”选项卡“图表标题”框中输入标题“工资情况图”，“分类(X)轴”中输入“姓名”，“数值(Y)轴”中输入“金额”，如图 3-2-18 所示。以下是其他选项卡内容：

① “坐标轴”选项卡可以选择 X 轴的分类。

② “图例”选项卡可以重新放置图例的位置。

③ “数据标志”选项卡可以在图表的柱形上添加相应的数据标志。

④ “数据表”选项卡将在图表下添加一个完整的数据表。

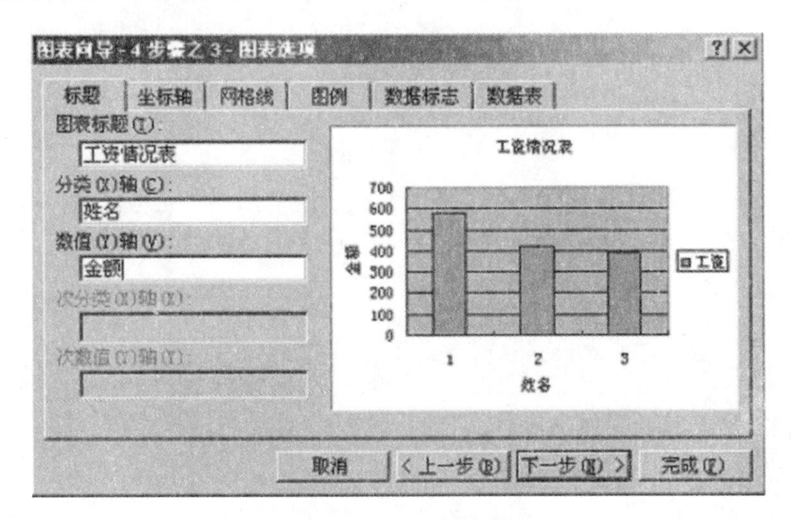

图 3-2-18　标题设置

(6) 单击“下一步”按钮，弹出“图表位置”对话框，如图 3-2-19 所示，选择图表位置：

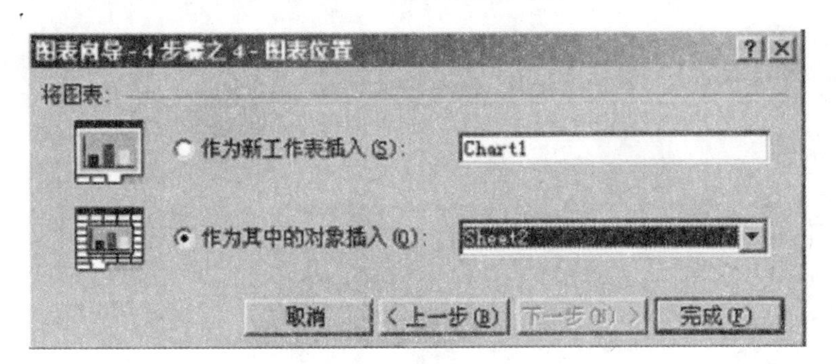

图 3-2-19　图表位置设置

① 选择“嵌入工作表”，系统会将图表自动附加到工作表中。

② 选择“新工作表”，系统会将生成的图表另外单独作为一个图表工作表。

③ 单击“完成”，图表建立完毕，如图 3-2-20 所示。

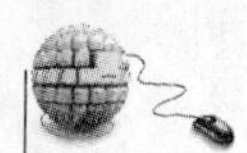

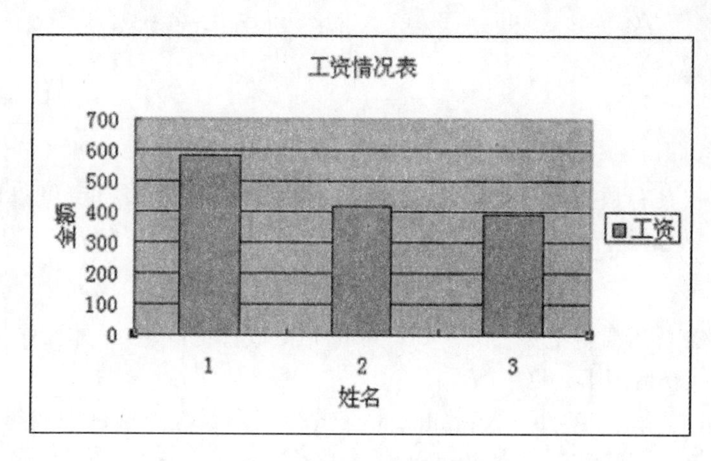

图 3-2-20　工作情况表

（二）编辑图表

1. 图表对象

一个图表由很多图表选项组成，单击“图表”工具栏的“图表对象”下拉按钮，将图表对象列出，选中某对象，图表中的对象也选中，如图 3-2-21 所示。

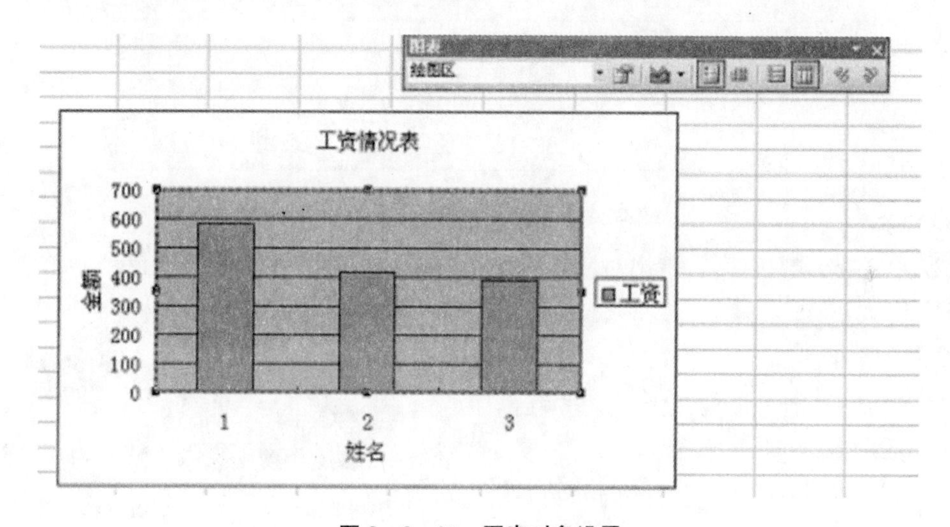

图 3-2-21　图表对象设置

2. 图表数据编辑

图表与建立图表的工作表的数据源之间建立了联系。

(1) 删除数据系列：在图表中选定所需删除的数据系列，按 Del 键删除图表中系列，工作表数据源并没有被删除。

(2) 添加数据系列：在工作表中选中数据区域，将数据拖拽到图标区。

(3) 图表文字编辑：单击图表，执行窗口“图表”菜单中“图表选项”命令，弹出“图表选项”对话框，在各选项卡参数中设置图表标题、坐标轴、网格线、图例、数据标志、数据表等。

(4) 图表格式化:修改图表各对象格式,右键单击要格式化的对象,利用快捷菜单对应的格式化命令来实现。

四、数据管理

电子表格不仅具有数据计算处理能力,还具有数据库管理的功能,可以对数据进行排序、筛选、分类汇总等操作。

(一) 条件格式

在上述实例中若需要将工资值大于500的单元格值标记红色,具体操作如下:

(1) 选中单元格区域D2:D4。

(2) 选择“格式”菜单“条件格式”,如图3-2-22所示。在对话框中选择运算符和条件值,如本例中大于500。

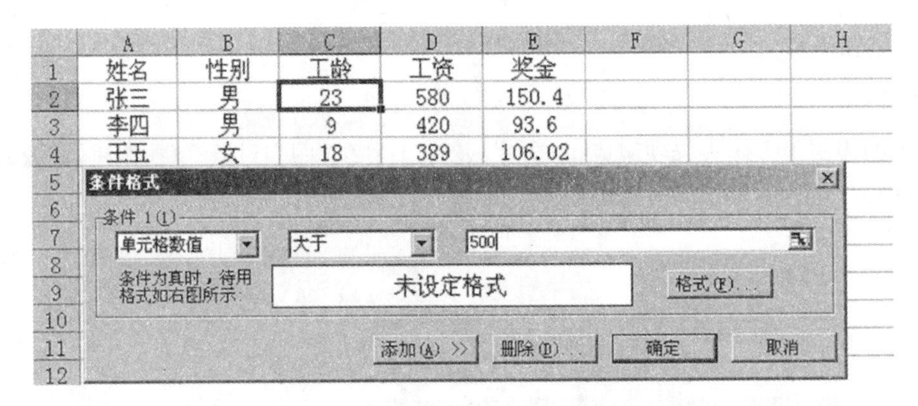

图3-2-22 条件格式设置

(3) 单击“格式”按钮,在弹出对话框中设置格式,如本例中字体设置红色。

(4) 单击“确定”。

(二) 数据排序

Excel排序功能可以实现对记录进行排序,对上例中的数据进行排序的步骤如下:

(1) 单击数据区域任一个单元格,执行“数据”菜单中“排序”命令,弹出如图3-2-23所示的排序对话框。

(2) 选择“主要关键字”和排序方向,单击“确定”按钮。若排序的单元格值相同时,可以对其他两个关键字再次排序。

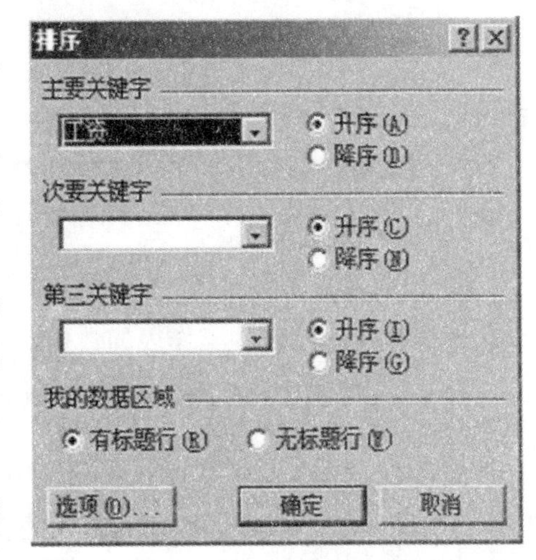

图3-2-23 排序设置

(三) 自动筛选

数据的自动筛选可实现将数据中满足条件的数据显示出来,不满足条件的数据暂时隐藏起来。

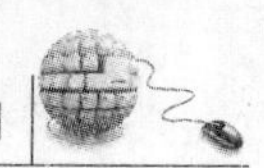

1. 简单筛选

执行“数据”菜单“筛选”中的“自动筛选”命令，在所需筛选的标题名右下角出现三角标记，单击下拉列表，选中需要筛选的确切值，如图 3－2－24 所示。

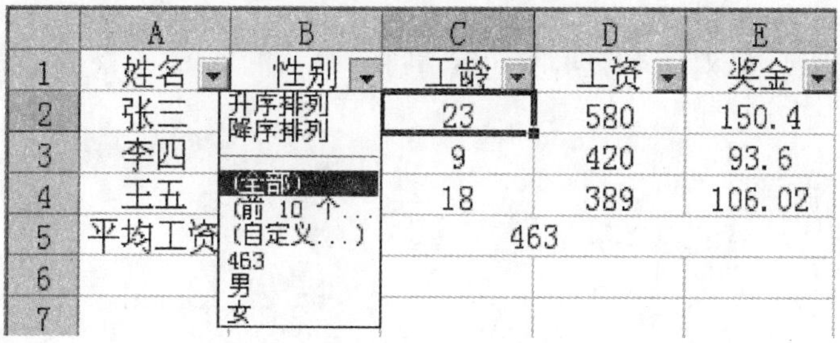

	A	B	C	D	E
1	姓名	性别	工龄	工资	奖金
2	张三		23	580	150.4
3	李四		9	420	93.6
4	王五		18	389	106.02
5	平均工资		463		
6					
7					

升序排列
降序排列
(全部)
(前 10 个...
(自定义...)
463
男
女

图 3－2－24　筛选设置

若恢复显示数据，选中“全部”。

2. 自定义筛选

通过“自定义”输入筛选条件可以对多列数据筛选，例如：在本例中找出工龄大于 10 小于 20 的数据，具体操作如下：

(1) 单击“自定义”，弹出如图 3－2－25 所示对话框。

(2) 在对话框上方运算符中选择大于，输入值 10。单击关系运算符“与”，在下方运算符中选择小于，输入 20。

(3) 单击“确定”。

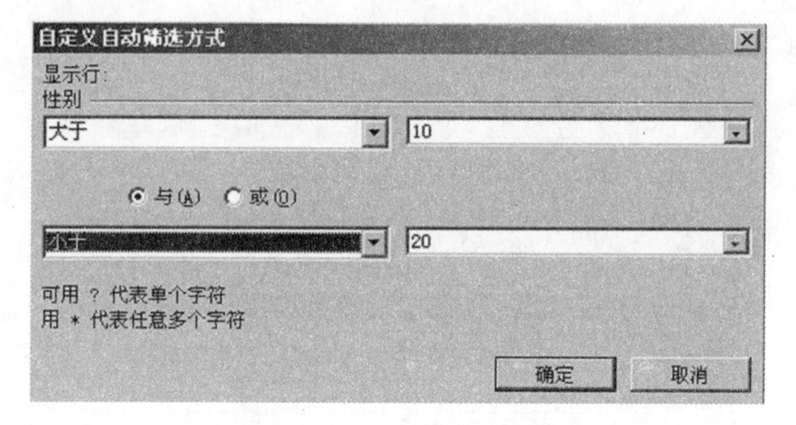

图 3－2－25　自定义筛选设置

3. 多列筛选

自动筛选可以对多列进行逻辑与关系的筛选，例如：在本例中找出工龄大于 10 并且性别是男的数据，具体操作如下：

(1) 单击“性别”列，选中“男”，数据表只显示“性别”是“男”的行。

(2) 单击“工龄”列，选中“10”，找到筛选数据。

再次执行“数据”菜单“筛选”中的“自动筛选”命令，则可取消自动筛选设置。

（四）分类汇总

分类汇总是按照某列进行分类，将单元格值相同的作为一类，进行求和、平均、计数等汇总运算。进行汇总时，首先要确定数据表格的最主要的分类项，并对数据表格进行排序。

1. 简单汇总

如图 3-2-26 所示，对两个派出所的案情进行分类汇总。

A	B	C	D
一二季度案情统计			
季度	派出所	案件类别	金额(万元)
一季度	五一路	盗窃汽车	300
一季度	五一路	入室盗窃	21
一季度	五一路	扒窃	11
二季度	八一路	盗窃汽车	250
二季度	八一路	入室盗窃	9
二季度	八一路	扒窃	12

图 3-2-26　汇总设置

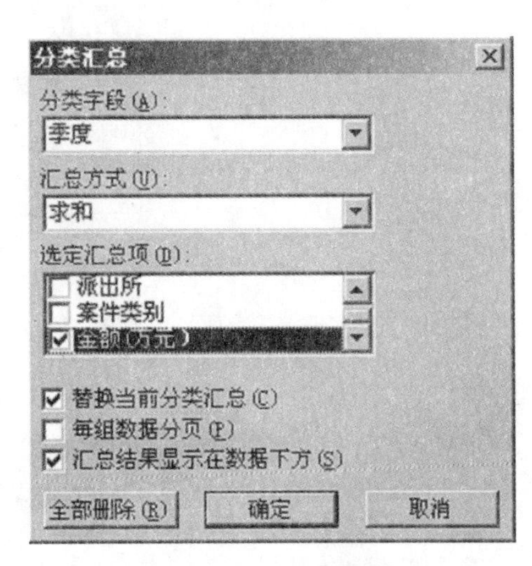

图 3-2-27　分类汇总设置

（1）单击“季度”列，选择“数据”菜单“排序”命令，在对话框中设置主关键字“季度”为“降序”排列。

（2）单击“数据”菜单，选择“分类汇总”命令，弹出如图 3-2-27 所示的“分类汇总”对话框。

系统自动设置“分类字段”为“季度”，单击“汇总方式”下拉菜单，选择“求和”，在“选定汇总项”列表中选择“金额”复选框，单击“确定”按钮，得到如图 3-2-28 所示的分类汇总表。

1 2 3		A	B	C	D
	1	一二季度案情统计			
	2	季度	派出所	案件类别	金额(万元)
·	3	一季度	五一路	盗窃汽车	300
·	4	一季度	五一路	入室盗窃	21
·	5	一季度	五一路	扒窃	11
-	6	一季度 汇总			332
·	7	二季度	八一路	盗窃汽车	250
·	8	二季度	八一路	入室盗窃	9
·	9	二季度	八一路	扒窃	12
-	10	二季度 汇总			271
-	11	总计			603

图 3-2-28　选定汇总设置

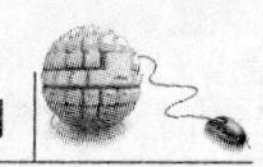

2. 嵌套汇总

嵌套汇总可以对同列进行多次汇总，例如本例中在对“季度”总额汇总的基础上再对“派出所”的“平均金额”汇总，具体操作如下：

(1) 再次单击“数据”菜单，选择“分类汇总”命令，弹出“分类汇总”对话框。

(2) 选择“分类字段”为“派出所”，单击“汇总方式”下拉列表，选择“平均值”，在“选定汇总项”窗口中选择“金额”复选框，单击“替换当前分类汇总”复选框，设置为不选中状态。效果如图 3－2－29 所示。

	A	B	C	D
1	一二季度案情统计			
2	季度	派出所	案件类别	金额(万元)
3	一季度	五一路	盗窃汽车	300
4	一季度	五一路	入室盗窃	21
5	一季度	五一路	扒窃	11
6		五一路 平均值		110.6666667
7	一季度 汇总			332
8	二季度	八一路	盗窃汽车	250
9	二季度	八一路	入室盗窃	9
10	二季度	八一路	扒窃	12
11		八一路 平均值		90.33333333
12	二季度 汇总			271
13		总计平均值		100.5
14	总计			603

图 3－2－29 嵌套汇总设置

如果用户要回到未分类汇总前的状态，只需在“分类汇总”对话框中单击“全部删除”按钮。

五、页面、打印设置

单击“文件”菜单下的“页面设置”选项，弹出“页面设置”对话框，在该对话框中可以对页面、页边距、页眉/页脚和工作表进行设置。

(一) “页面”设置

选择“页面设置”对话框中的“页面”选项卡，可以调整页面“方向”为纵向或横向，调整“缩放比例”和“起始页码”。

(二) “页边距”设置

选择“页边距”选项卡，可得到如图 3－2－30 所示的对话框。分别在“上”“下”“左”“右”编辑框中设置页边距；在“页眉”“页脚”编辑框中设置页眉、页脚的位置；在“居中方式”中，可选“水平居中”和“垂直居中”两种方式。

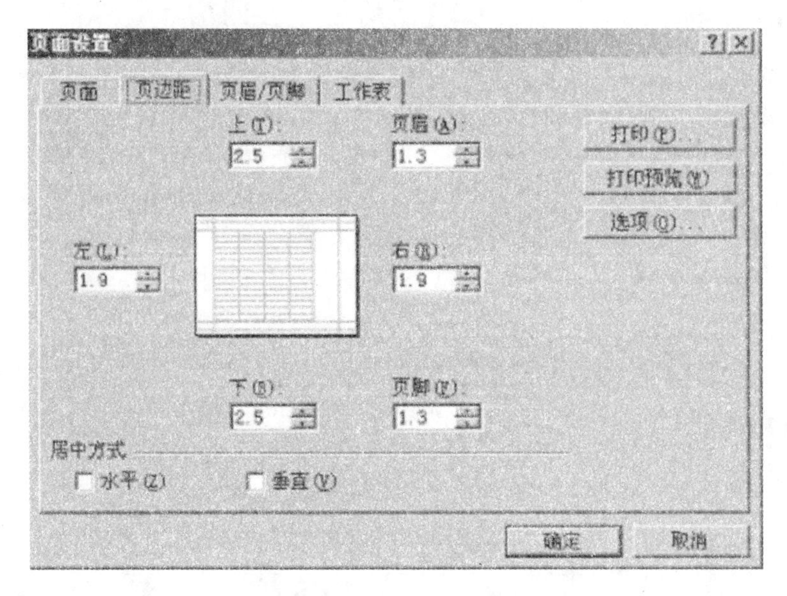

图 3-2-30　页边距设置

（三）“页眉、页脚”设置

（1）选择“页眉/页脚”选项卡，如图 3-2-31 所示。

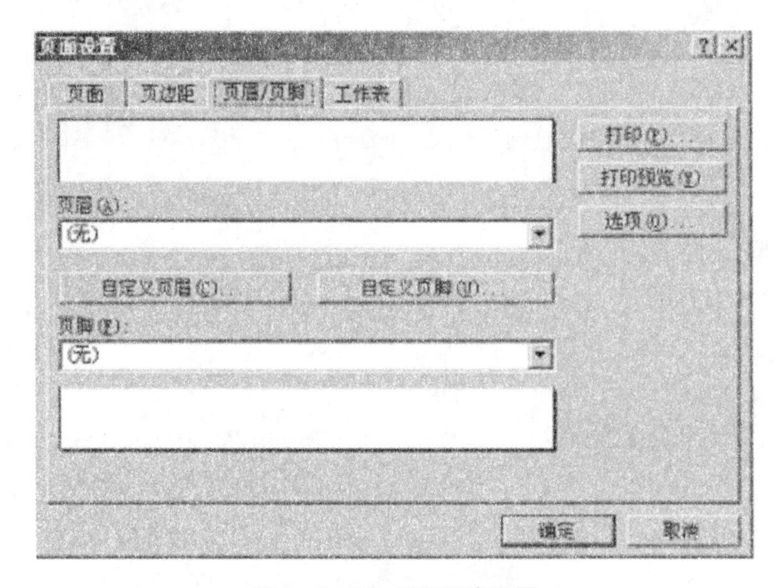

图 3-2-31　页眉页脚设置

（2）单击“页眉”下拉列表可选定一些系统定义的页眉。

（3）在“页脚”下拉列表中可以选定一些系统定义的页脚。

（4）单击“自定义页眉”或“自定义页脚”就可以进入下一个对话框，进行用户自己定义的页眉、页脚的编辑。

（5）单击“自定义页眉”或“自定义页脚”按钮，弹出如图 3-2-32 所示的对话框。在这

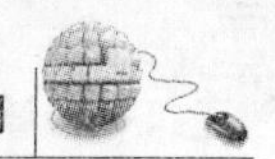

个对话框中，在“左”“中”“右”框中输入需要的页眉、页脚。上方不同的按钮可以对页眉、页脚进行字体等参数的编辑。

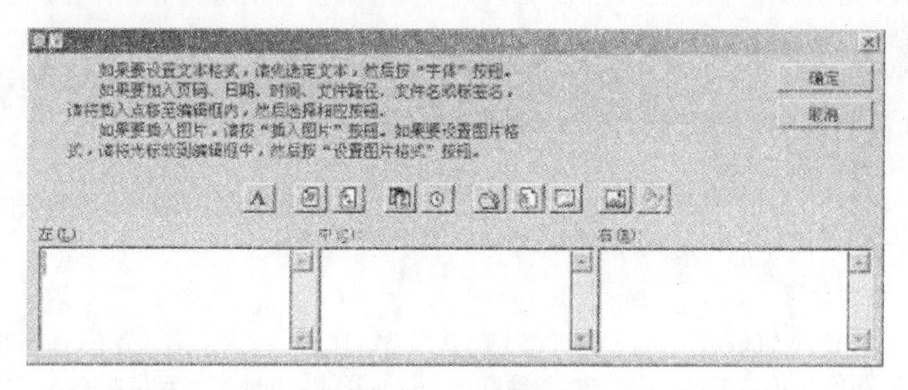

图 3－2－32　页眉编辑设置

（四）工作表设置

（1）选择“工作表”选项卡。

（2）在“打印区域”文本框中输入要打印的区域。

（3）若要求第二页具有与第一页相同的行标题和列标题，在“打印标题”框中的“标题行”“标题列”指定标题行和标题列的行与列。

（五）打印设置

1. 设置页面区域

设置页面区域，可以只将工作表的某一部分打印出来，操作方法如下：

（1）选定工作表，选择需要打印的区域。

（2）单击“文件”菜单的“打印”命令，弹出如图 3－2－33 所示的“打印内容”对话框。

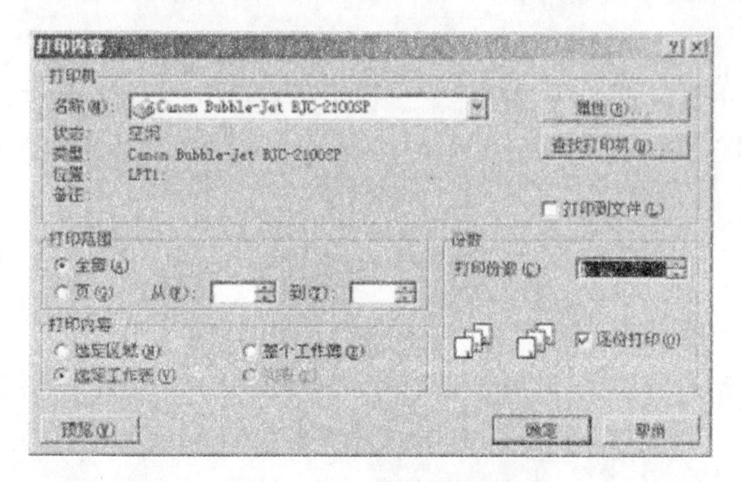

图 3－2－33　页面区域设置

（3）在“打印内容”对话框中的“打印内容”框内，选择“选定区域”就可只打印指定区域。

2. 分页

打印工作表时需要对工作表中的某些内容进行强制分页，一般要在工作表中插入分页符，包括垂直的人工分页符和水平的人工分页符。插入分页符的方法是：

(1) 选定要开始新页的单元格，如果是垂直分页，选定的单元格应属于“A”列；如果是水平分页，选定的单元格应属于第一行。

(2) 选择“插入”菜单的“分页符”命令，以进行人工分页。

选中“分页”时的单元格，单击“插入”菜单，此时弹出的下拉菜单中的“分页符”命令将变为“删除分页符”命令，单击此命令就可删除人工分页符。

3. 打印预览

打印预览看到的内容和打印到纸张上的结果是一样的，单击“文件”菜单，选择“打印预览”命令，或直接单击工具栏中的“打印预览”按钮，屏幕就会显示打印预览状态。

4. 打印

预览完后，当设置符合用户要求时，可以单击“打印”按钮，屏幕会显示“打印内容”对话框。在“打印范围”栏中选择“全部”，打印整张工作表，在“页”中设定需要打印的页的页码，在“份数”栏中选择打印的份数。

第三节　PowerPoint

PowerPoint 主要用来制作丰富多彩的幻灯片集，以便在计算机屏幕或者投影仪上播放，多用于授课、会议报告等。本章主要介绍 PowerPoint 的基本操作。

一、课件制作基本操作

PowerPoint 简称 PPT，是微软公司推出的 Office 系列产品。用 PowerPoint 制作出来的演示文稿不仅有图像和声音，还可以添加许多动画效果，并通过计算机屏幕和投影仪播放，因此不仅教学课件、工作汇报、产品展示、项目介绍、活动宣传需要用 PPT。而且，一些简单的平面设计、动画制作甚至电子杂志都可以通过 PPT 来实现。

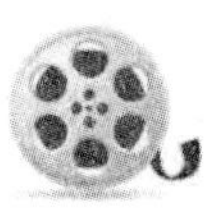

图 3-3-1　图例

演示文稿中的每一页就叫幻灯片，每张幻灯片都是演示文稿中既相互独立又相互联系的内容。

下面介绍几个 PPT 的专题和资源网站：

(1) http://www.1ppt.com/moban/

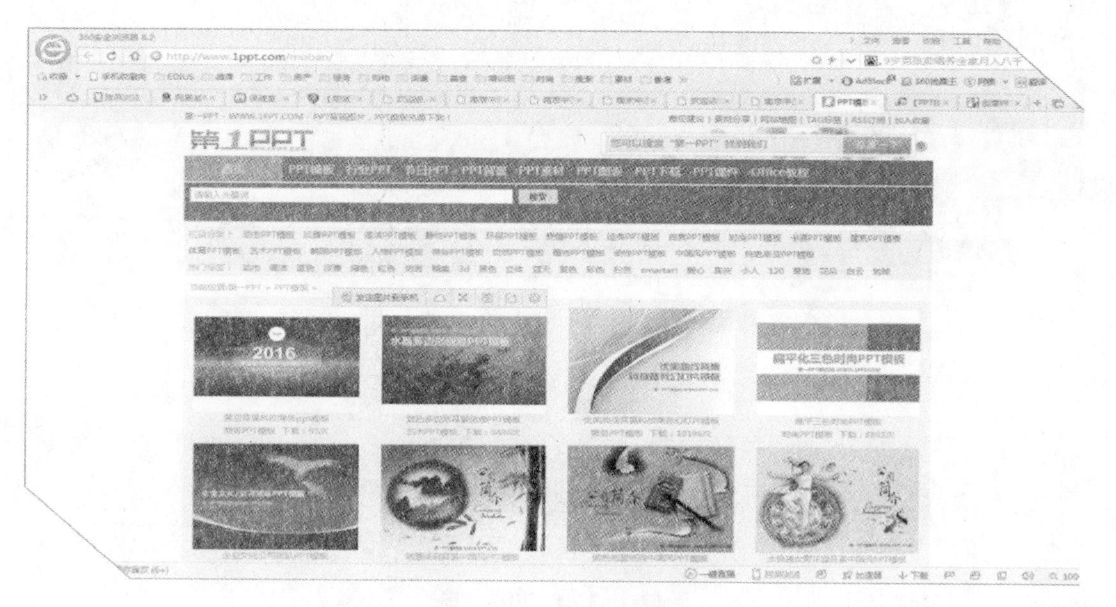

图 3-3-2　第 1PPT 网

(2) http://www.officeplus.cn/Template/Home.shtml

图 3-3-3　Office PLUS

(3) http:// list.docer.com /

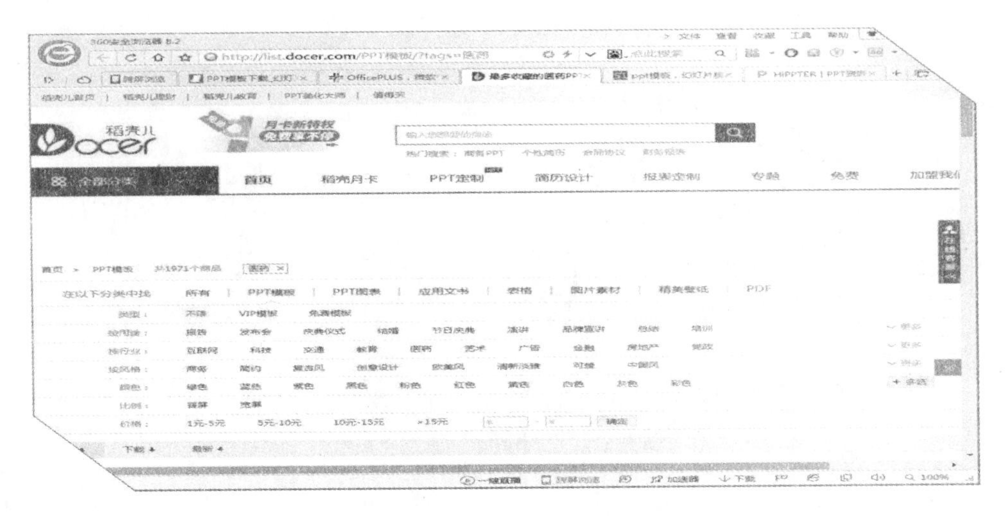

图 3-3-4　稻壳儿网

(4) http:// www.51pptmoban.com /

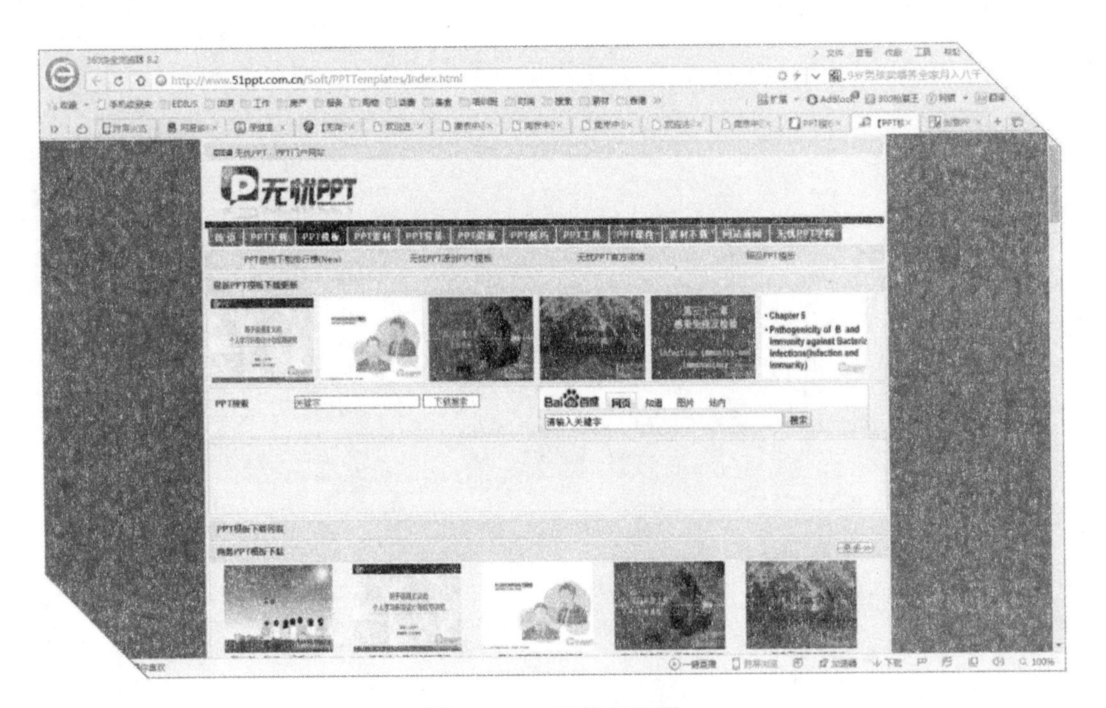

图 3-3-5　无忧 PPT 网

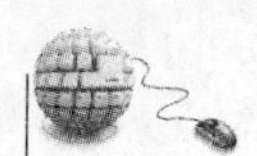

(5) http://www.hippter.com/

图 3-3-6　Hippter

二、逻辑与展示

(一) 大纲设计

PPT 仅是一种辅助表达的工具,其目的是让 PPT 的受众能够快速地抓住表达的要点和重点。

因此,好的 PPT 一定要思路清晰、逻辑明确、重点突出、观点鲜明。这是最基本的要求。但如果要达到以上要求,首先在 PPT 的构思阶段,就要先拟好大纲,设计好内容的逻辑结构。如果是由现成的文字内容转制 PPT,则要对文字进行提炼,使之精简化、层次化、框架化。

(二) 模板设计

模板设计即在开始做 PPT 时,不要着急做每一页的内容,第一步,先设计 PPT 的几个关键页面。

1. 封面

图 3-3-7　PPT 封面

2. 目录页

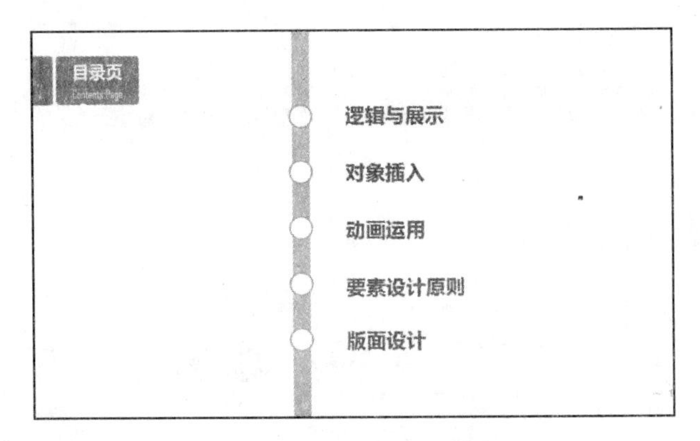

图 3-3-8 PPT 目录页

3. 过渡页

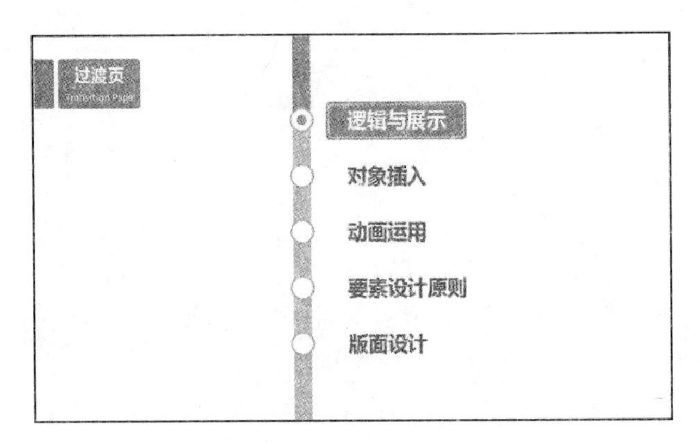

图 3-3-9 PPT 过渡页

4. 正文页

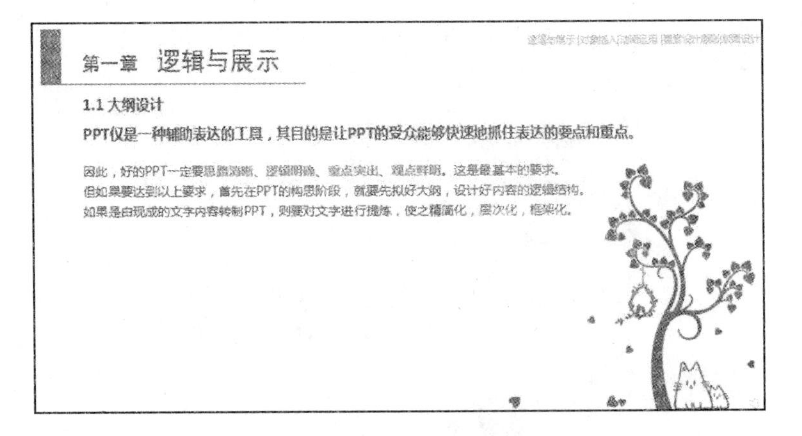

图 3-3-10 PPT 正文页

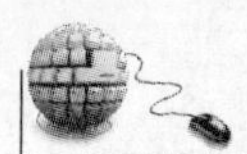

5. 封底

图 3-3-11　PPT 封底

第二步，设计正文页的一级标题、二级标题、三级标题等。

每一个内容页，都有明确的一级标题、二级标题甚至三级标题，仿佛就似网站的导航条一般，这样，可以让 PPT 的受众能够随时了解当前内容在整个 PPT 中的位置，仿佛给 PPT 的每一页都安装了一个 GPS，这样，PPT 的受众就能牢牢地跟上 PPT 表述者的思路了。

（三）颜色与逻辑展示

可以通过设置不同的主题颜色来区分不同的章节，这样更方便 PPT 的受众对 PPT 内容进行准确把握。

图 3-3-12　PPT 封面

图 3-3-13　PPT 目录

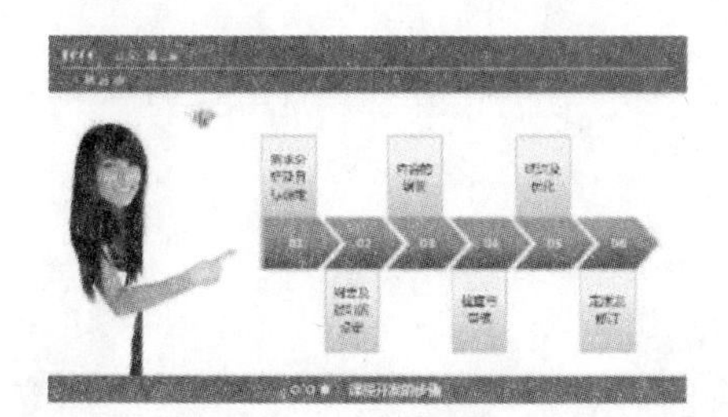

图 3-3-14　PPT 章节

（四）逻辑关系的展示

通过不同的动画设计来展现 PPT 的逻辑关系。比如，通过幻灯片之间的切换方式，就可以很好地区分 PPT 的逻辑并列、包含等关系。

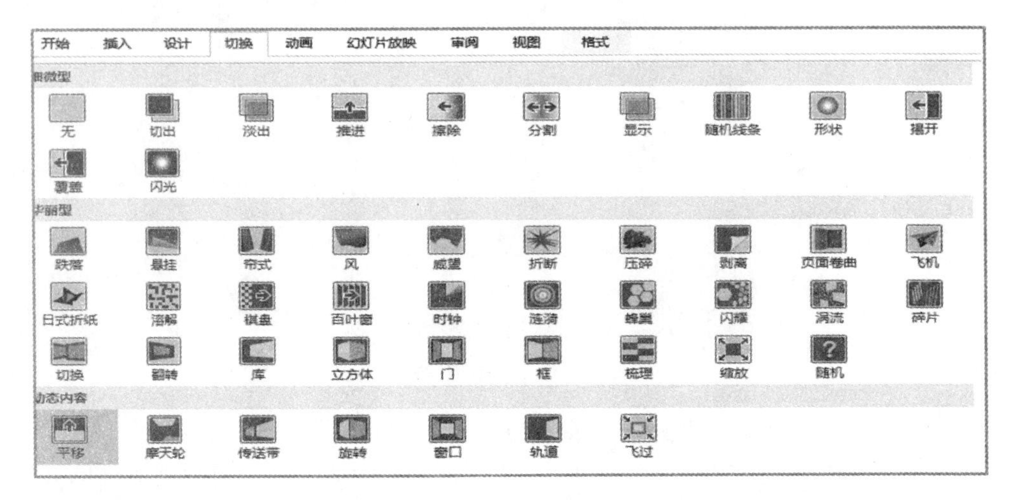

图 3－3－15　PPT 逻辑关系设置

三、对象插入

（一）插入新的幻灯片、文本

1. 插入新的幻灯片

默认情况下，启动 PowerPoint 时，系统将新建一份空白演示文稿，并新建一张幻灯片。

使用快捷键：按“Ctrl＋M”组合键，可快速添加一张新的幻灯片；回车法：在“普通视图”下，将鼠标定位在左侧的窗格中，然后按下回车键(Enter)可以快速插入一张新的幻灯片；命令法：执行“插入”→“新幻灯片”命令，可以增加一张新的幻灯片。

2. 插入文本

(1) 向占位符中添加文本：在新建的幻灯片中单击“单击此处添加文本”，输入文本。

(2) 使用文本框工具添加文本：单击文本框按钮，在幻灯片合适的位置单击，在文本框中输入内容。

(3) 向自选图形中添加文本：选择自选图形右击，选择“添加文本”命令向图形中添加文本。

（二）绘制图形

1. 利用 PowerPoint 的绘图工具

可以快捷地绘制出各种图形对象，如矩形、标注、卡通图形等。还可以利用一些属性设置组合图形，为图形添加阴影和立体效果。

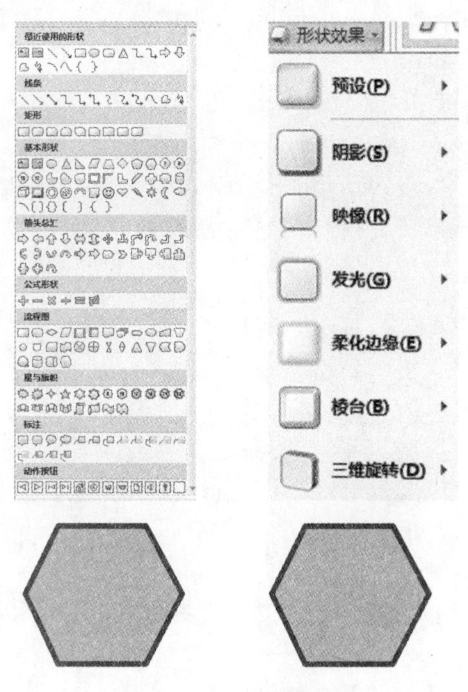

图 3-3-16　图形绘制

2. 合并形状

PowerPoint 2013 以上的版本，可以利用“合并形状”功能对 2 个以上的图形进行设计，以达到自己需要的图形效果。

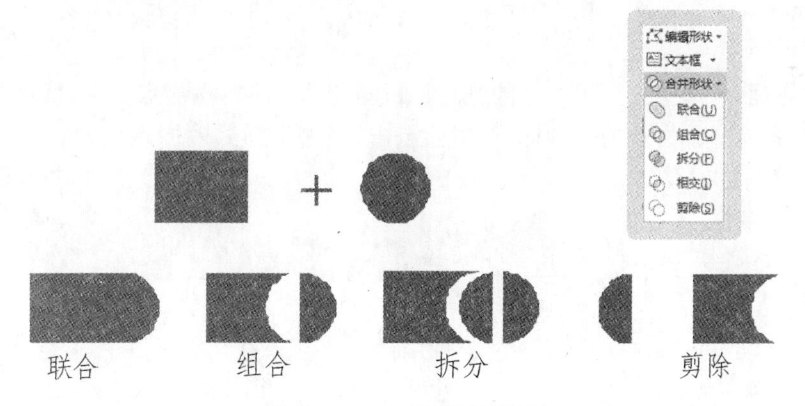

图 3-3-17　合并形状设置

（三）插入图片、艺术字、音频和视频

1. 插入图片

“巧妇难为无米之炊”，是否拥有一个“好又多”的素材库是决定我们能否快速制作一个赏心悦目的 PPT 的关键，这些素材来自哪里呢？浩瀚的互联网为我们提供了巨大的素材仓库。

(1) 锐普 PPT 论坛:http:// www.rapidbbs.cn /;

(2) 站长网 PPT 资源:http:// sc.chinaz.com / ppt /;

(3) 站长网高清图片:http:// sc.chinaz.com / tupian /;

(4) 淘图网:http:// www.taopic.com /;

(5) 我喜欢网:http:// www.woxihuan.com /;

(6) 另外还有百度与谷歌图片搜索、新浪微盘与百度文库等文档分享下载平台等。

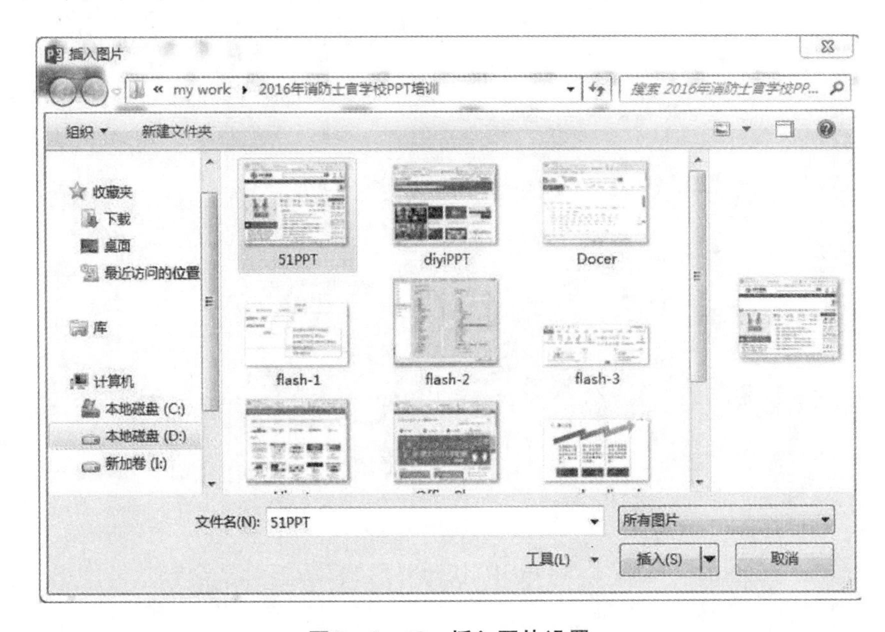

图 3-3-18 插入图片设置

2. 插入艺术字

在文档界面,点击上方菜单栏中的"插入",找到"艺术字",然后点击它,选择艺术字样式的界面,你可以选择你喜欢的一种样式,然后点击,当这个样式的周围出现黄色边框就说明选择成功了。

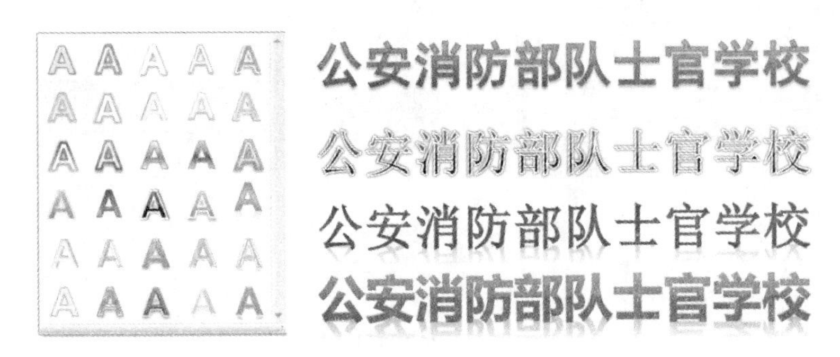

图 3-3-19 插入艺术字设置

3. 插入音频和视频

(1) 插入音频:单击"插入"→"音频",选择"PC 上的音频"即可插入声音。

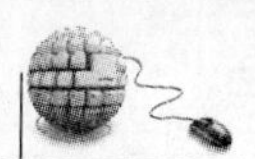

（2）插入视频：单击“插入”→“视频”，选择“PC上的视频”即可插入视频。

（3）PPT中可插入的视频格式有：MPG，AVI，WMV等。FLV等不被PPT支持的视频文件请转化格式后再插入或者使用超链接，调用外部播放器进行播放。

图3-3-20　插入音频和视频设置

（四）插入图表和表格

1. 插入图表

（1）在选项卡上右击选定需要插入图表的幻灯片，点击“插入”→“图表”。

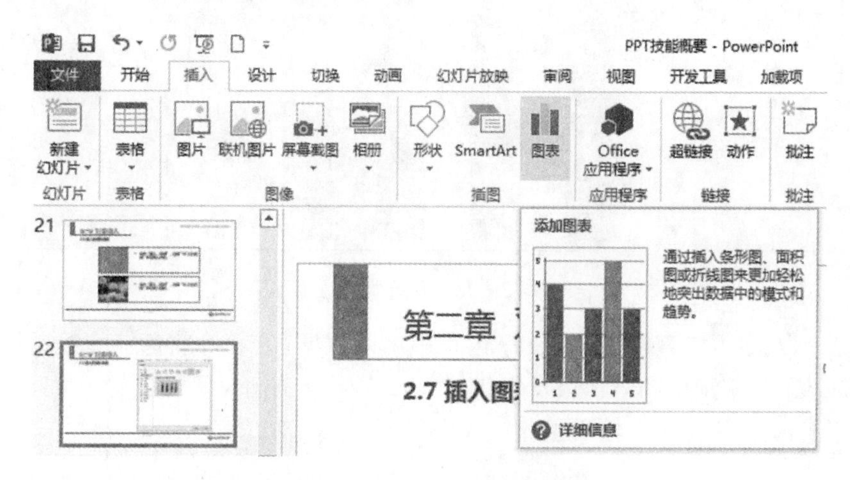

图3-3-21　插入图表设置

（2）弹出“插入图表”选择框，选择需要插入的图表类型，选中后点击“确定”按钮确认插入。

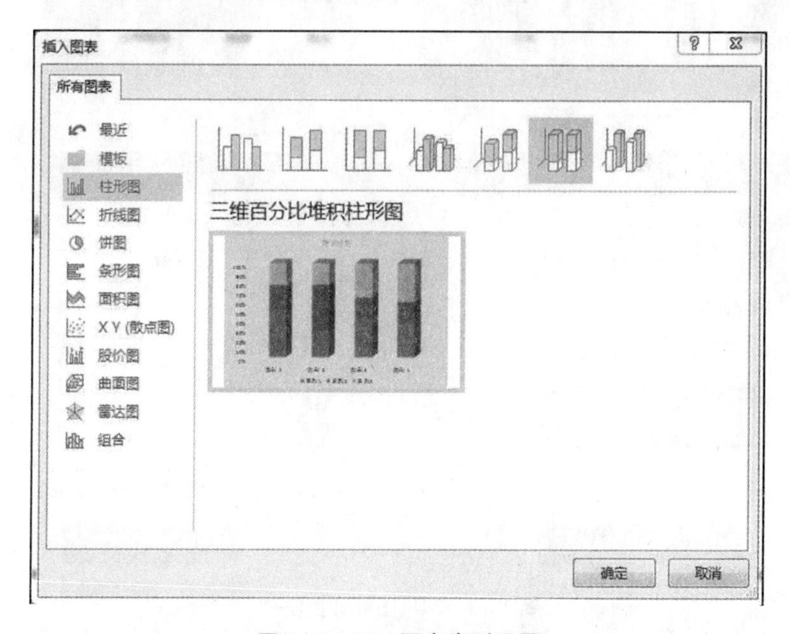

图3-3-22　图表类型设置

(3) 根据选择的图标类型,Powerpoint 会添加预设的图标(即有简单的数据对应),同时图标分为两部分:图表+Excel 数据表,通过更改小窗口的数据表中的数据可以实时预览图表效果。

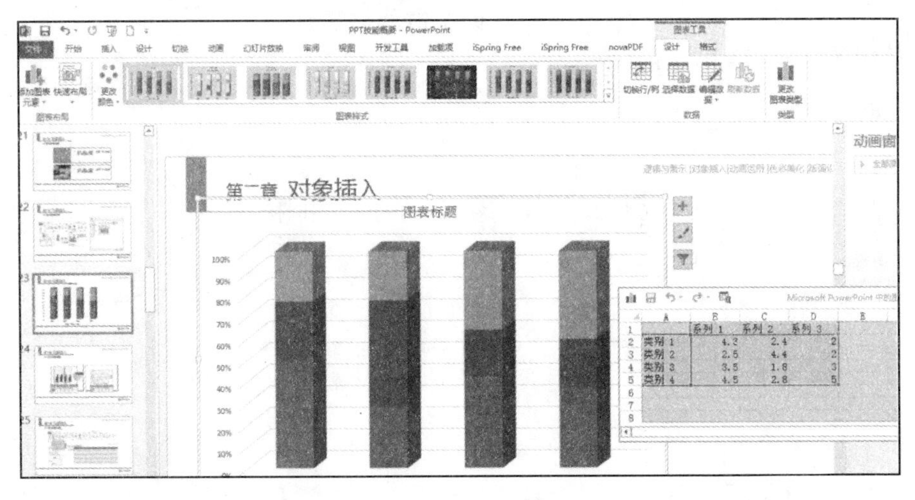

图 3-3-23　图标类型设置

(4) 更改数据,可以直接在 Excel 小窗口中修改数据,或者将准备好的数据粘贴进去。每个数据修改后所对应的图表都会发生变化。

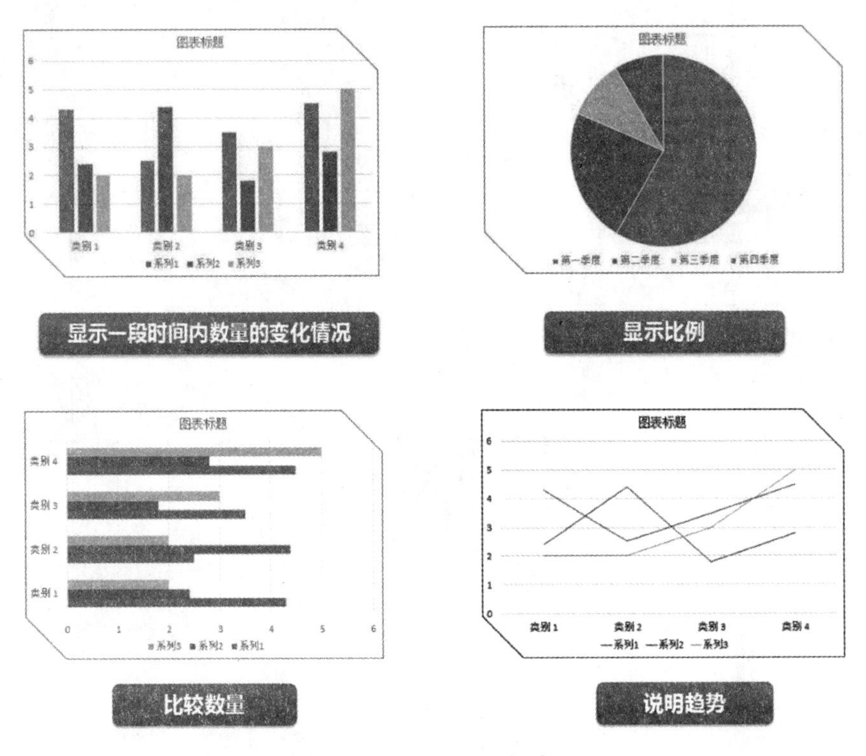

图 3-3-24　图标数据类型

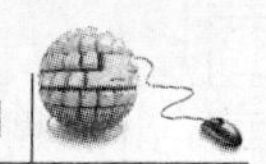

2. 插入表格

(1) 选择要向其添加表格的幻灯片。在“插入”选项卡上的“表格”组中,单击“表格”。

(2) 单击“插入表格”,然后在“列数”和“行数”列表中输入数字。

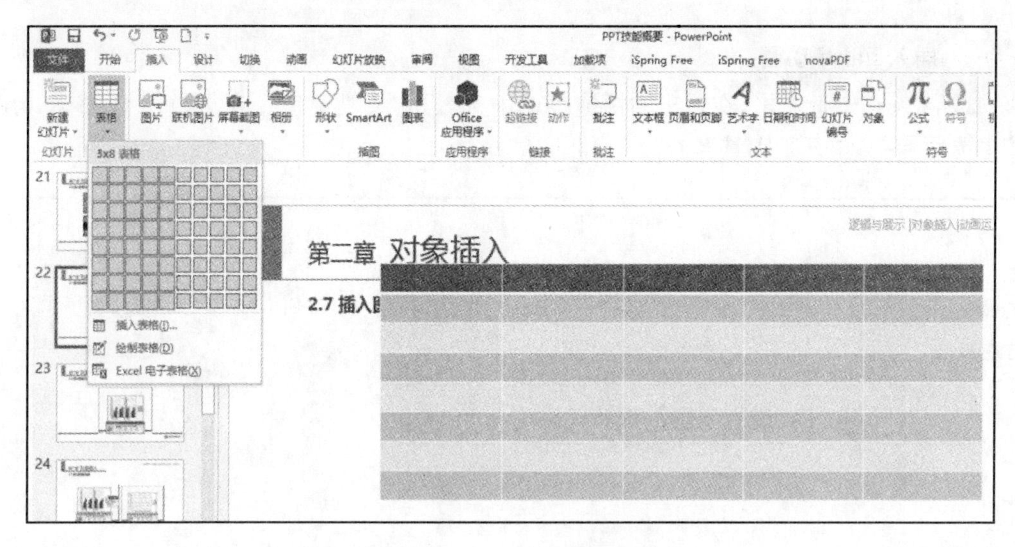

图 3-3-25 插入表格设置

3. 插入 SmartArt 图形

在选项卡点击“插入”→“SmartArt 图形”。

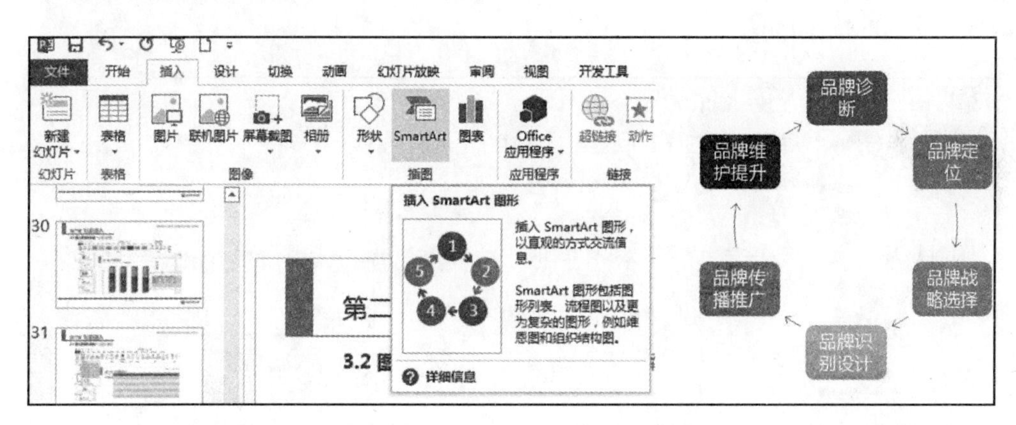

图 3-3-26 插入 SmartArt 图形设置

4. 图表的优化原则

无论是 SmartArt 图表,还是网络的图表素材,都需要进行进一步的优化,以保持和 PPT 整体风格一致。

(1) 颜色与 PPT 整体风格一致;

(2) 立体/平面风格要与 PPT 风格保持一致;

(3) 各个图表之间要保持风格的一致;

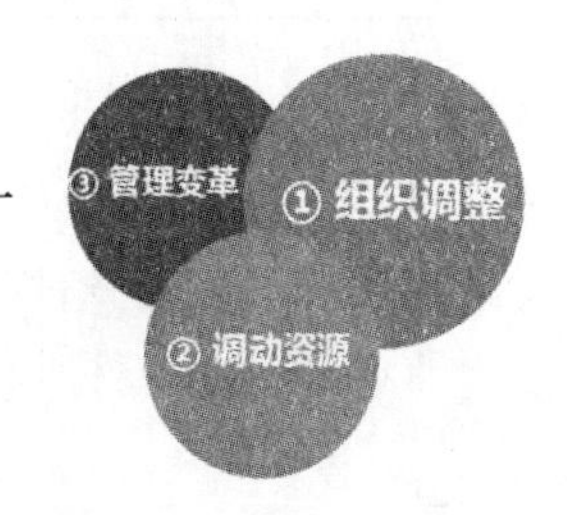

图 3-3-27 图表的优化

(4) 符合逻辑(并列、递进、因果);

(5) 符合几何之美(对称的、对齐的、几何形状的)。

四、动画运用

(一) 插入 Falsh 动画

(1) 在选项卡上右击,在弹出的快捷菜单中选"自定义功能区",在右侧的"自定义功能区"主选项卡中将"开发工具"勾选。

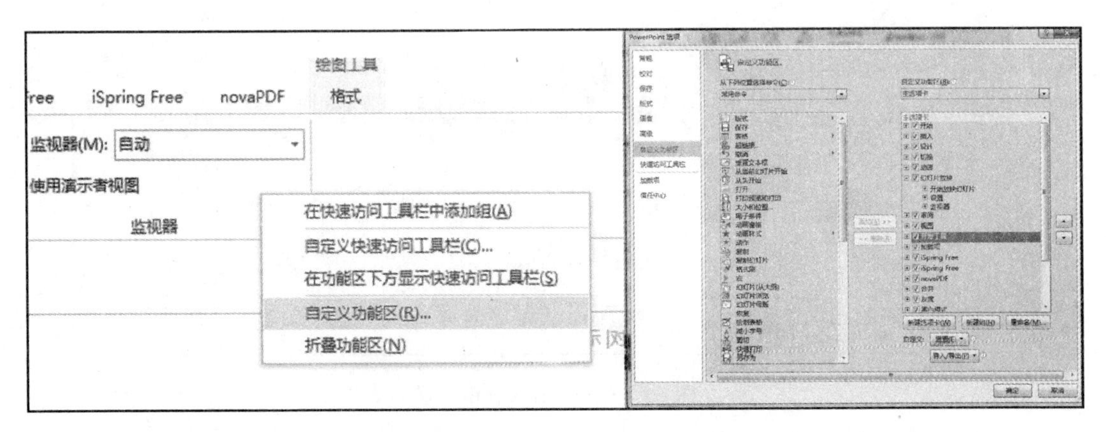

图 3-3-28　插入 Flash 动画设置

(2) 单击"其他控件"按钮,从下拉列表中选择"Shockwave Flash Object"选项(带有锤子和扳手图标的按钮)。

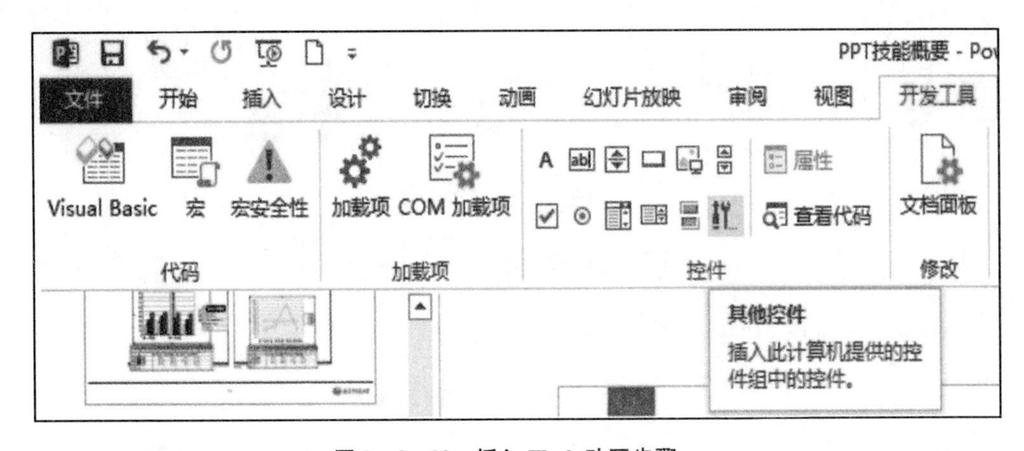

图 3-3-29　插入 Flash 动画步骤一

(3) 利用 Active X 控件向幻灯片中插入动画。待鼠标变成"+"形状,按住鼠标左键在添加 Flash 动画的幻灯片中拖动即出现 Flash 播放控件图形。

(4) 单击"控件工具箱"上的"属性"按钮,打开"属性设置"窗口。

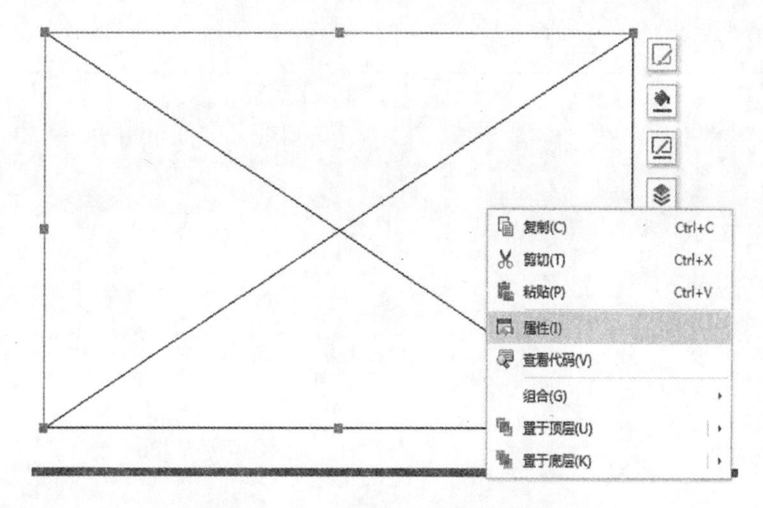

图 3-3-30　插入 Flash 动画步骤二

(5) 在"属性设置"窗口中设置 Movie、Loop、Playing 等属性，放映幻灯片即可看到插入的 Flash 动画。

图 3-3-31　插入 Flash 动画步骤三

(二) 逻辑切换动画

动画运用的原则是：与逻辑或讲课思路一致，吸引学员的注意力，少而精，不能太花哨。

1. 动画体现逻辑的原则

同类别的页面动画保持一致(如过渡页、体现正文不同层次的页面)；同级别或同一章节的动态内容切换动画保持一致。

2. 对象的先后出现——动画

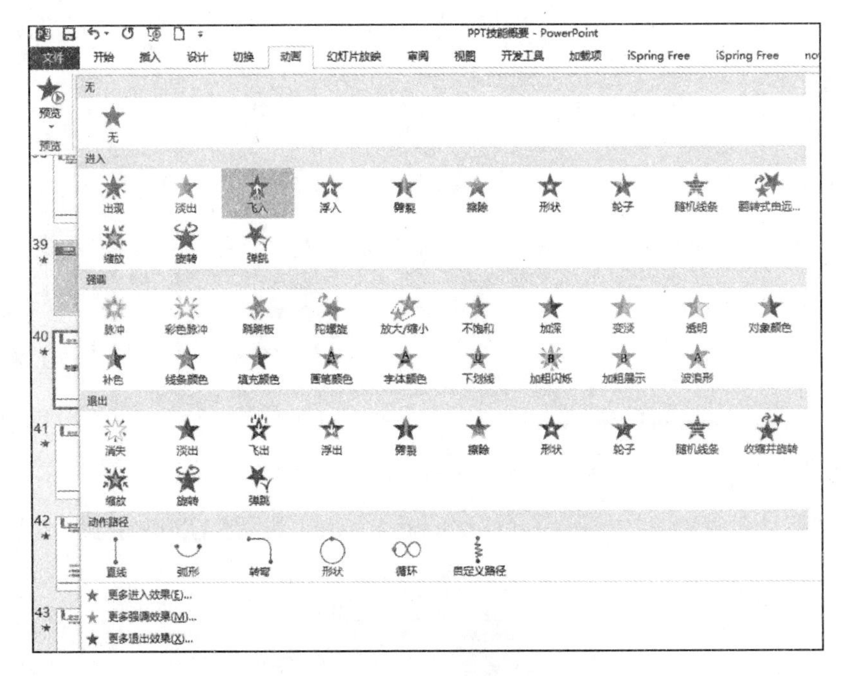

图 3-3-32　逻辑切换动画设置

3. 幻灯片之间的翻页效果——切换

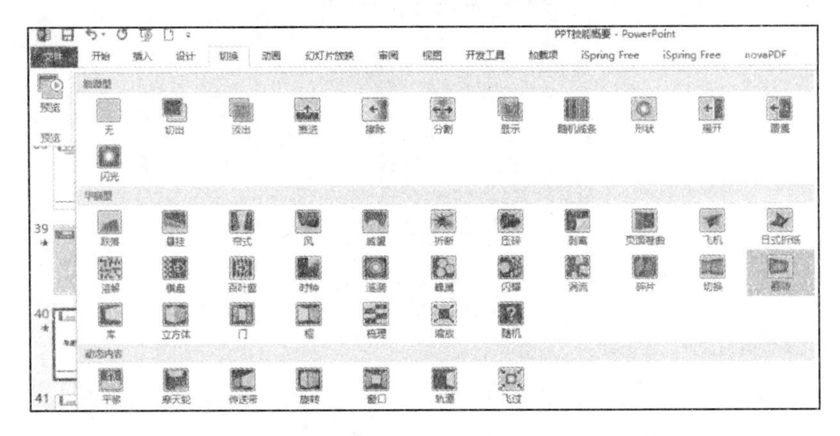

图 3-3-33　翻页效果设置

（三）多个对象的组合设计

（1）简单原则：简单才最有力量，最易于执行。

（2）统一原则：以最少的标准去覆盖最大的范围，扩大标准的适用范围，减少不必要的重复或多样化。

（3）协调原则：为保持标准系统的整体功能达到最佳，必须协调对接好系统内外关联因素之间的关系。

（4）优化原则：一定要选择最优的表述方式，能量化的尽量量化、不能量化的尽量细化、

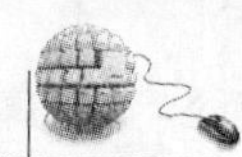

不能细化的尽量流程化。

五、要素设计原则

（一）要素设计原则

1. 字体选用原则

（1）字体的选用及大小设置

标题字体：华康俪金黑 W8 ＋ 微软雅黑；正文字体：微软雅黑（强调处加粗）；字体大小：正文≥16 号，标题或正文强调字体变大。

（2）字体统一，层次清晰、重点突出

一张幻灯片上最好使用一种字体，或标题一种，正文一种，最多不宜超过三种；标题字号稍大于正文字号，一般加粗；行间距根据美观性相应调整，一般为 1 或 1.5 倍；标题、副标题、目录、正文、感谢语要有层次感。

图 3－3－34　字体设置

（3）统一标题、正文文字字号、字体、色彩。

2. 图片选择的原则

（1）高清的原则：如今网络这么强大，高清的图片取之不尽、用之不竭。

图 3－3－35　高清的图片

（2）与内容相关的原则。

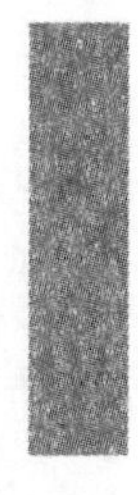

图 3－3－36　与内容相关的图片

（3）充满时代感的原则。比如各种电子用品、汽车、甚至穿衣打扮等。

图 3-3-37　充满时代感的图片

（4）图片与正文协调一致，与版面浑然一体，不突兀。

图 3-3-38　协调一致的图片

（二）图片的设置

1. 图片“裁剪”“压缩”的操作

（1）图片的裁剪

双击图片，选择“裁剪”，就可以自行裁剪图片了。PowePoint 2010 以上的版本可以剪裁各种形状。切忌改变图片的长宽比，这样会显得非常山寨！

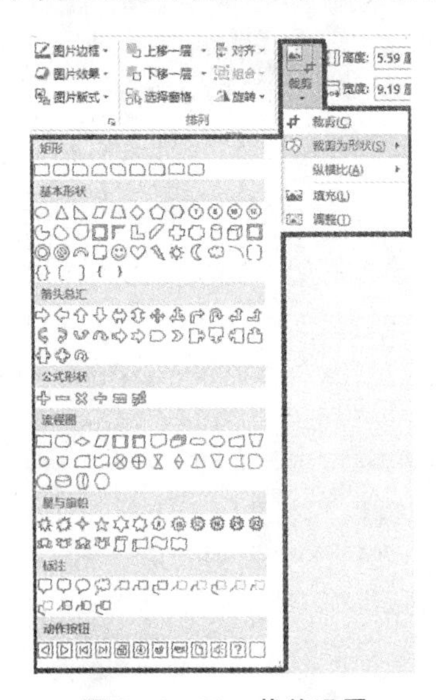

图 3-3-39　裁剪设置

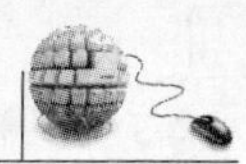

(2) 图片的压缩

使用 PPT 设计幻灯片的过程中，通常情况下都会在 PPT 中插入很多漂亮图片来进行版式美化，但在同时，生成幻灯片的体积很大，这就需要将图片进行压缩。

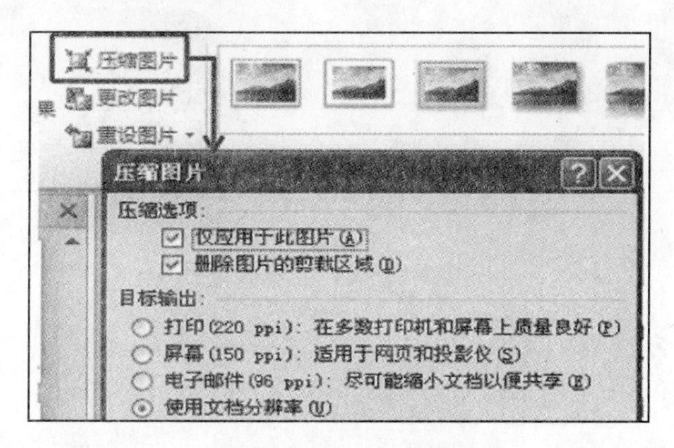

图 3-3-40　压缩设置

2. 图片的各种效果处理操作

(1) 点击工具栏上的"插入"按钮，插入之后，可以进行图片的设置，右击，会出现"设置对象格式"对话框。

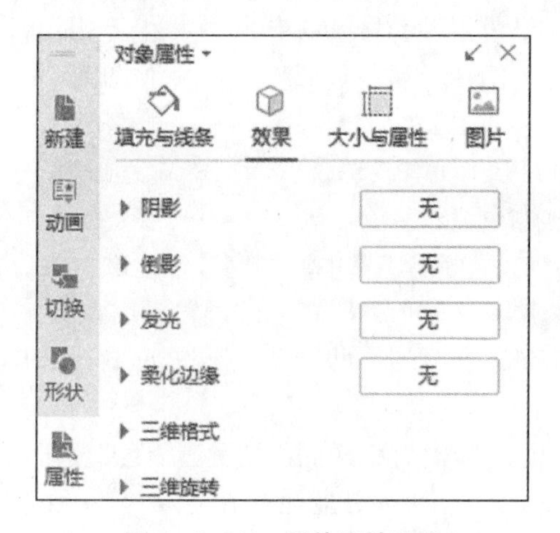

图 3-3-41　图片属性设置

(2) 快速设置图片样式

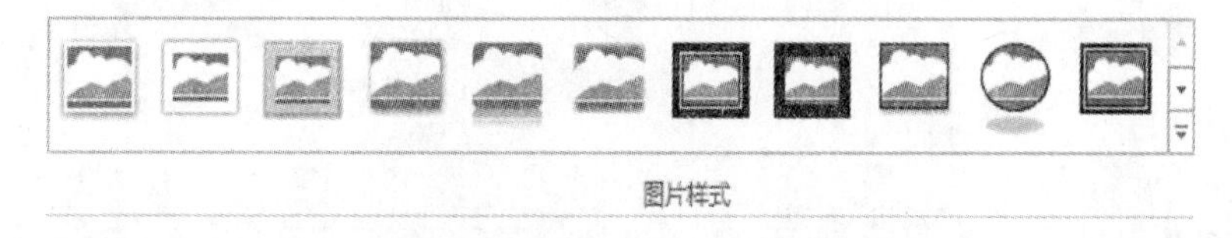

图 3-3-42　快速设置图片样式

(3) 图片的编辑

图 3-3-43　图片编辑

（三）母板

1. 幻灯片的版式和模板及构成要素

(1) 版式和模板

版式：指幻灯片内容在幻灯片上的排列方式。版式由占位符组成。占位符是一些已经设置好格式的框，在这些框内可以直接放置文字、图表、图片等对象。运用幻灯片版式可迅速完成幻灯片内容的布局。

模板：指已经设置好背景和内容格式的幻灯片，使用模板可快速完成幻灯片的制作。

如果需要长期使用一个模板做为自己的 PPT 文档的专用模板，可以将自己单位以及单位的标识、代表性建筑、经典图片等加入到母版文件里并在以后长期使用。

(2) 构成要素

底图：标题页内容页；Logo：学校、单位、名称；标志性图片：建筑、风景、物品；文本：标题、目录、副标题、内容、感谢语。

(3) 一般设置为透明底，叠加后不影响底图完整性。颜色除有特殊规定的，可根据整体协调性进行调整：打开"工具"菜单下的"自定义..."选项，出现一个对话框，单击"命令"标签，选择"绘图"类别，对应地就出现了一些绘图控制按钮，拉出其中的"设置透明色"按钮，放到常用的绘图工具栏上。

打开一个带图片的 PPT，选中图片，单击"设置透明色"按钮，就可以设置了。这种方法适合于一些外围颜色单一的图片，可以有效地变成类似 NPG 效果的图片。

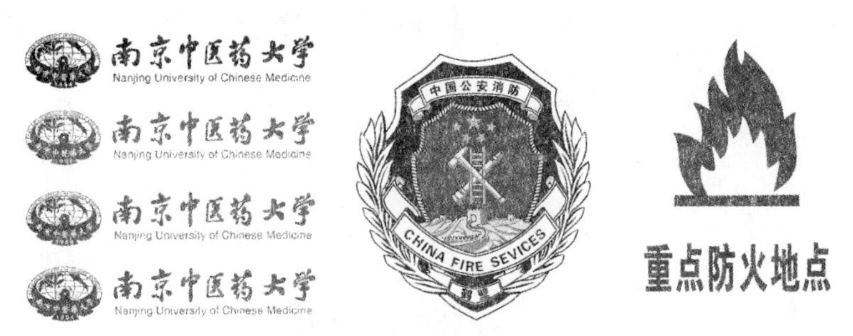

图 3-3-44　Logo、图例

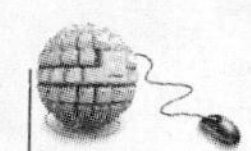

(4) 选择原则需要与内容符合。作为背景：进行艺术化处理；作为局部装饰：少而精，清晰度较高。

图 3－3－45　选择与内容符合原则

(5) 选择像素较高的图片作为背景图。

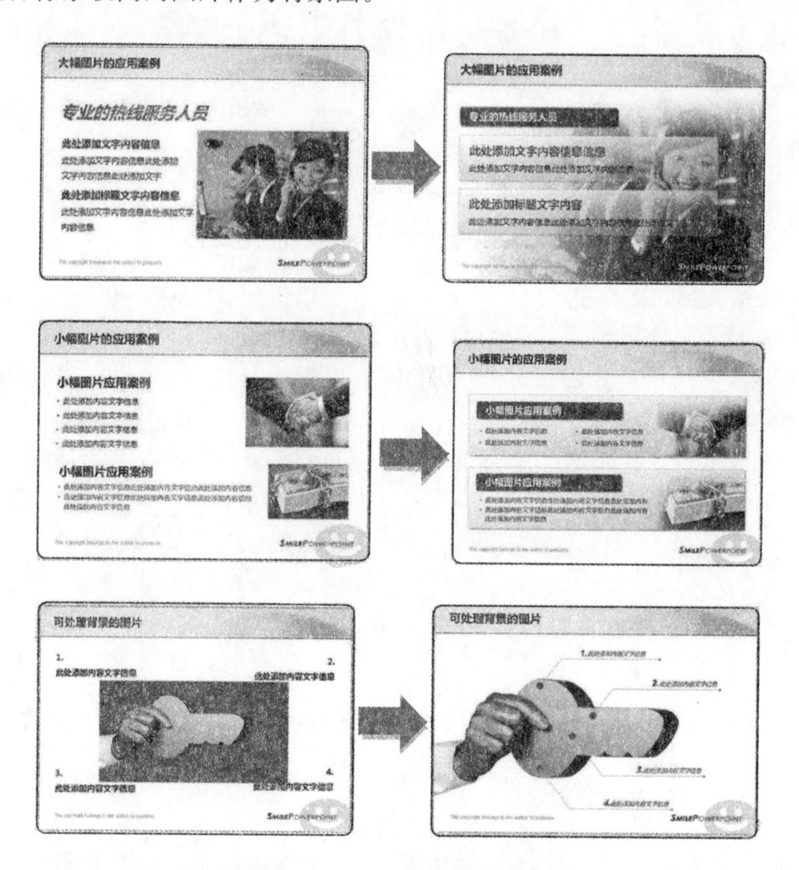

图 3－3－46　选择像素较高原则

2. 幻灯片母版修改及应用

幻灯片母版是一对多的修改，你修改了母版，所有应用了母版的幻灯片都有效。幻灯片母版一般用来：

(1) 添加幻灯片的附加信息，如版权、张数、修改日期等。

(2) 幻灯片的界面设计。

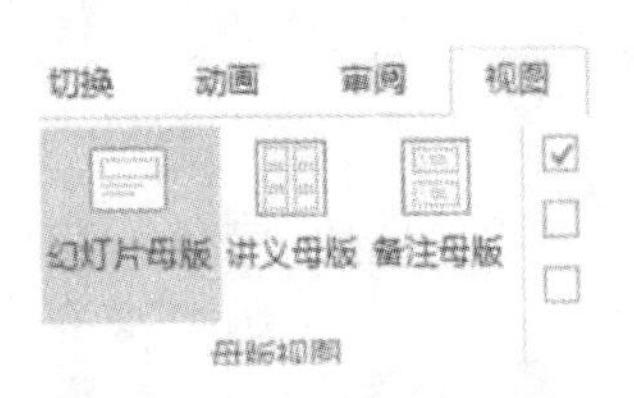

图 3－3－47　幻灯片母版设置

(3) 颜色的选择及设置技巧。

制作 PPT 是一个创造美的过程，美在版式、美在颜色。

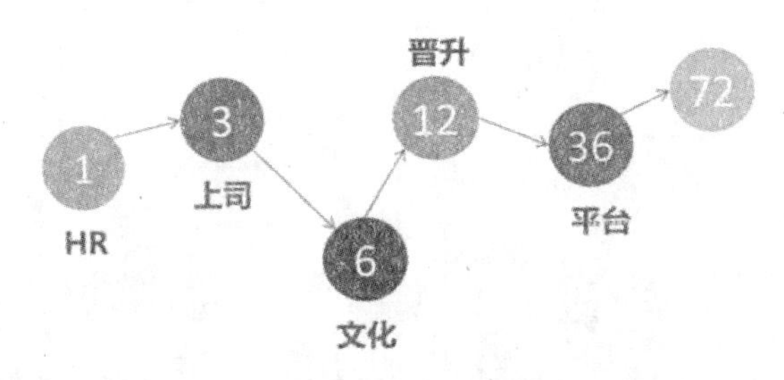

图 3－3－48　颜色的选择及设置技巧设置

(4) 风格、正文颜色设置技巧

整体风格色指：封面、封底、母版标题、强调色、图表色等。

主要方案有：整体单色系；逻辑单色(即不同章节不同色)；组合色(主色＋副色，如本PPT)；正文颜色方案。

正文：一般用灰色，根据不同的背景，选择不同的深浅。如果背景是深色，则正文是白色。

强调：正面观点，用主风格色；反面观点，用红色或者副色。

六、常用素材处理

(一) 图像处理

图像是工作中需要处理的很重要的文件，掌握对图像的简单操作对制作 PPT 课件是非常必要的。下面以 ACDSee 为例介绍图像操作方法。

1. 转换图像的格式

图像的格式有很多，如 BMP、GIF、JPEG 等。各种格式可以通过软件进行转换，启动 ACDSee 软件。

(1) 在“浏览”模式下选择一个或多个图像。

(2) 选择“工具”菜单中的“转换”命令，弹出如图 3－3－49 所示的对话框。

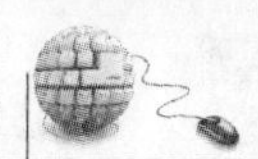

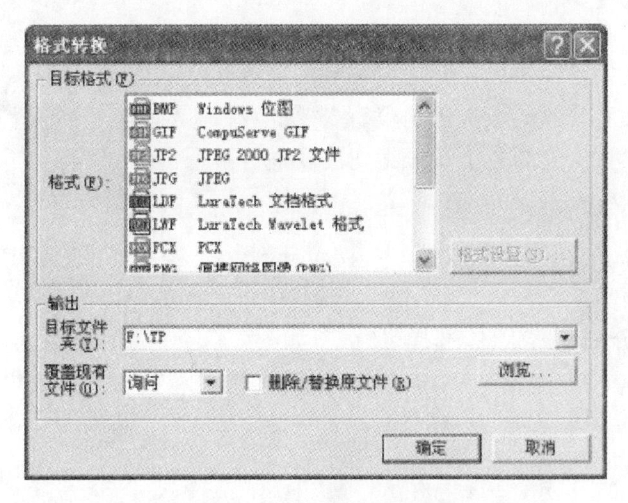

图 3-3-49　图像处理设置

(3) 在对话框中选择所需的输出格式,根据需要选择相应参数。

(4) 单击“确定”,格式转换完成。

2. 简单编辑图像

(1) 裁切

裁切可缩减图像的可视范围。

① 选择工具栏中“编辑”命令,弹出新的“图像编辑器”窗口。

② 在窗口工具栏中选择“裁切”按钮,鼠标单击目标区域的左上部并拖放鼠标至目标区域的右下部,构成所选区域的一个轮廓。

③ 双击该区域,其外部区域即被裁切掉。

(2) 旋转或翻转

将图像进行 90°或者 180°的旋转,操作如下:

① 选择工具栏中“编辑”命令,弹出新的“图像编辑器”窗口。

② 在窗口工具栏中选择“旋转”按钮或“翻转”按钮,在弹出窗口中设置旋转角度。

常用图像编辑软件还有 Photoshop、Fireworks 和 Windows 附件中的画图工具等。

(二) 声音处理

在 PPT 课件的制作中,声音的处理用得越来越多,同时声音的处理也比较方便,下面就介绍下声音格式的转换以及声音的录制。

1. 声音格式转换

在市场上的大部分音频播放器都带有音频格式的转换,比如千千静听、格式工厂、QQ 影音等。

2. 声音录制

目前 Windows 系统中都带有录音机这种功能软件,如图 3-3-50 所示。

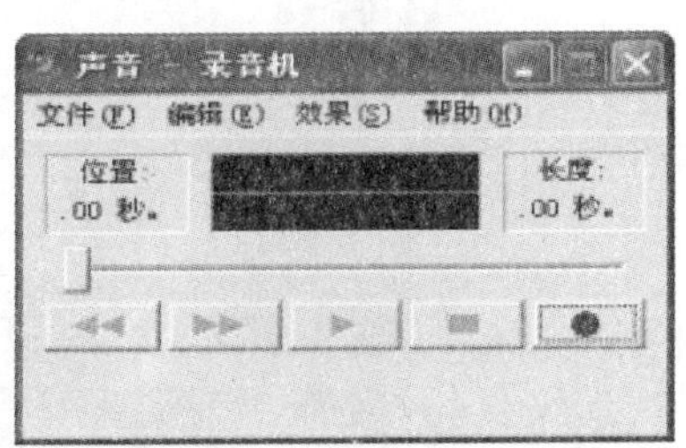

图 3-3-50　声音录制界面

（三）视频处理

在第一章中，我们已经给大家介绍了视频的播放软件，对视频的播放有所了解。在日常工作和生活中，掌握对视频的编辑还是很有必要的，特别是在制作 PPT 课件中，视频处理有很多应用，下面就给大家介绍一下视频编辑的软件。

1. 视频分割软件

下面以比较常用的视频分割软件——视频分割专家为例介绍视频分割的操作方法。

具体步骤如下：

（1）启动视频分割专家软件，选择“加载”，如图 3－3－51 所示。

图 3－3－51　视频分割专家软件界面

（2）在弹出的新窗口中选中要分割的视频文件，单击“打开(O)”，如图 3－3－52 所示。

图 3－3－52　视频分割第一步

（3）单击“下一步”。如图 3-3-53 所示。

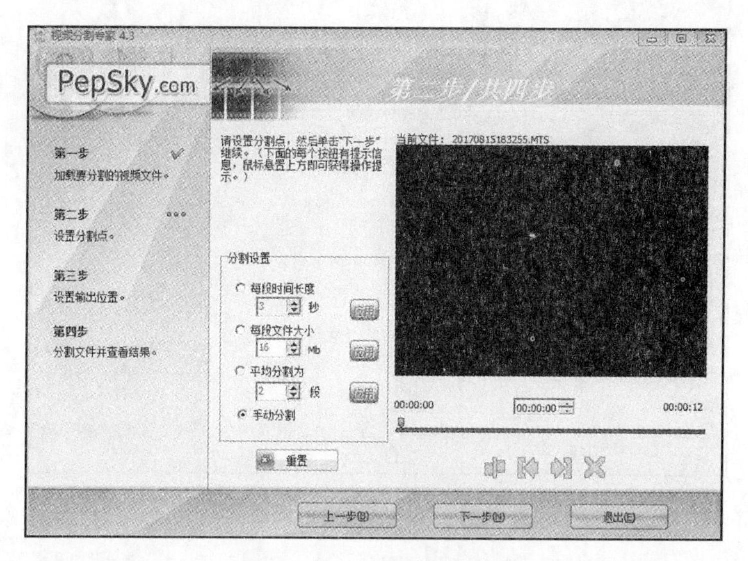

图 3-3-53 视频分割第二步

（4）设置分割点，一般都是手动分割，选择好分割点后，如图 3-3-54 所示。

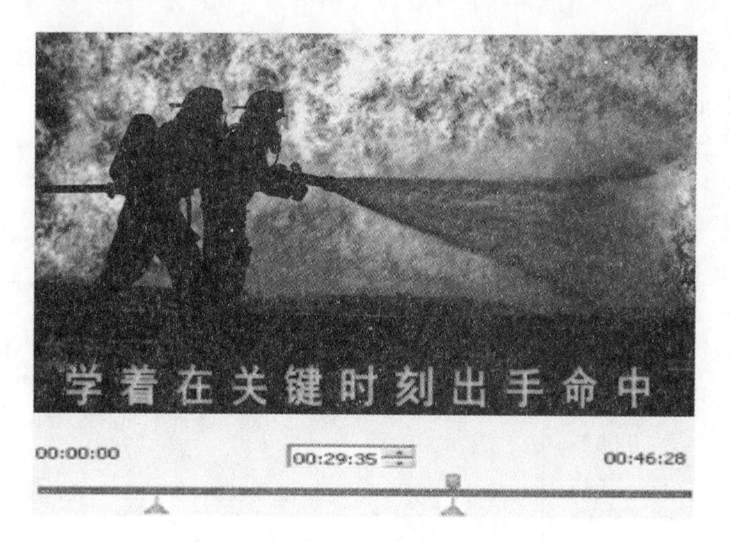

图 3-3-54 视频分割第三步

（5）单击“下一步”，如图 3-3-55 所示，选择保存位置，单击“下一步”。

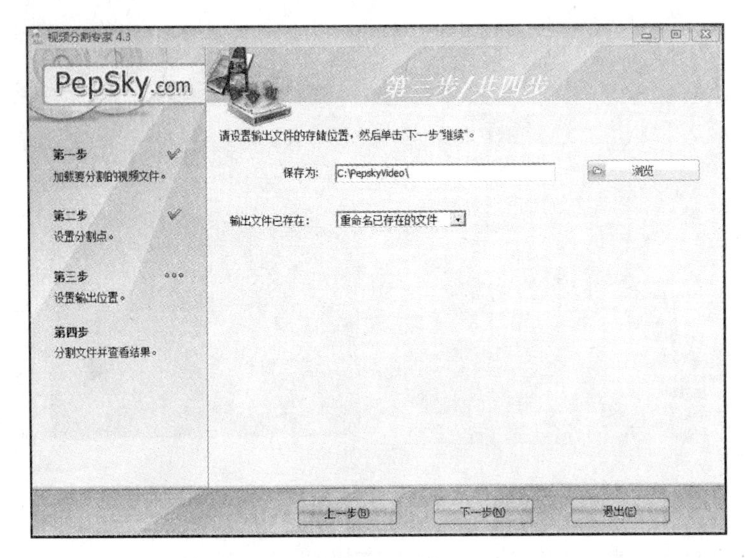

图 3-3-55　视频分割第四步

（6）等待分割，分割结束后，会出现如图 3-3-56 所示的界面，单击"确定"，这时分割好的视频自动保存到了设置好的目录中。

图 3-3-56　视频分割完成

2. 视频合并软件

下面以操作比较简便的 Allok Video Joiner 软件为例介绍视频合并的操作方法。Allok 出品的强力视频合并器支持超级多的视频格式和各种主流盘片映象(VCD/SVCD/DVD 映象，便于用户使用第三方软件直接刻录)。此软件支持的输入格式有：avi、mpeg、mpg、dat、vob、wmv、asf、divx、xvid、div、mpe、m1v、m2v、rm、rmvb、mov、qt、3gp、3g2、mp4、m4v 等，支持将他们合并为：AVI 格式（*.avi)、MPEG1 格式（*.mpg)、MPEG2 格式（*.mpg)、DivX 格式（*.avi)、Xvid 格式（*.avi)、VCD 兼容的 MPEG1 格式（*.mpg)、SVCD 兼容的 MPEG2 格式（*.mpg)、DVD 兼容的 MPEG2 格式（*.VOB)、VCD 映象（*.bin、cue)、SVCD 映象（*.bin、cue)、DVD-视频文件（*.IFO、VOB)、WMV 文件（*.WMV) 等。

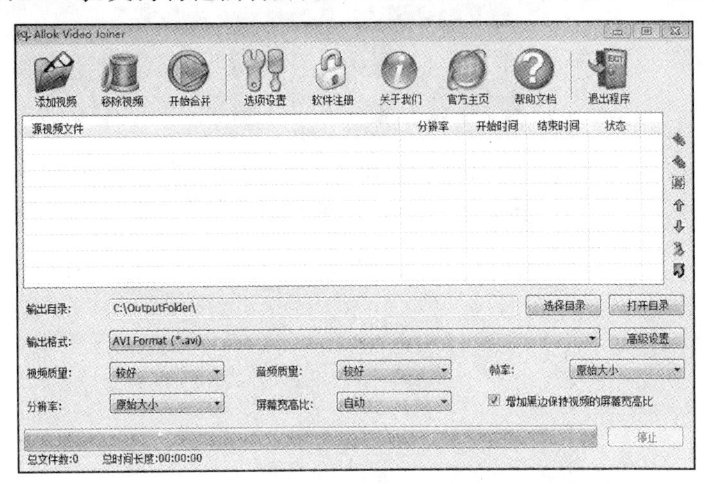

图 3-3-57　启动 Allok Video Joiner 软件界面

具体操作步骤如下：

（1）启动 Allok Video Joiner 软件，如图 3-3-57 所示。

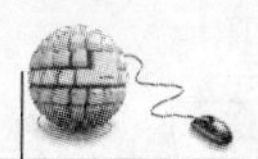

(2) 单击“添加文件”,在弹出的新窗口中选中要合并的视频文件,如图 3 - 3 - 58 所示。

图 3 - 3 - 58　添加要合并的文件

(3) 单击“合并”,如图 3 - 3 - 59 所示,等待合并完成,单击弹出的新对话框中的“确定”,即视频合并完成。

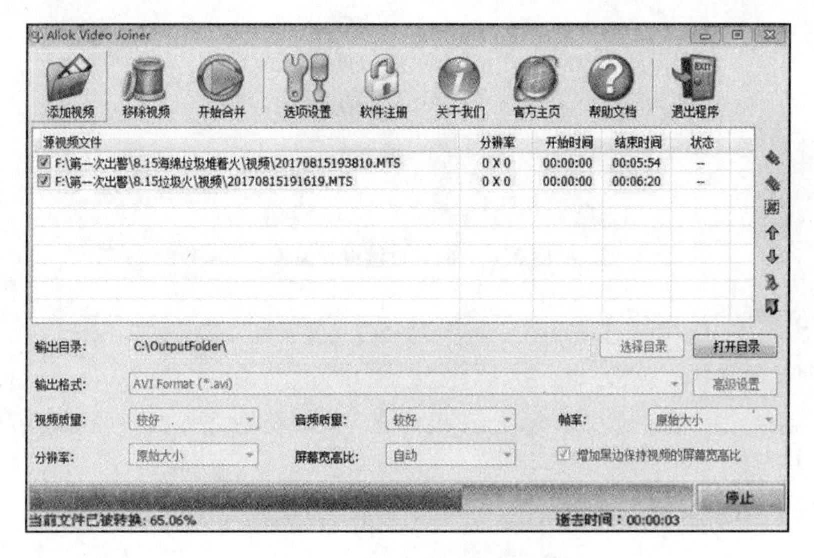

图 3 - 3 - 59　确认合并的视频

七、版面设计

(一) 目录设计、过渡设计

1. 目录设计

目录页是通过明确的目录纲要来展现 PPT 的主要内容,这个可以有,而且是必须的!

包括:传统型目录、图文型目录、图表型目录。

图 3-3-60 目录设计设置

2. 过渡设计

章节之间的过渡页,让受众随时了解 PPT 的内容进度,这个可以有,但是常常被忽略。包括:纯标题式过渡、颜色凸显式过渡、标题+纲要式过渡。

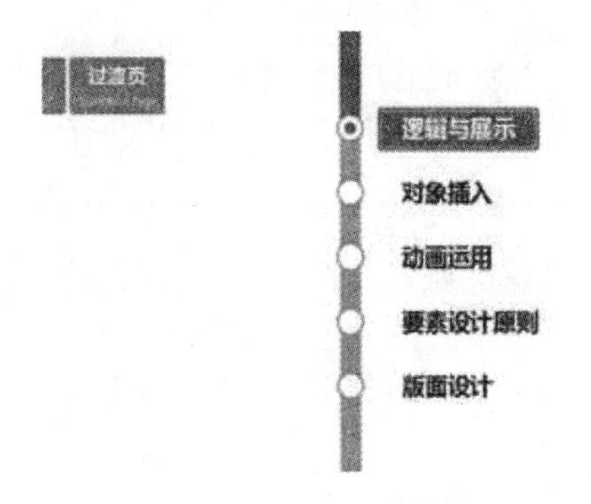

图 3-3-61 过渡设计设置

(二) 正文排版

1. 局部标题设计

局部标题指除一级标题、二级标题、三级标题等逻辑标题之外的各局部内容的标题,也可以称为子标题。

(1) 简洁式标题

图 3-3-62 简洁式标题

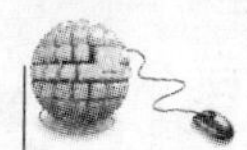

（2）点缀式标题

图 3－3－63　点缀式标题

（3）背景式标题

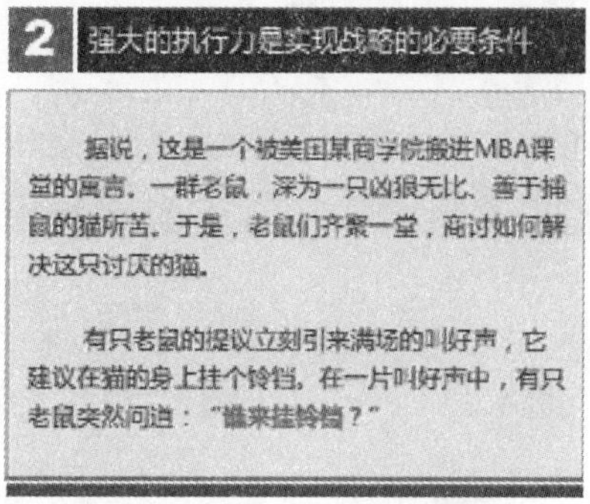

2　强大的执行力是实现战略的必要条件

据说，这是一个被美国某商学院搬进MBA课堂的寓言。一群老鼠，深为一只凶狠无比、善于捕鼠的猫所苦。于是，老鼠们齐聚一堂，商讨如何解决这只讨厌的猫。

有只老鼠的提议立刻引来满场的叫好声，它建议在猫的身上挂个铃铛。在一片叫好声中，有只老鼠突然问道："谁来挂铃铛？"

图 3－3－64　背景式标题

2. 图文排版

为了更好地辅助表达，PPT 设计中常采用大量图片、图表来增加信息量，或使信息更为直观。以下介绍几种推荐版式。

（1）单图排版

图 3－3－65　单图排版

(2) 单图排版(上下式)

图 3-3-66　单图排版(上下式)

(3) 多图排版(对称)

图 3-3-67　多图排版(对称)

(4) 多图排版(并列)

图 3-3-68　多图排版(并列)

(5) 多图排版(艺术化)

图 3-3-69　多图排版(艺术化)

(6) 图表排版(横向)

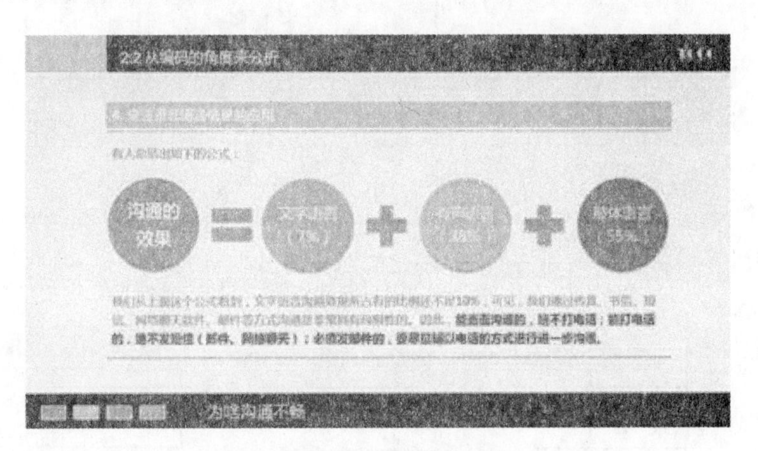

图 3-3-70　图表排版(横向)

(7) 图表排版(居中辐射)

图 3-3-71　图表排版(居中辐射)

（三）正文排版

1. 纯文字排版

文字太多的时候，或者文字少却没有图片资源的时候，或者需要“留白”艺术处理的时候，我们需要纯文字排版，纯文字排版实际上比图文排版更难一些。

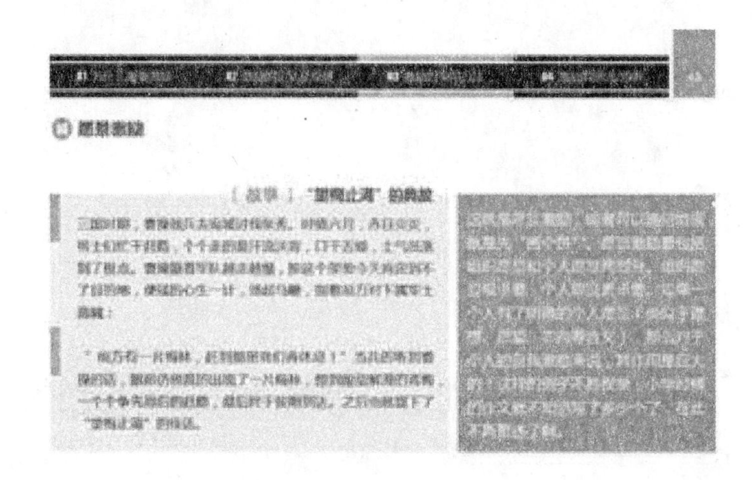

图 3-3-72　纯文字排版

2. 排列设计

点击“开始”→“排列”→“对齐”选择需要的对齐方式。

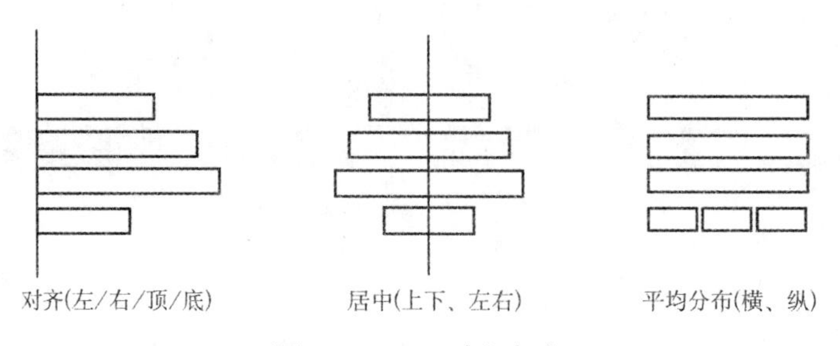

图 3-3-73　对齐方式

第四节　技能实训

实训 1　Word 软件文字录入与排版

(1) 实训题目

按要求进行文字的排版。

(2) 实训目的

根据本章介绍内容，理解掌握 Word 软件的录入与排版。

(3) 实训内容

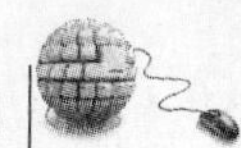

正确对文档进行字体、格式、段落、分栏等的设置，在 20 min 内完成所有操作。

(4) 实训方法

① 按照分发的纸质文档要求打开相应的文档进行排版。

② 20 min 内完成所有操作。

(5) 实训总结

根据实训中出现的问题做出总结。

实训 2　Excel 电子表格综合应用

(1) 实训题目

按要求进行表格编辑。

(2) 实训目的

根据本章介绍内容，理解掌握 Excel 电子表格的使用。

(3) 实训内容

正确按照文档要求设置公式、函数、分类计算等，在 20 min 内完成所有操作。

(4) 实训方法

① 按照分发的纸质文档要求打开相应的文档进行编辑。

② 20 min 内完成所有操作。

(5) 实训总结

根据实训中出现的问题做出总结。

实训 3　PowerPoint 演示文稿

(1) 实训题目

按要求制作 PowerPoint 演示文稿。

(2) 实训目的

根据本章介绍内容，理解掌握 PowerPoint 演示文稿的制作。

(3) 实训内容

正确按照文档要求设置字体、动画、切换等，在 20 min 内完成所有操作。

(4) 实训方法

① 按照分发的纸质文档要求打开相应的文档进行编辑。

② 20 min 内完成所有操作。

(5) 实训总结

根据实训中出现的问题做出总结。

第四章 计算机网络基础应用

DI SI ZHANG

通过本章学习，要求了解计算机网络基本知识，能熟练掌握计算机网络基本操作，主要包括局域网中的网线制作、IP地址设置、硬件连接、浏览器、电子邮件等基本操作。

第一节 计算机网络基础

一、计算机网络的概念

计算机网络涉及通信与计算机两个领域，计算机与通信相结合主要有两个方面：一方面通信网络为计算机之间的数据传递和交换提供了必要的手段；另一方面，数字计算技术的发展渗透到通信技术中，提高了通信网络的各种性能。

计算机网络的定义是：多个具有独立工作能力的计算机系统通过通信设备和线路由功能完善的网络软件实现资源共享和数据通信。

二、计算机网络的分类

根据网络的作用范围进行分类，可以分为：

（一）局域网(LAN)：几米到10千米。是小型机、微机大量推广后发展起来的，配置容易，速率高，1 Mbps～2 Gbps。位于一个建筑物或一个单位内，不存在寻径问题，不包括网络层。

（二）广域网(WAN)：也称为远程网，通常跨接很大的物理范围，所覆盖的范围从几十千米到几千千米，它能连接多个城市或国家，横跨几个洲并能提供远距离通信，形成国际性的远程网络。

三、计算机网络硬件

（一）服务器(Server)

运行网络操作系统，提供硬盘、文件数据及打印机共享等服务功能，是网络控制的核心。

服务器分为文件服务器、打印服务器、数据库服务器，在Internet网上，还有Web、FTP、

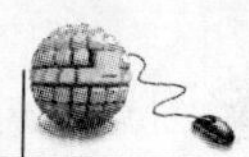

POP3 和 SMTP 等服务器。

（二）工作站(Workstation)

是一种主要面向专业应用领域，具备强大的数据运算与图形图像处理能力，为满足工程设计、动画制作、科学研究、软件开发、模拟仿真等专业领域而设计开发的高性能计算机，也可以是连入网络的任何一台个人计算机。

（三）网卡(NIC)

将工作站式服务器连到网络上，实现资源共享和相互通信，数据转换和电信号匹配。

（四）交换机(Switch)

交换式以太网将数据包从原端口送至目的端，向不同的目的端口发送数据包时，就可以同时传送这些数据包，达到提高网络实际吞吐量的效果。交换机可以同时建立多个传输路径，所以应用在联结多台服务器的网段上可以获得明显的效果。

（五）路由器

在多个网络和介质之间实现网络互联，统一通信协议的一种设备。用于连接多个逻辑上分开的网络。具有判断网络地址和选择路径的功能。

（六）传输介质

目前常用的传输介质有双绞线、同轴电缆、光纤及无线方式等。

1. 双绞线(TP)

将一对以上的双绞线封装在一个绝缘外套中，为了降低干扰，每对双绞线相互扭绕而成。分为非屏蔽双绞线(UTP)和屏蔽双绞线(STP)。

2. 同轴电缆

由一根空心的外圆柱导体和一根位于中心轴线的内导线组成，两导体间用绝缘材料隔开。按直径分为粗缆和细缆。

粗缆：传输距离长，性能高但成本高，用于大型局域网干线，连接时两端需终接器。

细缆：传输距离短，相对便宜，用 T 型头，与 BNC 网卡相连，两端安装 50 Ω 终端电阻。每段 185 m，4 个中继器，最大 925 m，每段 30 个用户，T 型头之间最小 0.5 m。按传输频带分为基带传输和宽带传输。

3. 光纤

应用光学原理，由光发送机产生光束，将电信号变为光信号，再把光信号导入光纤，在另一端由光接收机接收光纤上传来的光信号，并把它变为电信号，经解码后再处理。分为单模光纤和多模光纤。绝缘保密性好。

4. 无线局域网

采用无线网卡及无线集线器、路由器，实现对局域网内外资源的访问和共享，连接方便，联网计算机可随意摆放，但是有效范围小，只能在室内或一定空间内使用，信号穿透障碍能力差，一般采用视距传输。

第二节 局域网组建

一、网线制作

使用网线钳的剥皮功能剥掉网线的外皮，会看到彩色与白色互相缠绕的八根金属线。橙、绿、蓝、棕四个色系，与之缠绕的分别是白橙、白绿、白蓝、白棕，有的稍微有点彩色，有的只是白色。分别将他们的缠绕去掉，注意摆放的顺序是：橙绿蓝棕，白在前，蓝绿互换。也就是说最终的结果是：白橙、橙、白绿、蓝、白蓝、绿、白棕、棕。

摆好位置之后将网线摆平捋直，使用切线刀将其切齐，通常的网线钳都有切线刀，一定要确保切得整齐，然后平放入水晶头，使劲往前顶，当从水晶头的前方看到线整齐地排列之后，使用网线钳子的水晶头压制模块将其挤压。

这种网线制作的顺序是通用的B类网线制作方法。

如果是A类网线制作顺序是橙绿互换，变成：白绿、绿、白橙、蓝、白蓝、橙、白棕、棕。如果是直连线，网线两端的水晶头都是A或者B，如果是交叉线则一头是A一头是B。

我们常见的以下情况需要直连线，如：计算机和交换机互连，交换机与路由器互连。如果是计算机和计算互连则需要交叉线。

当然，这些网线的制作方法不一定每个人都在使用。因为很多网络设计者通常并没有严格遵守这个规则，不过如果不遵守这个规则，网线的抗干扰性能和抗衰减性能就很差。还是建议设计者严格按照这个顺序，这样可以保证网络的最佳运行状态。所以，如果我们去维修网络的话，一定要好好看一下原来的旧水晶头按照什么方式制作的，我们按照它的顺序做就是了，因为我们只是制作一个水晶头，所以要“入乡随俗”，否则，就必须两头开刀，都重新按照标准制作一遍。另外网线的长度最好不要大于100 m，因为越长型号的网线衰减越厉害。

二、局域网硬件连接

在组建局域网之前，除计算机之外所需要的硬件设备有：网卡（网络适配器），交换机，制作好带水晶头的双绞线。另外，准备好Windows XP的安装光盘及网卡驱动程序。局域网的组建步骤如下。

（一）设备连接

首先把计算机机箱打开，根据网卡的型号，选择空闲的PCI或ISA插槽，插紧网卡并用螺丝固定；其次将双绞线的一个水晶头插入网卡的插口，另一端插入交换机的空闲端口；接下来先打开交换机电源，然后启动计算机。

如果连接成功，那么在计算机启动后网卡上的连接指示灯和交换机上相应端口的指示灯就都是亮着的。如果指示灯没有亮，就检查各个插口是否插紧，网卡安装是否可靠以及交换机电源是否确实打开。确认连接无误后若故障还没有解决，请更换双绞线或其他设备。

(1) 两台电脑组建局域网如图4-2-1所示，网线必须是交叉线，交叉线两头分别连接

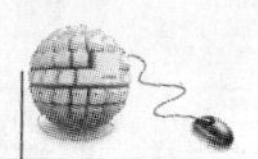

到两台电脑的网卡接口上。

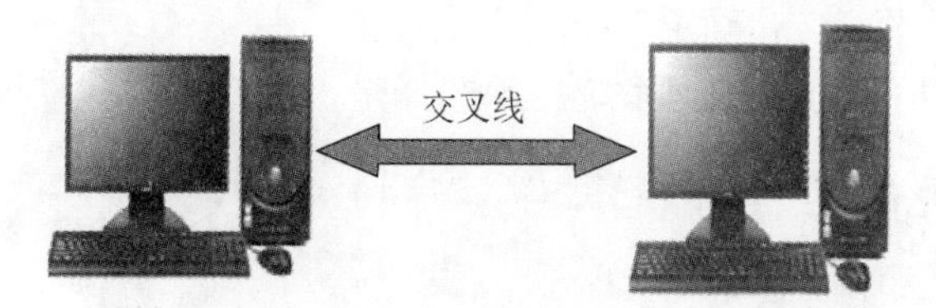

图 4-2-1　两台电脑组建局域网

(2) 多台电脑组建局域网如图 4-2-2 所示,网线必须是直连线,直连线两头分别与电脑的网卡和交换机相连。

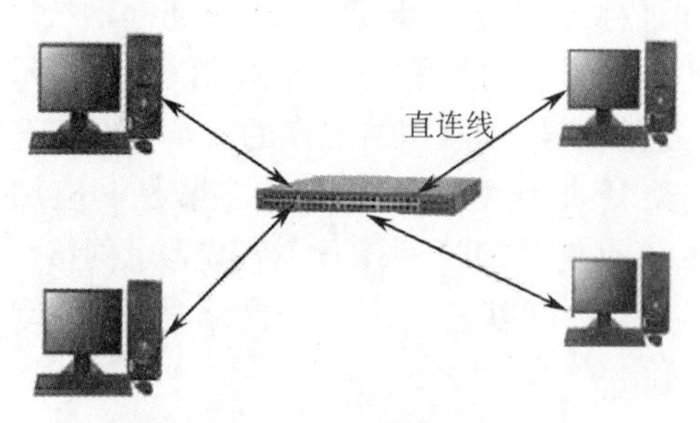

图 4-2-2　多台电脑组建局域网

(二) 添加网卡

目前主流的网卡在 Windows XP 系统中都能自动识别,不需安装网卡自带的驱动程序。如果系统没有识别出网卡,就需要手动安装网卡驱动程序,步骤如下。

(1) 添加网卡:开机进入 Windows 后,选择控制面板中的"添加硬件"图标。

(2) 双击打开该图标,选择"下一步",再选择"是,我已经连接了此硬件",点击"下一步",然后在列表中选择"添加新的硬件设备",选择"安装我手动从列表选择的硬件(高级)",点击"下一步",在列表中选择"网络适配器",如图 4-2-3 所示。

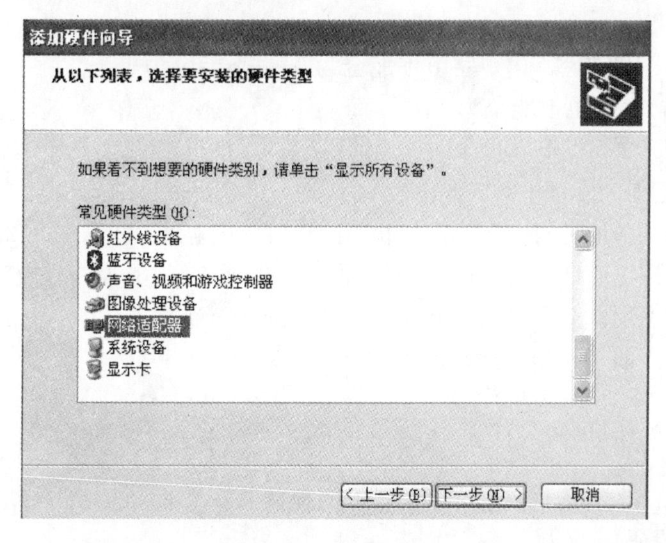

图 4-2-3　添加网卡

(3) 单击“下一步”，选择“从磁盘安装”，选择“浏览”，插入驱动程序盘，找到驱动程序所在位置，选中该驱动程序，单击“确定”。

(4) 复制网卡驱动程序后，根据系统提示选择是否重新启动计算机，完成网卡的安装。

三、局域网软件设置

（一）IP 地址和 DNS 服务器

1. IP 地址

Internet 网是由不同的物理网络互联而成，不同网络之间实现计算机的相互通信必须有相应的地址标志，这个地址标志称为 IP 地址。IP 地址提供统一的地址格式，由 32 位组成，由于二进制使用起来不方便，用户使用“点分十进制”方式表示。IP 地址唯一标志出主机所在的网络和网络中位置的编号，按照网络规模的大小，常用 IP 地址分为以下三类。

A 类 IP 地址：一个 A 类 IP 地址由 1 字节(每个字节是 8 位)的网络地址和 3 个字节的主机地址组成，这类地址的特点是以“0”开头，第一字节表示网络号，第二、三、四字节表示网络中的主机号，网络数量少，最多可以表示 126 个网络号，每一网络中最多可以有 16 777 214 个主机号。

1～126　　0～255　　0～255　　1～254

B 类 IP 地址：一个 B 类 IP 地址由 2 个字节的网络地址和 2 个字节的主机地址组成，这类地址的特点是以“10”开头，第一、二字节表示网络号，第三、四字节表示网络中的主机号，最多可以表示 16 382 个网络号，每一网络中最多可以有 66 534 个主机号。

128～191　　0～255　　0～255　　1～254

C 类 IP 地址：一个 C 类地址是由 3 个字节的网络地址和 1 个字节的主机地址组成，这类地址的特点是以“110”开头，第一、二、三字节表示网络号，第四字节表示网络中的主机号，网络数量比较多，可以有 2 097 152 个网络号，每一网络中最多可以有 254 个主机号。

192～233　　0～255　　0～255　　1～254

1P 地址规定：

网络号不能以 127 开头，第一字节不能全为 0，也不能全为 1。

主机号不能全为 0，也不能全为 1。

此外还有 D 类与 E 类 IP 地址，D 类地址用于多点播送，第一个字节以“1 110”开始，第一个字节的数字范围为 224～239，是多点播送地址，用于多目的地信息的传输，和作为备用。全零(“0.0.0.0”)地址对应于当前主机，全“1”的 IP 地址(“255.255.255.255”)是当前子网的广播地址；E 类地址以“11 110”开始，即第一段数字范围为 240～254。E 类地址保留，仅作实验和开发用。全零(“0.0.0.0”)地址对应于当前主机。全“1”的 IP 地址(“255.255.255.255”)是当前子网的广播地址。

2. 子网掩码

为了快速确定 IP 地址的哪部分代表网络号，哪部分代表主机号，判断两个 IP 地址是否属于同一网络，就产生了子网掩码的概念，子网掩码按 IP 地址的格式给出。A、B、C 类 IP 地址的默认子网掩码如下：

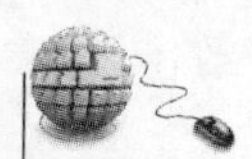

A. 255.0.0.0

B. 255.255.0.0

C. 255.255.255.0

用子网掩码判断IP地址的网络号与主机号的方法是用IP地址与相应的子网掩码进行与运算，可以区分出网络号部分和主机号部分。如10.68.89.1是A类IP地址，所以默认子网掩码为255.0.0.0，分别转化为二进制进行与运算后，得出网络号为10。再如202.30.152.3和202.30.152.80为C类IP地址，默认子网掩码为255.255.255.0，进行与运算后得出二者网络号相同，说明两主机位于同一网络。

子网掩码的另一功能就是用来划分子网。在实际应用中，经常遇到网络号不够的问题，需要把某类网络划分出多个子网，采用的方法就是将主机号标志部分的一些二进制位划分出来用来标志子网。

3. 网关地址

在Internet网中，网关是一种连接内部网与Internet上其他网的中间设备，也称“路由器”。网关地址可以理解为内部网与Internet网信息传输的通道地址。如一台路由器内部局域网地址为：192.168.0.1，外部地址为：61.98.160.68。

在Internet中，每一台计算机在网络中都有唯一标志自己的IP地址。

4. DNS服务器地址

DNS服务器是(Domain Name System或者Domain Name Service)域名系统或者域名服务，域名系统为Internet上的主机分配域名地址和IP地址。用户使用域名地址，该系统就会自动把域名地址转为IP地址。域名服务是运行域名系统的Internet工具。执行域名服务的服务器称之为DNS服务器，通过DNS服务器来应答域名服务的查询。地址一般是由网络供应商提供的。

（二）IP地址设置

(1) 右键单击“桌面”上的“网上邻居”，左键单击“属性”，进入“网络连接”窗口。

(2) 右键单击“本地连接”，左键单击“属性”，窗口如图4-2-4所示。

(3) 左键双击“Internet协议(TCP/IP)”，窗口如图4-2-5所示。

(4) 左键单击“使用下面的IP地址(S)：”，然后填写正确的IP地址、子网掩码、默认网关以及DNS服务器等。

(5) 填写完成后，左键单击“确定”，完成设置。

在这里的列表中可以看到已经安装的服务和协议，点击“安装”可以添加新的服务和协议，点击“卸载”可以删除已安装的服务和协议，点击“属性”可以对已经安装的服务和协议进行设置。

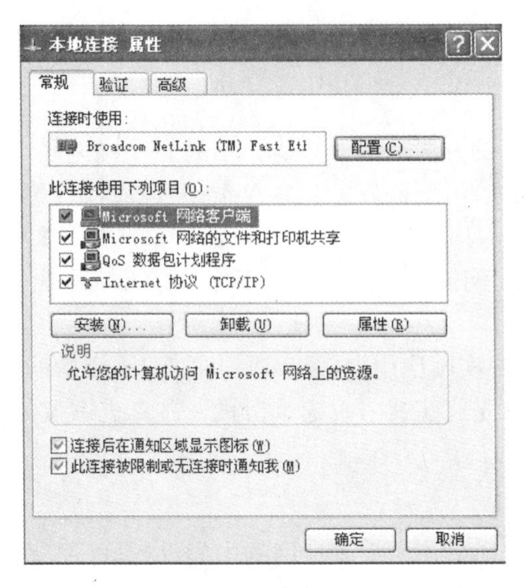

图 4-2-4 “本地连接”对话框

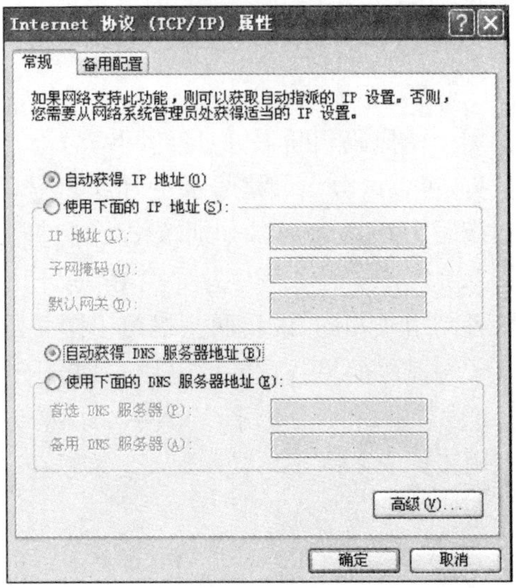

图 4-2-5 IP 地址设置

（三）IP 地址的修改

IP 地址的修改过程和其设置过程相同，在一个局域网中的所有电脑的 IP 地址最后一位不同，其他都一样。

第三节 Internet 使用

一、浏览器的使用

（一）主页的设置

（1）左键单击 IE 菜单栏中的“工具”。

（2）左键单击“Internet 选项”，窗口如图 4-3-1所示。

（3）在“地址(R)”后的文本框中输入主页地址，例如消防局主页：http://www.119.gov.cn.

（4）左键单击“确定”按钮退出。

（二）收藏夹的操作

收藏夹是帮助用户记录喜欢或者工作中经常用到的网站地址。操作步骤如下：

（1）左键单击 IE 浏览器菜单栏中的“收藏”。

（2）左键单击“添加到收藏夹”，窗口如图 4-3-2 所示。

（3）在“名称”后的文本框中输入一个容易记忆的名称（也可以不输入）。

（4）左键单击“确定”按钮退出。

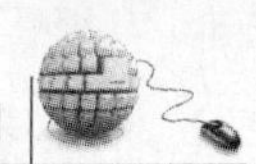

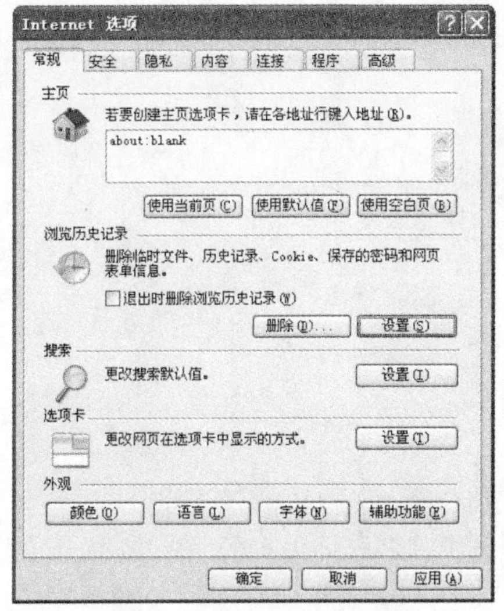

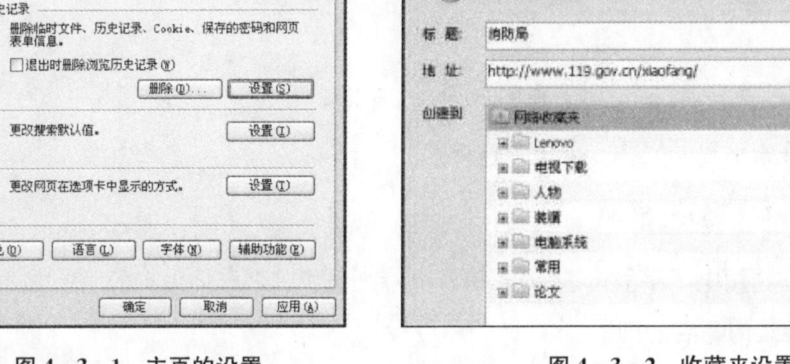

图 4－3－1　主页的设置　　　　图 4－3－2　收藏夹设置

（三）查看、清除历史记录

1. 查看历史记录

可以通过以下两种方法查看历史记录：

方法 1：左键单击 IE 菜单栏中"查看"，左键单击"浏览器栏"，右侧弹出菜单，左键单击"历史记录"。

方法 2：在 IE 的工具栏中，左键单击历史记录标志。

2. 清除历史记录

步骤 1：左键单击"工具"，左键单击"Internet 选项"，窗口如图 4－3－3 所示。

步骤 2：单击"清除历史记录"按钮。

步骤 3：按照提示，完成操作。

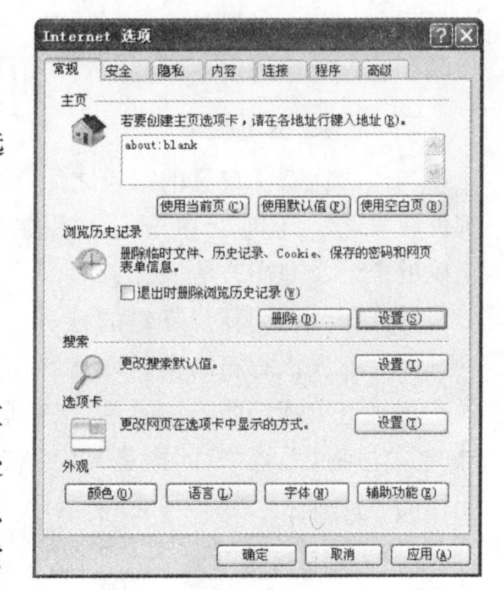

图 4－3－3　清除历史记录

二、搜索引擎的使用

搜索引擎是指根据一定的策略、运用特定的计算机程序从互联网上搜集信息，在对信息进行组织和处理后，为用户提供检索服务，将用户检索相关的信息展示给用户的系统。搜索引擎包括全文索引、目录索引、元搜索引擎、垂直搜索引擎、集合式搜索引擎、门户搜索引擎与免费链接列表等。百度和谷歌等是搜索引擎的代表。

下面就以百度为例介绍下如何使用，具体操作如下：

(1) 打开 IE 浏览器，在地址栏里输入：http:// www.baidu.com /，按"回车"键，就可进入百度主页，如图 4-3-4 所示。

(2) 在搜索栏中输入需要搜索的关键词语，按“回车”键，即出现有关搜索的内容。

图 4-3-4　搜索引擎

同样其他搜索引擎的操作步骤也是这样的。

三、电子邮件的使用

电子邮件是指用电子手段传送文档、声音、图片、音像等多媒体信息的通信方式。

（一）邮件地址的命名规则

电子邮件地址具有以下统一的标准格式：用户名@服务器域名，例如：“user@mail.com”。用户名表示邮件信箱、注册名或信件接收者的用户标识，@符号后是用户使用的邮件服务器的域名。@可以读成“at”，也就是“在”的意思。整个电子邮件地址可理解为网络中某台服务器上的某个用户的地址。

（二）注册邮箱

要使用电子邮件，首先需要注册属于自己的邮箱。目前互联网上提供免费电子邮件的网站很多，例如：新浪邮箱、网易 163、搜狐邮箱、hotmail 邮箱等。这些邮箱的注册很简单，只需要在该邮箱的网站中按照对应的步骤进行就可以了。

（三）登录/退出邮箱

当用户拥有了自己的邮箱之后就可以登录邮箱，从而进行邮件的收发工作了。在完成邮件收发之后，还应当单击“退出”按钮来正确地退出邮箱。现以新浪邮箱为例来介绍邮箱正确的登录及退出方法。

首先需要访问新浪邮箱的首页，在“邮箱名”后的文本框中输入合法的邮箱名，然后在“密码”后输入该邮箱的密码，最后单击“登录”。

正确退出邮箱的方法是单击“安全退出”按钮，而不是直接关闭该页面。在新浪邮箱以外的其他邮件系统中，同样是寻找并单击“退出”字样的按钮来实现邮箱的正确退出。

（四）写邮件

(1) 写邮件首先要填写收件人的地址；如果是给多个人发送，可以在收件人一栏中写入多个邮件地址，中间需要用邮件系统规定的分隔符来隔开，一般情况下是英文半角“;”。

(2) 给多人发送邮件还可以选择抄送。抄送就是将邮件同时发送给收件人以外的人，用户所写的邮件抄送一份给别人，所有收件人都知道还有哪些人收到了该邮件。

(3) 密送和抄送的唯一区别就是，被抄送人无法看到这封邮件被“密送”的人。

(4) 其次，需要填写主题，表明发送邮件的目的、主题思想或者主要内容等(可以为空)。

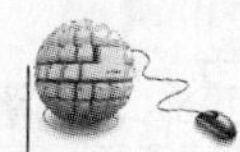

(5) 如果需要给对方发送文件，可以选择添加附件，将需要发送的文件以附件的形式通过电子邮件传递给对方。

(6) 最后，可以在“正文”一栏中书写信件的详细内容。

(五) 收邮件

通过 IE 浏览器，在输入正确的用户名和密码进入电子邮箱之后，点击“收件箱”就可以查看收到的邮件。如果收到的邮件有附件，还可以通过单击“下载”按钮，将对方发给自己的文件下载到本地计算机。

第四节　技能实训

实训 1　局域网组建

(1) 实训题目

按要求组建局域网。

(2) 实训目的

根据本章介绍内容，理解掌握局域网的组建。

(3) 实训内容

正确连接网线，按要求配置 IP 地址，在 15 min 内完成所有操作。

(4) 实训方法

① 根据拓扑图正确连接网线。

② 根据 IP 配置表正确配置 IP 地址。

③ 测试服务器连通情况。

④ 20 min 内完成全部操作。

(5) 实训总结

根据实训中出现的问题做出总结。

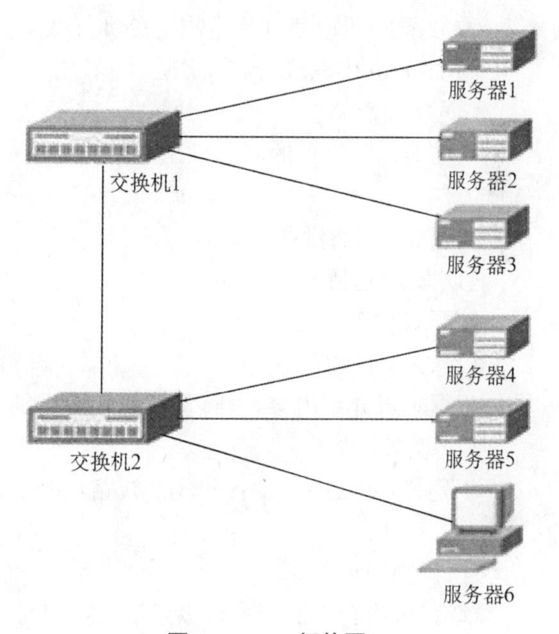

图 4-4-1　拓扑图

表 4-4-1　IP 地址配置表

名称	IP 地址	子网
服务器 1	192.168.1.1	255.255.255.0
服务器 2	192.168.1.2	255.255.255.0
服务器 3	192.168.1.3	255.255.255.0
服务器 4	192.168.1.4	255.255.255.0
服务器 5	192.168.1.5	255.255.255.0
服务器 6	192.168.1.6	255.255.255.0

实训 2　无线网络搭建

(1) 实训题目

按要求搭建无线网。

(2) 实训目的

根据本章介绍内容,理解掌握无线网络的搭建。

(3) 实训内容

正确设置路由器、计算机,使计算机能够访问因特网,在 15 min 内完成所有操作。

(4) 实训方法

① 使用网线分别连接笔记本电脑和无线路由器。

② 完成对无线路由器和笔记本电脑的 IP 配置。

③ 对无线路由器无线功能进行设置:关闭自动获取地址功能,设置无线 SSID 名称和密码为 links,无线访问权限设置为只能笔记本电脑访问。

④ 设置完成后断开笔记本电脑和无线路由器的连接,使用笔记本电脑无线上网。

⑤ 15 min 内完成所有操作。

(5) 实训总结

根据实训中出现的问题做出总结。

实训 3　网络设备上架

(1) 实训题目

按要求组建局域网。

(2) 实训目的

根据本章介绍内容,理解掌握拓扑图识别、网络故障排查、跳线打理能力。

(3) 实训内容

识别拓扑图,补全设备并连接线路,在 15 min 内完成所有操作。

(4) 实训方法

① 识别拓扑图。

② 将操作台上的交换机设备安装到机柜中。

③ 使用寻线仪找到连接计算机网线的另一端。

④ 将机柜中缺少的网线按拓扑图所示补全。

⑤ 15 min 内完成全部操作。

(5) 实训总结

根据实训中出现的问题做出总结。

第五章 计算机安全管理

DI WU ZHANG

通过本章学习，要求树立信息安全的观念和意识，熟练掌握用户管理、密码使用等基本的安全操作方法，提高计算机系统的安全性能；熟练掌握系统漏洞、计算机病毒等概念及其相关的操作。

第一节 安全工作环境

要使一台计算机工作在正常状态并延长其使用寿命，必须使它处于一个适合的工作环境，主要包括以下六个方面：

一、温度

一般计算机应工作在20～25℃的环境下，现在的计算机虽然本身散热性能很好，但过高的温度仍然会使计算机工作时产生的热量散不出去，轻则缩短机器的使用寿命，重则烧毁计算机的芯片或其他配件。现在计算机硬件的发展非常迅速，更新换代相当快，计算机的散热已成为一个不可忽视的问题。另一方面，温度过低会导致电子元器件不能正常工作或者导致计算机的各配件之间接触不良，所以最好在使用计算机的房间里安装空调，以保证计算机正常运行时所需的环境温度。

二、湿度

湿度不能过高，计算机在工作状态下应保持通风良好，否则计算机内的线路板很容易腐蚀，使板卡过早老化。

三、电源

（一）供电

计算机机房供电一般都采用三级供电，即市电—稳压电源—机内电源。当电网电压过低或过高时，很容易损坏微机系统，因此要接入稳压电源。

（二）供电电网的连续性

微型计算机系统要求供电电网在工作时间里连续供电，在供电电网经常发生断电的地区，必须配置不间断电源 UPS(Uninterruptable Power System)。UPS本身配有充电器，以作后备。电网电压供电正常时，UPS 自身切断电池供电并充电，电网供电出现事故或停电、断电时，自动接通电池供电，为用户提供足够的时间去保存数据和正常退出系统等。

（三）避免与大容量感性负载的电网并联使用

微型计算机系统的电源线应当避免与带有大容量感性负载的电网并联使用，因为电感负载在启动停止时，会产生高压电流和干扰，使微机不能工常工作。

四、灰尘

由于计算机各组成部件非常精密，如果计算机工作在较多灰尘的环境下，就有可能堵塞计算机的各种接口，使计算机不能正常工作，因此，不要将计算机安置于粉尘高的环境中，如确实需要安装，应做好防尘工作；另外，最好能一个月清理一下计算机机箱内部的灰尘，做好机器的清洁工作，以保证计算机的正常运行。

五、震动和噪音

震动和噪音会造成计算机中部件的损坏(如硬盘的损坏或数据的丢失等)，因此计算机不能工作在震动和噪音很大的环境中，如确实需要将计算机放置在震动和噪音大的环境中应考虑安装防震和隔音设备。

六、静电

静电有可能造成计算机芯片的损坏，为防止静电对计算机造成损害，在打开计算机机箱前应当用手接触暖气管或水管等可以放电的物体，将本身的静电放掉后再接触计算机的配件；另外在安放计算机时将机壳用导线接地，可以起到很好的防静电效果。不要穿纤维布料的衣服进行维修工作、不要在有地毯的地方进行维修、维修地点最好洒点水以增加湿度，这样做可有效地减少静电的产生从而避免静电击穿元件的人为故障发生。如何去除静电，方法很简单，只要把电脑的外壳接地就行了。

第二节 计算机病毒及其防范

《中华人民共和国计算机信息系统安全保护条例》中关于计算机病毒的定义是："编制或者在计算机程序中插入的破坏计算机功能或者破坏数据，影响计算机使用并且能够自我复制的一组计算机指令或者程序代码。"

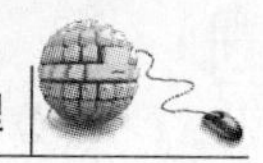

一、计算机病毒概述

（一）计算机病毒的起源

计算机病毒往往是一些程序员为了表现和证明自己的能力，或者出于对上司的不满和报复，或者为了好奇，或者出于政治、军事、宗教、民族、专利等方面的需求而专门编写的代码，其中也包括一些病毒研究机构和黑客的测试病毒。

在系统运行时，病毒通过病毒载体即系统的外存储器进入系统的内存储器，常驻内存。病毒在系统内存中监视系统的运行，当它发现有攻击的目标存在并满足条件时，便从内存中将自身存入被攻击的目标，从而进行传播。

（二）计算机病毒的特点

作为特殊的计算机程序，病毒有着自己的特点，具体表现在：

1. 寄生性

计算机病毒寄生在其他程序之中，当执行这个程序时，病毒就会起破坏作用，而在未启动这个程序之前，它是不易被人发觉的。

2. 传染性

计算机病毒一旦进入计算机并得以执行，就会搜寻其他符合其传染条件的程序或存储介质，确定目标后再将自身代码插入其中，达到自我繁殖的目的。只要一台计算机染毒，如不及时处理，病毒便会在这台机子上迅速扩散，其中的大量文件（一般是可执行文件）会被感染。被感染的文件又成了新的传染源，再与其他机器进行数据交换或通过网络传播，常常会造成被感染的计算机工作失常甚至瘫痪。

3. 隐蔽性

计算机病毒具有很强的隐蔽性，有的可以通过病毒软件检查出来，有的根本就查不出来，有的时隐时现、变化无常。

4. 潜伏性

很多计算机病毒程序进入系统之后一般不会马上发作，可以在几周或者几个月甚至几年内隐藏在合法文件中，对其他系统进行传染，而不被人发现。当符合事先设定好的条件时，病毒就会发作。病毒的潜伏性越好，在系统中的存在时间就越长，病毒发作时危害性就越大。计算机病毒具有预定的触发条件，这些条件可能是时间、日期、文件类型或某些特定数据等。病毒运行时，触发机制检查预定条件是否满足，如果满足，启动感染或破坏动作，使病毒进行感染或攻击；如果不满足，使病毒继续潜伏。

5. 破坏性

计算机中毒后，可能会导致正常的程序无法运行，计算机内的文件被删除或受到不同程度的损坏。最常见的病毒对文件的破坏是对文件进行随意的增、删、改、移。

（三）计算机病毒的表现形式

如果机器发现下列症状，则可能感染了计算机病毒：

(1) 计算机系统运行速度过于慢。

(2) 计算机系统经常无故发生死机。

(3) 计算机系统中的文件长度发生变化。

(4) 计算机存储的容量异常减少。

(5) 系统引导速度减慢。

(6) 丢失文件或文件损坏。

(7) 计算机屏幕上出现异常显示。

(8) 计算机系统的蜂鸣器出现异常声响。

(9) 磁盘卷标发生变化。

(10) 系统不识别硬盘。

(11) 对存储系统异常访问。

(12) 键盘输入异常。

(13) 文件的日期、时间、属性等发生变化。

(14) 文件无法正确读取、复制或打开。

(15) 命令执行出现错误。

(16) 虚假报警。

(17) 换当前盘。有些病毒会将当前盘切换到 C 盘。

(18) 时钟倒转。有些病毒会命名系统时间倒转，逆向计时。

(19) Windows 操作系统无故频繁出现错误。

(20) 系统异常重新启动。

(21) 一些外部设备工作异常。

(22) 异常要求用户输入密码。

(23) Word 或 Excel 提示执行“宏”。

(24) 不应驻留内存的程序驻留内存。

(四) 计算机病毒的传播渠道

计算机病毒之所以称之为病毒是因为其具有传染性的本质。常见的计算机病毒传播渠道有以下几种：

1. 通过移动存储设备

使用被感染的移动存储设备，如从互联网下载来历不明的软件保存到移动存储设备，最易使计算机感染病毒。

2. 通过硬盘

硬盘传染也是重要的渠道，由于带有病毒，机器被移到其他地方使用、维修等，将干净的软盘传染并再扩散。

3. 通过光盘

因为光盘容量大，存储了大量的可执行文件，大量的病毒就有可能藏身于光盘。对只读式光盘，不能进行写操作，因此光盘上的病毒不能清除。以谋利为目的的非法盗版软件的制作过程中，不可能为病毒防护担负专门责任，也绝不会有真正可靠可行的技术保障避免病毒

的传入、传染、流行和扩散。当前，盗版光盘的泛滥给病毒的传播带来了很大的便利。

4. 通过网络

网络的迅猛发展，给病毒的传播又增加了新的途径，网络使得病毒的传播更迅速，反病毒的任务更加艰巨。网络带来的安全威胁主要来自两个方面，一个方面是来自文件下载，这些被浏览或是被下载的文件可能存在病毒。另一个方面是来自电子邮件。大多数 Internet 邮件系统提供了在网络间传送附带格式化文档邮件的功能，因此，遭受病毒的文档或文件就可能通过网关和邮件服务器涌入企业网络。网络使用的简易性和开放性使得这种威胁越来越严重。

（五）计算机病毒的防范

1. 建立良好的安全习惯

对一些来历不明的邮件及附件不要打开，不要上一些不太了解的网站，不要执行从 Internet 下载后未经杀毒处理的软件等。

2. 关闭或删除系统中不需要的服务

默认情况下，许多操作系统会安装一些辅助服务，如 FTP 客户端、Telnet 和 Web 服务器。这些服务为攻击者提供了方便，而又对用户没有太大用处，如果删除它们，就能大大减少被攻击的可能性。

3. 经常升级安全补丁

80％的网络病毒是通过系统安全漏洞进行传播的，像蠕虫王、冲击波、震荡波等都是通过系统漏洞进行传播的，所以应该定期到微软网站去下载最新的安全补丁，防患于未然。

4. 使用复杂的密码

许多网络病毒就是通过猜测简单密码的方式攻击系统的，因此使用复杂的密码，将会大大提高计算机的安全系数。

5. 迅速隔离受感染的计算机

当计算机发现病毒或异常时应立刻断网，以防止计算机受到更多的感染，或者成为传播源，再次感染其他计算机。

6. 安装专业的杀毒软件进行全面监控

这是最直接和有效的防范措施，安装了反病毒软件之后，应该经常进行升级，并要打开监控系统。

7. 安装个人防火墙软件

由于网络的发展，用户电脑面临的黑客攻击问题也越来越严重，许多网络病毒都采用了黑客的方法来攻击用户电脑，因此，用户还应该安装个人防火墙软件，将安全级别设为中、高，这样才能有效地防止网络上的黑客攻击。

二、计算机病毒查杀

对于计算机病毒，最直接和最简单的办法是利用杀毒软件进行查杀。目前市场上病毒查杀软件很多,而且有很强的针对性,下面对“蠕虫”“木马”、U 盘病毒专杀软件和综合性的病毒查杀软件进行介绍。

(一)“蠕虫”病毒及其查杀

蠕虫病毒是一种常见的计算机病毒。它是利用网络进行复制和传播,传染途径是网络和电子邮件。最初的蠕虫病毒定义是在 DOS 环境下,病毒发作时会在屏幕上出现一条类似虫子的东西,胡乱吞吃屏幕上的字母并将其改形。

蠕虫病毒是自包含的程序(或是一套程序),它能传播自身功能的拷贝或它的某些部分到其他的计算机系统中(通常是经过网络连接)。请注意,与一般病毒不同,蠕虫不需要将其自身附着到宿主程序,有两种类型的蠕虫:主机蠕虫与网络蠕虫。主计算机蠕虫完全包含在它们运行的计算机中,并且使用网络的连接仅将自身拷贝到其他的计算机中,主计算机蠕虫在将其自身的拷贝加入另外的主机后,就会终止它自身(因此在任意给定的时刻,只有一个蠕虫的拷贝运行),这种蠕虫有时也叫“野兔”,蠕虫病毒一般是通过 1434 端口漏洞传播。

比如 2007 年 1 月流行的“熊猫烧香”以及其变种也是蠕虫病毒。这一病毒利用了微软视窗操作系统的漏洞,计算机感染这一病毒后,会不断自动拨号上网,并利用文件中的地址信息或者网络共享进行传播,最终破坏用户的大部分重要数据。

再比如 2017 年流行的勒索病毒,全球多个国家和地区的机构及个人电脑遭受到了一款新型勒索软件攻击,并于 5 月 12 日国内率先发布紧急预警,外媒和多家安全公司将该病毒命名为“WanaCryptor”(直译:“想哭勒索蠕虫”),常规的勒索病毒是一种趋利明显的恶意程序,它会使用加密算法加密受害者电脑内的重要文件,向受害者勒索赎金,除非受害者交出勒索赎金,否则加密文件无法被恢复,而新的“想哭勒索蠕虫”尤其致命,它利用了窃取自美国国家安全局的黑客工具 EternalBlue(直译:“永恒之蓝”)实现了全球范围内的快速传播,在短时间内造成了巨大损失。

1. 危害范围

(1) 操作系统

针对微软公司全系列操作系统。

Windows XP,Windows 7,Windows 8,Windows Server 2008,Windows Server 2003,Windows Vista 和已关闭自动更新的 Windows 10 用户。

注:以下设备不受影响:安卓手机,iOS 设备,MacOS 设备,* nix 设备、Windows 10 用户如果已经开启自动更新不受影响。

(2) 受影响的文件类型

针对下列扩展名文件均会造成危害:

. lay6,. sqlite3,. sqlitedb,. accdb,. java,. class,. mpeg,. djvu,. tiff,. backup,. vmdk,. sldm,. sldx,. pot,. potx,. ppam,. ppsx,. ppsm,. pptm,. xltm,. xltx,. xlsb,. xlsm,. dotx,. dotm,. docm,. docb,. jpeg,. onetoc2,. vsdx,. pptx,. xlsx,. docx

(3) 危害方式

受感染文件将被加密(加密算法为 AES128 位),并要求用户支付 $300 赎金比特币。

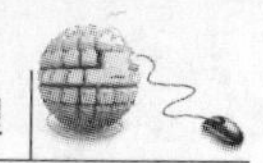

赎金明确指出，三天后支付金额将增加一倍。如果在七天后付款，加密的文件将被删除。

同时下载一个文件为“！Plesae Read Me!. txt”其中文本解释发生了什么，以及如何支付赎金。

2. 病毒攻击原理

(1) 攻击流程

该蠕虫病毒使用了 MS17－010 漏洞进行了传播，一旦某台电脑中招，相邻的存在漏洞的网络主机都会被其主动攻击，整个网络都可能被感染该蠕虫病毒，受感染主机数量最终将呈几何级的增长。

(2) 攻击基点

针对所有开放 445 SMB 服务端口的终端和服务器，对于 Windows 7 及以上版本的系统，确认是否安装了 MS07－010 补丁，如没有安装则受威胁影响。

3. 检测手段

(1) 手工检测

根据现有案例发现该病毒会导致三种情况，第一种是蓝屏重启，第二种是已被勒索，这两种是最直观的表现，还有第三种为已中招但还没有运行勒索软件，该范围内的主机所占比例巨大。

针对第三种，可使用 netstat-ano 查看主机端口进程列表可确认已被植入病毒，看到本机发送 SYN 连接至大量服务器的 445 端口可确认中招。

(2) 专业工具

采用专业安全检测工具或监控工具均可及时发现，如进行大面积排查，建议采用专业工具，可取的工具包含如下几大类：

① 漏洞扫描系统（如启明星辰天镜系统）；

② APT 检测系统（如启明星辰 APT 检测或 NGIDS 系统）；

③ 流量监控审计系统（如启明星辰 follow eye 系统）。

4. 防治手段

(1) 手工防护

① 未检测到中病毒的 Windows 系统主机处置。

更新 MS17－010 补丁或添加防护规则。官方补丁地址：

https://technet.microsoft.com/zh-cn/library/security/MS17－010

Windows 2003、Windows 8、Windows XP：

http://www.catalog.update.microsoft.com/Search.aspx?q=KB4012598

或添加防护规则，添加阻止所有到本地的 135，137，138，139，445 端口的入站规则。

② 蓝屏重启的主机处置。

蓝屏重启是由于被网络内某主机持续执行 MS17－010 攻击导致。隔离网络后可正常启动，然后更新 MS17－010 补丁或添加阻止所有到本地的 135，137，138，139，445 端口的入站规则。

③ 已运行勒索软件的主机处置。

针对已运行勒索软件的主机目前没有好的解决办法。建议执行如下操作：

断开网络连接，阻止进一步扩散。

根据终端数据类型决定处置方式，如果重新安装系统则建议完全格式化硬盘、使用新操作系统、完善操作系统补丁、通过检查确认无相关漏洞后再恢复网络连接。

④ 已中招尚未运行勒索软件的主机处置。

通过 netsatat - ano 记录 445 连接的进程 PID，打开任务管理器 PID 列显示如图 5 - 2 - 1 所示。

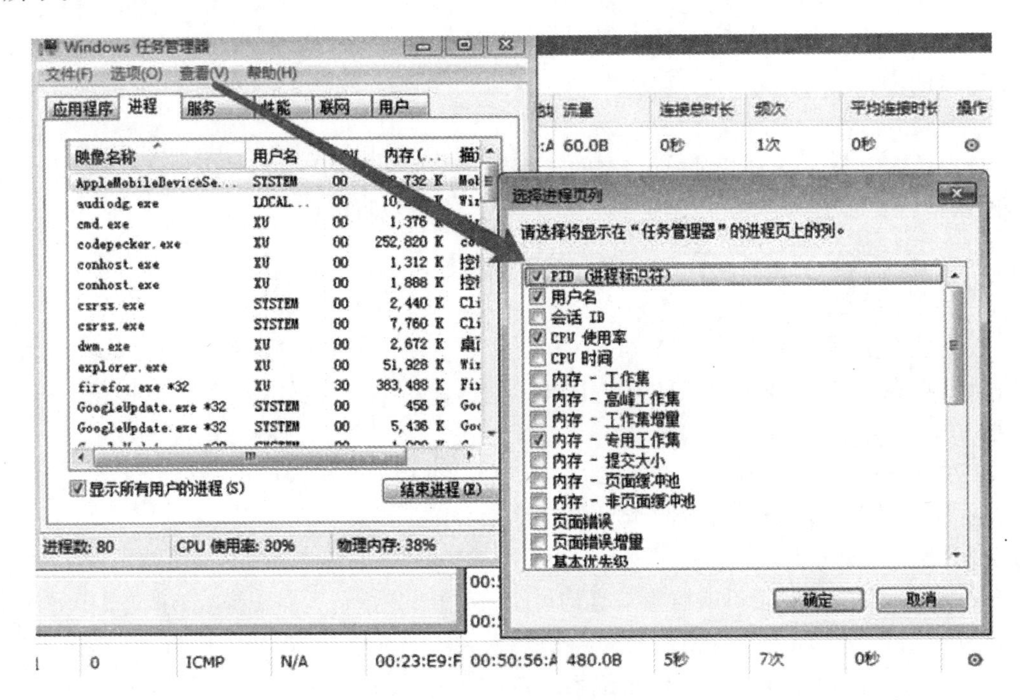

图 5 - 2 - 1　选择进程页列

通过任务管理器或 cmd 的 tasklist 中进程的 PID 定位到 445 对应的进程，通过进程定位到病毒文件位置。

找到目录中存在的病毒文件 mssecsvc，结束此进程并删除该文件。然后更新 MS17 - 010 补丁或添加阻止所有到本地的 135，137，138，139，445 端口的入站规则以及添加阻止本地到所有的 135，137，138，139，445 端口的出站规则。

⑤ 使用主机 CMD 添加防火墙策略入站出站防护规则示例。

如通过 CMD 添加本地防火墙策略示例如下。

添加策略命令如下。

出站规则：

禁用本地所有端口对外的 135，137，138，139，445(tcp)

netsh advfirewall firewall add rule name ="disable - TCP135，137，138，139，445" protocol = TCP dir = out remoteport = 135，137，138，139，445 action = block

禁用本地所有端口对外的 135，137，138，139，445(udp)

netsh advfirewall firewall add rule name ="disable - UDP135，137，138，139，445"

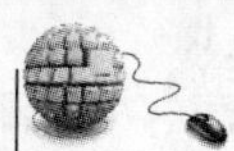

protocol = UDP dir = out remoteport = 135,137,138,139,445 action = block

入站规则：

启用远程 RDP 服务允许(如需要)

netsh advfirewall firewall add rule name = " rdp3389 " protocol = TCP dir = in localport = 3389(改为当前 RDP 端口) action = allow

禁用本地 135,137,138,139,445 对外的所有端口(tcp)

netsh advfirewall firewall add rule name = " disable - TCP135, 137, 138, 139, 445 " protocol = TCP dir = in localport = 135,137,138,139,445 action = block

禁用本地 135,137,138,139,445 对外的所有端口(udp)

netsh advfirewall firewall add rule name = " disable - UDP135, 137, 138, 139, 445 " protocol = UDP dir = in localport = 135,137,138,139,445 action = block

启用防火墙：

net start mpssvc

(2) 利用本地防火墙阻挡防护

① Windows 7、Windows 8、Windows 10 的处理流程

➢ 打开控制面板—系统与安全—Windows 防火墙,点击左侧启动或关闭 Windows 防火墙

➢ 选择启动防火墙,并点击确定

➢ 点击高级设置

➢ 点击入站规则,新建规则

➢ 选择端口,下一步

➢ 特定本地端口,输入 445,下一步

➢ 选择阻止连接,下一步

➢ 配置文件,全选,下一步

➢ 名称,可以任意输入,完成即可

② Windows XP 系统的处理流程

➢ 依次打开控制面板,安全中心,Windows 防火墙,选择启用

➢ 点击开始,运行,输入 cmd,确定执行下面三条命令：

net stop rdr

net stop srv

net stop netbt

③ 利用专用修复及专杀工具

由于该病毒发作后,加密算法将受感染文件加密,所以,无论是修复工具或专杀工具,对已经发作并进行加密的文件无效。至今尚无任何有效的解密操作方式。

在病毒感染未发作前修复及专杀工具操作可获得良好效果。

➢ 专杀工具可将感染文件的病毒特征进行清除,并将蠕虫痕迹清除。

➢ 修复工具则是一个自动化的工具,可针对 PC 端进行补丁、关闭端口的无人值守操作,可获得良好效果。

➢ Windows 系列服务器应采用人工打补丁并关闭端口的方式进行修复,实际操作中发现会对某些应用程序造成一定影响,所以,请慎重测试后再进行补丁的安装。

5. 防治结果

现阶段来说，进行补丁安装后，病毒即使感染也不会发作。

关闭端口后(无论是网络防火墙还是主机防火墙)都可以有效地进行病毒扩散的隔离(但是平时常用的文件共享功能就没有了，打印机共享也会消失)，不发作的病毒仍有活性，务必进行查杀。关注最新系统漏洞说明，及时进行补丁安装。

(二)“木马”病毒及其查杀

“木马”的全称为特洛伊木马(Trojan house)，是一种基于远程控制的黑客工具，也可以看成一种特殊的计算机病毒。“木马”与普通病毒最大的不同在于：“木马”不会自我繁殖，也并不“刻意”地去感染其他文件，它通过将自身伪装吸引用户下载执行，向施种“木马”者提供打开被种者电脑的门户，使施种者可以任意毁坏、窃取被种者的文件，甚至远程操控被种者的电脑。

1. “木马”的组成

“木马”通常包括两大部分，一部分是客户端，即控制端，另一个是服务端，即被控制端。植入被种者电脑的是“服务器”部分，而“黑客”则是利用“控制器”进入并运行“服务器”的电脑。运行“木马”程序的“服务器”后，被种者的电脑就会有一个或几个端口被打开，黑客可以利用这些打开的端口进入电脑系统，用户的安全和个人隐私也就全无保障了。

随着 Windows 平台的日益普及，出现了一些基于图形操作的“木马”程序，使用者不用懂太多的专业知识就可以熟练地操作“木马”，相对的“木马”入侵事件也频繁出现，而且由于这个时期“木马”的功能已日趋完善，因此对服务端的破坏也更大了。

2. “木马”的特点

“木马”具有隐蔽性和非授权性两大特征，具体含义如下：

(1) 隐蔽性。木马的隐蔽性是指木马的设计者为了防止木马被发现，会采用多种手段隐藏木马，这样服务端即使发现感染了木马，由于不能确定其具体位置，往往只能望“马”兴叹。

(2) 非授权性。非授权性是指一旦控制端与服务端连接后，控制端将享有服务端的大部分操作权限，包括修改文件，修改注册表，控制鼠标、键盘等，而这些权力并不是服务端赋予的，而是通过木马程序窃取的。

3. “木马”可能的藏身之处

(1) 集成到程序中。种木马者为了吸引用户运行，常常会将木马文件和其他应用程序进行捆绑，用户看到的只是正常的程序。但是用户一旦运行之后，不仅正常的程序运行，而且捆绑在一起的木马程序也会在后台偷偷运行。

隐藏在其他应用程序之中的木马危害比较大，而且不容易发现。如果捆绑到系统文件中，则会随 Windows 启动而运行。因此我们需要安装个人防火墙或者启用 Windows 系统中的 Windows 防火墙，当木马服务端试图连接种木马的客户端时，就会询问是否放行，据此即可判断出自己有无中木马。

(2) 隐藏在媒体文件中。种木马者常常在媒体文件中插入一段代码，代码中包含了一个网址，当播放到指定时间时即会自动访问该网址，而该网址所指页面的内容却是一些网页木马或存在其他危害。严格来说，这时候用户还没有中木马，其危害也容易被人忽略。因此，当我们在播放网上下载的影片时，如果发现突然打开了窗口，那么切不可好奇而应将其

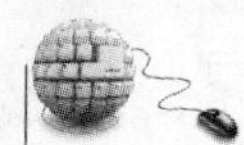

立即关闭,然后跳过该时间段影片的播放。

(3) 隐藏在 Win. ini 中。Win. ini 是木马常常加载的一个地方。打开系统目录下的 Win. ini 文件,然后查看“Windows”区域“load =”和“run =”,正常情况下它们后面应该是空白,如果发现后面加了某个程序,那么加载的程序则可能是木马,需要将其删除。

(4) 隐藏在 Autoexec. bat 中。C 盘根目录下的 Autoexec. bat 文件内容会在系统启动时自动运行。与该文件类似的还有 Config. sys。因为它自动运行,因此也常常是木马的藏身之地。对此我们同样需要打开这两个文件,检查里面是否加载了来历不明的程序。

(5) 隐藏在任务管理器中。在任务栏上右键单击,在弹出的菜单中选择“任务管理器”,将打开的窗口切换到“进程”标签,在这里查看有没有占用较多资源的进程,有没有不熟悉的进程。若有,可以先试着将它们关闭。另外要特别注意 Explorer. exe 这类进程,因为很多“木马”会使用 Explorer. exe 进程名,即把 l 换成 1,用户常常会误以为是系统进程。

(6) 隐藏在“启动”加载的项目中。在 Windows XP 中,我们可以运行“msconfig”,将打开的窗口切换到“启动”标签,在这里可以看到所有启动加载的项目,此时就可以根据“命令”和“位置”来判断启动加载的是否为木马。如果判断为“木马”则可以将其启动取消,然后再做进一步的处理。

(7) 隐藏在注册表中。我们的程序大多是由注册表控制的,因此对注册表进行检查往往可以发现“木马”的痕迹。运行“regedit”打开注册表编辑器,然后依次检查如下区域:

HKEY_LOCAL - MACHINE\Software\Microsoft\Windows\CurrentVersion

HKEY_CURRENT - USER\Software\Microsoft\Windows\CurrentVersion

HKEY_ USERS\. Default\Software\Microsoft\Windows\CurrentVersion

看看这三个区域下所有以“run”开头的键值,如果键值的内容指向一些隐藏的文件或自己从未安装过的程序,那么这些则很可能是“木马”了。

4. “木马”的防范

要想让自己的系统免于“木马”的监控和操纵,应该给系统加上一定的防范措施,具体来说:

(1) 安装杀毒软件和个人防火墙,并及时升级。

(2) 把个人防火墙设置好安全等级,防止未知程序向外传送数据。

(3) 使用安全性比较好的浏览器和电子邮件客户端工具。

(4) 使用 IE 浏览器,应该安装卡卡安全助手等安全工具,防止恶意网站在自己电脑上安装不明软件和浏览器插件,以免木马趁机侵入。

5. “木马”的查杀

目前,市场上有很多工具都具有查杀“木马”的功能,例如,前面讲的 360 安全卫士、金山清理专家、QQ 电脑管家等就具有很好的“木马”防范和查杀功能,用户可以选择安装一款适合自己的工具。

(三) U 盘病毒专杀

U 盘是最常用的移动存储介质,为了防止通过 U 盘传播病毒,应该在每次使用 U 盘时,对其进行病毒查杀工作,下面主要介绍 Autorun 病毒防御者和 USB Cleaner 两种常用工具的功能。

1. Autorun 病毒防御者

具有精确查杀与扩展查杀双查杀机制，能够彻底清除病毒和木马的相关文件和注册表项，不留残余。配合独特的启发式查杀引擎，对未知 U 盘病毒拥有 90%以上的识别率。

此外，该软件还有 U 盘病毒免疫、系统修复、残余清理、病毒分析、系统诊断、顽固目录删除、应急浏览器、隐藏文档恢复、隐藏目录恢复、U 盘解锁、U 盘软件写保护等一系列完整的辅助工具，以及进程管理、启动项管理和系统服务管理等系统工具，能够让用户尽可能地远离 U 盘病毒带来的困扰。

2. USB Cleaner 专杀工具

该软件具有病毒侦测、U 盘病毒免疫、移动盘卸载、系统修复等功能。

病毒侦测包括全面检测、广谱检测以及移动盘检测。全面检测可精确查杀已知的 U 盘病毒，并修复这些 U 盘病毒对系统的破坏；广谱检测可快速检测未知的 U 盘病毒，并向用户发出警报；移动盘检测是检测 U 盘、MP3 等移动设备的专门模块，要独立使用。U 盘病毒免疫提供两种方案供用户选择，包括关闭系统自动播放与建立免疫文件夹，可自如控制免疫的设置与取消，U 盘病毒免疫可以极大减小系统感染 U 盘病毒的侵害。移动盘卸载可以帮助用户解决某些因文件系统占用而导致的移动盘无法卸除的问题。系统修复包括修复隐藏文件与系统文件的显示，映象劫持修复与检测，安全模式修复，修复被禁用的任务管理器，修复被禁用的注册表管理器，修复桌面菜单右键显示，修复被禁用的命令行工具，修复无法修改 IE 主页，修复显示文件夹选项，初始化 LSP 等。

（三）常用杀毒软件

目前市场上杀毒软件很多，比如 McAfee、诺顿、卡巴斯基、江民、金山毒霸、瑞星、360 等。这些杀毒软件都能够对系统进行全盘检测和查杀病毒，同时，这些杀毒软件会定期推出新的病毒库，用户在初次安装后，需要经常进行病毒库的升级。各种软件都有自己的特点，有的擅长网页监控，有的擅长“木马”查杀，有的擅长账号保护，用户可以根据自己的需求选择合适的杀毒软件。

第三节　计算机漏洞的扫描与修复

漏洞是在硬件、软件、协议的具体实现或系统安全策略上存在的缺陷，漏洞可以使攻击者在未授权的情况下访问或破坏系统。漏洞是与时间紧密相关的。一个系统从发布那天起，系统中存在的漏洞会不断暴露出来，系统供应商会不断发布补丁软件修补漏洞，或在以后发布的新版系统中进行纠正。而新版系统在纠正旧版本漏洞的同时，又会出现一些新的漏洞和错误。因而随着时间的推移，旧的漏洞会不断消失，新的漏洞会不断出现。

一、漏洞的分类

（一）软件中的漏洞

只要是用代码编写的东西，都会存在不同程度的漏洞。漏洞主要包括缓冲区溢出、逻辑

异常等类型。

（二）软件的配置不当

软件配置不当也会造成漏洞，被别有用心的人攻击。漏洞具体包括：

1. 默认配置存在不足

许多系统安装后都有默认的安全配置信息，但是往往正是因为这些方便用户的措施引来了易于被攻击的问题。因此，一定要对默认配置进行判断，不要一味地按照默认配置来做。

2. 管理员懒散

很多系统安装后保持管理员口令的空值，而且随后不及时修改。入侵者上网后往往搜索管理员为空口令的机器进行攻击。

3. 临时端口

有时候为了测试，管理员会在机器上打开一个临时端口，但测试完后却忘记禁止，这样就会给入侵者有洞可寻、有漏可钻。因此除了留下必须使用的端口外，其余的端口都需要禁止。

4. 信任关系

网络间的系统经常建立信任关系以方便资源共享，但这也给入侵者带来间接攻击的可能。要对信任关系严格审核、确保真正的安全联盟。

（三）口令失窃

1. 弱不禁破的口令

虽然设置了口令，但口令过于简单，入侵者很容易破解。

2. 字典攻击

入侵者借助一个包含用户名和口令的字典数据库，不断地尝试登录系统，直到成功进入。

3. 暴力攻击

与字典攻击类似，但这个字典却是动态的，其中包含了所有可能的字符组合。

（四）嗅探未加密通信数据

1. 共享介质

入侵者在传统的以太网结构的网络上放置一个嗅探器就可以查看该网段上的通信数据，但是如果采用交换型以太网结构，嗅探行为将变得非常困难。

2. 服务器嗅探

对于交换型网络，入侵者在服务器上特别是充当路由功能的服务器上安装一个嗅探器软件，便可利用该软件收集到的信息闯进客户端机器以及信任的机器。

3. 远程嗅探

许多设备都具有远程监控功能，以便管理者使用公共体字符串进行远程调试，这也给入侵者提供了攻击机会。

二、漏洞的扫描及修复

系统的安全漏洞是不可避免的，而安全漏洞的存在造成了系统的脆弱性，为黑客和非授权者提供了可乘之机。经常利用工具对系统进行安全扫描和修补，是主动防御的一项重要技术。漏洞扫描主要是对目标可能存在的已知安全漏洞和弱点进行逐项扫描和检查，根据扫描的结果，对发现的漏洞和弱点形成周密的信息安全分析报告，及时采取补救措施，增强系统的安全性。

扫描的主要对象是工作站和服务器的操作系统、数据库管理系统、交换机以及 IIS 等各种重要的应用系统。管理人员对主机、网络、设备以及数据所面临的各种潜在威胁，采用人工的方式排查显然是不现实的，针对不同的信息系统对象采用相关的工具，是一种切实可行的技术方法。

（一）系统补丁

补丁是针对大型软件系统在使用过程中暴露的问题而发布的解决问题的小程序。这些小程序安装在系统中，就可以防止因为系统缺陷而带来的安全问题。

一般在一个软件的开发过程中，一开始有很多因素是没有考虑到的，但是随着时间的推移，软件所存在的问题会慢慢地被发现。这时候，为了对软件本身存在的问题进行修复，软件开发者会发布相应的补丁。

（二）漏洞扫描及修补工具

市场上可以进行漏洞扫描和修补的工具有很多，许多防病毒软件本身就具有漏洞检测的功能，但是用户不能幻想依赖防病毒产品彻底解决安全问题，必须把操作系统补丁打上，否则起不到根本作用。用户首先要增强打补丁的观念，在此基础上使用杀毒软件进行漏洞检测。一般情况下，系统会提示用户进行补丁升级，但也有一些杀毒软件，由于用户使用非正版操作系统的原因不能进行升级，这些软件不提供操作系统补丁升级提醒的功能。

目前市场上的漏洞扫描软件一般具有木马查杀、恶意软件清理、漏洞补丁修复和在线系统诊断、电脑全面体检、垃圾和痕迹清理等多种功能，一些安全软件还具有防盗号、保护网银等作用，下面对市场上常见的漏洞扫描和修复软件进行简要介绍。

1. 360 安全卫士

该软件是安全类上网辅助工具软件，它拥有清理恶评及系统插件，管理应用软件等多项功能，修复系统漏洞就是其中一项功能，同时也是其最为重要的功能之一。

2. Windows 优化大师

该软件是一款系统辅助软件，在 V7. 78 Build 7. 1119 版新增了 Wopti 系统漏洞修复应用工具，便于用户自动下载补丁并修复检测出的漏洞，全面保障计算机用户系统的安全。

3. QQ 电脑管家

该软件是专门针对 QQ 账号密码被盗问题所提供的一款盗号木马查杀及修复系统漏洞的工具，它能准确扫描并有效清除盗号木马以及修复系统漏洞，从而保障 QQ 账号的安全。

4. 金山清理专家

该软件是针对系统进行全方面检查和维护，为用户提供修复建议和方法的网络安全工具。它具有恶意软件查杀、漏洞修补和在线系统诊断的功能，帮助用户抵制各种网络恶意软件的侵袭，防范由于未修补系统或软件漏洞而造成的各种危险。

另外，许多工具软件也都具有漏洞扫描和修补的功能，比如迅雷软件助手、超级兔子升级天使、WUD 软件等。这些工具在使用时，均可以对系统漏洞进行扫描和修复。

第四节　计算机安全操作

一、Windows 账户管理安全措施

Windows 用户分为系统管理员账户、来宾账户和普通账户，不同用户有不同的权限。系统允许有合法账户和密码的用户登录计算机进行操作。对用户账户进行有效管理可以防止黑客攻击，保证系统的安全。

（一）停掉 Guest 用户

在 Windows XP 操作系统安装之后，系统中会有一个缺省的账户"Guest"，即"来宾账户"。该账户与"Administrator"和"User"账户是不同的，通常这个账户没有修改系统设置和安装程序的权限，也没有创建修改任何文档的权限，只能读取计算机系统信息和文件。该账户常常会被黑客克隆为管理员账户，或者被黑客作为后门账户使用，因此，一般情况下建议用户停止该账户的使用。具体操作如下：

(1) 打开"控制面板"。

(2) 打开"用户账户"对话框。

(3) 进入"Guest"选项，按照系统提示，禁用 Guest 账户，如图 5-4-1 所示。

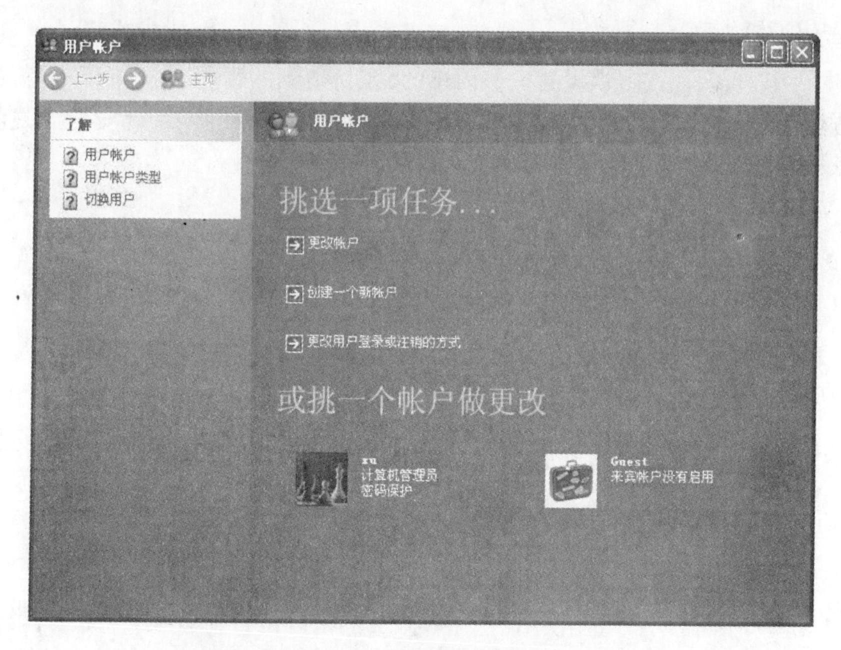

图 5-4-1　停掉 Guest 用户

（二）清除不必要的用户

虽然 Windows 系统允许用户建立多个账户。但是，并非账户越多越好，账户越多，黑客攻入系统的可能性越大。因此，在实际的操作中，建议用户去掉所有的测试账户、共享账户等，及时删除不再使用的账户。清除账户的步骤如下：

（1）打开“控制面板”。

（2）打开“用户账户”对话框。

（3）选择“更改账户”。

（4）选择要删除的账户，单击“删除账户”。

（5）按照提示单击“保留文件”或“删除文件”。

（6）单击“删除账户”，完成操作。

（三）账户管理注意事项

（1）只有管理员用户才可以进行添加、删除账户的操作。

（2）不能删除当前正在使用的账户。

（3）系统至少应该有一个管理员用户。

二、系统管理中的常用密码操作

密码是最直接、最简单的提高系统安全性的措施。密码在计算机系统中无处不在，常见的密码有：机器的开机密码、操作系统的用户密码、信息系统的登录密码、Office 文档的打开或修改密码、电子邮箱的登录密码、聊天软件的登录密码等。合理有效地使用密码可以加强计算机系统的安全性。

（一）密码设置规则

日常生活中，人们往往习惯设置一些简单的、容易猜到的密码，由于密码被盗而引起的泄密或者财产损失事件时有发生。因此，正确设置及使用密码对于系统安全至关重要。下面对密码设置及使用中需要注意的事项进行说明。

1. 使用较长密码

在很多系统中都要求密码不短于 6 位。这是因为，最普遍的密码破解办法就是暴力破解，其特点是对可能使用到的字符进行数学排列组合，一个个进行比对，直到找出正确的密码。因此，密码越长，排列组合的可能性越多，暴力破解的难度就越大。

2. 使用陌生密码

很多用户喜欢用自己的姓名、出生日期、电话号码或者其他一些经常使用的符号作为密码，这样很容易被猜中。因此，尽量不要使用周围人容易获取的信息作为密码，可以使用一些只有自己知道的字符，以增加密码被猜中的难度。

3. 使用复杂密码

单纯的数字、字母，或者重复使用一个字符，虽然密码位数比较长，但是很容易被破译。因此，我们在设置密码的时候应尽量包含字母、数字、各种符号，如果区分大小写的话，还应交替使用大小写，这样组成的密码将会安全许多。

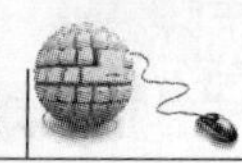

4. 逆序设置密码

在设置密码时，大部分人都习惯从顺序较小的 a、b、c、d 或者 1、2、3 开始，这一点刚好满足了暴力破解的破解顺序，因为它们就是按照字母和数字的自然排序进行计算。因此，建议将密码的第一位设为 z、9 等排在后面的字母或数字，这样破解的概率会小许多。

5. 使用易记的密码

足够长又足够复杂的密码，虽然能够防止别人破译，但同样也会给自己带来麻烦。很多用户长时间不用系统，会忘记密码。因此，在设置密码时，建议使用只有自己熟悉的内容，在密码固定位置加上某种特定字符。或者使用多个熟悉的内容进行叠加。

6. 使用不同密码

如果所有系统的密码都设为同一个密码，那么一旦某一个密码被破解，其他的密码也会遭到危险，这样的损失是很大的。因此，建议不同系统设置不同密码。

7. 经常更换密码

从理论上说，无论多么复杂的密码，只要有足够的时间，都可能被破解。因此，定期更换密码非常重要。

8. 不保存密码

很多系统提供了保存密码的功能，用户往往为了操作方便，直接使用保存密码功能。这种做法非常危险。有一种杀号软件，可以很方便地查看到密码的真实内容。

（二）设置开机密码

开机密码是指在开机后，进入操作系统之前要求用户输入的密码，密码正确才可以进行操作系统的启动，该密码可以防止非授权用户开机。设置开机密码的步骤如下：

(1) 开始启动系统时不断按下 Del 键，进入 SETUP 界面。

(2) 设置密码。

(3) 使 BIOS Feature Setup 中的 Security Option 为 system。

(4) 用 F10 保存退出。

开机密码的修改过程与创建过程类似。

（三）Windows 账户密码

Windows 账户密码是指进入 Windows 系统某个账户之前必须输入的密码。通过该密码，可以防止非法用户进入系统。账户密码的创建步骤如下：

(1) 依次选择“开始”→“设置” →“控制面板”，打开“控制面板”窗口。

(2) 双击“控制面板”窗口中的“用户账户”图标，进入“用户账户”窗口。

(3) 选择“用户账户”窗口中需要创建密码的账户，选择其中的“创建密码”功能，进入如图 5-4-2 所示的窗口。

(4) 在窗口中两次输入要创建的密码，然后单击“创建密码”即可。

密码生效后，在 Windows 系统启动时，系统便要求用户选择账户，并且输入对应的密码，如果密码正确就可以正确启动 Windows 系统。

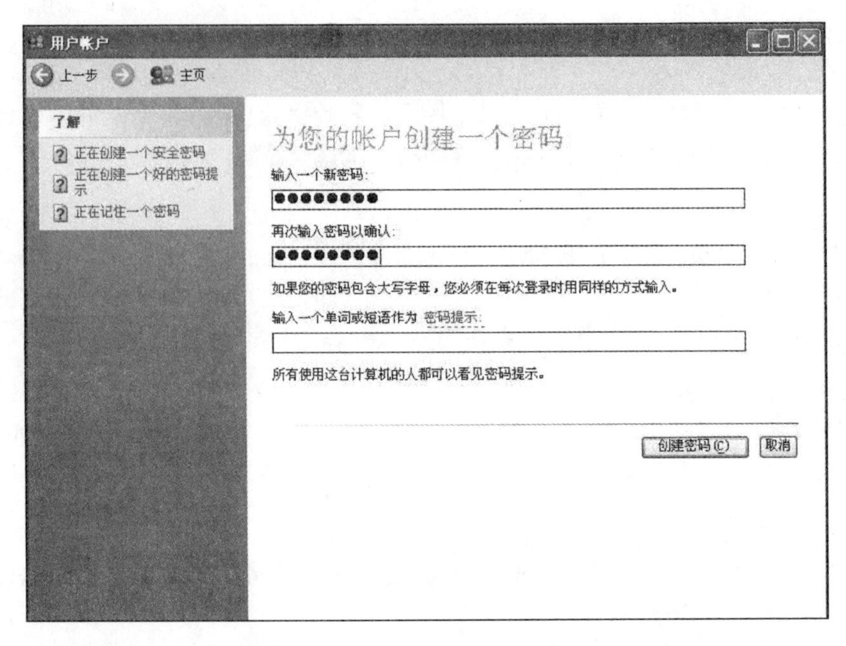

图 5-4-2 创建 Windows 账户密码

"密码提示"中可以输入一个字符串，用于当密码遗忘时对用户的提示。由于密码本身的复杂性，加之用户不经常使用系统等原因，经常会有用户忘记密码，进入不了系统的情况出现。因此，在设置密码时要重视"密码提示"的设置，以便于一看提示就能回忆起密码。

用户账户密码的修改和删除与用户密码的创建过程类似。也是在"用户账户"窗口中选择需要修改或者删除密码的账户，然后按照系统的提示进行操作即可。

（四）账户密码安全方案

尽管绝对安全的密码不存在，但是相对安全的密码是可以实现的。Windows 提供了对密码进行可靠性限制的功能，通过这些功能的设置，可以强制使密码满足一定的安全需求。

(1) 在"开始"→"运行"窗口中输入"secpol. msc"并回车，打开"本地安全设置"窗口。或者通过"控制面板"→"管理工具"→"本地安全策略"打开该窗口。

(2) 在"本地安全设置"窗口的左侧展开"账户策略"→"密码策略"，在右边窗格中就会出现一系列的密码设置项，如图 5-4-3 所示。

① 密码必须符合复杂性要求。如果启用了这个策略，则在设置和更改一个密码时，系统将会按照下面的规则检查密码是否有效：

a. 密码不能包含全部或者部分的用户名。

b. 最少包括 6 个字符。

c. 密码必须包含以下四个类别中的三个类别：

➢ 大写英文字母 A～Z。

➢ 小写英文字母 a～z。

➢ 基本的 10 个数字，0～9。

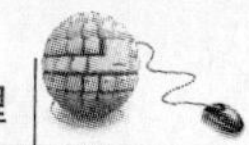

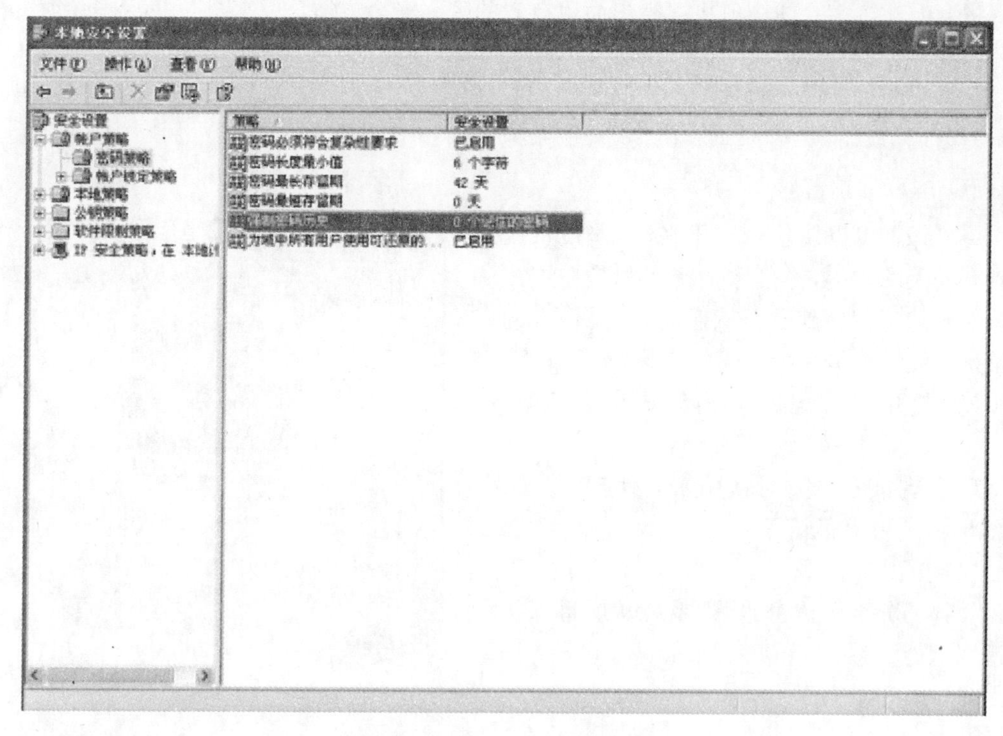

图 5-4-3 账户密码安全设置

➢ 特殊字符，例如“!”“$”“#”“%”等。

启用了这个策略，系统就会强制用户使用安全性高的密码。如果用户在创建或修改密码时没有达到以上要求，系统会给出提示并要求重新输入符合要求的安全密码。

② 密码长度最小值。这个策略决定密码的长度。密码长度的有效值在 0～14。如果设置为 0，则表示不需要密码，这是系统的默认值，而从安全角度来考虑，这是非常危险的。建议密码长度不小于 6 位。

③ 密码最长存留期。这个策略决定密码使用多久之后就会过期，密码过期时系统就会要求用户更换密码。如果设置为 0，则密码永不过期。一般情况下可设置为 30～60 天，最长可以设置为 999 天。

④ 密码最短存留期。这个策略决定密码使用多久之后才能被修改。有效范围为 0～999。这个策略与“强制密码历史”结合起来就可以得知新的密码是否是以前使用过的，如果是，则不能继续使用这个密码。如果“密码最短存留期”为 0 天，即密码永不过期，这时设置“强制密码历史”是没有作用的，因为没有密码会过期，系统不会记住任何一个密码。因此，如果要使“强制密码历史”有效，应该将“密码最短存留期”的值设为大于 0。

⑤ 强制密码历史。这个设置决定系统保存用户曾经用过的密码个数。经常更换密码可以提高密码的安全性，但由于个人习惯，常常换来换去就是有限的几个密码。配置这个策略就可以让系统记住用户曾经使用过的密码，如果更换的新密码与系统“记忆”中的重复，系统就会给出提示。默认情况下，系统不保存用户的密码，用户可以根据自己的习惯进行设置，系统最多可以保存 24 个曾用密码。

将上面几点结合使用就可以得出简单有效的密码安全方案，即首先启用"密码必须符合复杂性要求"策略，然后设置"密码最短存留期"，最后开启"强制密码历史"。设置好后，在"控制面板"中重新设置管理员的密码，这时的密码不仅本身是安全的，而且以后修改密码时也不易出现与以前重复的情况了。这样的系统密码安全性就比较高了。

（五）屏幕保护密码

屏幕保护可以防止用户不在时，非授权用户看到屏幕上的内容，屏幕保护密码则是在用户从屏幕保护状态转换到运行状态时，需要输入的账户密码。设置屏幕保护密码的步骤如下：

（1）打开"控制面板"，选择"显示"对话框。

（2）选择"屏幕保护程序"。

（3）选择"在恢复时使用密码保护"复选框，如图 5-4-4 所示。

（4）单击"确定"。

设置了屏幕保护密码，则系统从屏幕保护状态返回运行状态时，先进入 Windows 登录界面要求用户输入登录密码。

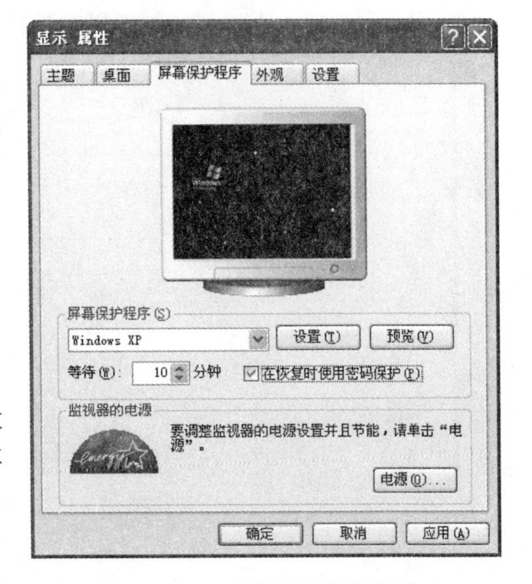

图 5-4-4　屏幕保护密码设置

三、常用文件加密操作

为了保证办公文档的安全性，常常需要给办公文档加上打开密码和修改密码，常用的办公自动化软件 Word、Excel、PowerPoint 等都提供了设置打开文件密码和修改文件密码的功能。下面以 Word 2003 为例进行介绍，其余版本的操作与此类似。

（一）Word 文档密码操作

可以通过"文件"菜单和"工具"菜单两种方式为 Word 文档设置相应的密码，加强文档的安全性。

1. 通过"文件"菜单为 Word 文档设置密码

（1）打开需要加密的 Word 文档。

（2）选择"文件"的"另存为"，出现"另存为"对话框。

（3）在"工具"中选择"安全措施选项"，如图 5-4-5 所示，出现"选项"对话框选择"安全性"选项卡，如图 5-4-6 所示。

（4）分别在"打开文件时的密码"和"修改文件时的密码"中输入密码。这两种密码可以相同也可以不同。

（5）再次确认"打开文件时的密码"和

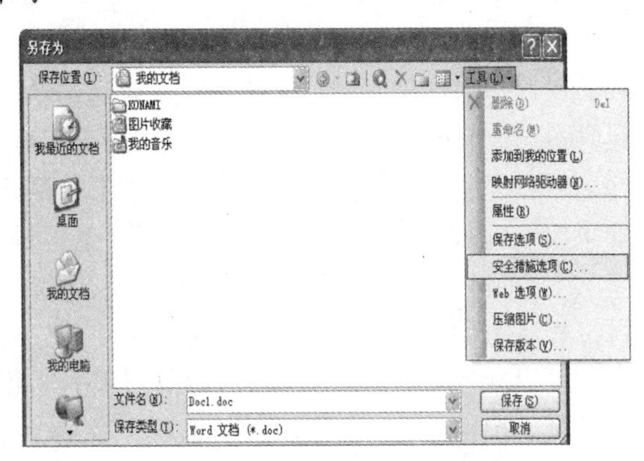

图 5-4-5　Word 文档密码设置

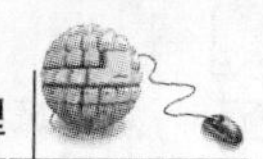

“修改文件时的密码”。

(6) 按“确定”退出“安全性”选项卡。

(7) 文件存盘。

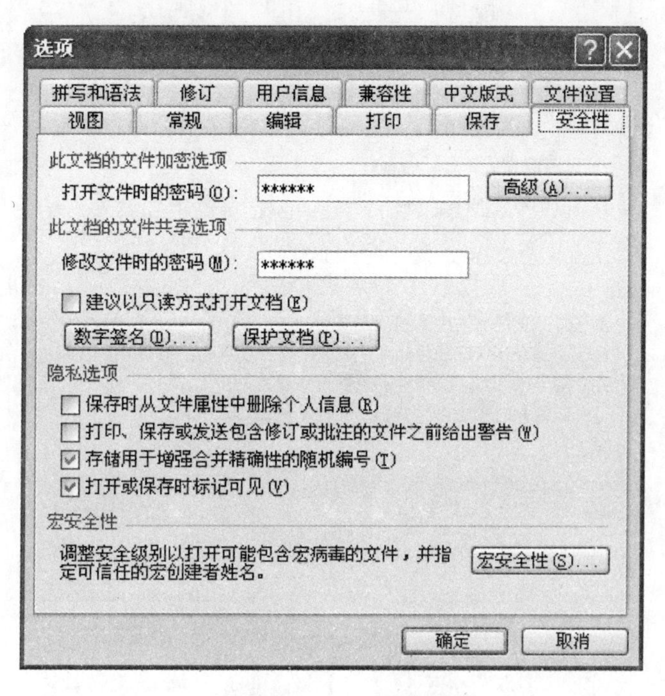

图 5-4-6　加密

设置 Word 文档的打开文件时的密码后，当用户打开该文档时，需要输入正确的密码。如果同时设置了打开密码和修改密码，则在打开文档时，系统要求用户同时输入打开密码和修改密码。如果只设置了修改密码而没有设置打开密码，则在打开文档时，系统出现如图 5-4-7 所示的提示。

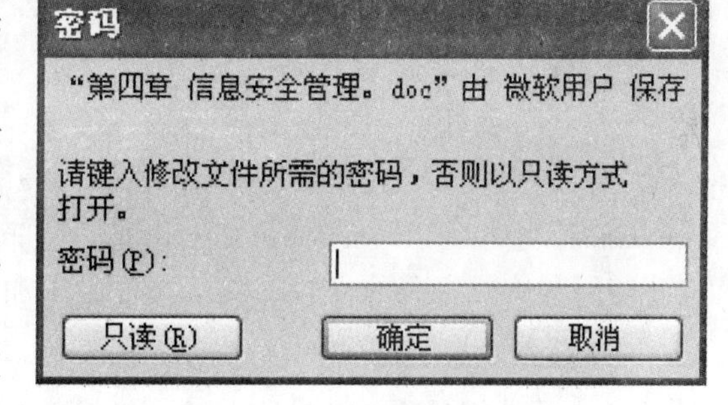

图 5-4-7　输入密码对话框

如果用户输入了正确的密码，则打开文档后可以对该文档进行修改，否则，该文档以只读方式打开。

2. 通过“工具”菜单为 Word 文档设置密码

(1) 打开需要加密的 Word 文档。

(2) 选择“工具”菜单的“选项”命令，出现“选项”对话框。

(3) 在“选项”对话框中选择“安全性”选项卡，如图 5-4-8 所示。

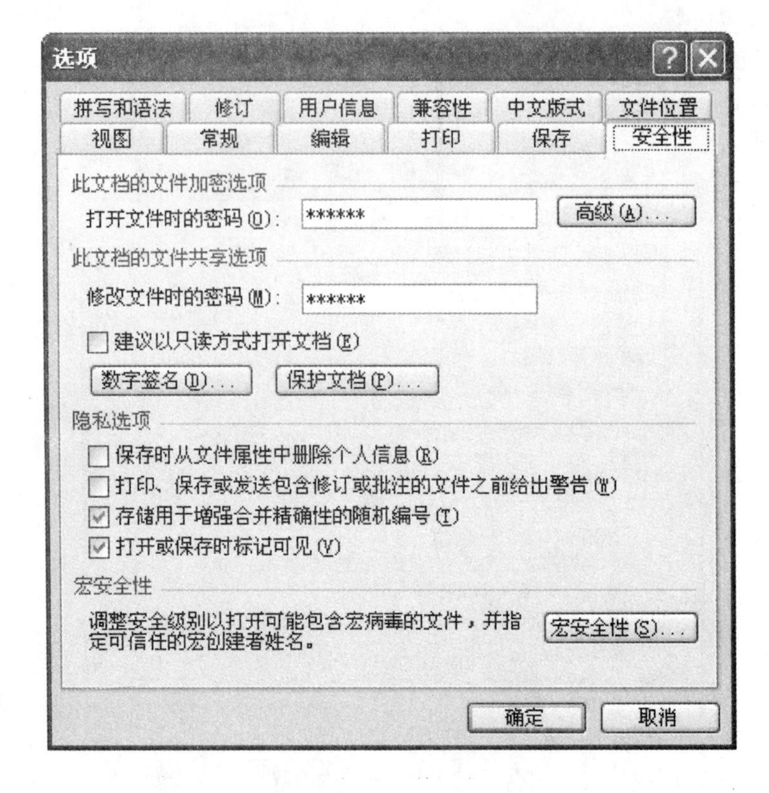

图 5-4-8　修改密码

(4) 分别在“打开文件时的密码”和“修改文件时的密码”中输入密码，单击“确定”按钮。

(5) 再次分别确认“打开文件时的密码”和“修改文件时的密码”。

(6) 选择“确定”按钮退出。

(7) 保存文件。

(二) Excel 文档和 PowerPoint 文档的密码操作

Excel 文档和 PowerPoint 文档也都可以通过“文件”菜单和“工具”菜单两种方法实现打开密码和修改密码的设置。具体操作方法和 Word 文档的操作类似，这里不再赘述。

(三) 压缩文件(夹)密码操作

可以在压缩文件或者文件夹的过程中设置一个密码，该密码在用户对压缩文件进行解压缩的时候起作用。

1. 压缩文件密码设置

(1) 右键单击要压缩的文件或者文件夹，选择“添加到压缩文件(A)”，进入“压缩文件名和参数”对话框。

(2) 选择“高级”选项卡，如图 5-4-9 所示。

(3) 选择“设置密码”，如图 5-4-10 所示。

(4) 两次输入密码后选择“加密文件名”。

(5) 单击“确定”按钮。

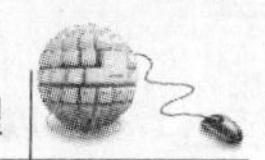

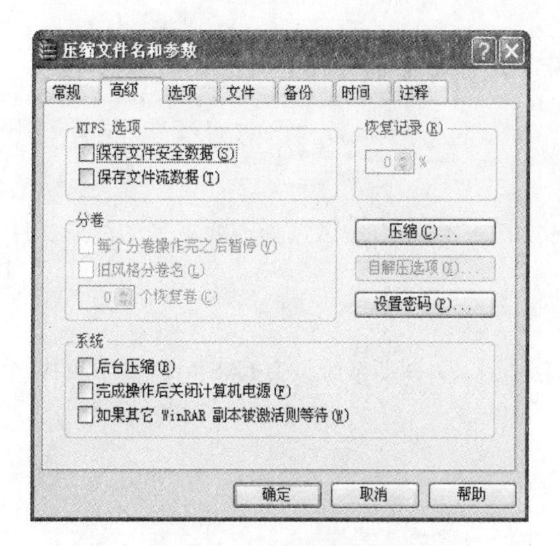

图 5-4-9　高级选项卡

图 5-4-10　带密码压缩

2. 压缩文件(夹)解密

文件或者文件夹被加密后，当需要进行解压时，系统会要求用户输入密码正常解压，具体步骤如下：

(1) 右键单击压缩文件，选择“解压到当前文件夹”。

(2) 出现如图 5-4-11 所示的对话框，输入压缩文件时设置的密码。

(3) 选择“确定”按钮。

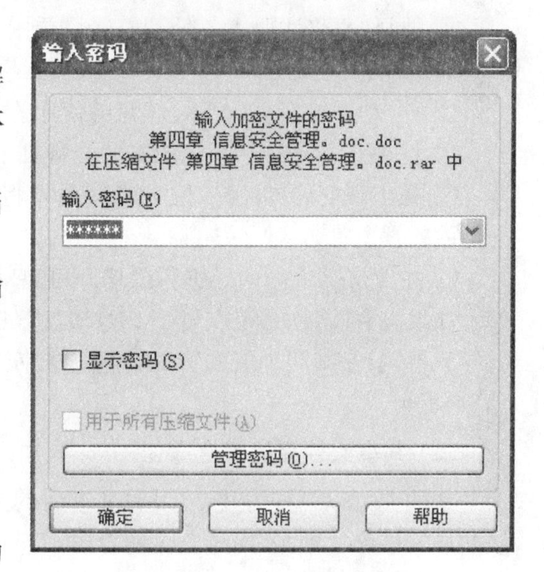

图 5-4-11　输入密码对话框

四、其他安全操作策略

(一) 信息的备份与恢复

为了确保系统的安全，对于系统中重要的信息应该定期进行备份，下面对系统中常用的重要信息的备份方法进行简单介绍。

1. Windows 注册表的备份与恢复

Windows 注册表是帮助 Windows 控制硬件、软件、用户环境和 Windows 界面的一套数据文件，在没有注册表的情况下，操作系统不会获得必需的信息来运行和控制附属的设备和应用程序，也不会正确响应用户的输入。因此，应该将良好运行状态的系统的注册表进行备份，以便在适当的时候进行恢复。

(1) Windows 注册表的备份。

① 依次选择“开始”→“运行”，打开“运行”对话框。

② 在“运行”对话框中输入“Regedit”命令，打开“注册表编辑器”窗口。

③ 选择“文件”→“导出”。

④ 选择注册表备份文件的保存路径，并且给注册表备份命名。注册表备份文件如图 5-4-12 所示。

图5-4-12 注册表备份文件

(2) Windows 注册表的恢复。

方法 1：双击注册表文件备份。

方法 2：注册表编辑器窗口中依次选择“文件”→“导入”，然后选择需要恢复的注册文件即可。

2. 自动系统恢复(ASR)软盘的创建和使用

Windows XP 的紧急修复磁盘准确的名称应该是“自动系统恢复(ASR)软盘”，可以备份那些启动系统所需的系统文件。

(1) 自动系统恢复(ASR)软盘的创建。

① 在软驱中插入一张格式化的空盘。

② 依次左键单击“开始”→“程序”→“附件”→“系统工具”→“备份对话框”。

③ 依次左键单击“欢迎”选项卡→“工具”→“ASR 向导”。

④ 选择“也将注册表备份到修复目录中……”。

⑤ “确定”。

(2) 自动系统恢复(ASR)软盘的使用。

① 将 Windows XP 系统的安装光盘插入 CD 驱动器中，重新启动计算机。

② 在出现安装界面时，按 F2 键，系统将提示用户插入以前创建的 ASR 软盘(ASR 不会还原数据文件)。

③ 按照屏幕上的向导进行操作即可自动恢复系统。

如果没有“自动系统恢复(ASR)软盘”，也可以使用“修复”功能恢复 Windows XP 系统引导菜单，只是某些个人的特殊设置会被恢复成默认设置，使用“自动系统恢复(ASR)软盘”则不会。

(二) 共享文件夹的安全操作

文件夹可以设置为共享，设置共享后的文件夹，可以使其他机器上的用户通过网络访问该共享文件夹。但是，出于安全的考虑，有时候需要对共享文件夹进行一些安全操作。

1. 停止文件夹共享

(1) 找到共享文件夹。

(2) 选择右键菜单中的“共享与安全”对话框。

(3) 选择“不共享该文件夹”。

2. 隐藏共享资源

(1) 找到要隐藏的共享文件夹。

(2) 选择右键菜单中的“共享”。

(3) 选择“共享该文件夹”。

(4) 在文件名后附一个“$”。

(5) 选择“确定”按钮。

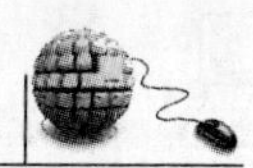

第五节　技能实训

实训 1　机房日常环境巡检维护

（1）实训题目

对机房进行一次环境巡检。

（2）实训目的

根据本章介绍内容，理解掌握机房环境的综合维护排查能力。

（3）实训内容

对机房进行一次环境巡检，记录下机房日常环境配置、机柜设置、配电、防静电、防雷和消防系统的状态，在 20 min 内完成所有操作。

（4）实训方法

① 完成一次机房综合环境巡检。

② 记录下机房日常环境配置、机柜设置、配电、防静电、防雷和消防系统的状态。

③ 根据有关标准和要求，提出维护建议。

④ 20 min 内完成所有操作。

（5）实训总结

根据实训中出现的问题做出总结。

实训 2　网络拓扑图识别与绘制

（1）实训题目

根据提供设备绘制拓扑图。

（2）实训目的

根据本章介绍内容，理解掌握网络拓扑图的识别和制作。

（3）实训内容

给出网络交换机 5 台，其中 1 台核心交换机，4 台楼层交换机（分设在一层、二层、三层、四层等），服务器 3 台，计算机 12 台，每层楼 3 台，根据给出设备绘制拓扑图，20 min 内完成所有操作。

（4）实训方法

① 能够正确识别并标注设备名称，合理绘制上述网络拓扑图，文件成功保存在指定位置。

② 交换机与服务器、计算机间连接描述准确，排列层次分明，线材类型选用合理，架构清晰。

③ 20 min 内完成所有操作。

（5）实训总结

根据实训中出现的问题做出总结。

实训 3　常见计算机病毒的查杀

(1) 实训题目

对计算机进行一次病毒查杀。

(2) 实训目的

根据本章介绍内容，理解掌握病毒查杀的方法。

(3) 实训内容

对计算机进行一次快速查杀，在 20 min 内完成所有操作。

(4) 实训方法

① 使用杀毒软件查杀病毒。

② 20 min 内完成全部操作。

(5) 实训总结

根据实训中出现的问题做出总结。

下篇

第六章 消防业务信息系统

DI LIU ZHANG

消防业务信息系统主要包含两大平台(基础数据及公共服务平台)和五大业务信息系统(消防监督管理系统、灭火救援指挥系统、部队管理系统、社会公众服务平台、综合统计分析系统),平台主要是为各个业务信息提供支撑服务。消防业务信息系统已部署应用,最终将建立以信息主导决策的预警研判机制、以信息主导规范透明的消防监督机制、以信息主导快速反应的灭火救援机制、以信息主导服务群众的社会管理机制和以信息主导精兵严管的队伍管理机制,不断提高消防业务工作和部队建设水平。

本章内容的选取基于消防员工作岗位需要,主要讲解如何在云平台上操作综合业务平台、灭火救援业务管理系统等部分功能模块。

第一节 消防业务信息系统云平台

一、云平台建设背景

为了全面推行消防通信职业技能鉴定制度,加强消防通信与计算机专业职业技能鉴定站的建设和管理,保证职业技能鉴定工作规范化、正规化、科学化,为有效降低各地消防职业技能鉴定站建设成本,减少管理运维成本,降低建设风险,士官学校联合部消防局、中电集团15所、阿里云等单位基于云平台部署消防一体化消防业务信息系统,满足各级消防救援队伍通信员的日常上机训练和技能鉴定需要,为全国消防职业技能鉴定站提供技术支撑。

二、云平台建设标准

采用目前市场上主流成熟的云平台技术,通过租用公有云服务器搭建平台,满足一体化消防业务信息系统的部署实施要求。该云平台提供弹性计算、整合计算、存储与网络资源的一站式自助IT计算资源租用服务,按需使用、按需付费,包括云主机、云硬盘、镜像、弹性带宽、弹性IP地址映射。支持各级用户的最大并发访问,实现资源隔离和安全防护,满足高可用性和扩展性要求。

三、业务系统部署情况

根据鉴定站规划，按照高级鉴定标准，在云平台上部署的一体化消防业务信息系统包含平台服务类、灭火救援类、防火监督类、部队管理类和其他类，共计 30 个系统及服务。已经部署的系统(或服务)见表 6-1-1。

表 6-1-1　一体化消防业务系统部署情况

<table>
<tr><th>系统分类</th><th>系统名称</th><th>部署方式</th><th>部署内容</th></tr>
<tr><td rowspan="9">公共服务平台</td><td>基础数据平台</td><td>两级、消防信息网/私网</td><td rowspan="12">应用/数据库</td></tr>
<tr><td>服务管理平台</td><td rowspan="3">三级、消防信息网/私网</td></tr>
<tr><td>信息交换平台</td></tr>
<tr><td>综合业务平台</td></tr>
<tr><td>身份与授权管理系统</td><td rowspan="4">两级、消防信息网/私网</td></tr>
<tr><td>PKI 认证</td></tr>
<tr><td>工作单位与人员管理模块</td></tr>
<tr><td>地理信息服务平台</td></tr>
<tr><td>社会公众服务平台</td><td>两级、消防信息网/私网/互联网</td></tr>
<tr><td>防火监督类</td><td>消防监督管理系统</td><td>三级、消防信息网/私网/互联网</td></tr>
<tr><td rowspan="17">灭火救援类</td><td>灭火业务管理系统</td><td rowspan="2">部局、总队级、消防信息网/私网</td></tr>
<tr><td>信息直报系统</td><td rowspan="11">应用</td></tr>
<tr><td>数据应用服务</td><td rowspan="7">部局、总队级、指挥调度网/私网</td></tr>
<tr><td>数据协同服务</td></tr>
<tr><td>信息传输应用</td></tr>
<tr><td>数据同步应用</td></tr>
<tr><td>车辆动态服务</td></tr>
<tr><td>大文件服务</td></tr>
<tr><td>业务查询服务</td></tr>
<tr><td>总队级指挥调度文字台</td><td rowspan="8">总队级、指挥调度网/私网</td></tr>
<tr><td>总队级指挥调度地图台</td></tr>
<tr><td>态势标绘系统</td></tr>
<tr><td>支队级接警台</td><td rowspan="2">应用/数据库</td></tr>
<tr><td>支队级地图台</td></tr>
<tr><td>数据集成服务</td><td rowspan="2">应用</td></tr>
<tr><td>数据应用服务</td></tr>
</table>

续表

系统分类	系统名称	部署方式	部署内容
部队管理类	警务管理系统	两级、消防信息网/私网	应用/数据库
	政治工作系统		
	装备管理系统	两级、消防信息网/私网/互联网	
其他类	综合统计分析信息系统	两级、消防信息网/私网	

一体化消防业务信息系统主要部署结构如图 6-1-1 所示。

图 6-1-1　一体化消防业务信息系统主要部署结构

根据消防业务信息系统使用场景，云平台采用部局、一个总队、一个支队、两个大队的方式进行模拟环境搭建。能够模拟消防信息网、指挥调度网、私网和互联网。

四、系统登录方法

由于云平台在互联网搭建，登录系统需要在连入互联网的计算机上进行，计算机的性能、系统配置参照内网计算机即可。系统在互联网上的详细地址见表 6-1-2。

表 6-1-2　系统在互联网上的详细地址

部署	系统名称	登陆地址
部局	综合业务平台	http://121.42.174.135/
	服务管理平台	http://121.42.174.18:10180/service-manager/
	基础数据平台	http://121.42.174.113:10380/databank/
	信息交换平台	http://121.42.174.126:10280/gitp/
	身份与授权管理子系统	http://121.42.174.130:10580/iam/
	灭火救援业务管理系统	http://121.42.174.179:11080/MHJY/
	公众信件及内网管理系统	http://121.42.174.151/gzxj/
	消防监督管理系统	http://121.42.174.137:81/frameset/
	警务管理系统	http://121.42.174.155:10700/jwgl/
	装备管理系统	http://121.42.174.159:10720/zbgl/
	政治工作系统	http://121.42.174.159:10710/zzgz/
	综合统计分析信息系统	http://121.42.174.167:11280/DataCenterWeb/
总队	综合业务平台	http://121.42.219.132/
	信息交换平台	http://121.42.219.12:10280/gitp/
	身份与授权管理子系统	http://121.42.219.115:10580/iam/
	信息直报系统	http://139.129.38.217:11081/MHJY/Web.ZBZB/
	灭火救援业务管理系统	http://121.42.219.179:11080/MHJY/
	公众信件及内网管理系统	http://121.42.219.163/gzxj/
	消防监督管理系统	http://121.42.219.150:81/frameset/
	警务管理系统	http://121.42.219.170:10700/jwgl/
	装备管理系统	http://121.42.219.172:10720/zbgl/
	政治工作系统	http://121.42.219.170:10710/zzgz/
	综合统计分析信息系统	http://121.42.218.53:11280/DataCenterWeb/
支队	综合业务平台	http://139.129.39.118/
	信息交换平台	http://139.129.39.116:10280/gitp/
	身份与授权管理子系统	http://121.42.219.115:10580/iam/
	信息直报系统	http://139.129.38.217:11081/MHJY/Web.ZBZB/
	灭火救援业务管理系统	http://121.42.219.179:11080/MHJY/
	公众信件及内网管理系统	http://121.42.219.163/gzxj/
	消防监督管理系统	http://139.129.39.119:81/frameset/
	警务管理系统	http://121.42.219.170:10700/jwgl/
	装备管理系统	http://121.42.219.172:10720/zbgl/
	政治工作系统	http://121.42.219.170:10710/zzgz/
	综合统计分析信息系统	http://121.42.218.53:11280/DataCenterWeb/

在浏览器地址栏中输入相应地址即可打开系统登录页面(以支队单位的综合业务平台

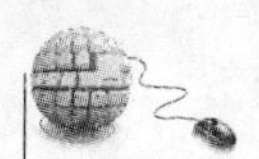

登录页面为例),如图 6－1－2 所示。

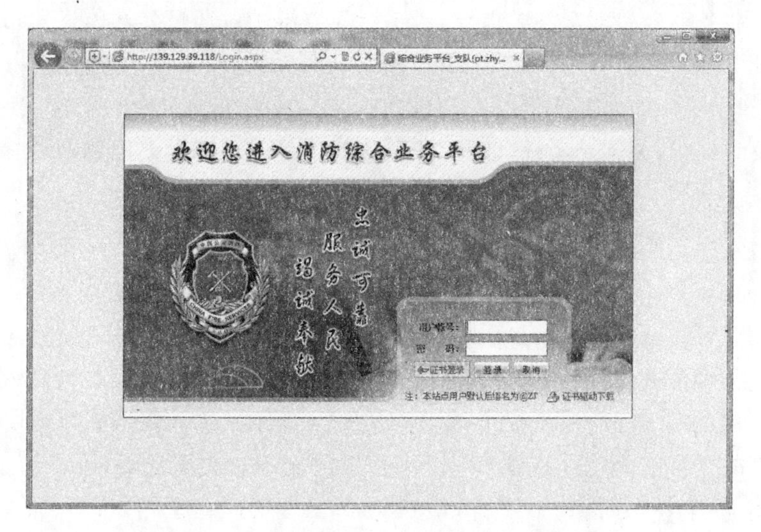

图 6－1－2　支队单位的综合业务平台登录页面

成功登录后进入综合业务平台首页,如图 6－1－3 所示。

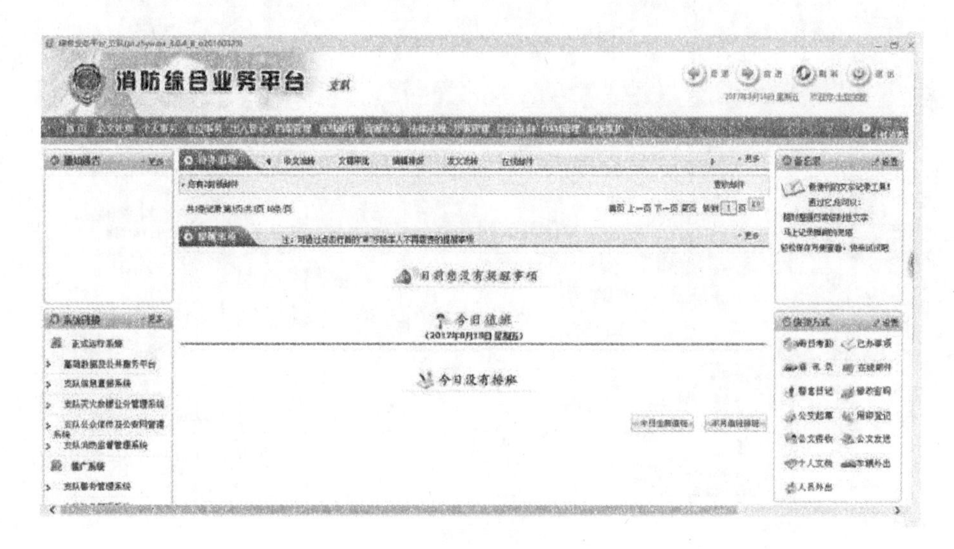

图 6－1－3　综合业务平台首页

第二节　综合业务平台

一、软件的基本组成和操作概述

(一) 概述

消防综合业务平台作为消防公共服务平台之一,主要包含身份认证,单点登录和各类待办事项、提醒事项的综合集成，工作流程管理以及办公支撑等功能。

消防综合业务平台实现全网单点登录，平台无缝漫游。通过公共信息发布和门户集成，为用户提供统一的系统访问入口，实现单点登录和跨系统访问，并且提供统一流程管理，强化督办机制，建立统一的内部流程监督和督办机制。在系统中对影响工作效率的环节进行记录并给出及时提醒，为领导考核、监督、决策提供准确的跟踪反馈信息，并提高管理效能。

（二）基本操作

用户只需掌握一般网站界面应用软件的用法和 office 办公软件的用法，就可以开始使用本系统。

本系统的账号和原始口令信息由各级系统管理员统一管理，已分配账号信息的用户可以通过综合业务平台进行修改。详细操作步骤为：用户登录综合业务平台后，在综合业务平台的首页右下角点击“修改密码”按钮，如图 6－2－1 所示。进入密码修改模块后，系统要求您先输入原来的登录密码（不得超过 50 个字符），再输入二次新密码（不得超过 50 个字符）（注：密码最好设置为 6 到 12 个字符，最长为 50 个字符）。密码修改界面如图 6－2－2 所示。

图 6－2－1　消防综合业务平台首页

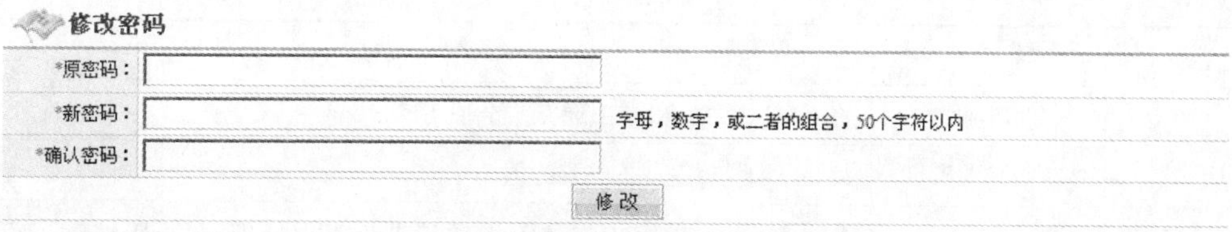

修改密码

*原密码：

*新密码：　字母，数字，或二者的组合，50个字符以内

*确认密码：

修 改

图 6-2-2　修改密码

（三）基本组成

进入消防综合业务平台可对公文处理、个人事务、单位事务、出入登记、档案管理、在线邮件、资源发布、综合查询以及系统维护等模块进行操作。

其中公文处理主要用于管理和维护本单位的一些公文信息。个人事务主要用于管理每个人在日常办公中涉及和自己相关的一些内容或操作。单位事务主要用于处理一些单位日常事务，其中包括对单位的通知通告、值班排班情况、值班日记、日常制度以及通讯录等信息的管理。在线邮件主要用于全国范围内消防人员邮件的传递以及与其他外网之间的交互。资源发布主要用于搜索、下载、上传相关资源信息。综合查询主要用于查询本单位日常管理中的一些事务。系统维护主要用于维护一些后台操作配置，如管理机构、人员信息，分配权限，设定流程，管理相关值班类别、待办提醒、值班类别等信息。

二、软件菜单介绍

本软件部分菜单设置见表 6-2-1。

表 6-2-1　软件部分菜单功能表

主菜单	子菜单	功　能
首页	—	综合集成待办提醒事项
公文处理	公文阅办	查阅本人已经阅办的所有收(发)文及其流转情况信息，并可新增意见进行继续发送，可设置公文传阅过程中经常使用的名单信息和需要跟踪的领导信息
个人事务	我的考勤	用于考勤以及列出本人的每日考勤情况
	外出登记	外出申请被批准后，外出时由本人登记实际的外出时间
	我的收藏	管理个人收藏的公文、资源和收藏类别
	个人文档	存放个人文档信息，相当于网盘
	委托管理	管理本人的委托信息和被委托信息
	修改密码	修改个人登录的密码
	操作日志	查询本人在系统中每时每刻的操作情况
	个人通讯录	管理个人通讯录，并查看本单位及全国通讯录信息
	备忘录	管理本人的备忘信息

续表

主菜单	子菜单	功　能
单位事务	通知通告	在系统中发布和维护通知通告信息
	值班排班	辅助管理员编排每一天的值班人员
	事务审批	事务起草,发送给相应的审批领导进行审批处理,并可跟踪整个审批过程
	值班日记	辅助值班员记录当天的值班情况,并传阅给选定的人员
	日常制度	录入及维护消防规章制度信息
	通讯录	管理单位通讯录
	车辆信息	管理本单位的车辆信息
出入登记	人员外出申请	管理本单位人员因公或因事需要外出而提出的需要经上级审批的申请项目
	车辆外出申请	管理本单位车辆的外出申请项目
	人员外出登记	在日常管理中登记要外出的人员信息,实时记录该人员及相关人员的状态
	车辆出入登记	在日常管理中登记要外出的车辆信息,实时记录该车辆的状态
在线邮件	内部邮箱	实现全国范围内消防人员邮件的传递
	内网邮箱	实现其他部门之间的邮件传递
综合查询	通知通告	查询已发布的历史通知通告信息
	考勤情况	查询考勤单位的个人出勤、迟到和缺勤情况
	通讯手册	查看个人通讯录和单位通讯录信息
	日常制度	查看在同一个系统中不同单位制定的日常制度
	值班情况	查询值班排班以及相关值班日记信息

三、主要功能使用指南

(一) 系统首页

进入系统首页其显示页面如图 6-2-3 所示。

首页主窗口显示：

- 待办事项(需要本人办理的各类审批件,其中包括新邮件的提醒);
- 提醒事项(日程安排、值班提醒等);
- 今日值班(显示当日本单位的值班信息)。

系统左窗口显示：

- 通知通告;
- 系统链接;
- 公共资源。

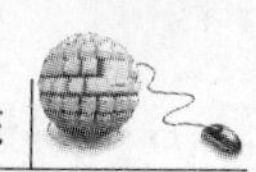

图 6-2-3　系统首页

系统右窗口显示：

➢ 备忘录；

➢ 快捷方式(可进行首页的个性化设置，选择需要的快捷方式)；

➢ 常用链接。

1. 待办事项

待办事项由委托确认、值班传阅等事项组成。为了不影响计算机处理其他事务并能及时提醒用户处理待办事项，主页窗口也可以缩小化，系统每隔 2 min 会自动搜索各类审批件。若有本人需要处理的事项，系统会以声音方式给予提示，同时也可以以冒泡方式给予提醒(注：类型选择可在【个人事务】的【个性设置】模块中设定)。

点击待办事项右上角的“更多”链接可进入待办事项的更多查看页面，其中页面右窗口列出各业务系统的链接，可通过点击某个业务系统的链接查看该业务系统的所有待办事项。

(1) 收文阅办

当接收到电子公文或收发员手工输入重要公文(如支队收到的市政府文件、市公安局文件)时,便于单位内部各级领导、办事人员对文件进行流转、审批、办理等操作。

收文阅办基本流程如图 6-2-4 所示。

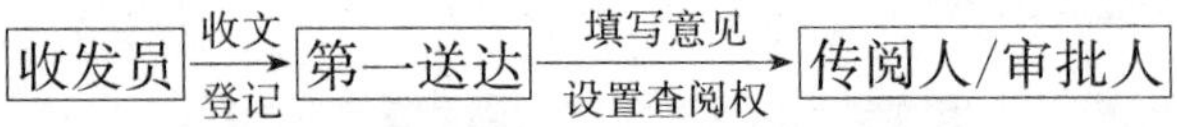

收发员 —收文/登记→ 第一送达 —填写意见/设置查阅权→ 传阅人/审批人

图 6-2-4　收文阅办基本流程图

收发员接收新的电子公文或手工输入公文后,进行『登记』操作。在选择第一送达之后,点击“登记发送”完成登记操作;此时系统会自动把文件流转给第一送达,第一送达在自己的待办事项中点击相应“收文传阅”操作链接进入拟办意见页面。待查阅正文后填写拟办意见、设定查阅权限、设置文件相关属性,选择阅办领导或相关传阅人,点击“发送”即可完成本待办件的处理。

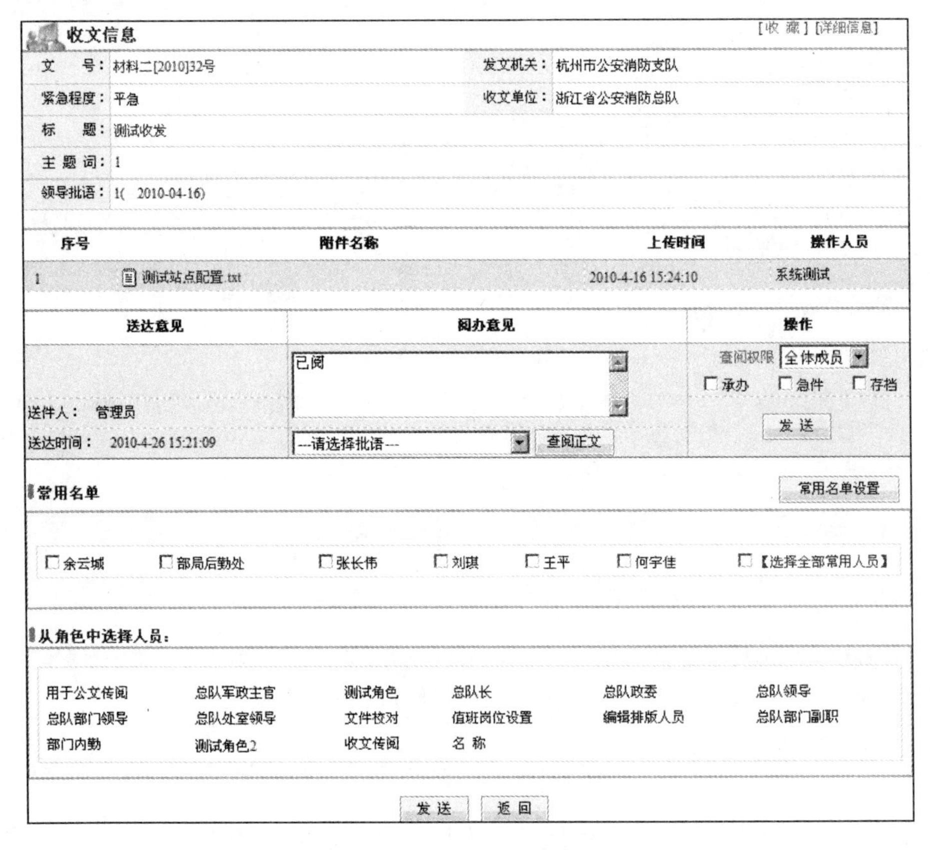

图 6-2-5　拟办意见页面

主要通过两种方式选择传阅人,具体情况如下:

① 根据常用名单选择

点击进入[常用名单设置]模块,事先设置好本人常用的传阅人名单。阅办文件时可以点击“常用名单”进行选择,缩小选择范围,特别是对一些机关人员比较多的大支队更能体现该功能的便捷性。

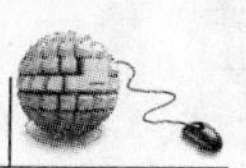

② 根据角色选择

选择角色会显示该角色包含的本单位的所有成员(如图 6－2－6 所示)。

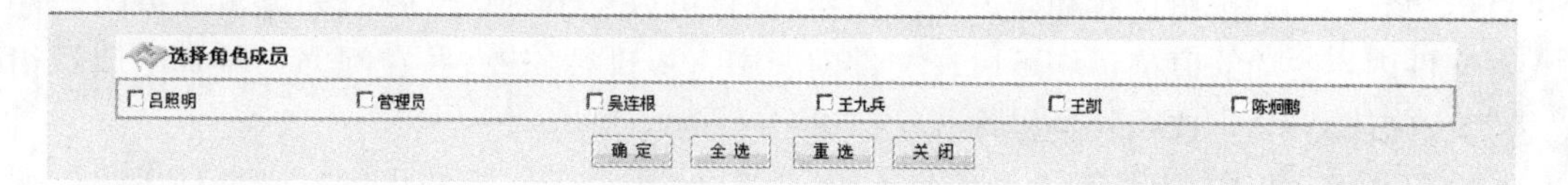

图 6－2－6　角色名单

在收文传阅过程中会涉及以下角色(或职责)：

公文收发员负责从网络接收电子公文或手工输入其他来文，登记后计算机会自动流转给所选择的第一送达。公文收发员通常由专人担任。

(2) 发文流转

当接收到电子公文或收发员手工输入重要公文时，便于单位内部各级领导、办事人员对文件进行流转、办理等操作。

文件信息：　[收 藏] [详细信息]

文　号：	浙公消[2010]122号	交发日期：	2010-04-10
承办部门：	浙江省公安消防总队	承 办 人：	总队测试
发文日期：	2010-04-10 21:29		
标　题：	归档发文		

送达意见	阅办意见	操作
送件人：　总队测试 送达时间：　2010/4/10 21:29:11	已阅 ---请选择批语---　查阅正文	发 送

常用名单　常用名单设置

□余云城　□部局后勤处　□张长伟　□刘琪　□王平　□何宇佳　□【选择全部常用人员】

从角色中选择人员：

用于公文传阅　总队军政主官　测试角色　总队长　总队政委　总队领导
总队部门领导　总队处室领导　文件校对　值班岗位设置　编辑排版人员　总队部门副职
部门内勤　测试角色2　收文传阅　名 称

阅办流转情况

收件人	阅办意见	阅办时间	送件人	发送时间	操作
总队收发			总队测试	2010-04-10 21:29	
吴志培			总队测试	2010-04-10 21:29	

图 6－2－7　拟办意见页面

(3) 协同办理

在文件审批处理页面中主要分成三个部分。最上面部分列出正在审批的文件信息，如文件标题和起草说明等信息；中间部分为审批人员修改正文(会签模式不能修改)和填写阅办意见的区域；最下面部分列出文件协同办理情况。

协同办理人员在收到文件时，首先查阅该文件的基本信息以及送件人的送达意见，然后可点击“修改文稿”按钮查看和修改文件内容，并且可以点击“痕迹切换”来显示或关闭送件人对文件内容改动的痕迹。您可以在文件内容中直接进行修改，并在阅办意见框中填写相关意见，确认无误后，选择相关操作。

协同办理过程中，因处理人的角色不同（起草人、协办人），系统提供对应处理方式也不同，主要有以下两种情况：

① 协同办理

协同办理是文件审批中在起草和送审之间的操作环节。协办人查看完审批稿后，填写阅办意见，点击“发送意见”发送给起草人。如图 6-2-8 所示。

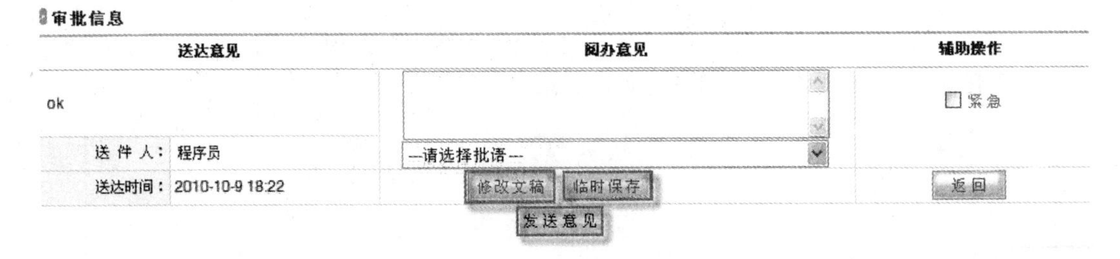

图 6-2-8　协同办理页面

② 协同反馈

协同反馈是协同办理人员对发送的稿件查看或者修改后，提出意见反馈给起草人。起草人根据反馈的意见，对稿件进行修改，然后送审，如果还需其他人协同办理，则继续发送协同办理。如图 6-2-9 所示。

审批信息
送达意见
阅办意见
辅助操作
yes
紧急
送 件 人：陈伟明
---请选择批语---
送达时间：2010-10-9 10:34
修改文稿
临时保存
返回
结束协同
协同办理
送审

图 6-2-9　协同反馈页面

在文件审批处理页面中主要分成三个部分。最上面部分列出正在审批的文件信息，如起草人、起草时间、文件标题和起草说明等信息；中间部分为审批人员填写阅办意见的区域；最下面部分列出文件审批情况。

审批人员在收到审批文件时，首先查阅该文件的基本信息以及送件人的送达意见，然后可点击“修改文稿”按钮查看和修改文件内容，并且可以点击“痕迹切换”来显示或关闭送件人对文件内容改动的痕迹。您可以在文件内容中直接进行修改，并在阅办意见框中填写相关意见，确认无误后，选择相关操作。

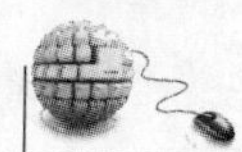

文件流转审批过程中，因处理人的角色不同（起草人、审核人、签发人），系统提供对应处理方式也不同，主要有以下四种情况：

① 文件批阅

文件批阅是文件审批中在起草和审批之间的操作环节。批阅人查看完审批稿后，填写阅办意见，选择下一环节的流转人，点击“发送意见”发送给下一环节即可。如图 6-2-10 所示。

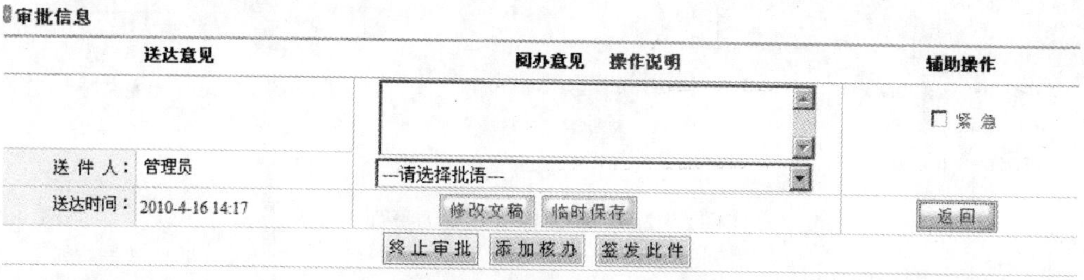

审批信息
送达意见
阅办意见　操作说明
辅助操作
紧急
送 件 人：管理员
---请选择批语---
送达时间：2010-4-16 14:17
修改文稿　临时保存
返回
终止审批　添加核办　签发此件

图 6-2-10　文件批阅页面

② 文件审批

具有审批权限的领导才能进行该操作。此时进入的页面如图 6-2-11 所示。

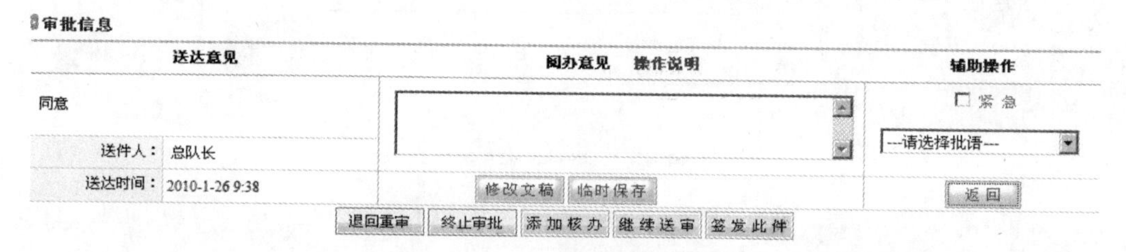

图 6-2-11　文件审批页面

③ 机要流转

机要流转是文件审批中在起草和审批之间的操作环节。批阅人查看完审批稿后，填写阅办意见，点击“机要流转”，选择需要询问意见或者审批的流转人，然后发送给指定人员即可。指定人员阅办后，反馈给机要员，由机要员根据意见决定是否签发。如图 6-2-12 所示。

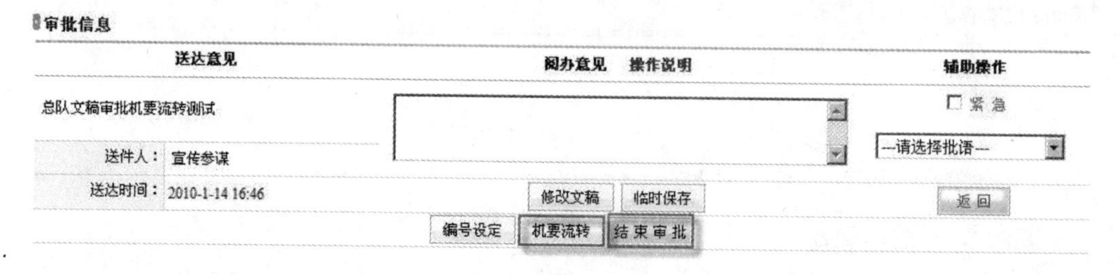

图 6-2-12　机要流转页面

④ 文件反馈

文件反馈有两种情况：

➤ 流程中某个环节的退回反馈

根据退回的意见，对文稿进行修改，修改后再继续送审。如果是起草人，还可以重新选择文件审批流程。如图 6－2－13 所示。

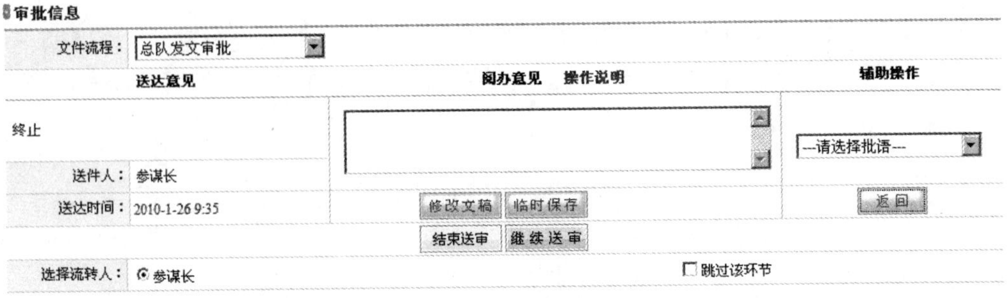

审批信息

文件流程：	总队发文审批	
送达意见	阅办意见　操作说明	辅助操作
终止		---请选择批语---
送件人：参谋长		
送达时间：2010-1-26 9:35	修改文稿　临时保存	返回
	结束送审　继续送审	
选择流转人：参谋长		跳过该环节

图 6－2－13　领导退回反馈页面

➢ 文件审批后反馈

文稿通过领导签批后系统会自动反馈给起草人，此时进入的页面如图 6－2－14 所示。

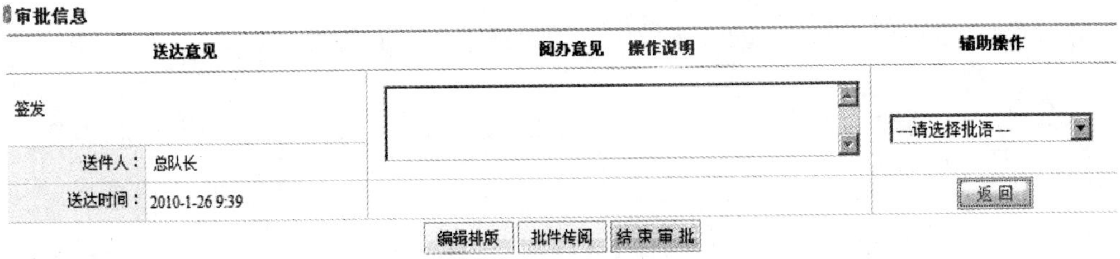

审批信息

送达意见	阅办意见　操作说明	辅助操作
签发		---请选择批语---
送件人：总队长		
送达时间：2010-1-26 9:39		返回
	编辑排版　批件传阅　结束审批	

图 6－2－14　文件反馈页面

（4）编辑排版

当文件（或文稿）经过领导审批后反馈给起草人，起草人在待办事项中会有“文件反馈”的操作提示。点击该提示进入阅办意见页面，如果此批件需要发文，则可以点击“编辑排版”按钮，系统会自动弹出如下对话框，选择相应的编辑排版流程，然后选择第一个环节（获取文号）流转人。若文稿是不需要编号发文，流转人可以选择自己，否则选择机要员。

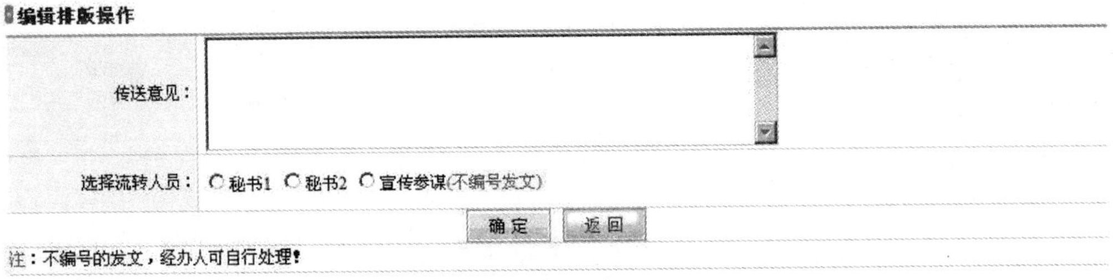

编辑排版操作

传送意见：	
选择流转人员：	秘书1　秘书2　宣传参谋(不编号发文)
	确定　返回

注：不编号的发文，经办人可自行处理！

图 6－2－15　编辑排版页面

① 获取文号

获取文号管理人员在自己的待办事项中点击“获取文号”的操作提示，系统会自动进入获取文号页面，选择发文单位、设置文号，检查并修改文件信息，选择流转人，发送给排版员

（系统默认起草人为排版员选择成员之一）即可。

发文信息

获取文号

*发文单位：--请选择发文单位--

文件信息

*标题：	总队文稿审批测试		
*发文日期：	2010 年 1 月 14 日	缓急：	普通
承办部门：	总队司令部	*承办人：	宣传参谋
*签发人：	总队长	*签发时间：	2010 年 1 月 14 日
主题词：			
主送单位：			
抄送单位：			
密级：	--请选择密级--	寄信件数：	
份数：		*寄件时间：	2010 年 1 月 14 日
底稿卷号：		寄件人：	
公文权限：	一般干部	发文方式：	电子

流转信息

送达意见		阅办意见	操作
已阅			退 回
送件人：	宣传参谋		返 回
送达时间：	2010-1-14 16:35:26	---请选择批语---	确 认
选择流转人员：	⊙秘书1 ○宣传参谋(经办人)		

图 6-2-16 获取文号页面

② 编辑排版

排版员在自己的待办事项中点击“编辑排版”的操作提示，系统会自动进入排版页面。

审批信息

送达意见		阅办意见	操作
已阅（已定文号为浙江文号[2010]3号）			退 回
送件人：	秘书1		返 回
送达时间：	2010-1-14 16:41:33	---请选择批语--- 查阅审批件	发送意见 提交发文
选择流转人员：	○秘书1 ⊙宣传参谋		

【上传已排版的公文】：

选择文件： 浏览...

注：首先通过文头模板、获取的文号和审批正文进行编辑排版，校对无误后保存为正式电子文档，本页面浏览选择该文档，提交发送给公文收发员，由公文收发员确认后，发送给相关单位。

图 6-2-17 排版页面

首先点击“查阅审批件”链接，在打开窗口的正文中按 Ctrl＋A 快捷键全选正文，再按 Ctrl＋C 快捷键（或复制图标）把正文内容复制到粘贴板中。然后打开 Word，把刚才粘贴板上的正文粘贴到合适位置（按 Ctrl＋V 快捷键）进行编辑排版，排版完成之后另存到本机，关闭该模板窗口。最后点击“浏览”选中刚保存的文件，填写阅办意见。若点击“发送意见”则流转到下一环节（即校对）；若点击“提交发文”则跳过校对环节，直接发送至发文核准人（此时是起草人自己校对的情况）。

③ 文件校对

校对员在自己的待办事项中点击“文件校对”的操作提示，系统会自动进入文件校对页面，校对员点击“查阅审批件”和“校对文稿”进行校对。若无误则填写阅办意见发送至发文核准人；若校对后发现文稿有误，则填写阅办意见，点击“退回”至上一环节（即排版），重新进行编辑排版。

审批信息

送达意见		阅办意见	操作
同意		同意	退 回
送件人：	秘书1		返 回
送达时间：	2010-1-12 14:36:05	---请选择批语--- 查阅审批件 校对文稿	发送意见

图 6－2－18　校对页面

（5）发文核准

公文在进行编辑排版之后，正式发文之前，需要核准人（具有“发文核准”权限）对其进行发文核准操作。核准人在待办事项中点击“发文核准”的操作提示，系统会自动进入核准页面。核准人根据发文内容对发文信息进行校对核准。若在编辑排版过程中没有获取文号，但是需要发文，则核准人需要对其设置文号才能进行发文操作。若文号设置有误，则需要退回至获取文号人员处重新获取文号。

（6）委托确认

在有委托人委托自己时，会在待办事项中出现一条委托确认。点击“确认委托”链接，进入到委托确认页面。委托确认页面显示该委托的信息，包括委托人、送达时间、开始日期、结束日期、委托原因以及委托信息，填写确认意见（不得超过500字符）后，点击“确认”按钮即确认委托。

[综合业务系统] 政委委托您在全部业务系统处理各项事务　　确认委托

图 6－2－19　委托确认待办页面

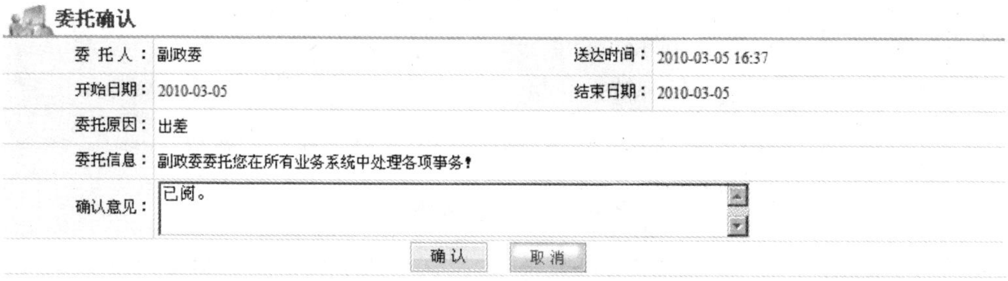

委托确认

委 托 人：	副政委	送达时间：	2010-03-05 16:37
开始日期：	2010-03-05	结束日期：	2010-03-05
委托原因：	出差		
委托信息：	副政委委托您在所有业务系统中处理各项事务！		
确认意见：	已阅。		

确 认　取 消

图 6－2－20　委托确认页面

（7）值班审核

在有值班审核时，会在待办事项中出现一条值班审核待办。点击“值班审核”链接，进入到值班审核页面。值班审核页面显示送审的值班情况、送达意见、送件人、送达时间，填写阅

办意见(不得超过 1 000 字符)后,点击“确定”按钮即审核完成。

浙江管理员做的排班情况　　　　值班审核

图 6-2-21　值班审核待办页面

审核

待审核排班情况

星 期	日 期	测试	新增
星期二	2010年4月27日	李建龙 拱墅大队	吴赵媛

送达意见	阅办意见	操 作
请审核		审核通过　退回修改　返　回
送 件 人：拱墅大队		
送达时间：2010/4/27 13:43	——请选择批语——	

图 6-2-22　值班审核页面

(8) 值班反馈

在所发送的值班情况没有完全通过审核时,会在待办出现一条值班反馈待办。值班反馈待办标题注明了“发送人”,点击“值班反馈”链接,进入到值班反馈页面。值班反馈页面显示送审的值班情况、送达意见、送件人、送达时间,填写阅办意见(不得超过 1 000 字符)后,点击“确定”按钮即审核完成。

排班反馈 (总队长)[2010/2/5]　　　　排班反馈

图 6-2-23　值班反馈待办页面

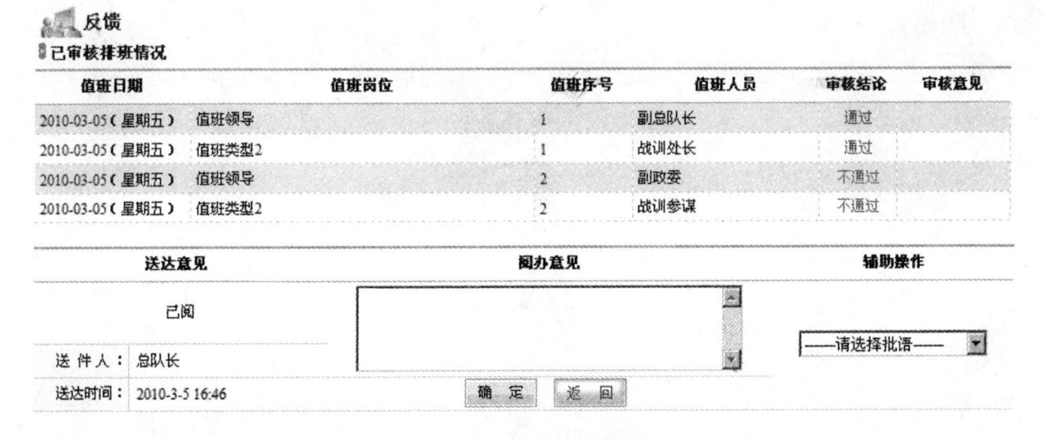

反馈

已审核排班情况

值班日期	值班岗位	值班序号	值班人员	审核结论	审核意见
2010-03-05(星期五)	值班领导	1	副总队长	通过	
2010-03-05(星期五)	值班类型2	1	战训处长	通过	
2010-03-05(星期五)	值班领导	2	副政委	不通过	
2010-03-05(星期五)	值班类型2	2	战训参谋	不通过	

送达意见	阅办意见	辅助操作
已阅		——请选择批语——
送 件 人：总队长		
送达时间：2010-3-5 16:46	确　定　返　回	

图 6-2-24　值班反馈页面

(9) 值班传阅

在值班传阅页面中主要分成三个部分。最上面部分列出值班信息,如值班要事、职责履行、要事处理和值班日期等信息；中间部分为审批人员填写阅办意见的区域；最下面部分列出值班日记流转情况。

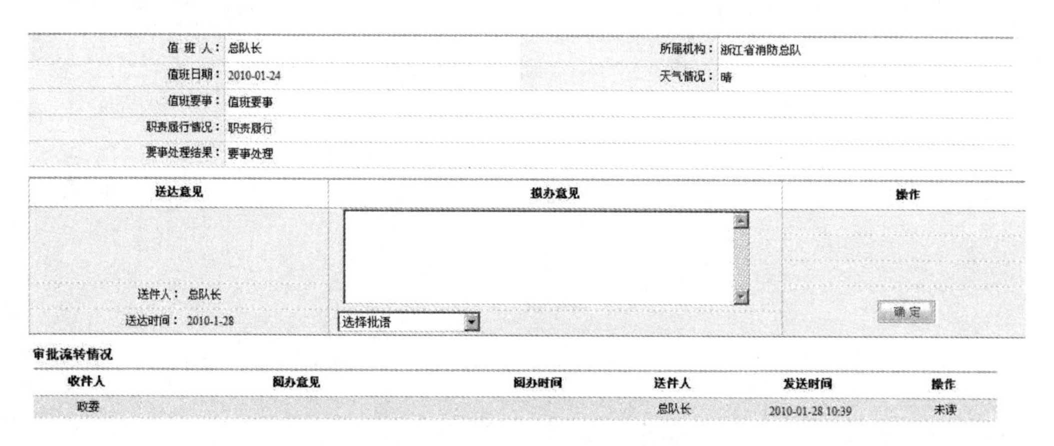

图 6-2-25　值班传阅页面

(10) 事务审批

在事务审批处理页面中主要分成三个部分。上面部分列出正在审批的事务信息，如文件标题和具体事项等信息；中间部分为审批人员修改正文(会签模式不能修改)和填写阅办意见的区域；下面部分列出本单位人员列表；最下面部分列出文件协同办理情况。

批阅人员在收到事务时，首先查阅该事务的基本信息以及送件人的送达意见，然后可点击“修改文稿”按钮查看和修改文件内容，并且可以点击“痕迹切换”来显示或关闭送件人对正文内容改动的痕迹。您可以在正文内容中直接进行修改，并在阅办意见框中填写相关意见，确认无误后，选择相关操作。

事务审批过程中，因处理人的角色不同(起草人、批阅人)，系统提供对应处理方式也不同，主要有以下两种情况：

① 事务审批

事务审批是事务审批中在事务起草并送审后的操作环节。批阅人查看完审批稿后，填写阅办意见，点击“发送意见”发送给选择的流转人。

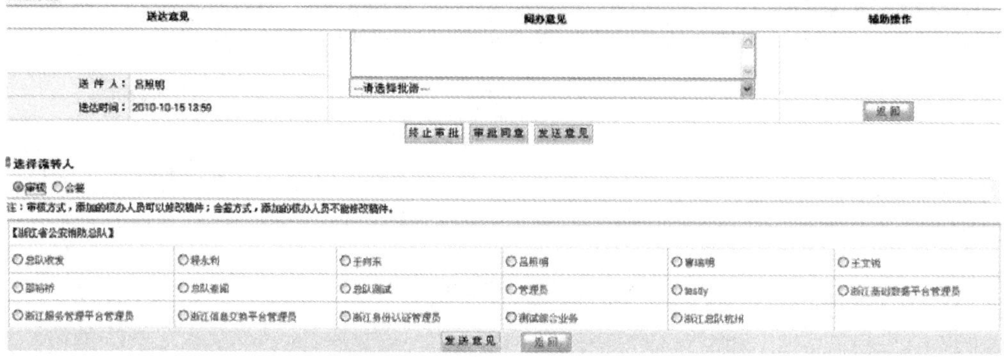

图 6-2-26　事务审批页面

② 事务反馈

事务反馈是批阅人员对发送的事务终止或者审批同意后，反馈给起草人。如果是终止审批，起草人根据反馈的意见，对稿件进行修改，然后继续送审或者直接结束审批。

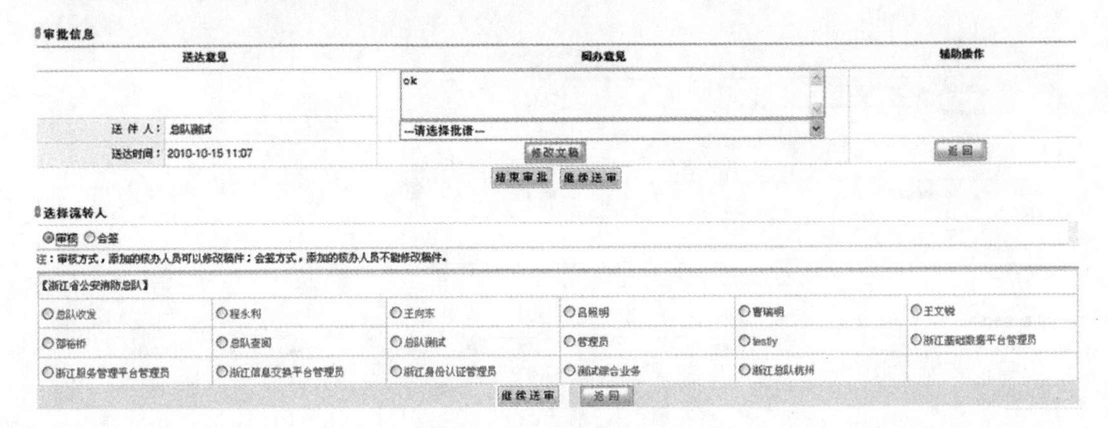

图 6-2-27　事务反馈页面

(11) 在线邮件

当在线邮件模块里的发件人写邮件给接收人时，邮件发送成功后，待办事项里就多了条记录。

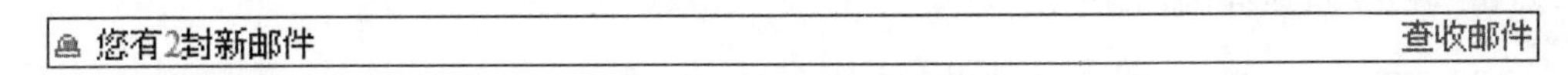

图 6-2-28　在线邮件待办页

点击“查收邮件”链接即可进入未阅件页面。

(12) 出车审批

若当前用户为车辆审批领导，当有出车审批时，会在待办事项中出现出车审批信息。点击“出车审批”链接，进入到出车审批页面。出车审批页面显示用车人以及车辆基本信息，选择审批意见后，点击“发送”按钮即审批完成。

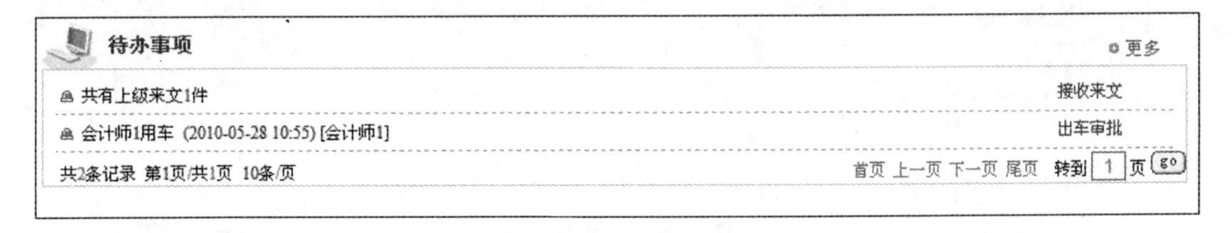

图 6-2-29　出车审批待办页面

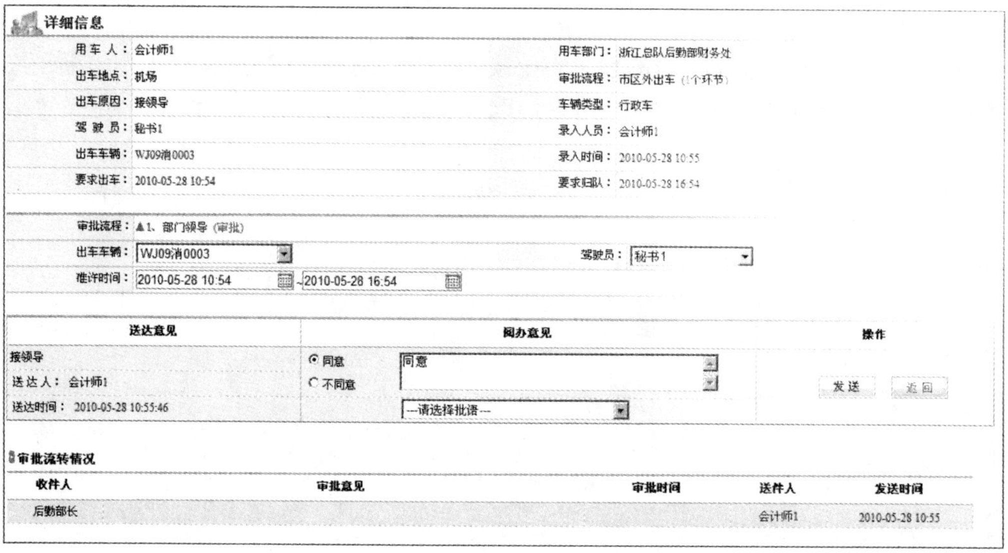

详细信息

用车人：	会计师1	用车部门：	浙江总队后勤部财务处
出车地点：	机场	审批流程：	市区外出车（1个环节）
出车原因：	接领导	车辆类型：	行政车
驾驶员：	秘书1	录入人员：	会计师1
出车车辆：	WJ09消0003	录入时间：	2010-05-28 10:55
要求出车：	2010-05-28 10:54	要求归队：	2010-05-28 16:54

审批流程：▲1、部门领导（审批）

出车车辆：WJ09消0003　驾驶员：秘书1

准许时间：2010-05-28 10:54 ~2010-05-28 16:54

送达意见	阅办意见	操作
接领导 送达人：会计师1 送达时间：2010-05-28 10:55:46	⊙同意 ○不同意　同意 ---请选择批语---	发送　返回

审批流转情况

收件人	审批意见	审批时间	送件人	发送时间
后勤部长			会计师1	2010-05-28 10:55

图 6-2-30　出车审批页面

(13) 出车确认

当前用户的出车申请被审批后，会在待办事项中出现审批确认信息。点击“审批确认”链接，进入到审批确认页面。出车审批页面显示用车人以及车辆基本信息，填写阅办意见后，点击“确定”按钮即确认完成。

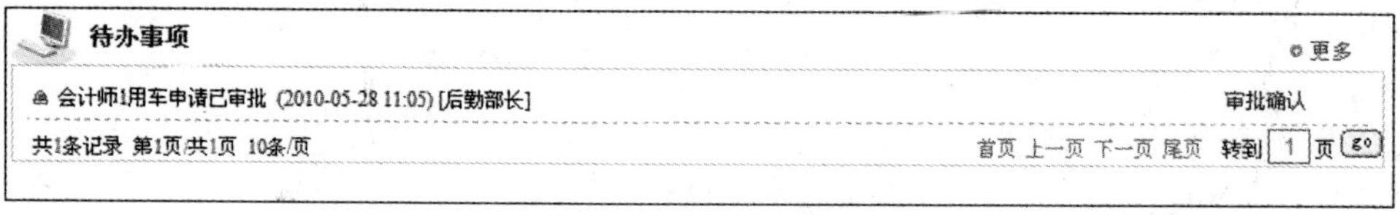

待办事项　　更多

会计师1用车申请已审批 (2010-05-28 11:05) [后勤部长]　　审批确认

共1条记录 第1页/共1页 10条/页　　首页 上一页 下一页 尾页 转到 1 页 GO

图 6-2-31　审批确认待办页面

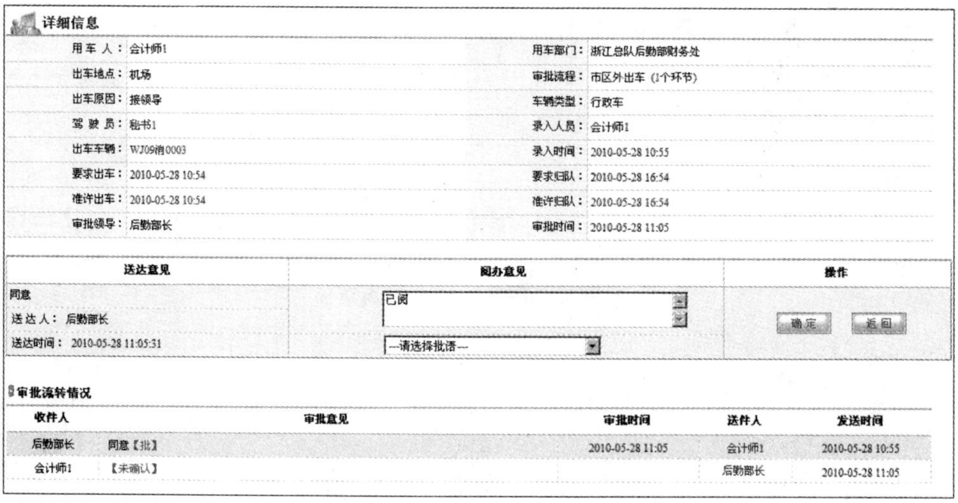

详细信息

用车人：	会计师1	用车部门：	浙江总队后勤部财务处
出车地点：	机场	审批流程：	市区外出车（1个环节）
出车原因：	接领导	车辆类型：	行政车
驾驶员：	秘书1	录入人员：	会计师1
出车车辆：	WJ09消0003	录入时间：	2010-05-28 10:55
要求出车：	2010-05-28 10:54	要求归队：	2010-05-28 16:54
准许出车：	2010-05-28 10:54	准许归队：	2010-05-28 16:54
审批领导：	后勤部长	审批时间：	2010-05-28 11:05

送达意见	阅办意见	操作
同意 送达人：后勤部长 送达时间：2010-05-28 11:05:31	已阅 ---请选择批语---	确定　返回

审批流转情况

收件人	审批意见	审批时间	送件人	发送时间
后勤部长	同意【批】	2010-05-28 11:05	会计师1	2010-05-28 10:55
会计师1	【未确认】		后勤部长	2010-05-28 11:05

图 6-2-32　审批确认页面

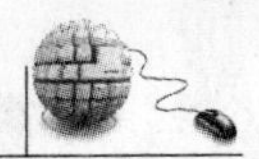

（14）人员外出

若当前用户为人员外出审批领导，当有人员外出审批时，会在待办事项中出现人员外出审批信息。点击“人员外出”链接，进入到人员外出审批页面。人员外出审批页面显示申请人申请的基本信息和审批信息，选择审批意见后，点击“发送”按钮即审批完成。

待办事项	更多
共有上级来文1件	接收来文
总队查阅外出申请(病假) (2010-05-31 09:21) [总队测试]	人员外出
(材料二[2010]45号)123(2010-05-28 16:03)[系统测试]	登记

图 6－2－33　人员外出审批待办页面

请假信息

申 请 人：	程永利(公差)	所属部门：	浙江省公安消防总队
外出地点：	1	审批流程：	员工请假(审批环节数：2)
外出事由：	1		
录入人员：	总队测试	录入时间：	2010年05月20日 10:02
要求外出：	2010年05月20日 10:01	要求归队：	2010年05月20日 16:01
准许外出：	2010年05月20日 10:01	准许归队：	2010年05月20日 16:01
随同人员：	无		

审批信息：

审批流程：　1、总队政委（审核）　→▲2、支队政委（审核）　→3、支队长（转发）

准许出发时间：2010-05-20 10:01　　请假天数：0.3 天(可以为1位的小数)

准许返回时间：2010-05-20 16:01

送达意见	审批意见	备注意见	操作
同意	⊙同 意 ○不同意	同意	确定 返回
送 件 人：程永利 送达时间：2010年05月25日21时36分		---请选择批语---	

请选择转发领导：

☑管理员 ☑系统测试 ☑拱墅大队

人员外出审批流程：

收件人	审批意见	审批时间	送件人	送达时间
程永利	同意	2010-05-25 21:36	总队测试	2010-05-20 10:02

图 6－2－34　人员外出审批页面

（15）人员外出确认

当前用户的外出申请被审批后，会在待办事项中出现审批确认信息。点击“审批确认”链接，进入到审批确认页面。人员外出审批页面显示申请信息以及审批情况信息，填写阅办意见后，点击“确定”按钮即确认完成。

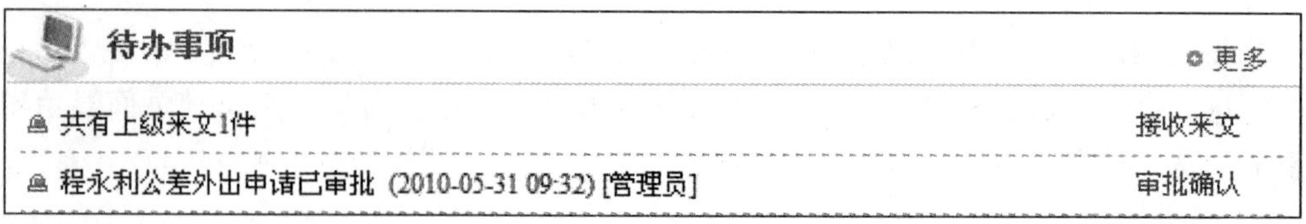

待办事项 ○更多

共有上级来文1件　　接收来文

程永利公差外出申请已审批 (2010-05-31 09:32) [管理员]　　审批确认

图 6-2-35　审批确认待办页面

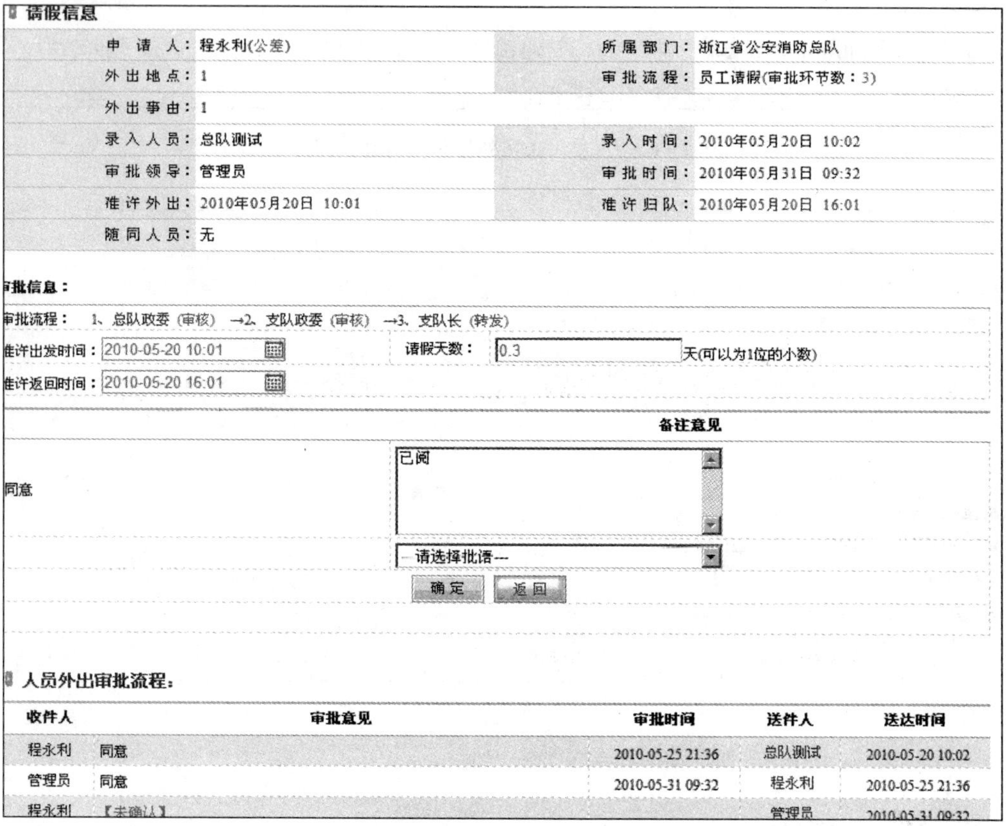

请假信息

申　请　人：	程永利(公差)	所属部门：	浙江省公安消防总队
外出地点：	1	审批流程：	员工请假(审批环节数：3)
外出事由：	1		
录入人员：	总队测试	录入时间：	2010年05月20日 10:02
审批领导：	管理员	审批时间：	2010年05月31日 09:32
准许外出：	2010年05月20日 10:01	准许归队：	2010年05月20日 16:01
随同人员：	无		

审批信息：

审批流程：　1、总队政委（审核）→2、支队政委（审核）→3、支队长（转发）

准许出发时间：2010-05-20 10:01　　请假天数：0.3 天(可以为1位的小数)

准许返回时间：2010-05-20 16:01

备注意见

同意　　已阅

--请选择批语---

确 定　　返 回

人员外出审批流程：

收件人	审批意见	审批时间	送件人	送达时间
程永利	同意	2010-05-25 21:36	总队测试	2010-05-20 10:02
管理员	同意	2010-05-31 09:32	程永利	2010-05-25 21:36
程永利	【未确认】		管理员	2010-05-31 09:32

图 6-2-36　审批确认页面

2. 提醒事项

提醒事项主要包括：

➢ 公文未接收提醒

提醒机要员新发公文还有单位未接收，点击查看，可查看未接收单位并可以用“短信提醒”方式提醒。

➢ 未回复邮件提醒

在线邮件的提醒事项与待办事项类似，只有移除提醒事项里的提醒信息，需回复该邮件才能移除。

➢ 值班提醒

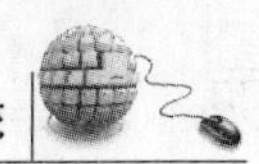

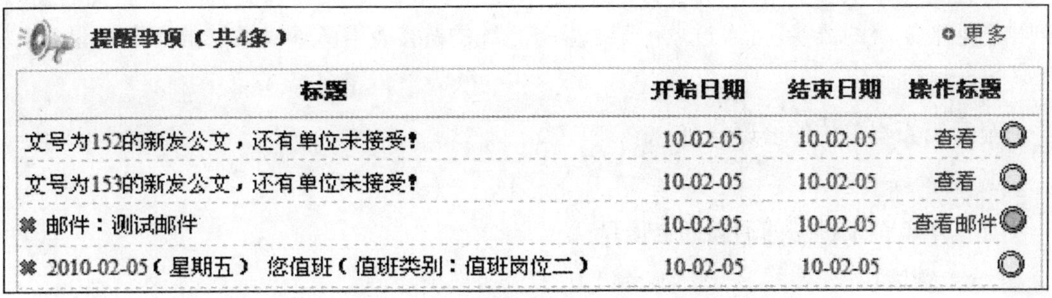

提醒事项（共4条）　　更多

标题	开始日期	结束日期	操作标题
文号为152的新发公文，还有单位未接受！	10-02-05	10-02-05	查看
文号为153的新发公文，还有单位未接受！	10-02-05	10-02-05	查看
※ 邮件：测试邮件	10-02-05	10-02-05	查看邮件
※ 2010-02-05（星期五） 您值班（值班类别：值班岗位二）	10-02-05	10-02-05	

图 6-2-37　公文未接收、邮件、值班提醒事项页面

➢ 日程安排提醒，点击查看，可进入该提醒事项具体内容。

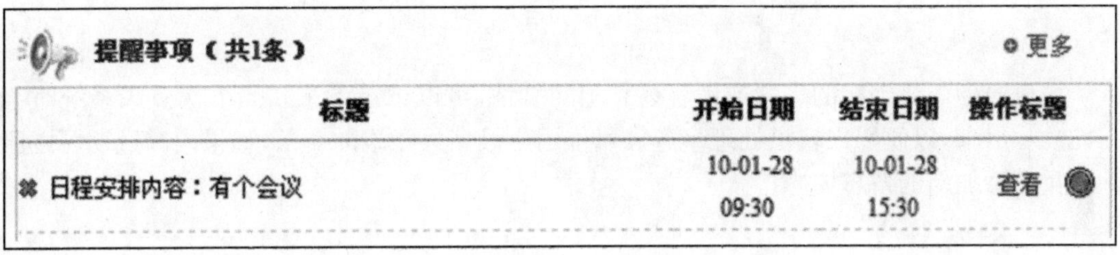

提醒事项（共1条）　　更多

标题	开始日期	结束日期	操作标题
※ 日程安排内容：有个会议	10-01-28 09:30	10-01-28 15:30	查看

图 6-2-38　日程安排提醒事项

日程安排内容详细信息

实 施 人：	浙江管理员	提醒时间：	2010-01-27 00:00
开始时间：	2010-01-28 09:30	结束时间：	2010-01-28 15:30
录 入 人：	浙江管理员	录入时间：	2010-01-27 15:23
内　容：	有个会议		

返 回

图 6-2-39　日程安排内容页面

点击提醒事项右上角的"更多"链接可进入提醒事项的更多查看页面，其中页面右窗口列出各业务系统的链接，可通过点击某个业务系统的链接查看该业务系统的所有提醒事项。

3. 今日值班

显示当天本单位的值班信息。

4. 通知通告

显示本单位未过期的通知通告信息。

5. 系统链接

显示当前用户有权查阅的各业务系统。

6. 公共资源

显示常用下载链接信息。

7. 备忘录

用户遇到需要提醒的事情或者容易忘记的事情，可以记录下来。当下次登录系统时会在此显示出来，以便用户轻松处理事务。每位用户最多只能添加5条，如果内容过期可以删除后重新添加新的备忘内容。

8. 快捷方式

系统可通过点击快捷方式中的链接轻松快捷的进入各操作模块，提高办事效率。

点击设置可对菜单进行自己需要的个性化设置，选择自己需要的快捷方式点击确定后即可。

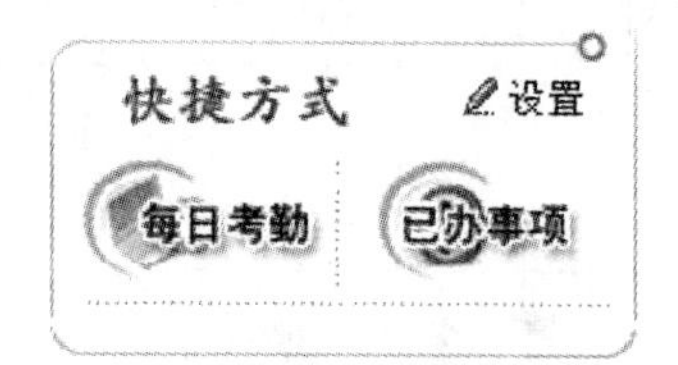

图 6-2-40 快捷方式菜单

自定义设置

快捷方式名称	快捷方式图标	排序号
☑ 每日考勤	每日考勤	1
☑ 已办事项	已办事项	2
☐ 通讯录	通讯录	3
☐ 密码修改	修改密码	99
☐ 在线邮件	在线邮件	99

确 定　关 闭

图 6-2-41 设置快捷方式

用户所属单位若需要考勤，当用户首次登录时系统会自动考勤。如果超出考勤时间则需要手动填写说明并选择相应审批流程。

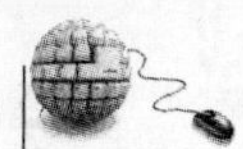

情况说明

上班时间：8:59:59

考勤时间：8:30:00

情况说明：交通阻塞　交通阻塞

*公文流转：总队考勤流程

*选择审批领导：总队长

确 定

图 6－2－42　迟到说明页面

9．常用链接

系统初始化时显示管理员录入的常用链接，用户也可以自定义自己的常用链接，点击“设置”按钮，便可以进行设置。

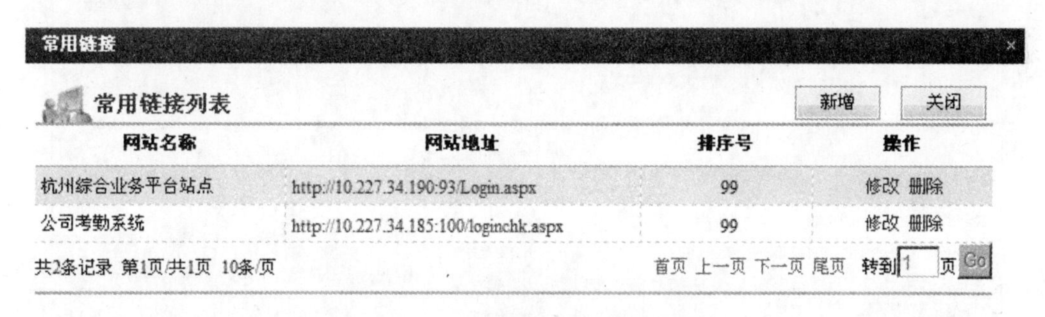

常用链接

常用链接列表　新增　关闭

网站名称	网站地址	排序号	操作
杭州综合业务平台站点	http://10.227.34.190:93/Login.aspx	99	修改 删除
公司考勤系统	http://10.227.34.185:100/loginchk.aspx	99	修改 删除

共2条记录 第1页/共1页 10条/页　首页 上一页 下一页 尾页 转到 1 页 Go

图 6－2－43　自定义常用链接页面

点击“新增”按钮，便可链接到新增页面。

常用链接

新增常用链接

*网站名称：

*网站地址：

*排 序 号：99

上传图片：　浏览...

新 增　返 回

注 ：上传图片格式：GIF或者JPG，文件大小不超过：1024KB，大小建议：(长)153像素，(高)30像素！

图 6－2－44　新增常用链接页面

必填写网站名称（不得超过 250 个字符），网站地址（不得超过 243 个字符），排序号（1～99）的整数，可上传图片，如果不上传图片，系统会有默认图片作为网站链接的图片。

（二）公文处理

1. 公文阅办

（1）已阅收文

功能：主要用于查阅本人已经阅办的所有收文及其流转情况信息，并可新增意见进行继续发送。对第一送达提供填写办结结果的功能。

点击进入本模块，系统默认显示本人已经阅办的所有收文列表信息，其中包括标题、流转情况以及相关送达信息。点击列表中的流转情况链接即可查看该收文的相关流转信息，并可对该公文进行新增意见并继续发送操作。若当前用户是第一送达或是领导还可对其进行“编号设置”和“办结结果”操作。点击收文信息页面的文号链接即可查看该收文的详细内容及其相关流转情况。

可以通过标题(不得超过 200 个字符)、送达时间等条件检索相关已阅收文信息。

已阅收文 办理中 截止日 已超期 * 超期办结

标题	流转情况	发文日期	截止日期	类别
关于印发《临安市上海世博会“环沪护城河”消防安全保卫工作方案》的通知	市委、市政府文件	2010-04-15		收文
关于召开“迎世博、迎动漫、文明出行礼仪风采展”暨2009年度精神文明建设先进表彰大会的通知	市委、市政府文件	2010-04-15		收文
关于参加杭州市第八届残疾人运动会开幕式暨全国第八届残疾人运动会杭州赛区动员大会的通知	市委、市政府文件	2010-04-14		收文
会议通知（市场提升问题）	市委、市政府文件	2010-04-14		收文
关于召开全市统计工作会议的通知	会议通知[2010]13号	2010-04-13		收文
关于召开第六届中国国际动漫节安保工作部署会的通知	市公安局文件	2010-04-08		收文
关于召开全市公安法制工作例会的通知	市公安局文件	2010-04-02		收文
关于召开全市公安机关执法规范化建设现场会的通知	市公安局文件	2010-04-02		收文
关于召开市局世博安保领导小组“一办十一组”负责人会议的通知	市公安局文件	2010-04-02		收文
2009年度青年文明号公示	市公安局文件	2010-04-01		收文

共29条记录 第1页/共3页 10条/页　　首页 上一页 下一页 尾页 转到 1 页 Go

检索：

标　题：　　发文时间：2009-12-01 ~ 2010-06-01

文　号：　　每页显示数：10

发文单位：——请选择发文单位——　　是否急件：——请选择——

公文权限：——请选择查阅权限——

搜索

图 6-2-45　已阅收文列表页面

（2）已阅发文

功能：主要用于查阅本人已经阅办的所有发文及其流转情况信息，并可新增意见进行继续发送。

点击进入本模块系统默认显示本人已经阅办的所有发文列表信息，其中包括标题、流转情况以及送达信息。点击列表中的流转情况即可查看该发文的具体流转情况，并可以新增意见进行继续发送操作。

可以通过标题(不得超过 200 个字符)、送达时间等条件检索相关已阅发文信息。

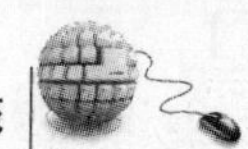

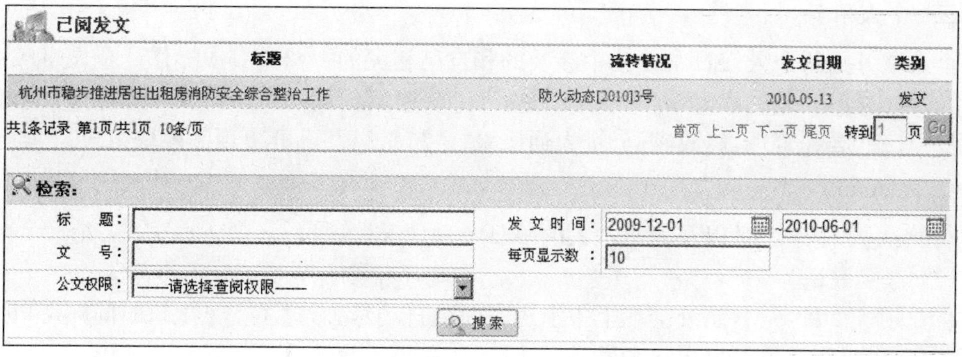

已阅发文

标题	流转情况	发文日期	类别
杭州市稳步推进居住出租房消防安全综合整治工作	防火动态[2010]3号	2010-05-13	发文

共1条记录 第1页/共1页 10条/页　　首页 上一页 下一页 尾页 转到 1 页 Go

检索：

标　题：　　发 文 时 间：2009-12-01 ~2010-06-01

文　号：　　每页显示数：10

公文权限：------请选择查阅权限------

搜索

图 6－2－46　已阅发文列表页面

(3) 常用名单

功能：主要用于设置本人常用的传阅人名单，以便快速选择传阅人信息，提高办事效率。

点击进入本模块，系统默认显示当前用户所在单位的所有用户信息，用户可以根据需要勾选常用人员，提交保存即可。设置成功的常用名单会在公文流转时显示以供选择。

(4) 跟踪领导设置

功能：主要用于设置需要跟踪的领导信息，相关人员可对选中领导所受理的公文进行跟踪。

点击进入本模块，系统默认显示当前用户所在单位的所有用户信息，可根据需要勾选需要跟踪的领导提交保存即可。被跟踪领导在发送公文时，机要员可跟踪查看该领导需要审批的公文流转情况，并可根据领导指示对公文进行相关处理。

2. 公文起草

功能：根据已建审批流程起草新文稿，并跟踪该文稿审批的各个环节以及查阅本人批阅过的文稿审批流转情况。

文件起草、审批至发文整个业务流程如图 6－2－47 所示。

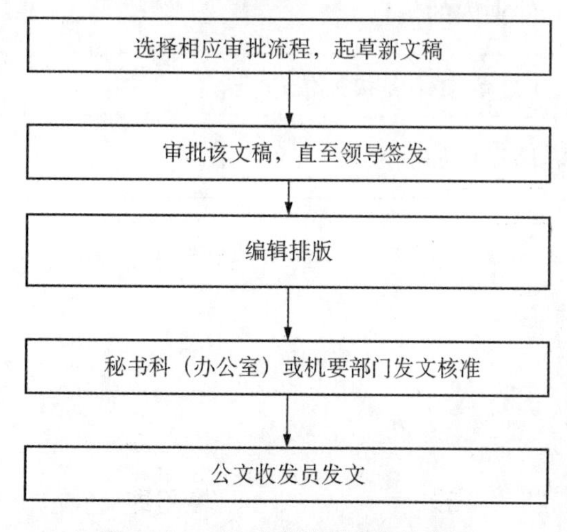
选择相应审批流程，起草新文稿
审批该文稿，直至领导签发
编辑排版
秘书科（办公室）或机要部门发文核准
公文收发员发文

图 6－2－47　文件审批业务流程图

（三）个人事务

个人事务是每个人在日常办公中涉及的和自己相关的一些内容或操作。个人事务由我的考勤、外出登记、我的收藏、个人文档、警官日记、档案借阅、月度小结、日程安排、个性设置、批语管理、委托管理、修改密码、个人通讯录、备忘录以及已办事项等模块组成。

1. 我的考勤

功能：主要用于考勤以及列出本人的每日考勤情况。

（1）考勤登记

主要用于2种考勤，系统会在上午上班时间前自动考勤，过了上午上班时间便可再次考勤；下午下班时间后也可以再次考勤。

（2）考勤情况

点击进入本模块，系统会自动列出本人每日的考勤情况，可以选择相应的时间查询考勤情况。可以点击情况说明这一栏下的“事后说明”，链接到情况说明的页面，说明情况，选择审批流程。

2. 外出登记

功能：提供个人外出及归队的登记操作。

个人外出登记适用于申请人进行登记或者外出人员进行登记。

个人归队登记适用于外出人员（包括随同人员）登录系统后（系统自动弹出）点“归队登记框”进行登记；申请人在【外出登记】中进行归队登记；外出人员在【归队登记】进行归队登记。

> 注：申请人和外出人员可以不是同一人。随同人员在【外出登记】中没有登记列表。

3. 个人文档

功能：个人文档主要功能是存放共享个人文档信息，查看单位共享文档相当于网盘。

（1）公共文件夹

点击进入本模块，系统会自动列出本人有权限查看的文件夹信息。

可双击文件夹查看文件夹内的信息。

> 注：鼠标放在文件夹上可提示文件夹相关信息。

公共文件夹列表页界面设计如图6-2-48所示。

图6-2-48　公共文件夹列表

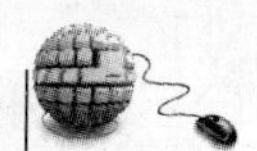

点击列表页面上方的"新建文件夹"按钮即可进入新增文件夹页面，填写文件夹名称、文件夹描述点击"创建"。

注：只有系统维护权限的人员才能创建文件夹。

新建文件夹页界面设计如图 6－2－49 所示。

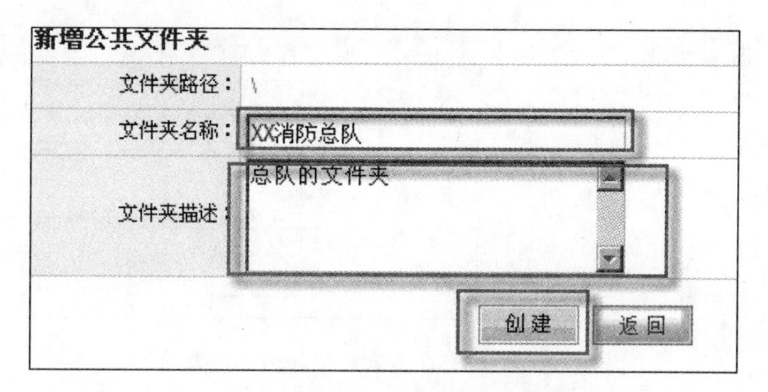

图 6－2－49　新建公共文件夹

创建成功，提示"文件夹创建成功，是否给文件夹添加权限"，选择"确定"，进入权限设置页面。

权限设置页界面设计如图 6－2－50 所示。

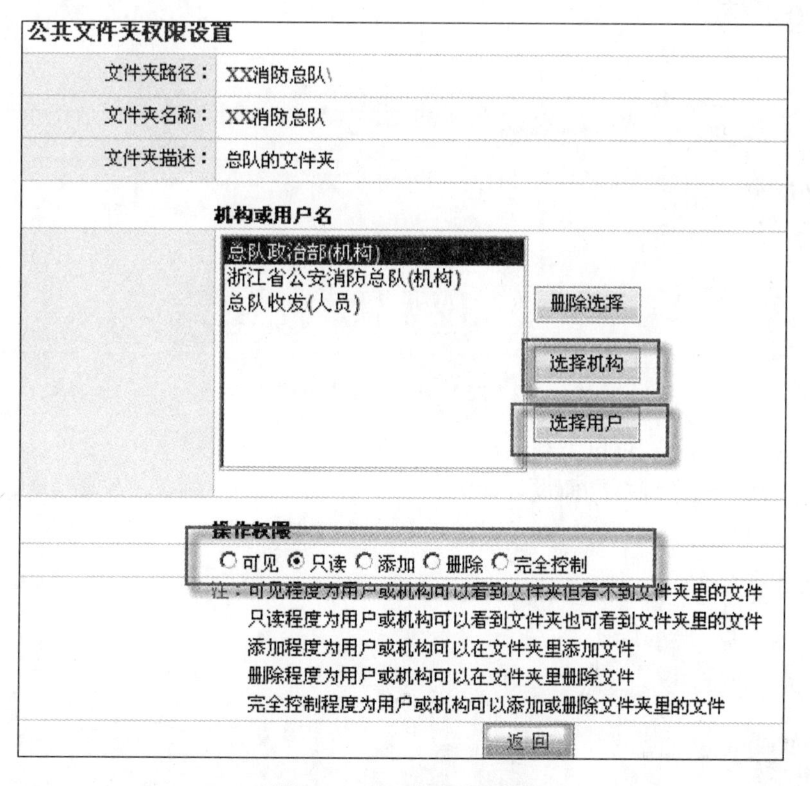

图 6－2－50　权限设置页

(2) 个人文件夹

点击进入本模块，系统会自动列出本人创建的文件夹和上传的文件。点击工具栏的“新建文件夹”可以新增文件夹。

个人文件夹新增文件夹页界面设计如图 6－2－51 所示。

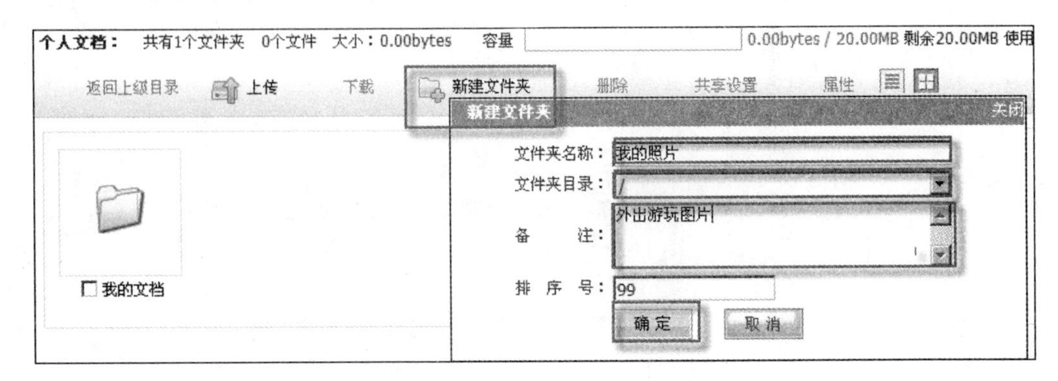

图 6－2－51 个人文件夹新增文件夹

点击工具栏的“上传”可以上传文件。

个人文件夹上传文件页界面设计如图 6－2－52 所示。

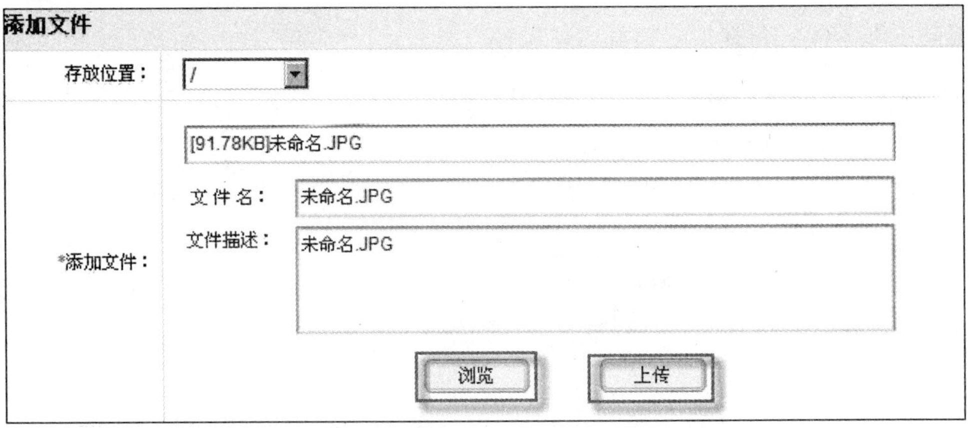

添加文件

存放位置： /

*添加文件： [91.78KB]未命名.JPG

文 件 名： 未命名.JPG

文件描述： 未命名.JPG

浏览 上传

图 6－2－52 个人文件夹上传文件

点击工具栏的“下载”可以下载文件。

个人文件夹下载文件页界面设计如图 6－2－53 所示。

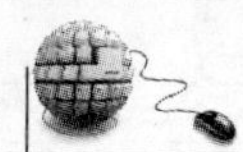

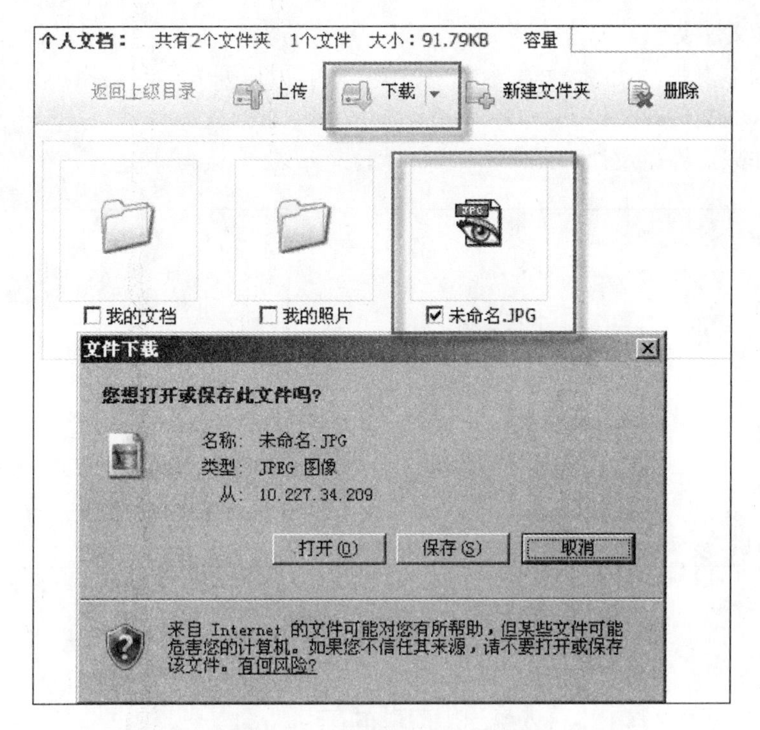

图 6－2－53　个人文件夹下载

点击工具栏的“共享设置”可以设置文件共享。

个人文件夹共享文件页界面设计如图 6－2－54 所示。

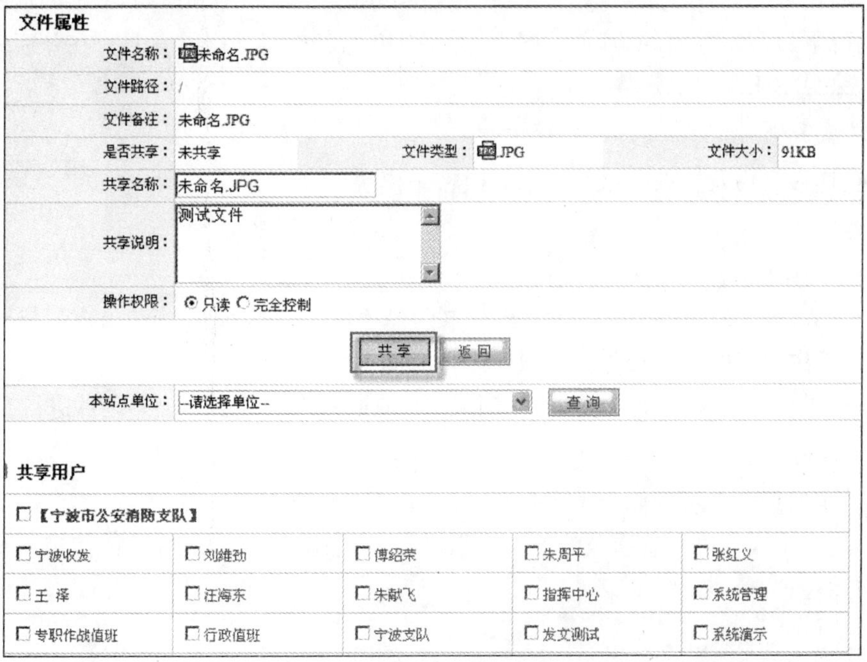

文件属性

文件名称：未命名.JPG

文件路径：/

文件备注：未命名.JPG

是否共享：未共享　　文件类型：JPG　　文件大小：91KB

共享名称：未命名.JPG

共享说明：测试文件

操作权限：◉只读 ○完全控制

共 享　　返 回

本站点单位：--请选择单位--　　查 询

共享用户

☐【宁波市公安消防支队】

☐宁波收发	☐刘维劲	☐傅绍荣	☐朱周平	☐张红义
☐王 泽	☐汪海东	☐朱献飞	☐指挥中心	☐系统管理
☐专职作战值班	☐行政值班	☐宁波支队	☐发文测试	☐系统演示

图 6－2－54　个人文件夹共享文件

(3) 共享文件夹

点击进入本模块，系统会自动列出共享给本人的用户列表。点击用户头像可以查看用户共享给本人的文件或文件夹。

共享文件夹页界面设计如图 6-2-55 所示。

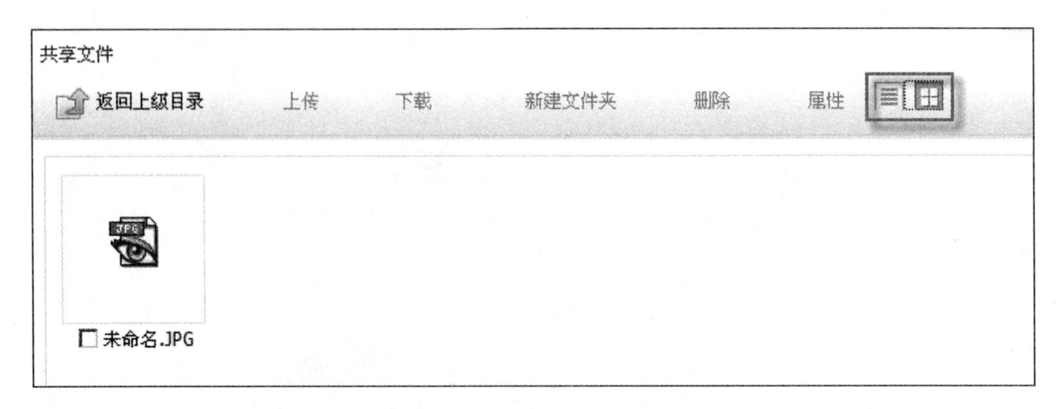

图 6-2-55　共享文件夹页界面

4. 个性设置

功能：主要用于设置个人待办事项中的提示方式。

这里设置的是当您有待办事项时，系统给您的铃声提示、冒泡提示和短信提示。针对普通件和急件应设置不同的提示音，以示区别。系统管理员可以通过点击“系统维护”→“其他设置”→“铃声设置”添加相关提示音信息。冒泡提示是指提示事件时会在屏幕右下角冒出一个提示对话框。信息提示是指通过手机短信的方式提醒相关人员待办事项的情况(注：系统默认情况下铃声是开启的，其他情况下都是关闭的，其中各式提示音只有在开启铃声提示的情况才会显示出来以供选择)。

5. 修改密码

功能：连接身份及授权子系统中的修改密码模块。

6. 操作日志

功能：主要用于查询个人操作日志。

点击进入本模块可以查询自己在系统里的操作日志。该列表包括用户编号、姓名、IP 地址、日志系统、操作模块、操作系统以及发生时间。

系统提供操作模块、操作内容、发生时间、IP 地址和日志类型等检索条件进行查询。

7. 个人通讯录

功能：主要用于查看及修改本人信息，并可查看集体通讯录信息。

点击进入本模块可以查看及修改本人信息，也可点击“查看通讯录”链接进入单位通讯录查看页面。

8. 已办事项

(1) 公文阅办

① 已阅收文

功能:主要用于查阅本人已经阅办的所有收文及其流转情况信息,并可新增意见进行继续发送。对第一送达提供填写办结结果的功能。

您可以通过标题(不得超过200个字符)、送达时间等条件检索相关已阅收文信息。

已阅收文　◎办理中　○截止日　●已超期　*超期办结

标题	流转情况	发文日期	截止日期	类别
关于印发《临安市上海世博会"环沪护城河"消防安全保卫工作方案》的通知	市委、市政府文件	2010-04-15		收文
关于召开"迎世博、迎动漫、文明出行礼仪风采展"暨2009年度精神文明建设先进表彰大会的通知	市委、市政府文件	2010-04-15		收文
关于参加杭州市第八届残疾人运动会开幕式暨全国第八届残疾人运动会杭州赛区动员大会的通知	市委、市政府文件	2010-04-14		收文
会议通知(市场提升问题)	市委、市政府文件	2010-04-14		收文
关于召开全市统计工作会议的通知	会议通知[2010]13号	2010-04-13		收文
关于召开第六届中国国际动漫节安保工作部署会的通知	市公安局文件	2010-04-08		收文
关于召开全市公安法制工作例会的通知	市公安局文件	2010-04-02		收文
关于召开全市公安机关执法规范化建设现场会的通知	市公安局文件	2010-04-02		收文
关于召开市局世博安保领导小组"一办十一组"负责人会议的通知	市公安局文件	2010-04-02		收文
2009年度青年文明号公示	市公安局文件	2010-04-01		收文

共29条记录 第1页/共3页 10条/页　　首页 上一页 下一页 尾页 转到 1 页 Go

检索:

标　　题:		发 文 时 间:	2009-12-01 ~ 2010-06-01
文　　号:		每页显示数:	10
发文单位:	——请选择发文单位——	是 否 急 件:	——请选择——
公文权限:	——请选择查阅权限——		

搜索

图6-2-56　已阅收文列表页面

收文信息　[收 藏] [详细信息] [关闭]

文　　号:	市公安局文件	发文机关:	市局办公室
紧急程度:	平急	收文单位:	杭州市公安消防支队
标　　题:	关于召开全市公安机关执法规范化建设现场会的通知		
主 题 词:			
归档类别:	其它	归档日期:	2010-04-01 00:00

目前该公文流转状态信息

收件人	阅办意见	阅办时间	送件人	发送时间
秘书科长	请支队领导阅示。	2010-04-02 08:21	杭州收发	2010-04-01 17:20
支队领导1	我和法制科长参加。	2010-04-02 14:22	秘书科长	2010-04-02 08:21

图6-2-57　收文详细信息页面

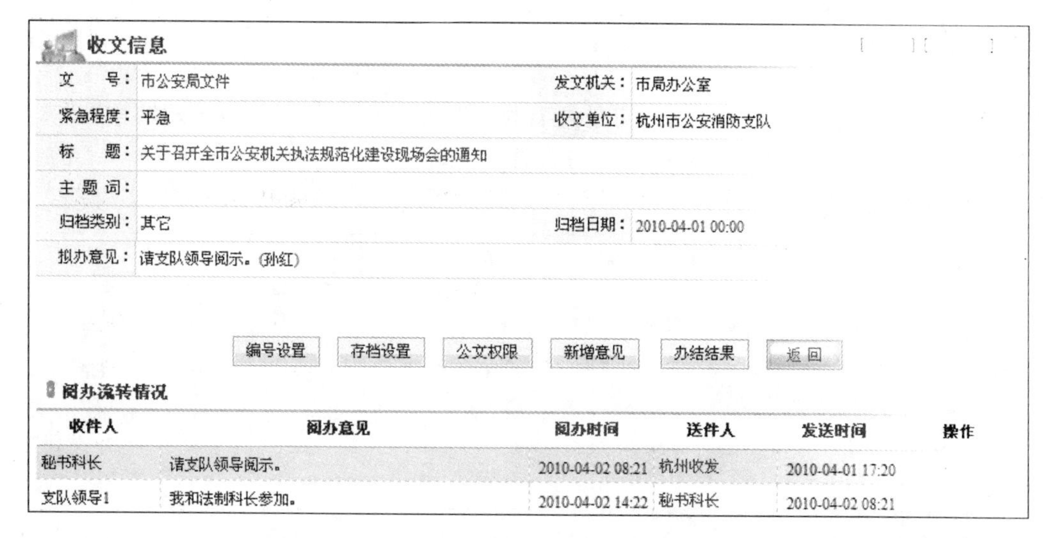

收文信息

文　　号：	市公安局文件	发文机关：	市局办公室
紧急程度：	平急	收文单位：	杭州市公安消防支队
标　　题：	关于召开全市公安机关执法规范化建设现场会的通知		
主 题 词：			
归档类别：	其它	归档日期：	2010-04-01 00:00
拟办意见：	请支队领导阅示。(孙红)		

编号设置　存档设置　公文权限　新增意见　办结结果　返 回

阅办流转情况

收件人	阅办意见	阅办时间	送件人	发送时间	操作
秘书科长	请支队领导阅示。	2010-04-02 08:21	杭州收发	2010-04-01 17:20	
支队领导1	我和法制科长参加。	2010-04-02 14:22	秘书科长	2010-04-02 08:21	

图 6－2－58　收文流转页面

② 已阅发文

功能：主要用于查阅本人已经阅办的所有发文及其流转情况信息，并可新增意见进行继续发送。

点击进入本模块系统默认显示本人已经阅办的所有发文列表信息，其中包括标题、流转情况以及送达信息（如图 6－2－59 所示）。点击列表中的流转情况即可查看该发文的具体流转情况，并可以新增意见进行继续发送操作（如图 6－2－60 所示）。

您可以通过标题（不得超过 200 个字符）、送达时间等条件检索相关已阅发文信息。

已阅发文

标题	流转情况	发文日期	类别
杭州市稳步推进居住出租房消防安全综合整治工作	防火动态[2010]3号	2010-05-13	发文

共1条记录 第1页/共1页 10条/页　　首页 上一页 下一页 尾页 转到 1 页 Go

检索：

标　　题：		发 文 时 间：	2009-12-01 ~ 2010-06-01
文　　号：		每页显示数：	10
公文权限：	——请选择查阅权限——		

搜索

图 6－2－59　已阅发文列表页面

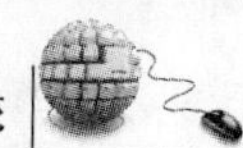

文件信息：　[权限设置] [收 藏] [详细信息]

文　　号：防火动态[2010]3号　　交发日期：2010-05-05

承办部门：杭州支队防火处指导科　　承 办 人：程某

发文日期：2010-05-05 11:31

标　　题：杭州市稳步推进居住出租房消防安全综合整治工作

主送单位：各区、县（市）人民政府,防火委各成员单位

公文权限　新增意见　返 回

阅办流转情况

收件人		阅办意见	阅办时间	送件人	发送时间	操作
秘书科长	已阅		2010-05-05 14:05	杭州收发	2010-05-05 11:31	
支队领导	已阅		2010-05-05 14:09	秘书科长	2010-05-05 14:05	

图 6-2-60　发文流转页面

（2）文件审批

点击进入本模块，系统会自动列出您所批阅文稿的相关信息，其中包括编号、标题、起草人、起草时间、审批人和审批状态等。点击相应文件标题即可查看该文件信息及其审批流转情况。（注：机要员点击进入该页可显示“编号设定”按钮，通过点击该按钮可对其进行编号设置操作，以便日后跟踪使用。）

（三）单位事务

1. 通知通告

功能：主要用于在系统中发布通知通告信息，全体成员都能在首页的通知通告栏中查看本单位的通知通告。

操作权限：需要“通知通告管理”权限。

点击进入本模块，系统会自动显示已设通知通告列表信息，其中包括发布部门、标题、签发人、发布日期、失效日期等信息。点击相关通知通告的标题链接即可查阅该通知通告的正文及其附件信息（注：若通知通告只有一个附件而没有正文则会弹出下载框）。

您可以通过设置标题、发布日期、失效日期和发布部门等条件检索相关通知通告信息。

2. 值班排班

功能：主要用于辅助管理员编排每天的值班人员信息。

操作权限：需要“值班排班”或者“值班审核”或者“值班岗位设置”权限。

（1）值班人员录入

点击进入本模块，系统自动显示当周值班排班录入页面，其中包括日期、相关值班类别等信息。其中不可修改值班记录，表明该值班人员已经“审核通过”或者“审核中”。若想设置下个月值班排班信息，可以通过选择日期的方式链接进入下个月值班排班录入页面。具有“值班排班”或者“值班审核”权限的人员可以在点击排班图标进行排班。最后点击“保存”值班名单即可完成值班排班的编排工作，也可以点击“送审”值班名单即可完成值班排班的编排以及发送审核工作。其中仅仅具有“值班排班”权限的人员点击“保存”，完成的仅仅是初步编排，即人员名单可以再次修改。但是具有“值班审核”权限的人员在页面右上角的“审核通过”选中时点击“保存”即所选值班人员的状态已经“审核通过”了，即不可再次修改。具有“排班审核”权限的人员未选中页面右上角的“审核通过”与仅仅具有“值班排班”权限的人员一样。

注：有了值班岗位之后才可以值班排班。如果没有值班岗位可在“单位事务”→“值班排班”→“值班岗位设置”进行添加。

该值班排班信息将会在首页的【今日值班】中加以显示。

值班人员录入界面设计如图 6-2-61 所示。

值班人员录入　　选择日期：2010-10　☑审核通过

星期	日期	工作日	指挥长	副指挥长	战训值班	战保值班	通信值班	火调值班	宣传值班	专职值班	中队值班
星期五	15日										
星期六	16日	√									
星期日	17日										
星期一	18日	√									
星期二	19日	√									
星期三	20日	√									
星期四	21日	√									
星期五	22日	√									
星期六	23日										
星期日	24日										

图 6-2-61　值班人员录入页

如果有审核中或者审核通过的数据，系统在右上角会显示“撤销审批”按钮。该按钮可以重置本月的值班人员审核状态。

人员录入之后，可以送审，值班情况送审页显示送审值班信息，可填写审核说明（不得超过 1 000 个字）。

（2）值班人员更换

操作权限：需要“值班排班”“值班审核”权限。

点击进入本模块，系统会自动列出本单位今天及以后的值班排班审批通过的情况。通过点击值班人员可进行值班人员更换，在更换页面如果不选择更换人员，系统会提示是否删除原值班人员。

注：具有“排班审核”权限的人员可以进行值班人员更换操作。

点击右上角的“查看更新记录”按钮，进入值班变更记录列表页面。

（3）值班岗位设置

操作权限：需要“值班排班”“值班审核”“值班岗位设置”权限。

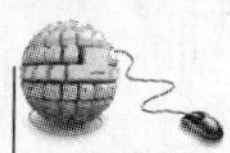

点击进入本模块，系统默认本人所在单位的值班岗位列表信息，其中包括单位名称、岗位名称、所属值班类别、值班人数、排序号、状态、设置下级岗位操作以及设置备选人员等信息。

注：只有拥有“值班岗位设置”权限的人员可以对页面进行操作。

可通过点击列表页面上的“新增”按钮进入类别新增页面，填写岗位名称（不得超过25个字）、值班人数（输入1～99的数字）、排序号（输入1～99的数字）、岗位职责（不得超过500个字），选择是否隐藏、值班类别以及该值班类别的适用单位等信息“新增”保存即可。若在“是否隐藏”勾选栏中打钩则表示该岗位将不在值班排班的岗位选择项中显示使用（注：各总、支队、直属单位可以管理本单位、直属单位及其下属单位的值班岗位信息，大队可以管理自身与下级）。

修改值班岗位，填写岗位名称（不得超过25个字）、值班人数（输入1～99的数字）、排序号（输入1～99的数字）、岗位职责（不得超过500个字），选择是否隐藏。

点击“备选人员设置”，可以为各个值班类别设定相应备选值班人员，以便在值班排班中缩小选择范围。若不设置，则在值班人员录入中，该类别的下拉列表框中会显示所有人员。

3. 通讯录

功能：主要用于管理本单位以及下级单位的通讯录信息。

操作权限：需要“通讯录管理”权限。

4. 车辆信息

功能：主要用于录入本单位所有车辆的信息，以供车辆外出申请时选用。

操作权限：需要“车辆管理”权限。

（四）出入登记

1. 人员外出申请

功能：外出申请模块主要用于日常管理中人员因公或因事需要外出时使用，可以填写本人申请单，也可以代替他人填写申请单。申请项目需要经上级审批。

注：审批流程，审批领导，所属部门，申请人姓名也不能被修改。

2. 车辆外出申请

功能：主要用于日常管理中车辆外出申请时使用，可以填写本人申请单，也可以代替他人填写申请单。

3. 人员外出登记

功能：主要用于登记本单位人员出入情况以及关于请销假的查询页。

操作权限：需要“出入登记”权限。

(1) 人员外出登记

功能：主要用于人员请销假外出登记和归队操作时使用，并可在此打印相关出门证。

(2) 历史记录列表

功能：主要用于统计本单位的人员请销假出入情况，以便日后查询。

(3) 紧急外出

功能:主要用于特殊情况下的人员外出。

(4) 出门证查询

功能:主要用于记录和查看相关出门证的打印情况。

注:只要在人员出入登记列表中点击了“打印”这个操作,这里就可以查询到相关信息,不管是否通过打印机把出门证打印出来。

(5) 随同人员归队

随同人员可以自己进入系统进行归队操作,也可以由专人(如门卫)负责进行归队登记。登记后该人员状态立刻变为在位。

4. 车辆出入登记

功能:主要用于登记本单位车辆出入情况以及关于出车的查询页。

操作权限:需要“出车登记”权限。

(1) 车辆出入登记

功能:主要用于车辆外出登记和归队操作时使用,并可在此打印相关出车证。

(2) 历史记录列表

功能:主要用于统计本单位的车辆出入情况,以便日后查询。

(3) 紧急出车

功能:主要用于特殊情况下的出车。

一般在审批领导不在位(如节假日等)的情况下,需要紧急外出用车时使用(注意:填写紧急出车申请单前,需以电话等方式请示领导,在领导口头同意的情况下才能填写)。

(4) 出车证查询

功能:主要用于记录和查看相关出车证的打印情况。

注:无论是否通过打印机把出车证打印出来,只要点击“车辆出入列表”中相关“打印”按钮,就可在此查询到相关出车证信息。

(5) 执勤车出入

功能:主要用于执勤车辆出入登记时使用。

(五) 在线邮件

功能:全国范围内消防人员邮件的传递以及与其他外网之间的交互。

1. 公共配置

功能:主要用于管理内部邮箱和内网邮箱的未阅件、联系人以及邮件组等信息。

(1) 未阅件

点击进入本模块,系统默认显示当前登录人员未阅读的全部邮件信息,其中包括内部邮件和内网邮件,可以通过勾选邮件后点击“删除邮件”按钮把选中邮件删除至已删收件或回收站中(注:内部邮件删除至已删收件模块,内网邮件删除至回收站)。点击邮件主题可以阅读该邮件的详细信息。

 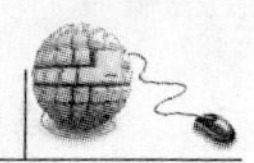

(2) 联系人

点击进入本模块，系统默认显示所建联系人列表信息，其中包括姓名、所属单位、外网邮箱、联系电话、手机号码和联系人类型等信息。点击列表页面上方的“新增联系人”按钮可进入联系人添加方式选择页面。

其中联系人新增方式可分为新增内部邮箱联系人和新增内网邮箱联系人(注:内部邮箱以内部人员账号发送;内网邮箱以网络邮箱地址发送，如 ytxx@126. com)两种方式。新增内部邮箱人员可通过勾选系统已设人员的方式添加联系人。新增内网联系人可通过选填姓名(不得超过 10 个字)、联系电话(不得超过 25 个字)、地址(不得超过 250 个字)、邮箱地址(不得超过 50 个字)和兴趣爱好(不得超过 250 个字)等信息保存的方式添加联系人。

(3) 邮件组

邮件组界面设计如图 6 - 2 - 62 所示。

邮件组 创建邮件组

邮件组名称	组员管理	发送邮件	操作
MyfirstGrp	组员管理	写邮件	删除

1条记录 第1页/共1页 10条/页 首页 上一页 下一页 尾页 转到 1 页 Go

图 6 - 2 - 62 邮件组列表页

点击进入邮件组列表页，系统默认列出本人所设置的邮件组，可以点击组员管理对当前组内人员进行更改，也可以点击写邮件链接对组内人员进行写邮件操作。

创建邮件组界面设计如图 6 - 2 - 63 所示。

新增邮件组

*请输入邮件组名: MyfirstGrp 全国搜索

机构类型: 机关 姓名(或帐号): 搜索

【杭州市公安消防支队】					
杭州服务管理平台管理员	杭州信息交换平台管理员	☑ 吴兰冲	张飞军	熊军	陈立平
赵其良	☑ 郑亦海	李莉	系统测试		
【杭州支队司令部】					
何肇瑜	陈源杰	戴建良	黄强	孙红	葛非
潘成校	李雯	☑ 楼志宏	叶红鑫	蔡永明	张顺
吴大洪	王伟林	马大维	洪汝攀	☑ 麻若飞	杨群
殷勇	谢红	韩丹	黄俊	通信员	沈春明
张姝					

图 6 - 2 - 63 创建邮件组页

点击“创建邮件组”按钮可进入邮件组创建页面，其中创建邮件组时可以勾选相关人员，其操作方式与写邮件相同，点击确定后该人员即可加入该组。

2. 内部邮箱

(1) 写邮件

写邮件界面设计如图 6 - 2 - 64 所示。

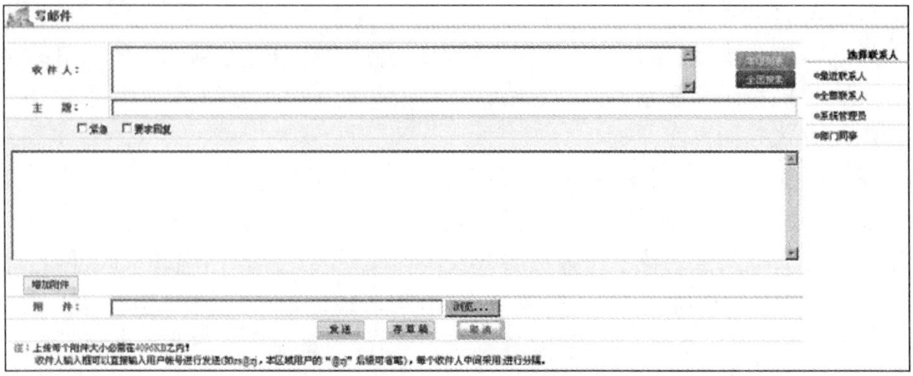

写邮件
收件人：
主　题：
□紧急　□要求回复
选择联系人
◎最近联系人
◎全部联系人
◎系统管理员
◎部门同事
增加附件
附　件：　浏览...
发送　存草稿　取消
注：上传每个附件大小必需在4096KB之内！
收件人输入框可以直接输入用户帐号进行发送(30zs@zj，本区域用户的"@zj"后缀可省略)，每个收件人中间采用;进行分隔。

图 6-2-64　写邮件页

点击进入本模块，系统默认显示邮件新增页面，选填收件人、主题（不得超过 200 个字）、正文内容（不得超过 2 500 个字）及其相关附件保存发送即可。

其中收件人可通过 4 种方式添加：

① 直接填写收件人账号。

② 从联系人列表中点选人员的方式进行添加收件人。

③ 点击“本级列表”链接可以对当前站点内的全部人员进行检索，可通过勾选的方式添加收件人。

④ 通过“全国搜索”的方式添加发件人。首先点击“全国搜索”链接进入检索页面，选填相关区域和人员姓名等信息可对全国范围内的人员进行模糊查询，然后通过勾选的方式选择相关人员“确定”保存即可。全国搜索界面设计如图 6-2-65 所示。

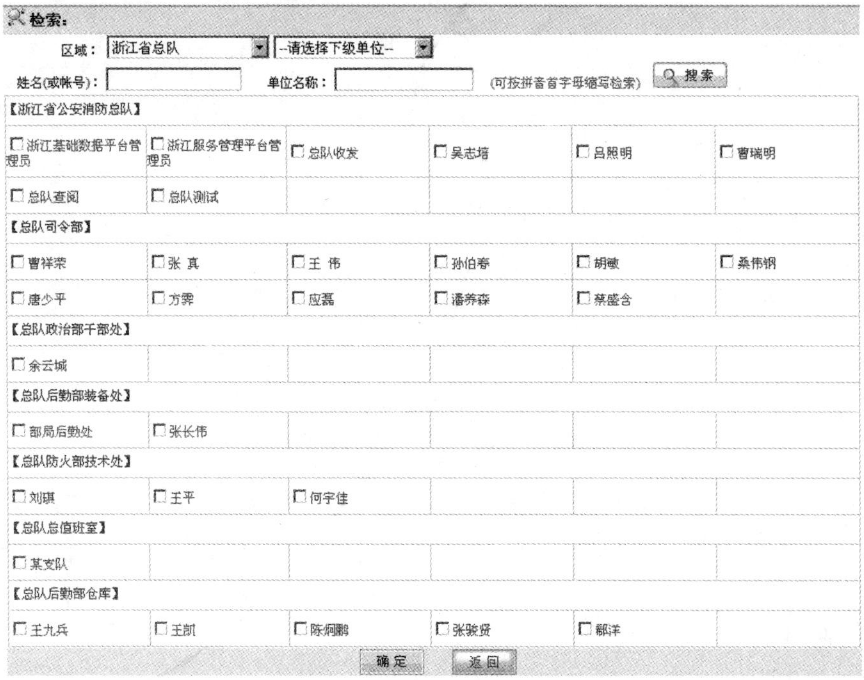

检索：
区域：浙江省总队　--请选择下级单位--
姓名(或帐号)：　单位名称：　(可按拼音首字母缩写检索)　搜索

【浙江省公安消防总队】					
□浙江基础数据平台管理员	□浙江服务管理平台管理员	□总队收发	□吴志培	□吕照明	□曹瑞明
□总队查阅	□总队测试				
【总队司令部】					
□曹祥荣	□张 真	□王 伟	□孙伯春	□胡敏	□桑伟钢
□唐少平	□方霁	□应磊	□潘养森	□蔡盛含	
【总队政治部干部处】					
□余云城					
【总队后勤部装备处】					
□部局后勤处	□张长伟				
【总队防火部技术处】					
□刘琪	□王平	□何宇佳			
【总队总值班室】					
□某支队					
【总队后勤部仓库】					
□王九兵	□王凯	□陈炯鹏	□张骏贤	□郁洋	

确定　返回

图 6-2-65　全国搜索页

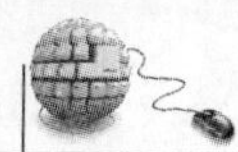

若勾选邮件正文上方的“紧急”选项则会在收件箱的“程度”选项框中用红色字体标注“紧急”字样；若勾选邮件正文上方的“要求回复”则会要求选填“截止时间”信息，该截止时间表示截止回复时间，首页提醒事项中将在邮件截止回复时间内标注邮件待回提醒，若未回复则会有延期标志。

(2) 收件箱

点击进入本模块，系统默认显示当前登录人员的所有收件列表信息，其中包括状态、发件人、主题、送达时间、阅读时间和程度等信息。

状态栏若为黄色未开信封标识则表示该邮件未读，若为白色打开信封标识则表示该邮件已读，若在信封标识旁边加上大别针标识则表示该邮件带有附件。点击主题链接即可查看相关邮件信息，并可对该邮件进行回复、转发和删除操作。同时也可将部分邮件一起删除或转移操作，只需通过勾选然后点击收件箱列表上方的“删除”或“转移到”操作即可(注：可被转移到的邮箱信息可通过添加“自定义文件夹”的方式新增)。

您可以通过设置发件人、主题和送达时间等条件检索相关收件信息。

(3) 发件箱

点击进入本模块，系统默认显示当前登录人员的所有发件列表信息，其中包括主收件人、主题、发出时间和程度等信息。

您可以通过设置收件人、主题和发出时间等条件检索相关发件信息。

(4) 草稿箱

点击进入本模块系统默认显示当前登录人员在发件时选择“存草稿”的全部发件信息，其中包括主题、创建时间和程度等信息。若某邮件状态栏加上大别针标识则表示该邮件带有附件。点击邮件主题链接即可查看该发件的草稿信息，并可对其进行发送操作。通过勾选草稿信息并点击草稿箱列表上方的“永久删除”链接可对相关草稿信息进行永久删除操作。

您可以通过设置主题和创建时间等条件检索相关草稿信息。

(5) 已删收件

点击进入本模块，系统默认显示当前登录人员的全部已删收件信息，其中包括状态、发件人、主题、送达时间、阅读时间和程度等信息。

(6) 已删发件

点击进入本模块，系统默认显示当前登录人员的全部已删发件信息，其中包括主收件人、主题、发出时间和程度等信息。

(7) 自定义文件夹

自定义文件夹界面设计如图 6-2-66 所示。

文件夹管理　　新增

状态	文件夹	类型	状态	操作
	收件箱	系统		
	发件箱	系统		
	草稿箱	系统		
	已删收件	系统		
	已删发件	系统		
	我的收件	收件型	启用	修改 删除

图 6-2-66　自定义文件夹页

3. 内网邮箱

点击进入本模块系统默认显示当前登录人员在综合业务平台中新增的邮箱信息，其中包括其他邮箱名称、其他邮箱账号、收(封)/发(封)等信息。点击列表页面上方的“新增”按钮可进入内网邮箱新增页面，填写邮箱名称、邮箱账号以及邮箱密码保存即可。点击每个邮箱对应的“隐藏/启用”可以设置邮箱在左边菜单的显示情况。点击每个邮箱对应的“修改”可以修改邮箱的设置信息。通过点击“全部收取”按钮系统可以到内网的邮件服务器上收取所有的新邮件信息。注:新增的邮箱一定要在内网里先注册过的，而且可以正常收发邮件的邮箱，并且新增时“邮箱账号”和“邮箱密码”一定要和内网邮箱里一样，不然系统收不到新的邮件，“邮箱名称”为在左边菜单显示的名称。

(1) 写邮件

点击进入本模块即可进行新增邮件操作。如果注册了多个内网邮箱则可在“选择发件人”栏中选择用哪个内网邮箱作为发件人，然后在“收件人”中选择收件人信息，收件人可通过点击“选择收件人”的方式搜索选择收件人信息，最后填写主题、内容以及附件等信息保存“发送”即可。

(2) 具体邮箱管理

若已注册一个或一个以上的内网邮箱后，则可在左边菜单的“内网邮箱”下面列出该邮箱链接，如图 6-2-67 所示。

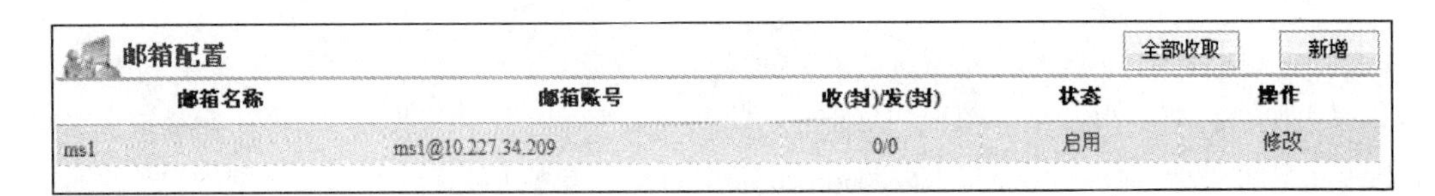
邮箱配置　　全部收取　新增

邮箱名称	邮箱账号	收(封)/发(封)	状态	操作
ms1	ms1@10.227.34.209	0/0	启用	修改

图 6-2-67　内网邮箱管理列表

点击列表上方的“写信”链接即可进入该邮箱的发件页面，选填相关内容后保存发送即可。

注册新增邮箱如图 6-2-68 所示。

新增(修改)其它邮箱
*邮箱名称：
*邮箱账号：　@ 10.227.34.173
*邮箱密码：　邮箱在内网里的密码
在本系统删除邮件,删除操作将同步到邮件服务器
登录时需要二次验证
添 加　取 消

图 6-2-68　注册新增邮箱

点击列表上方的“收信”按钮即可进入该邮箱的收件箱页面进行相关收件操作。内网邮箱收件箱列表如图 6-2-69 所示。

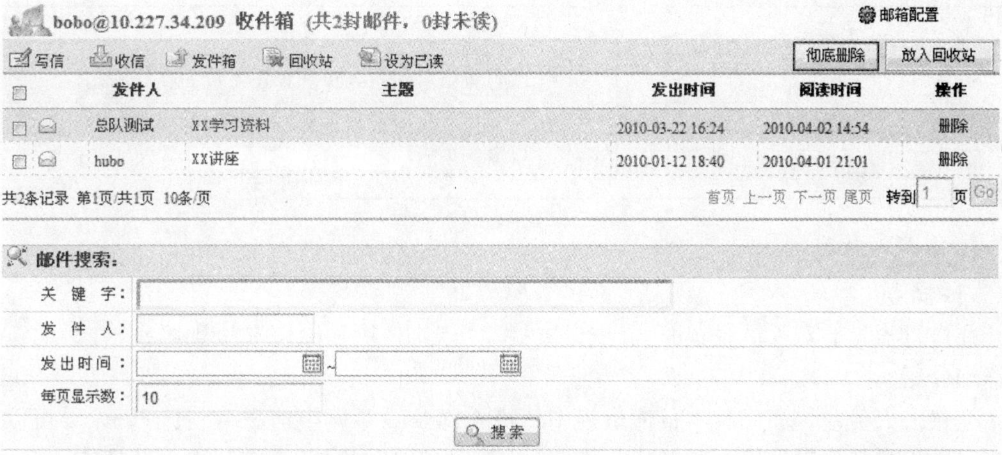

bobo@10.227.34.209 收件箱 (共2封邮件，0封未读)　　邮箱配置

写信　收信　发件箱　回收站　设为已读　　彻底删除　放入回收站

	发件人	主题	发出时间	阅读时间	操作
	总队测试	XX学习资料	2010-03-22 16:24	2010-04-02 14:54	删除
	hubo	XX讲座	2010-01-12 18:40	2010-04-01 21:01	删除

共2条记录 第1页/共1页 10条/页　　首页 上一页 下一页 尾页 转到 1 页 Go

邮件搜索：

关键字：

发件人：

发出时间：　~

每页显示数：10

搜索

图 6-2-69　内网邮箱收件箱列表

点击列表上方的"发件箱"按钮可进入该邮箱的发件箱页面，可点击相关邮件的主题查看邮件信息，并对其进行相关回复、转发和删除操作。点击邮件操作栏中的"删除"链接即可对该邮件进行相关删除操作，并可将删除邮件放入回收站中。

点击列表上方的"回收站"按钮即可进入该邮箱的回收站列表页面，可点击相关邮件的主题查看邮件信息，并对其进行相关回复、转发和删除操作。点击列表页面中的"还原"链接可对邮件进行相关还原操作，点击列表页面中的"删除"链接可对邮件进行彻底删除操作。点击列表上方的"还原邮件"和"彻底删除"按钮，操作同上，在此将不再作解析。

在收件箱列表右上方有两个删除按钮，一是"彻底删除"按钮，若勾选邮件点击该按钮则可对邮件进行彻底删除，删除后将无法对其进行还原操作；二是"删除邮件"按钮，若勾选邮件点击该按钮可对邮件进行相关删除操作并将邮件放至回收站中，可对邮件进行还原操作。

您可以通过设置关键字、发件人、发件时间等条件检索相关邮件信息。

第三节　常用业务系统

一、灭火救援业务管理系统

（一）执勤实力动态管理子系统

执勤实力动态管理子系统是灭火救援指挥系统的一个组成部分，主要包含当日交接班、执勤实力数据维护、业务规则维护、执勤实力状态管理、执勤实力查看、检查结果查看、车辆装备状态查询等业务功能(见表 6-3-1)。

表 6-3-1　当日交接班菜单一览表

子菜单	功能
人员	设置当日值班人员和单位人员的在岗状态
车辆	显示当日车辆信息并可以对车辆申请报停
装备器材	显示当日装备器材列表

1. 当日交接班

(1) 人员

在进行当日值班人员设置时，需先设置战斗员编组、执勤岗位和执勤组别（在后面章节有详细介绍）。

交接班人员主界面显示本日值班表中值班干部及战斗班组信息，当日值班领导可以根据当日的人员状态对值班干部及战斗班组进行修改保存。同时系统列出中队所有人员，值班领导实际到岗情况，可以修改人员的状态并保存。交接班人员主界面如图 6-3-1 所示。

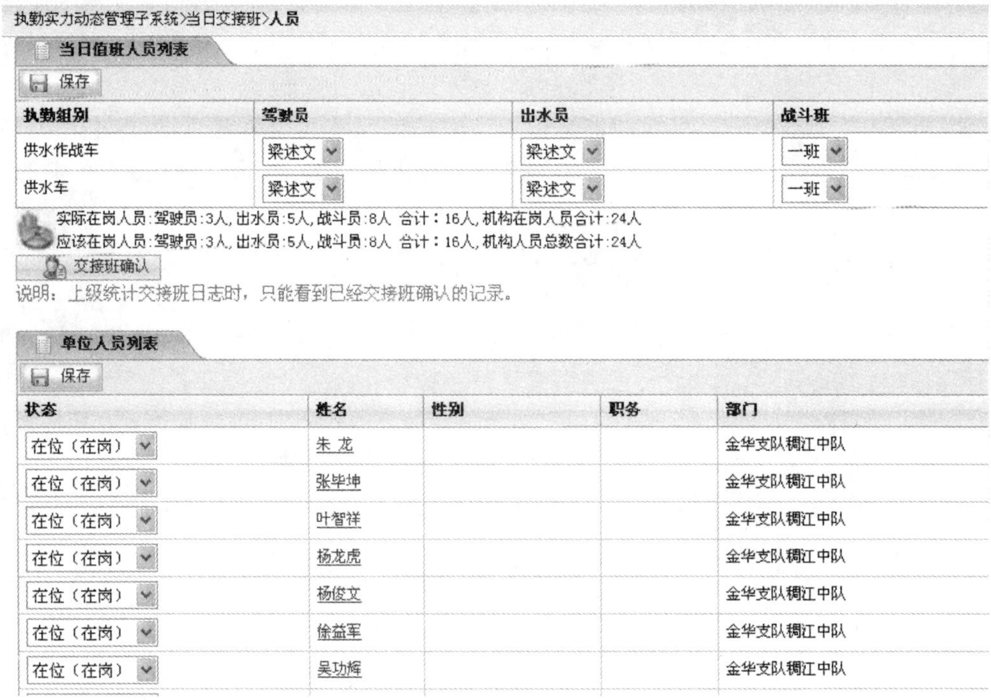

执勤实力动态管理子系统>当日交接班>人员

当日值班人员列表

保存

执勤组别	驾驶员	出水员	战斗班
供水作战车	梁述文	梁述文	一班
供水车	梁述文	梁述文	一班

实际在岗人员:驾驶员:3人,出水员:5人,战斗员:8人 合计：16人,机构在岗人员合计:24人

应该在岗人员:驾驶员:3人,出水员:5人,战斗员:8人 合计：16人,机构人员总数合计:24人

交接班确认

说明：上级统计交接班日志时，只能看到已经交接班确认的记录。

单位人员列表

保存

状态	姓名	性别	职务	部门
在位（在岗）	朱 龙			金华支队稠江中队
在位（在岗）	张毕坤			金华支队稠江中队
在位（在岗）	叶智祥			金华支队稠江中队
在位（在岗）	杨龙虎			金华支队稠江中队
在位（在岗）	杨俊文			金华支队稠江中队
在位（在岗）	徐益军			金华支队稠江中队
在位（在岗）	吴功辉			金华支队稠江中队

图 6-3-1　当日交接班人员主界面

当日值班人员列表中主要显示执勤组别和执勤组别下的各岗位人员信息，可通过选择岗位人员进行当日值班人员设置。

(2) 车辆

交接班当日车辆信息主界面主要显示当日值班车辆的检查信息。驾驶员进行车辆检查登记后，可在此菜单中查看当日车辆检查信息如车辆是否正常、车牌号码、车辆名称、检查

人、检查时间、详情等。列表中“是否正常”一列中，绿色图标表示正常、黄色图标表示异常、红色图标表示损坏。

执勤实力动态管理子系统>当日交接班>车辆

车辆列表　车辆报停快速链接

注：表示正常，表示异常，表示损坏。

状态确认

		车牌号码	车辆名称	检查人	检查时间	详细
		WJ27X6111	水罐消防车	郑晓龙	2010-10-14 9:36:00	
		WJ27X6111	水罐消防车	系统记录	2010-10-14 8:45:43	
		WJ27X6112	水罐消防车	郑晓龙	2010-10-14 9:36:00	
		WJ27X6112	水罐消防车	系统记录	2010-10-14 9:06:42	

说明：对当日的车辆检查结果进行确认

图 6-3-2　交接班当日车辆信息主界面

查看当日车辆检查信息时需要点击当日车辆列表中最后一列“详细”中的小三角图标。点击后系统会显示所选车辆当日检查的详细信息。包括车辆类型、检查项、检查明细等信息。当日车辆详细信息如图 6-3-3 所示。

车辆列表　车辆报停快速链接

注：表示正常，表示异常，表示损坏。

状态确认

		车牌号码	车辆名称	检查人	检查时间	详细
		WJ27X6111	水罐消防车	郑晓龙	2010-10-14 9:36:00	
检查项：车轴不完好(底盘部分)　传动系统工作不正常有杂音(底盘部分)　托底(底盘裂)						
		WJ27X6111	水罐消防车	系统记录	2010-10-14 8:45:43	
		WJ27X6112	水罐消防车	郑晓龙	2010-10-14 9:36:00	
检查项：车轴不完好(底盘部分)　传动系统工作不正常有杂音(底盘部分)　托底(底盘裂)						
		WJ27X6112	水罐消防车	系统记录	2010-10-14 9:06:42	

说明：对当日的车辆检查结果进行确认

图 6-3-3　当日值班车辆详细信息

值班领导对当日车辆检查结果确认，只有当日领导确认后车辆是否正常状态才正式生效。当日车辆检查结果确认操作步骤如下：

① 选择要确认的车辆记录，在列表中勾选此记录。

车辆列表　车辆报停快速链接

注：●表示正常，○表示异常，●表示损坏。

状态确认

☐		车牌号码	车辆名称	检查人	检查时间	详细
☑	●	WJ27X6111	水罐消防车	郑晓龙	2010-10-14 9:36:00	▼
检查项：☑ 车轴不完好(底盘部分) ☑ 传动系统工作不正常有杂音(底盘部分) ☑ 托底(底盘裂)						
☐	●	WJ27X6111	水罐消防车	系统记录	2010-10-14 8:45:43	▶
☐	●	WJ27X6112	水罐消防车	郑晓龙	2010-10-14 9:36:00	▶
☐	●	WJ27X6112	水罐消防车	系统记录	2010-10-14 9:06:42	▶

说明：对当日的车辆检查结果进行确认

图 6-3-4　选择待确认的车辆

② 点击当日车辆列表左上方的“状态确认”按钮进行当日车辆检查状态确认，确认成功后系统提示“保存成功!”。

③ 系统弹出状态确认成功后，点击“确定”即可完成当日车辆检查状态的确认操作。

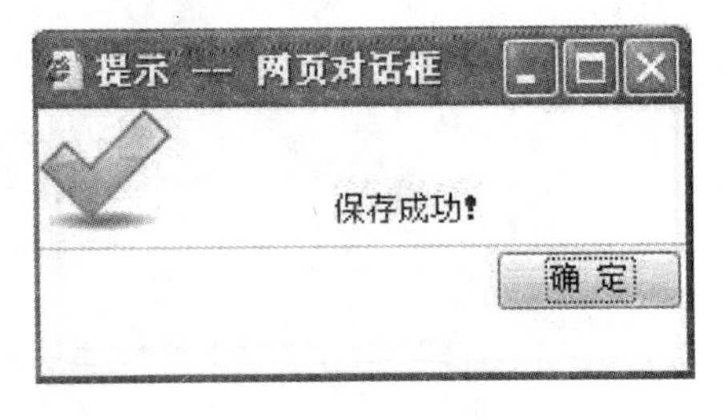

图 6-3-5　车辆检查状态确认

对于检查结果不正常的车辆可以进行报停申请。当业务规则维护中，车辆报停过程设置为“不确认”时，无须支队确认即可完成车辆报停。当业务规则维护中，车辆报停过程设置为“支队确认”时，则需要支队确认后才能完成车辆报停过程，当日车辆申请报停操作步骤如下：

① 点击当日车辆列表左上方的“车辆报停快速链接”。

车辆列表　车辆报停快速链接

注：●表示正常，○表示异常，●表示损坏。

确认通过　确认不通过

☐		车牌号码	车辆名称	检查人	检查时间	详细
☐	●	WJ27X6108	水罐消防车	李立萍	2011/4/18 10:58:26	▶
☐	●	WJ27X6108	水罐消防车	李立萍	2011/4/18 10:58:17	▶

说明：对当日的车辆检查结果进行确认

图 6-3-6　待报停车辆列表

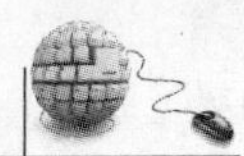

② 点击“车辆报停快速链接”后跳转到车辆报停列表页面，消防车辆列表中显示所有待报停的车辆信息，故障车辆列表中显示所有已报停的车辆信息。

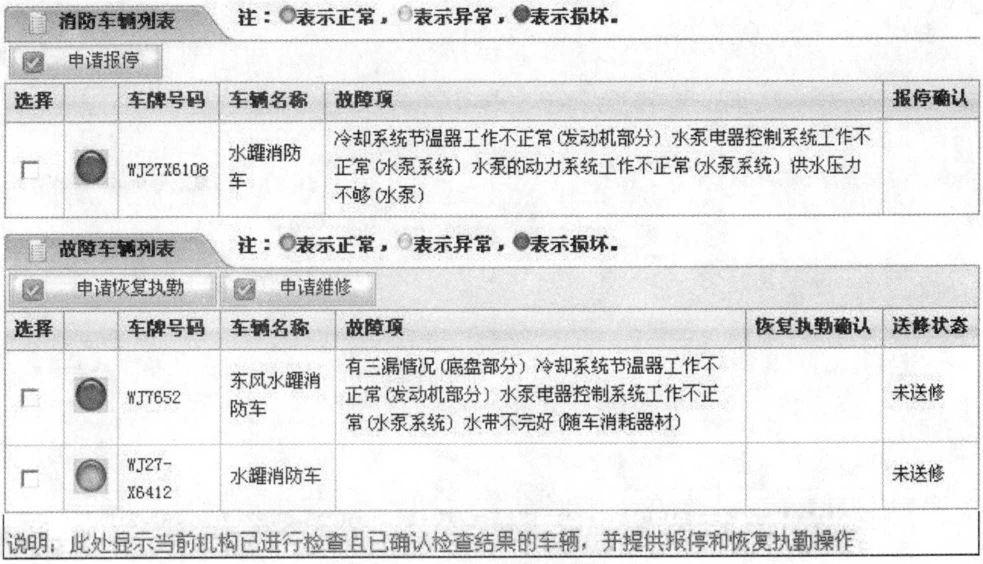

消防车辆列表　注：●表示正常，●表示异常，●表示损坏。

申请报停

选择		车牌号码	车辆名称	故障项	报停确认
□	●	WJ27X6108	水罐消防车	冷却系统节温器工作不正常(发动机部分) 水泵电器控制系统工作不正常(水泵系统) 水泵的动力系统工作不正常(水泵系统) 供水压力不够(水泵)	

故障车辆列表　注：●表示正常，●表示异常，●表示损坏。

申请恢复执勤　申请维修

选择		车牌号码	车辆名称	故障项	恢复执勤确认	送修状态
□	●	WJ7652	东风水罐消防车	有三漏情况(底盘部分) 冷却系统节温器工作不正常(发动机部分) 水泵电器控制系统工作不正常(水泵系统) 水带不完好(随车消耗器材)		未送修
□	●	WJ27-X6412	水罐消防车			未送修

说明：此处显示当前机构已进行检查且已确认检查结果的车辆，并提供报停和恢复执勤操作

图 6-3-7　车辆报停列表

③ 在待报停车辆列表中选择要报停的车辆记录并在列表中“选择”一列中勾选此记录，勾选后点击列表左上方的“报停”按钮，弹出提示“向支队指挥中心申请报停成功！”。

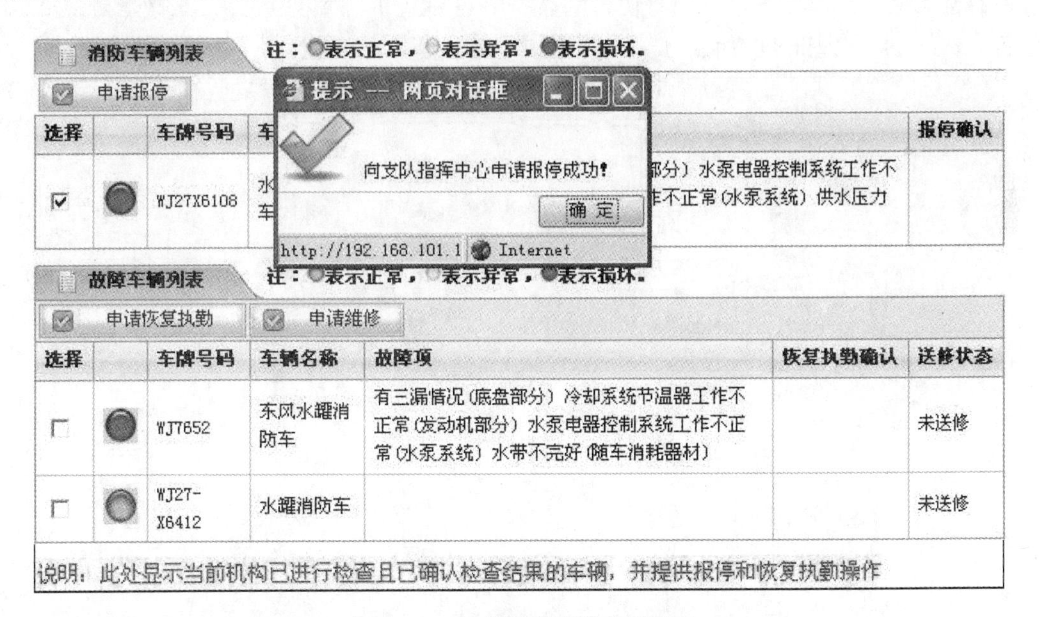

图 6-3-8　选择待报停车辆记录

对于已报停的车辆修理好后可恢复车辆执勤。当在业务规则维护中，车辆恢复执勤过程设置为“不确认”时，无须支队确认即可完成车辆恢复执勤。当在业务规则维护中，车辆恢

复执勤过程设置为“支队确认”时，则需要支队确认后才能完成车辆恢复执勤，车辆恢复执勤操作如下：

在故障车辆列表中选择要恢复执勤的车辆，并点击故障车辆列表左上方的“恢复执勤”按钮。弹出提示“向支队指挥中心申请恢复执勤成功!”。

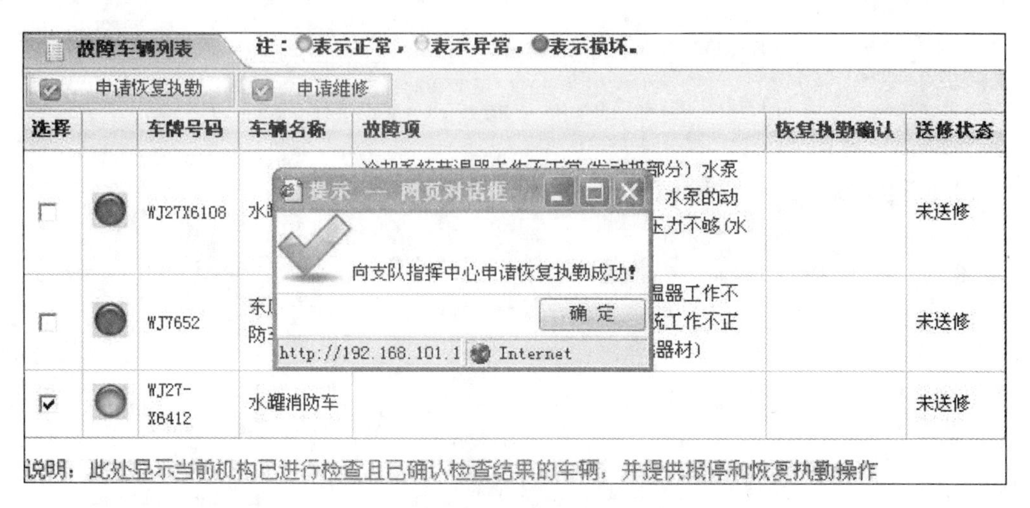

图 6-3-9　恢复车辆执勤状态

(3) 装备器材

装备技师进行装备检查登记后，中队长可在此菜单中查看检查结果信息。交接班当日装备器材信息主界面主要显示当日值班的装备器材检查情况信息，包括：器材是否正常、器材名称、检查人、检查时间、所属车辆和检查项等信息。

装备器材列表

注：表示正常，表示异常，表示损坏。

状态确认

		器材名称	器材编码	检查人	检查时间	所属车辆	详细
		吸水管	31010100031659005001	牟磊	2010-10-12 11:05:00	水罐消防车 (WJ27X6108)	
		吸水管	31010100031659005001	牟磊	2010-9-20 16:09:00	水罐消防车 (WJ27X6108)	
		吸水管	31010100031659005002	牟磊	2010-10-12 11:05:00	水罐消防车 (WJ27X6111)	
		滤水器	31010301041659008001	牟磊	2010-10-12 11:05:00	水罐消防车 (WJ27X6108)	
		消防水带	310104000A1659005001	牟磊	2010-10-12 11:05:00	水罐消防车 (WJ27X6108)	
		集水器	31010600061659008001	牟磊	2010-10-12 11:05:00	水罐消防车 (WJ27X6111)	
		喷雾水枪	31020102041659008001	牟磊	2010-10-12 11:05:00	水罐消防车 (WJ27X6111)	

说明：对当日的装备检查结果进行确认。

图 6-3-10　交接班当日装备器材检查信息

查看当日装备器材检查信息时，要点击当日装备器材列表中最后一列“详细”中的三角图标。

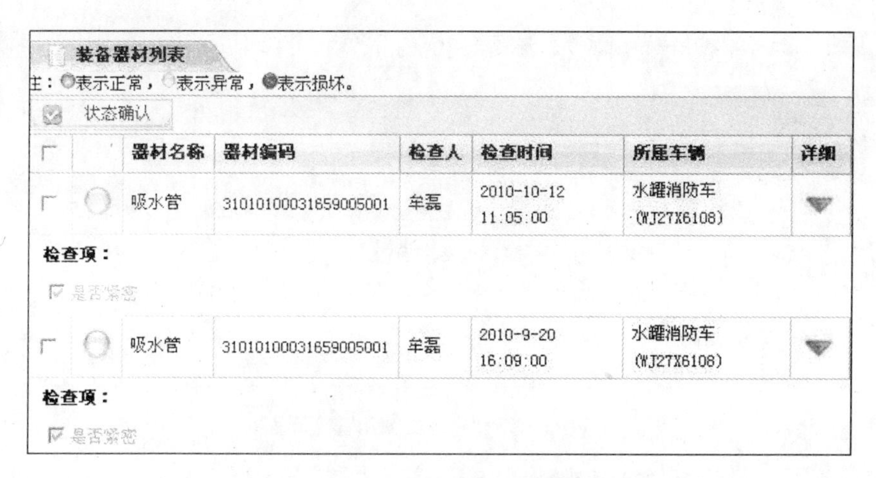
装备器材列表

注：表示正常，表示异常，表示损坏。

状态确认

		器材名称	器材编码	检查人	检查时间	所属车辆	详细
		吸水管	31010100031659005001	牟磊	2010-10-12 11:05:00	水罐消防车 (WJ27X6108)	

检查项：

是否紧密

		器材名称	器材编码	检查人	检查时间	所属车辆	详细
		吸水管	31010100031659005001	牟磊	2010-9-20 16:09:00	水罐消防车 (WJ27X6108)	

检查项：

是否紧密

图 6-3-11　查看当日装备器材检查信息

值班领导对装备器材检查结果进行确认，只有当日领导确认后随车装备器材是否正常状态才正式生效。当日装备器材检查结果确认操作步骤如下：

① 选择要确认的装备器材记录，在列表中勾选此记录。

装备器材列表

注：表示正常，表示异常，表示损坏。

状态确认

		器材名称	器材编码	检查人	检查时间	所属车辆	详细
		吸水管	31010100031659005001	牟磊	2010-10-12 11:05:00	水罐消防车 (WJ27X6108)	
		吸水管	31010100031659005001	牟磊	2010-9-20 16:09:00	水罐消防车 (WJ27X6108)	
☑		吸水管	31010100031659005002	牟磊	2010-10-12 11:05:00	水罐消防车 (WJ27X6111)	
☑		滤水器	31010301041659008001	牟磊	2010-10-12 11:05:00	水罐消防车 (WJ27X6108)	

是否紧密

图 6-3-12　选择待确认的装备器材

② 点击当日装备器材列表左上方的“状态确认”按钮进行当日装备器材检查状态确认。

③ 系统弹出状态确认成功后，点击“确定”即可完成当日装备器材检查状态的确认操作。

2. 执勤实力数据维护

此模块中主要讲解战斗员编组、执勤岗位设置、执勤组别设置和车辆与驾驶员对应关系设置功能。

(1) 战斗员编组

中队干部根据本中队的人员实力合理定义战斗班组，不同中队可以根据自己实际情况进行灵活定义。主要功能包括战斗员编组的新建、修改和删除。战斗员编组管理界面如图 6－3－13 所示。

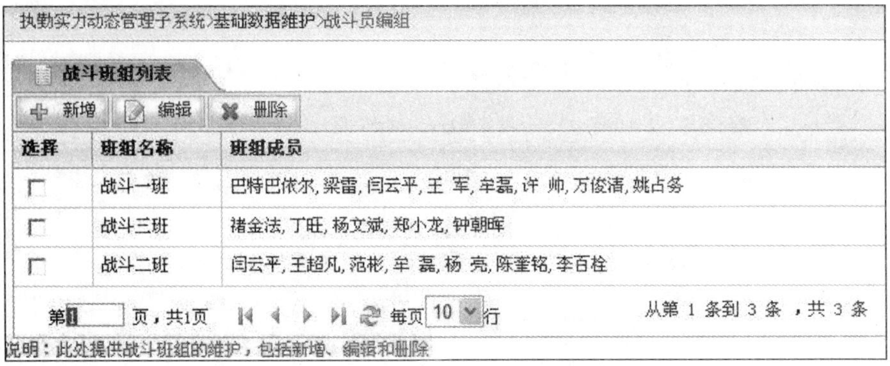

执勤实力动态管理子系统>基础数据维护>战斗员编组

战斗班组列表

新增　编辑　删除

选择	班组名称	班组成员
□	战斗一班	巴特巴依尔, 梁雷, 闫云平, 王 军, 牟磊, 许 帅, 万俊洁, 姚占务
□	战斗三班	褚金法, 丁旺, 杨文斌, 郑小龙, 钟朝晖
□	战斗二班	闫云平, 王超凡, 范彬, 牟 磊, 杨 亮, 陈奎铭, 李百栓

第1页，共1页　每页 10 行　从第 1 条到 3 条 ，共 3 条

说明：此处提供战斗班组的维护，包括新增、编辑和删除

图 6－3－13　战斗员编组管理界面

新增一个战斗员编组，操作步骤如下：

① 点击战斗班长列表左上方“新增”按钮，弹出战斗员编组新增功能页面，如图 6－3－14 所示。

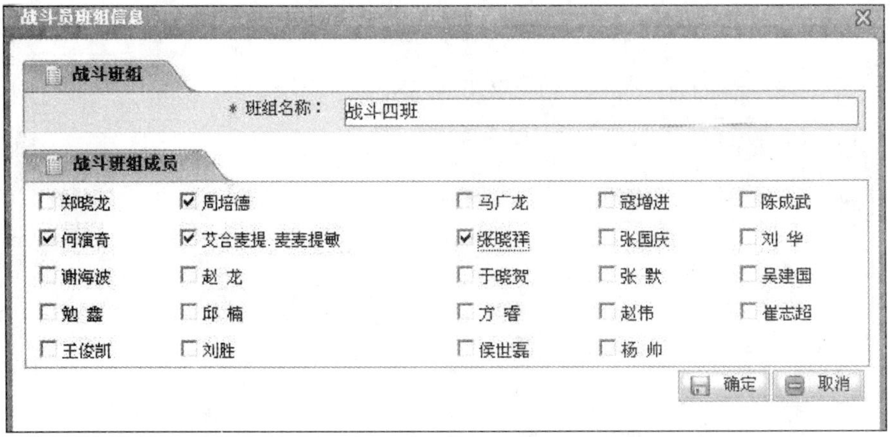

战斗员班组信息

战斗班组

＊班组名称：战斗四班

战斗班组成员

□郑晓龙　☑周培德　□马广龙　□寇增进　□陈成武
☑何演奇　☑艾合麦提.麦麦提敏　☑张晓祥　□张国庆　□刘 华
□谢海波　□赵 龙　□于晓贺　□张 默　□吴建国
□勉 鑫　□邱 楠　□方 睿　□赵伟　□崔志超
□王俊凯　□刘胜　□侯世磊　□杨 帅

确定　取消

图 6－3－14　新增战斗员编组界面

② 输入“班组名称”并选择战斗班组成员。点击“确定”按钮，完成新增战斗员编组操作后系统提示“添加成功”，如图 6－3－15 所示。如果点击“取消”按钮则返回战斗员编组管理页面。

图 6－3－15　新增战斗员编组操作成功提示

③ 点击提示框中“确定”按钮，返回战斗员编组管理界面，查看刚刚新增的战斗员编组信息。如图 6－3－16 所示。

执勤实力动态管理子系统>基础数据维护>战斗员编组

战斗班组列表

新增　编辑　删除

选择	班组名称	班组成员
☐	战斗一班	巴特巴依尔，梁雷，闫云平，王 军，牟磊，许 帅，万俊清，姚占务
☐	战斗四班	何滇奇，艾合麦提.麦麦提敏，周培德，张晓祥
☐	战斗三班	褚金法，丁旺，杨文斌，郑小龙，钟朝晖
☐	战斗二班	闫云平，王超凡，范彬，牟 磊，杨 亮，陈奎铭，李百栓

第1页，共1页　每页 10 行　从第 1 条到 4 条 ，共 4 条

说明：此处提供战斗班组的维护，包括新增、编辑和删除

图 6－3－16　战斗员编组管理列表

修改战斗员编组信息，操作步骤如下：

① 选择一条战斗员编组记录信息，点击“修改”按钮，弹出战斗员编组修改功能页面，如图 6－3－17 所示。

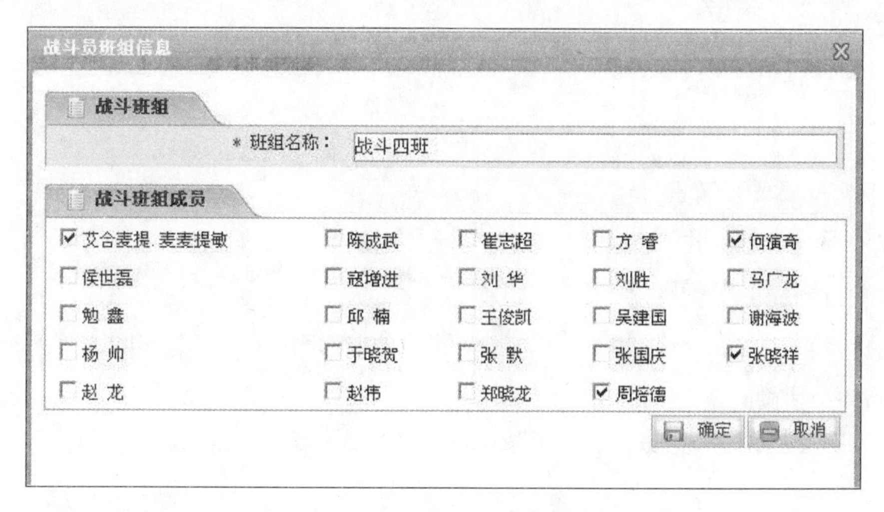

图 6－3－17　修改战斗员编组界面

② 修改班组名称和战斗班组成员的信息，点击“确定”按钮，完成修改战斗员编组操作后，系统提示“操作成功！”，如图 6－3－18 所示。如果点击取消按钮则返回战斗员编组管理页面。

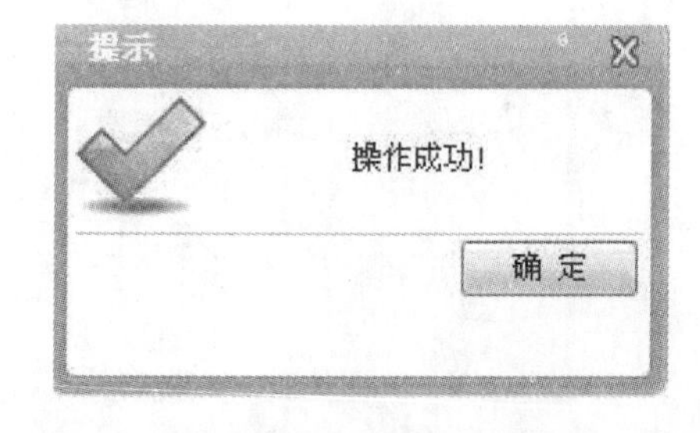

图 6－3－18　修改战斗员编组操作成功提示

删除战斗员编组信息，操作步骤：

① 选择一条或多条战斗员编组记录信息，点击“删除”按钮，弹出“您确定要删除吗？”提示

信息，点击“确定”按钮实现删除操作，点击“取消”按钮返回战斗员编组管理页面。如图6-3-19所示。

② 选择数据并点击“确定”按钮后，系统将选定的数据记录进行删除，操作完成后，系统会提示“删除成功”，如图6-3-20所示。

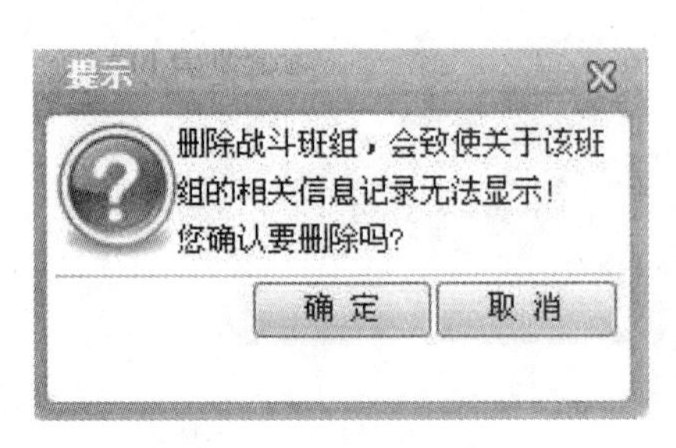

图6-3-19　删除战斗员编组提示

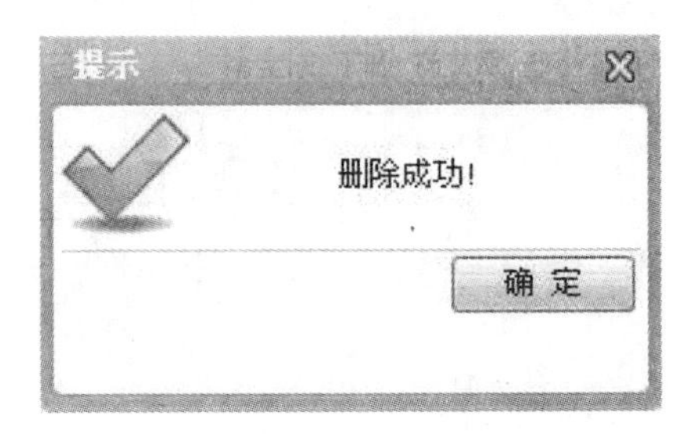

图6-3-20　删除战斗员编组成功提示

(2) 执勤岗位设置

中队领导可以设置中队的执勤岗位，如执勤中队长、通信员、战斗班长、战斗员、驾驶员等。执勤岗位设置功能包括：新增、编辑、删除、备选人员设置。不同中队可以根据自己的情况灵活设置。执勤岗位设置管理界面如图6-3-21所示。

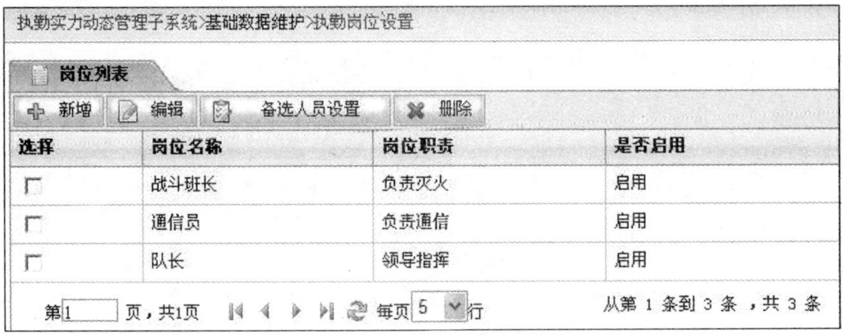

执勤实力动态管理子系统>基础数据维护>执勤岗位设置

岗位列表

新增　编辑　备选人员设置　删除

选择	岗位名称	岗位职责	是否启用
□	战斗班长	负责灭火	启用
□	通信员	负责通信	启用
□	队长	领导指挥	启用

第1页，共1页　每页5行　从第 1 条到 3 条 ，共 3 条

图6-3-21　执勤岗位设置管理界面

新增一个执勤岗位，操作步骤如下：

① 点击执勤岗位列表左上方“新增”按钮，弹出执勤岗位新增功能页面，如图6-3-22所示。

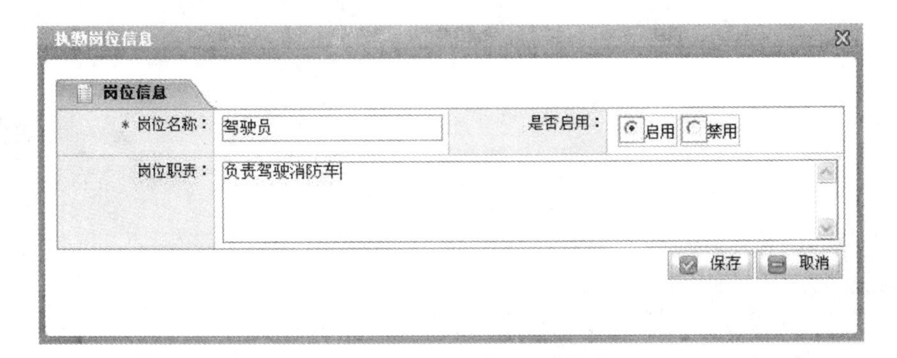

图6-3-22　新增执勤岗位界面

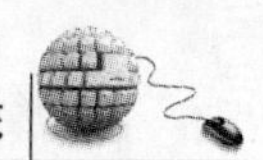

② 输入“岗位名称”，选择“是否启用”，填写岗位职责。点击“保存”按钮，完成新增岗位信息操作后，系统提示“操作成功!”，如图 6－3－23 所示。如果点击“取消”按钮则返回执勤岗位管理页面。

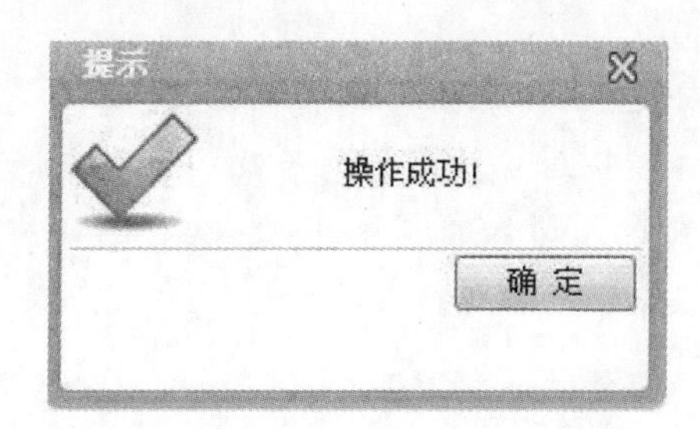

图 6－3－23　新增执勤岗位操作成功提示

③ 点击提示框中“确定”按钮，返回执勤岗位管理界面，查看刚刚新增的执勤岗位信息。如图 6－3－24 所示。

岗位列表

新增　编辑　备选人员设置　删除

选择	岗位名称	岗位职责	是否启用
□	战斗班长	负责灭火	启用
□	通信员	负责通信	启用
□	驾驶员	负责驾驶消防车	启用
□	队长	领导指挥	启用

第1页，共1页　每页5行　从第 1 条到 4 条 ，共 4 条

图 6－3－24　执勤岗位管理列表

编辑执勤岗位信息，操作步骤如下：

① 选择一条执勤岗位记录信息，点击“编辑”按钮，弹出执勤岗位编辑功能页面，如图 6－3－25 所示。

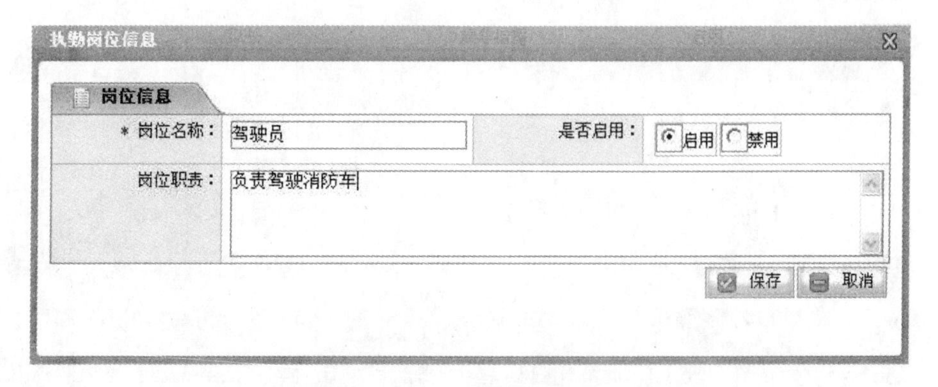

图 6－3－25　编辑执勤岗位界面

② 编辑执勤岗位信息，点击“保存”按钮，完成修改执勤岗位信息操作后，系统提示“操作成功！”，如图 6－3－26 所示。如果点击“取消”按钮则返回执勤岗位管理页面。

图 6－3－26　编辑执勤岗位操作成功提示

设置执勤岗位的备选人员，操作步骤如下：

① 选择一条执勤岗位记录信息，点击“备选人员设置”按钮，弹出执勤岗位备选人员设置功能页面，如图 6－3－27 所示。

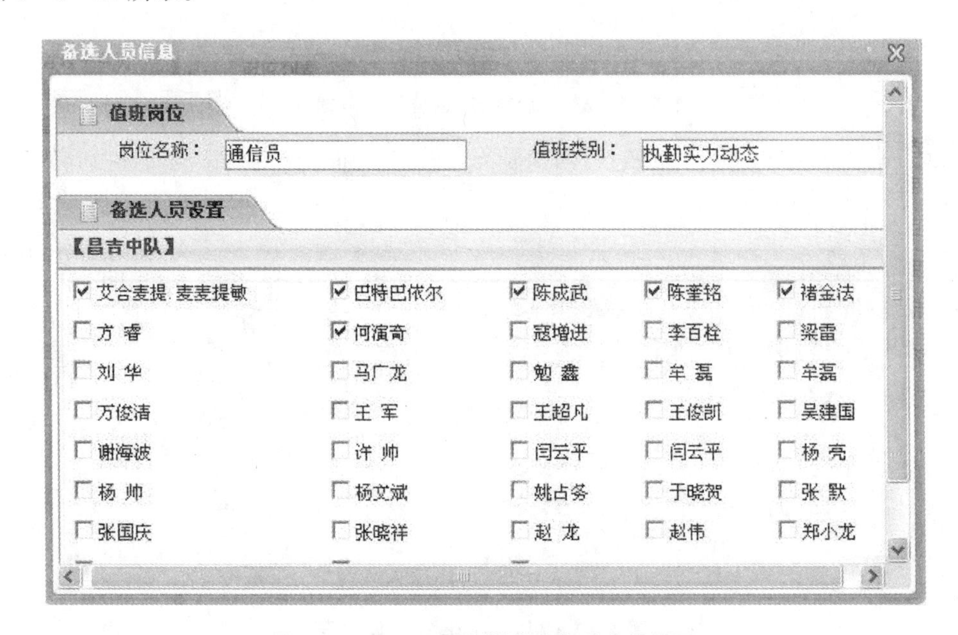

图 6－3－27　设置执勤岗位备选人员界面

② 设置执勤岗位备选人员，点击“保存”按钮，完成执勤岗位备选人员设置操作后，系统提示“操作成功！”，如图 6－3－28 所示。如果点击“取消”按钮则返回执勤岗位管理页面。

删除执勤岗位信息，操作步骤：

图 6－3－28　执勤岗位备选人员操作成功提示

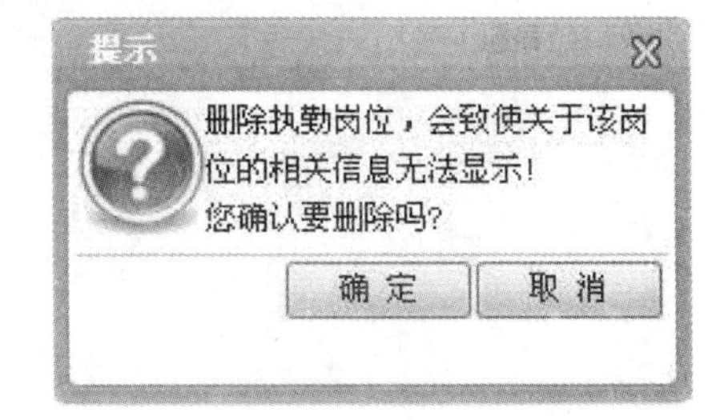

图 6－3－29　删除执勤岗位提示

① 选择一条或多条执勤岗位记录信息，点击“删除”按钮，弹出“您确定要删除吗？”提示信息，点击“确定”按钮实现删除操作，点击“取消”按钮返回执勤岗位管理页面，如图 6－3－29 所示。

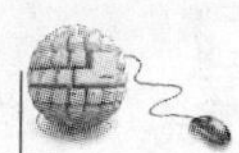

② 选择数据并点击“确定”按钮后，系统将选定的数据记录进行删除，操作完成后，系统会提示“删除成功！”，如图 6－3－30 所示。

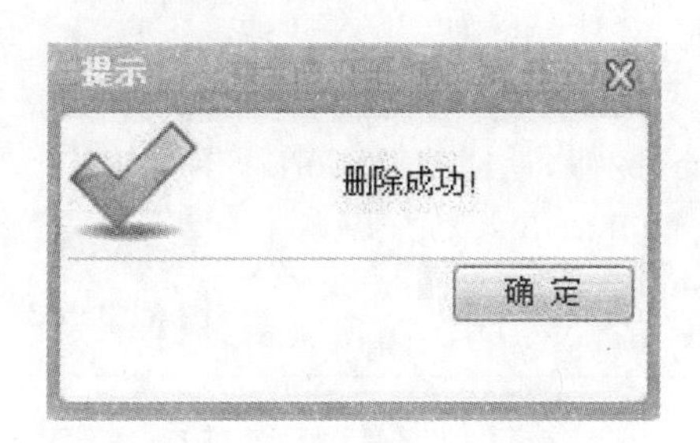

图 6－3－30　删除执勤岗位成功提示

(3) 执勤组别设置

中队领导根据实际情况定义执勤组别，如定义为：主班和副班或第一出动、第二出动、第三出动等。

主要功能包括执勤组别的新建、修改和删除。执勤组别管理界面如图 6－3－31 所示。

执勤实力动态管理子系统>基础数据维护>执勤组别设置

执勤组别列表

新增　编辑　删除

选择	组别名称	组别代码	备注	编辑时间
□	昌吉一中队执勤三班	02	执勤	2010-09-17 15:02
□	昌吉一中队执勤二班	03	大幅度	2010-09-03 20:44
□	昌吉一中队执勤一班	01	东方大飞	2010-09-03 20:44

第1页，共1页　每页5行　从第 1 条到 3 条 ，共 3 条

图 6－3－31　执勤组别管理界面

新增一个执勤组别，操作步骤如下：

① 点击执勤组别列表左上方“新增”按钮，弹出执勤组别新增功能页面，如图 6－3－32 所示。

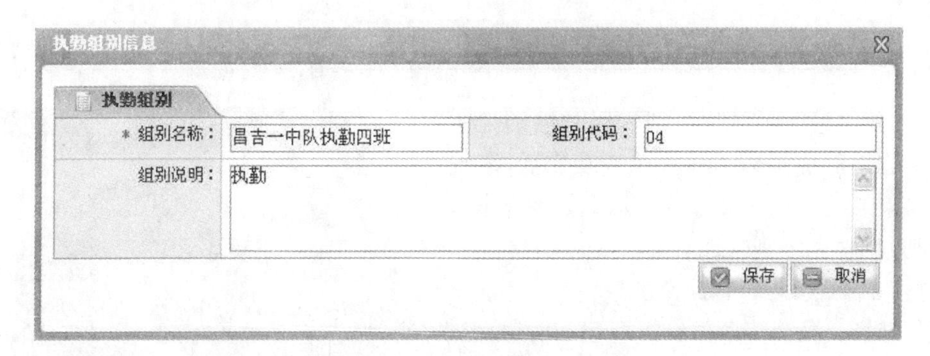

图 6－3－32　新增执勤组别界面

② 输入“组别名称”“组别代码”和“组别说明”。点击“保存”按钮，完成新增执勤组别操作后系统提示“操作成功”，如图 6－3－33 所示。如果点击“取消”按钮则返回执勤组别管理页面。

③ 点击提示框中“确定”按钮，返回执勤组别管理界面，查看刚刚新增的执勤组别信息，如图 6－3－34 所示。

图 6－3－33　新增执勤组别操作成功提示

执勤组别列表

新增　编辑　删除

选择	组别名称	组别代码	备注	编辑时间
□	昌吉一中队执勤四班	04	执勤	2010-09-17 15:10
□	昌吉一中队执勤三班	02	执勤	2010-09-17 15:02
□	昌吉一中队执勤二班	03	大幅度	2010-09-03 20:44
□	昌吉一中队执勤一班	01	东方大飞	2010-09-03 20:44

第1页，共1页　每页5行　从第 1 条到 4 条 ，共 4 条

图 6－3－34　执勤组别管理列表

编辑执勤组别信息，操作步骤如下：

① 选择一条执勤组别记录信息，点击“编辑”按钮，弹出执勤组别编辑功能页面，如图 6－3－35 所示。

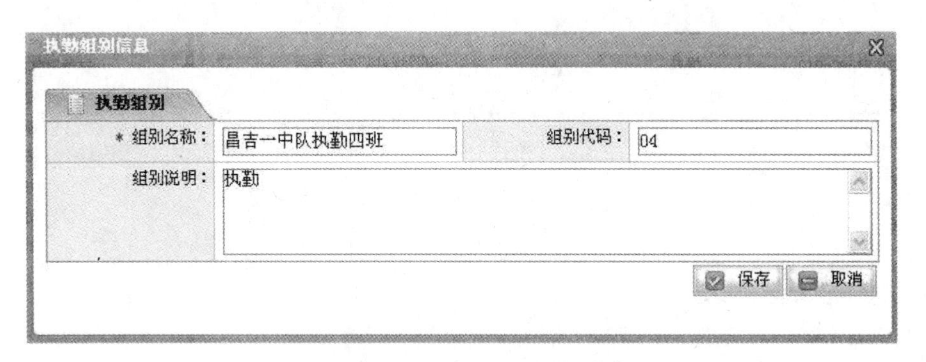

图 6－3－35　编辑执勤组别界面

② 编辑“组别名称”“组别代码”“组别说明”，点击“保存”按钮，完成编辑执勤组别操作后，系统提示“操作成功!”，如图 6－3－36 所示。如果点击“取消”按钮则返回执勤组别管理页面。

删除执勤组别信息，操作步骤：

① 选择一条或多条执勤组别记录信息，点击“删除”按钮，弹出“您确定要删除吗?”提示信息，点击

图 6－3－36　编辑执勤组别操作成功提示

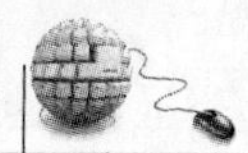

“确定”按钮实现删除操作，点击“取消”按钮返回执勤组别管理页面，如图 6－3－37 所示。

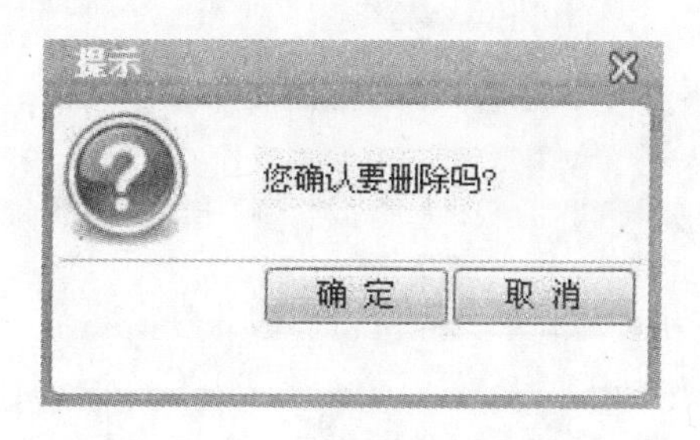

图 6－3－37　删除执勤组别提示

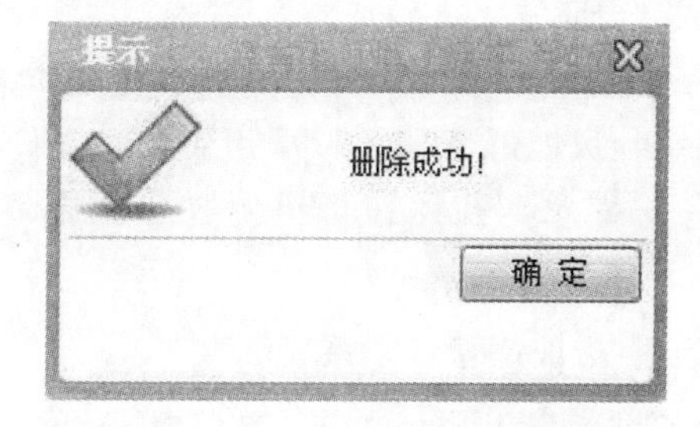

图 6－3－38　删除执勤组别成功提示

② 选择数据并点击“确定”按钮后，系统将选定的数据记录进行删除，操作完成后，系统会提示“删除成功！”，如图 6－3－38 所示。

(4) 车辆与驾驶员对应关系

车辆与驾驶员对应关系表中主要显示信息包括“车辆名称”“车牌号码”“规格型号”“车辆状态”和驾驶员信息，如图 6－3－39 所示。在此页面中可以对车辆与驾驶员的对应关系进行维护。此关系维护好后，相关驾驶员才能为所分配的车辆进行检查登记。

车辆驾驶员关系表

保存

序号	车辆名称	车牌号码	规格型号	车辆状态	驾驶员
1	水罐消防车	WJ27X6111	SX5370GXFSG210	执勤	郑晓龙
2	水罐消防车	WJ27X6112	BX5090GXFSG35DF	到场	周培德
3	泡沫消防车	WJ27X6105	SJD5190GXFPM80	执勤	周培德
4	A类泡沫消防车	WJ27X6415	MX5270GXFAP110B	执勤	
5	登高平台消防车	WJ27X6116	XZJ5240JXFCDZ32B	途中	
6	抢险救援消防车	WJ27X6107	MG5100TXFJY55	执勤	
7	细水雾	WJ27XK314	CX5165TXFKC10	执勤	

图 6－3－39　车辆与驾驶员对应关系表界面

设置车辆与驾驶员的对应关系。操作步骤如下：

① 点击车辆驾驶员关系表中“驾驶员”一列，弹出驾驶员人员列表页面，如图 6－3－40 所示。

人员列表 —— 网页对话框

人员列表

艾合麦提.麦麦提敏	巴特巴依尔	陈成武	陈奎铭	褚金法	崔志超
丁旺	范彬(战训)	方 睿	何演奇	侯世磊	寇增进
李百栓	梁雷	刘 华	刘胜	马广龙	勉 鑫
牟 磊	牟磊	邱 楠	万俊清	王 军	王超凡
王俊凯	吴建国	谢海波	许 帅	闫云平	闫云平
杨 亮	杨 帅	杨文斌	姚占务	于晓贺	张 默
张国庆	张晓祥	赵 龙	赵伟	郑小龙	郑晓龙
钟朝晖	周培德				

确定　取消

图 6－3－40　选择车辆对应驾驶员

② 在人员列表中选择车辆对应的驾驶员，点击“确定”按钮。

③ 点击列表左上方“保存”按钮，系统提示“保存车辆驾驶员信息成功！”。点击提示框中“确定”按钮，关闭提示框并返回车辆驾驶员关系表。如图 6－3－41 所示。

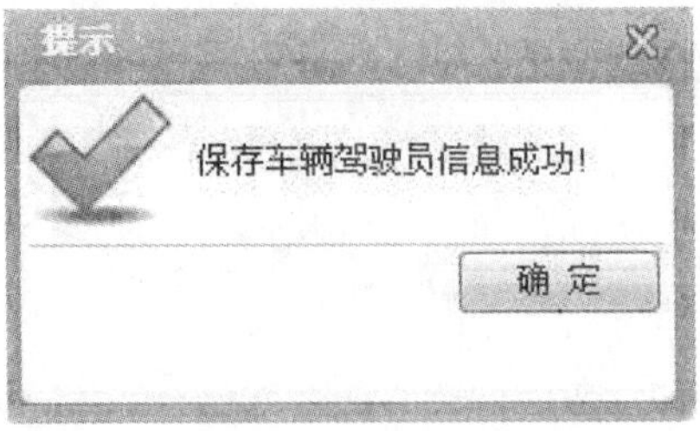

图 6－3－41 保存车辆驾驶员信息成功提示

（二）业务训练管理子系统

业务训练管理子系统主要包括以下功能模块：训练计划管理、周安排管理、训练检查考核、训练安全管理、统计分析以及数据维护。

训练计划主要实现制定、审批年度训练计划、阶段训练计划、月训练计划、周训练计划和专项训练计划，并提供计划的下达和上报功能，方便计划文件在各级业务部门之间的流转。

周安排是中队日常工作的课表，方便中队按照课表进行训练，并及时记录训练情况。

训练考核是提供网络化训练教育的手段，方便利用网络共享知识库学习基本理论知识、专业保障技能，同时为训练考核提供网络考试管理环境。主要功能包括考核计划、成绩评定。（见表 6－3－2）

表 6－3－2 业务训练管理子系统菜单功能表

主菜单	一级子菜单	功能	二级子菜单	功能
训练计划管理	计划维护	计划制订、修改、删除、上报、下达	—	—
	计划查询	查询训练计划	—	—
	下达计划接收	接收上级下达的训练计划	—	—
	上报计划接收	接收下级上报的训练计划	—	—
周安排管理	周安排维护	周安排制订、删除、修改	—	—
	周安排查询	查询周安排情况	—	—
	考核评定维护	考核成绩录入及考核评定	个人成绩评定	可以对指挥员、消防员的单科目成绩评定维护，同时能够对参与网络理论考试的人员进行成绩评定
			个人年度评定	分为对指挥员年度训练成绩评定和对消防人员年度训练成绩评定
			单位合成训练评定	对单位合成训练评定的维护管理
			单位年度合成训练评定	对单位年度合成训练评定的维护管理
			单位年度综合训练评定	对单位年度合成训练评定的维护管理

续表

主菜单	一级子菜单	功能	二级子菜单	功能
周安排管理	考核评定查询	查询考核评定信息	个人成绩评定	查询个人成绩评定
			个人年度评定	查询个人年度评定
			单位合成训练评定	查询单位合成训练评定
			单位年度合成训练评定	查询单位年度合成训练评定
			单位年度综合训练评定	查询单位年度综合训练评定
训练安全管理	安全管理组织	将安全方面的组织、人员责任进行明确记录	管理组织	管理组织的增加、修改、删除、查询等
			安全员	安全员的增加、修改、删除、查询等
	安全管理制度	安全管理制度的增加、修改、删除、查询等	—	—
	安全管理记录	安全管理记录的增加、修改、删除、查询等	—	—

1. 训练计划管理

训练计划管理是各消防部门按照职责分工，依据《训练大纲》和上级指示，结合本单位的灭火执勤任务、训练水平、器材装备、场地条件和气候特点等实际情况，制订、下达、上报训练计划的功能模块，具有科学性、可行性。

(1) 计划维护

计划维护界面包括两部分，上方是训练计划的查询区，可以根据计划分类、计划类型、所属计划、计划名称以及制订时间进行组合查询。其中，计划分类包括综合计划和专项计划，综合计划的计划类型包括年度训练计划、季度训练计划、月训练计划以及周训练计划，专项计划的计划类型包括演练计划、竞赛计划、集训计划以及其他计划专项。下方是登录人所在单位在本月内的训练计划列表。用户可以进行新增、修改、删除、下达、上报、查看、计划下达

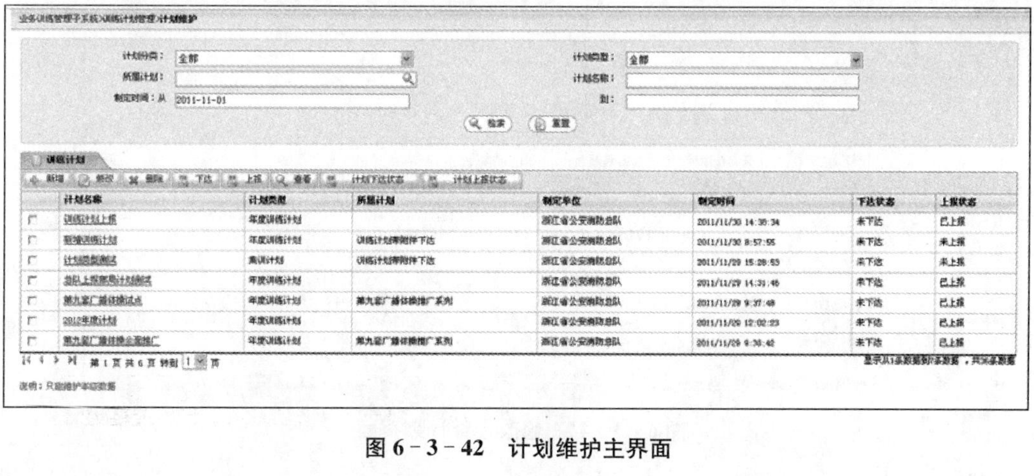

图 6-3-42　计划维护主界面

状态、计划上报状态操作。其中，部局用户没有上报以及计划上报状态操作，中队账户没有下达以及计划下达状态操作。

点击“新增”按钮，进入新增计划页面。新增计划功能可以制订综合计划，包括年度训练计划、季度训练计划、月训练计划、周训练计划，也可以制订专项计划，包括演练计划、竞赛计划、集训计划以及其他计划专项。新增页面包括计划名称、计划内容、所属计划、计划类型、附件内容、制订单位(系统自动生成)、制订时间(系统自动生成)等。其中标有红色“＊”的项为必填项。

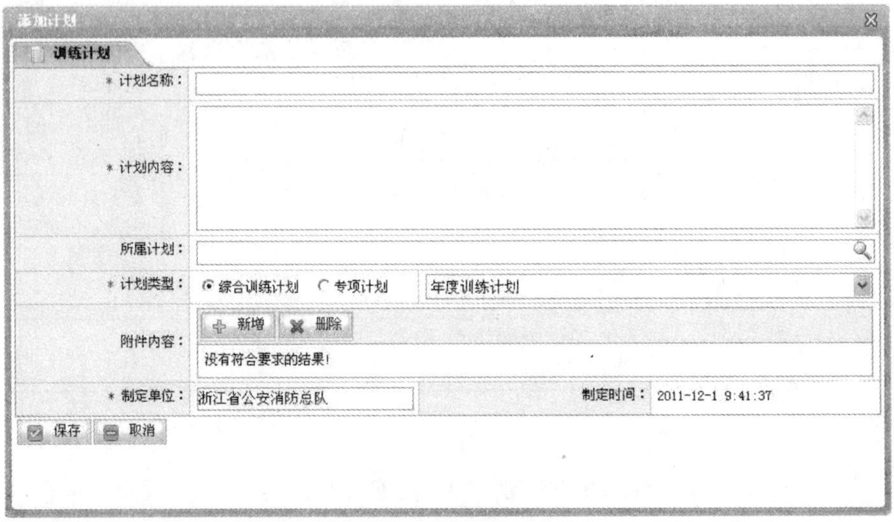

图 6-3-43　新增训练计划页面

选择一行记录，点击“修改”按钮，进入修改计划页面。修改页面包括计划名称、计划内容、所属计划、计划类型、附件内容、制订单位、制定时间。其中制定单位以及制定时间不能修改。已下达、已上报或者有子计划的计划无法修改。其中标有红色“＊”的项为必填项。

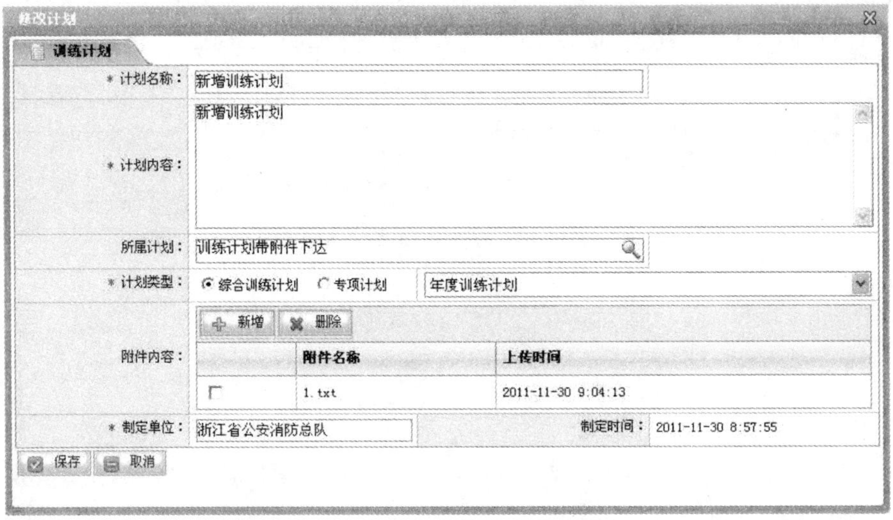

图 6-3-44　修改训练计划页面

在训练计划主界面，选定一项或者多项训练计划，点击“删除”按钮，可以删除综合计划。注意：已下达、已上报或拥有子计划的训练计划不能删除。

图 6－3－45　删除训练计划提示

在训练计划主页面，选定某一项训练计划，单击“下达”按钮，进入计划下达页面。该页面中“已下达单位”栏显示该计划已下达的单位列表，“接收单位”栏填写要下达的单位，通过机构树选择。“下达意见”栏填写对该计划的下达意见。

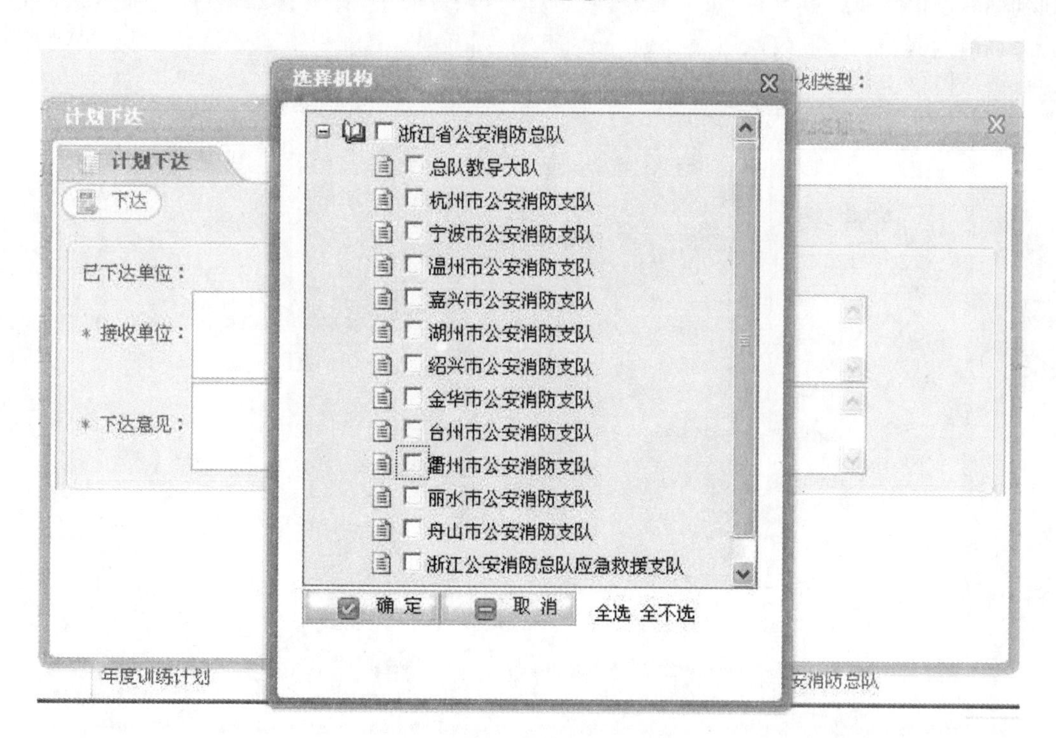

图 6－3－46　下达训练计划页面

在训练计划主页面，选定某一项训练计划，单击“上报”按钮，进入计划上报页面。该页面中“已上报单位”栏显示该计划已上报的单位列表，“上报单位”栏填写要上报的单位，通过机构树选择。

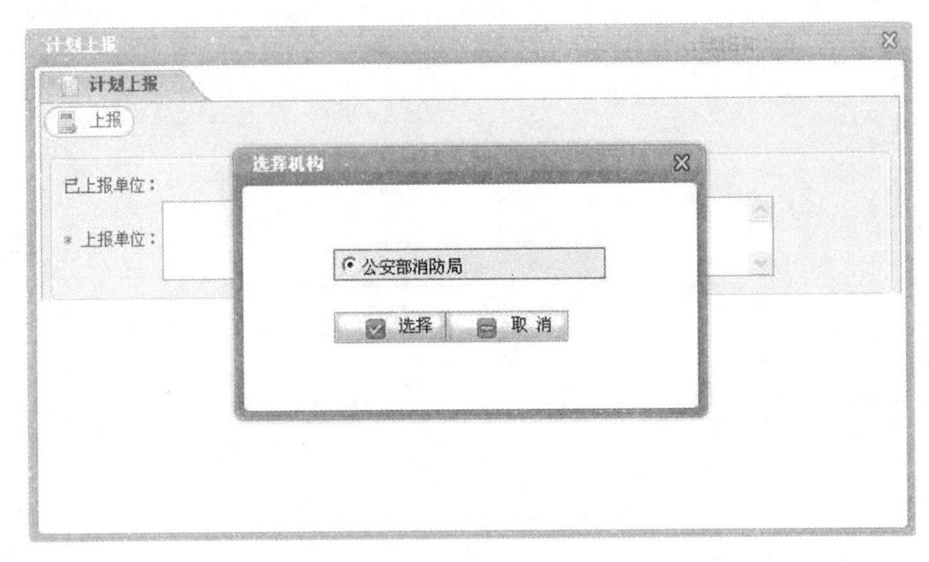

图 6-3-47　上报训练计划页面

在训练计划主页面，选定某一项训练计划，单击“查看”按钮，或者直接在训练列表的计划名称列点击训练计划名称，进入查看计划页面。该页面中“计划详细信息”栏显示该计划的详细信息，包括计划名称、所属计划、计划类型、训练内容、附件内容、下达状态、上报状态、制订单位以及制订时间。如果有附件，点击附件名称，即可查看或者下载附件。

查看计划

计划详细信息

关闭

计划名称：	新增训练计划		
所属计划：	训练计划带附件下达====>年底安全大检查		
计划类型：	年度训练计划		
训练内容：	新增训练计划		
附件内容：	附件名称 1. txt		
下达状态：	未下达		
上报状态：	未上报		
制定单位：	浙江省公安消防总队	制定时间：	2011-11-30 8:57:55

图 6-3-48　查看训练计划页面

在训练计划主页面，选定某一项训练计划，单击“计划下达状态”按钮，进入训练计划下达状态页面，或者不选定训练计划，直接点击“计划下达状态”按钮，进入训练计划下达状态页面，

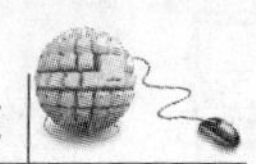

这样显示所有下达计划。该页面分为两部分，上方为检索区，可以根据计划名称、开始时间、结束时间进行检索。下方为训练计划下达列表，包括计划名称、接收单位、接收人、接收时间、接收状态。其中接收状态分为已接收、未接收和发送失败，如果接收状态为发送失败，可点击“重新下达”进行重新下达，否则点击“重新下达”会提示已经下达过，不能重复下达。

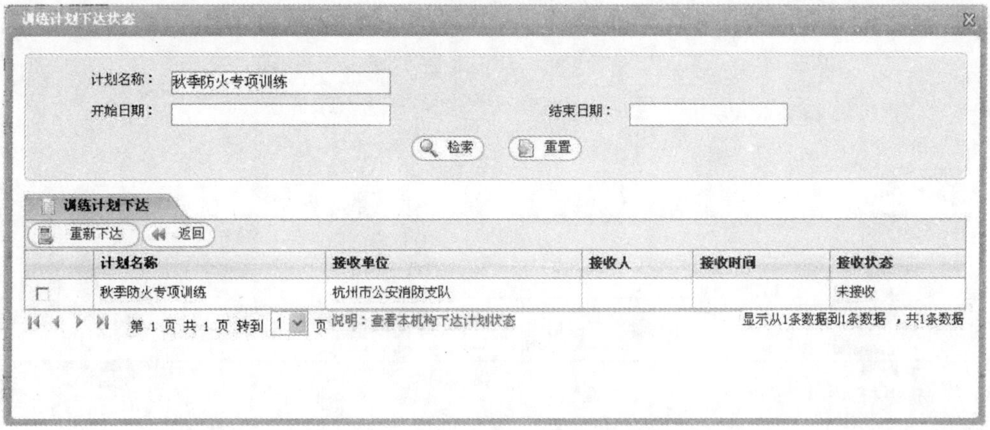

图 6－3－49　计划下达状态页面

在训练计划主页面，选定某一项训练计划，单击“计划上报状态”按钮，进入训练计划上报状态页面，或者不选定训练计划，直接点击“计划上报状态”按钮，进入训练计划上报状态页面，这样显示所有上报计划。该页面分为两部分，上方为检索区，可以根据计划名称、开始时间、结束时间进行检索。下方为训练计划上报列表，包括计划名称、上报单位、接收人、接收时间、接收状态。其中接收状态分为已接收、未接收和发送失败，如果接收状态为发送失败，可点击“重新上报”进行重新上报，否则点击“重新上报”会提示已经上报过，不能重复上报。

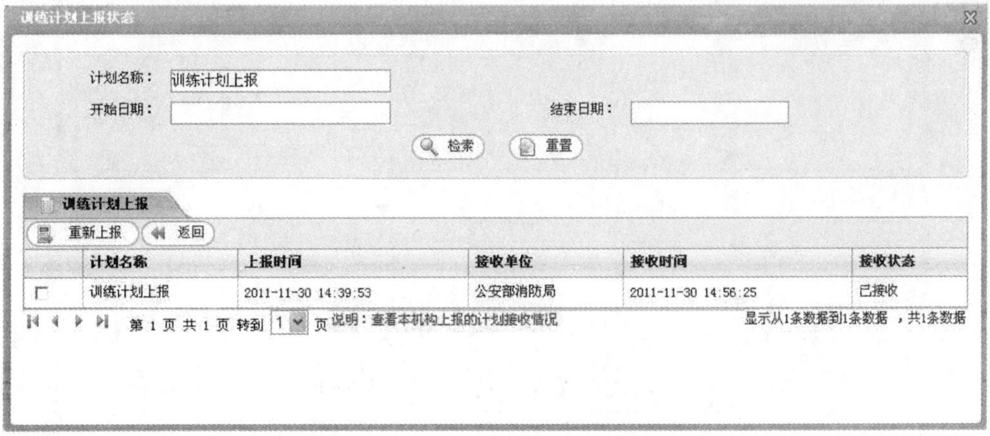

图 6－3－50　计划上报状态页面

（2）计划查询

计划查询界面包括两部分，上方是训练计划的查询区，可以根据计划分类、计划类型、所属计划、计划名称、制订时间以及制订单位进行组合查询。其中，计划分类包括综合计划和专项计划，综合计划的计划类型包括年度训练计划、季度训练计划、月训练计划以及周训练计划，专项计划的计划类型包括演练计划、竞赛计划、集训计划以及其他计划专项，制订单位可以查询本单位以及下属单位。下方是登录人所在单位的训练计划列表。用户可以进行查看、导出操作。

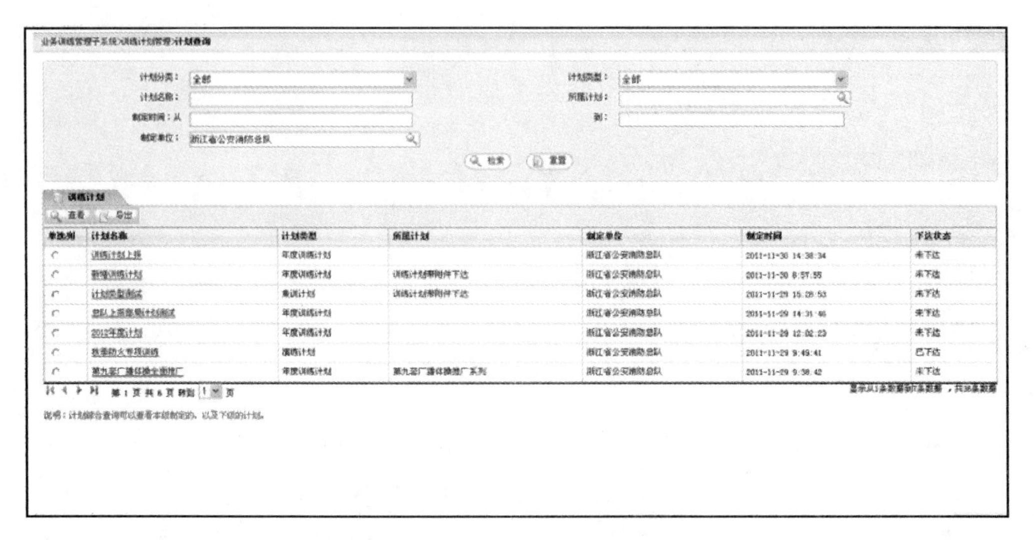

图 6－3－51　计划查询主页面

在计划查询主界面，选择一行记录，点击“查看”按钮，或者直接点击训练计划列表的计划名称列，进入查看训练计划页面。

查看计划

计划详细信息

关闭

计划名称：	训练计划上报		
所属计划：			
计划类型：	年度训练计划		
训练内容：	冬季体能训练		
附件内容：			
下达状态：	未下达		
上报状态：	已上报		
制定单位：	浙江省公安消防总队	制定时间：	2011-11-30 14:38:34

图 6－3－52　查看训练计划页面

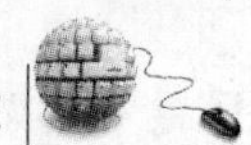

在计划查询主界面，点击“导出”按钮，在“选择导出类型”下拉框选择文件导出类型，然后点击“导出”按钮，在弹出页面选择“保存”。

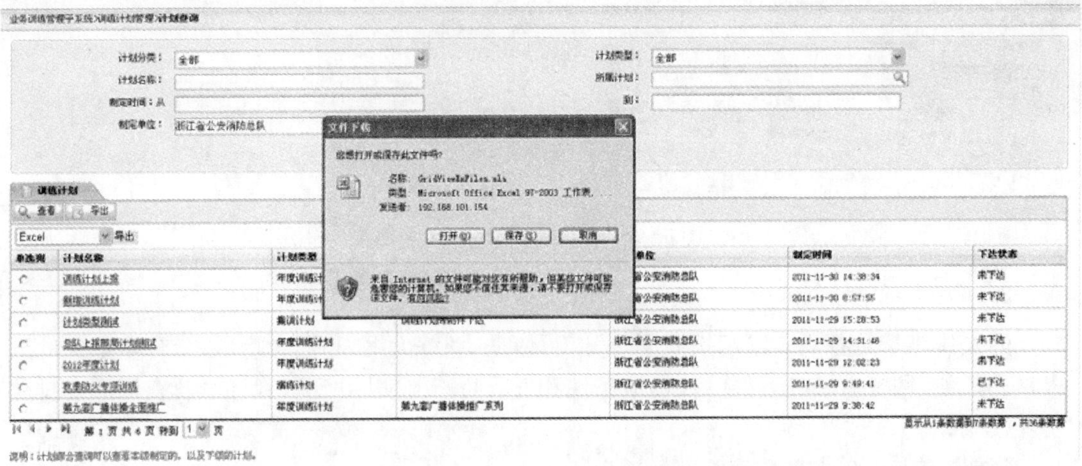

图 6-3-53　导出训练计划页面

训练计划接收页面显示本级消防机构需要接收和已经接收的训练计划。页面上方列表为待接收训练计划列表，页面下方是已接收训练计划列表。当在待接收训练计划列表中，选定一项或者多项训练计划后，单击“接收”按钮，则该项计划从待接收训练计划列表中移入已接收训练计划列表中。选择一行训练计划，点击“查看”按钮，或者直接点击训练计划名称，可以查看该计划的详细信息。

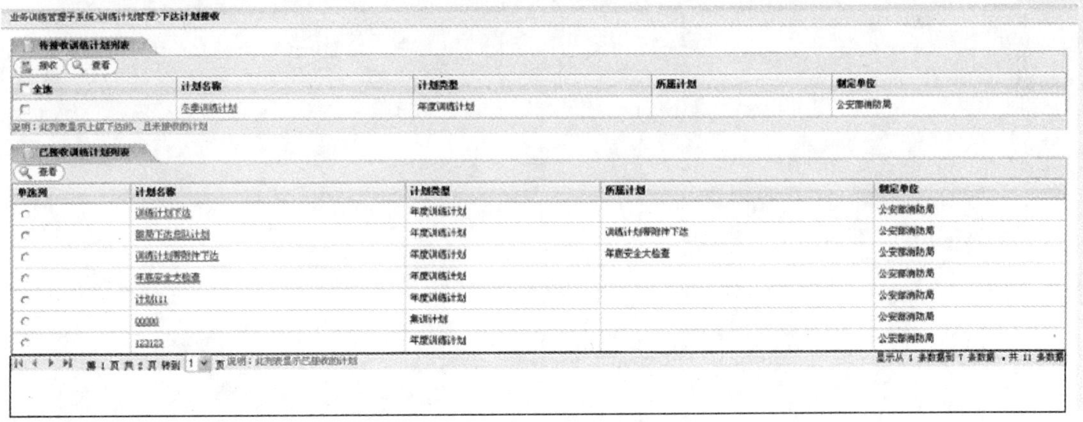

图 6-3-54　下达计划接收页面

业务训练管理子系统>训练计划管理>上报计划接收

待接收训练计划列表

接收　查看

全选	计划名称	计划类型	所属计划	制定单位	上报时间
	体能比赛	年度训练计划	1124测试计划	杭州市公安消防支队	2011-11-24 12:05:55

说明:此列表显示下级上报的、且未接收的计划

已接收训练计划列表

查看

单选列	计划名称	计划类型	所属计划	制定单位	上报时间
	体能训练	年度训练计划		杭州市公安消防支队	2011-11-16 16:16:54

说明:此列表显示已接收的计划

图 6-3-55　上报计划接收页面

2. 周安排管理(仅限中队使用)

周安排维护是各消防部门按照职责分工,依据《训练大纲》和上级指示,结合本单位的灭火执勤任务、训练水平、器材装备、场地条件和气候特点等实际情况,制订以及查询周安排的功能模块。

说明:只有中队有周安排维护权限。

周安排维护主界面的主要窗体是一个月历,默认显示为当前月。其中,标记为黄色的日期为当前日期,标记有蓝色内容的日期说明该日期已有日训练计划。点击没有日训练计划的日期或者有日训练计划的日期的空白部分,即可新增日训练计划,点击已有日训练计划,可以对该日训练计划进行维护。不能为当前日期之前的日期新增训练计划。

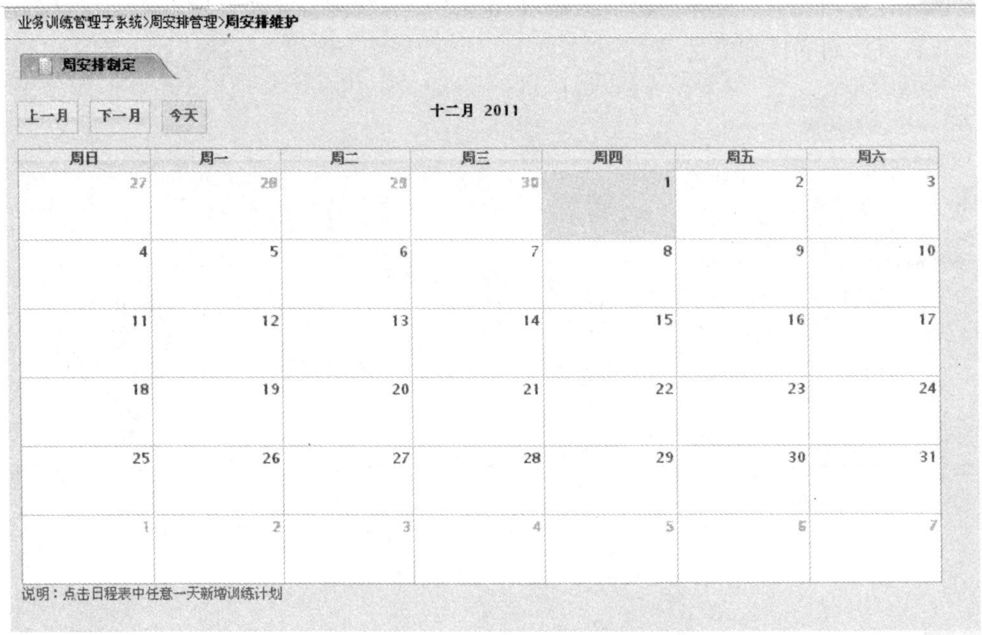

业务训练管理子系统>周安排管理>周安排维护

周安排制定

上一月　下一月　今天

十二月 2011

周日	周一	周二	周三	周四	周五	周六
27	28	29	30	1	2	3
4	5	6	7	8	9	10
11	12	13	14	15	16	17
18	19	20	21	22	23	24
25	26	27	28	29	30	31
1	2	3	4	5	6	7

说明:点击日程表中任意一天新增训练计划

图 6-3-56　周安排维护主界面

在周安排维护主页面点击没有日训练计划的日期,或者点击有日训练计划的日期的空

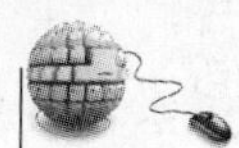

白地方即可进入新增日训练计划的界面。增加日训练计划页面包括计划名称、训练日期、时间段、训练地点、科目名称、组织者、人员、参训内容、组织实施方法、保障措施、训练重点。其中，标有红色“ * ”的项为必填项。

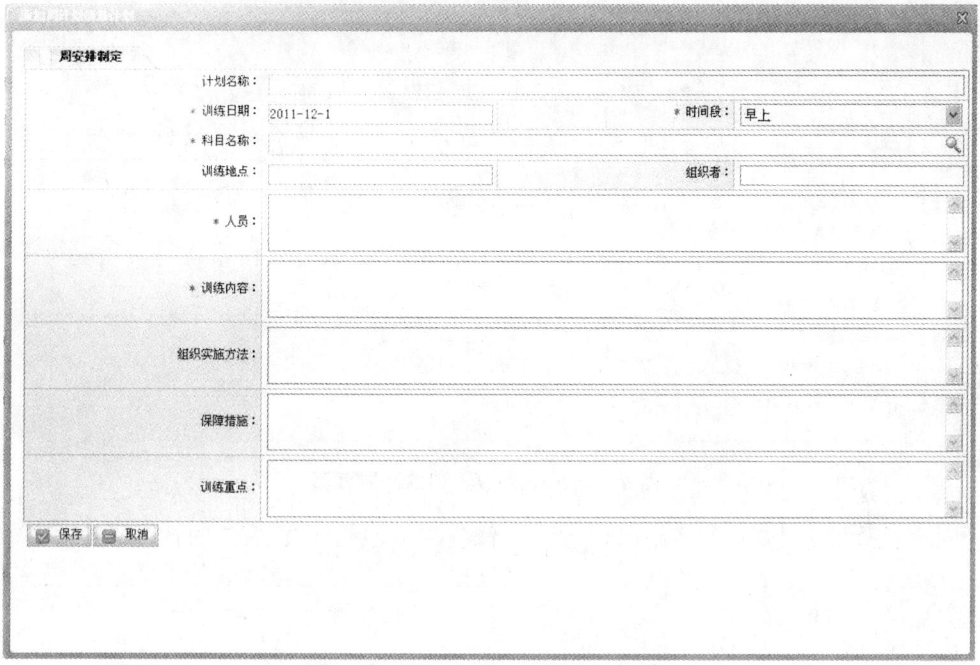

图 6-3-57　新增日训练计划页面

在周安排维护主界面点击日训练计划部分，进入日计划详细列表界面。在日计划详细列表界面选择一行记录，点击“修改”进入修改日训练计划界面。增加日训练计划页面包括计划名称、训练日期、时间段、开始时间、结束时间、科目类别、训练地点、科目名称、组织者、人员、参训内容、组织实施方法、保障措施、训练重点。其中，标有红色“ * ”的项为必填项。

图 6-3-58　日计划详细列表页面

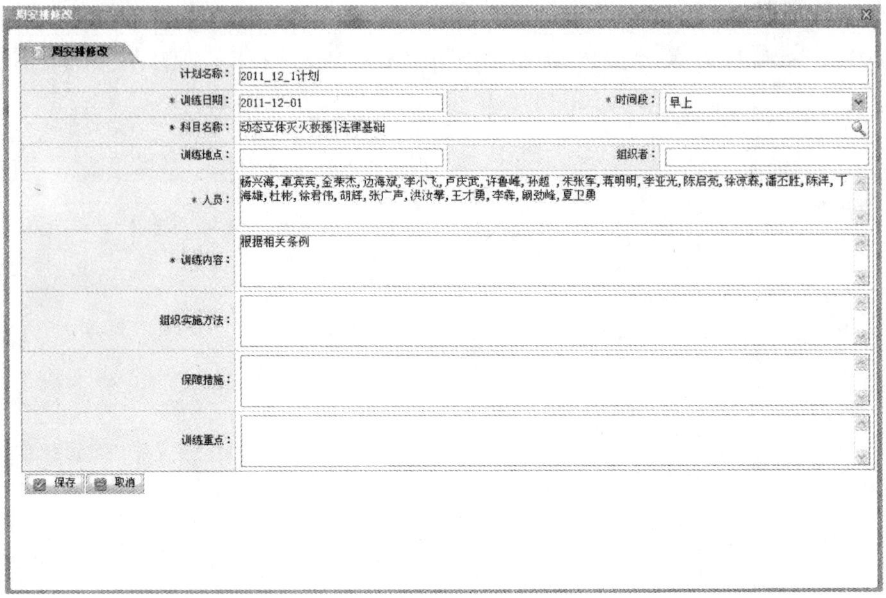

周安排修改

计划名称：2011_12_1计划

* 训练日期：2011-12-01　　* 时间段：早上

* 科目名称：动态立体灭火救援|法律基础

训练地点：　　组织者：

* 人员：杨兴海，卓宾宾，金乘杰，边海斌，李小飞，卢庆武，许鲁峰，孙超，朱张军，蒋明明，李亚光，陈启亮，徐凉森，潘丕胜，陈洋，丁海雄，杜彬，徐君伟，胡辉，张广声，洪汝擎，王才勇，李森，阚劲峰，夏卫勇

* 训练内容：根据相关条例

组织实施方法：

保障措施：

训练重点：

保存　取消

图 6-3-59　修改日训练计划页面

如果该日训练计划已经实施，则不能进行修改，否则会提示“已实施的日计划无法更改！”。

图 6-3-60　日训练计划修改提示

在日训练详细列表界面，选择一行记录，点击“删除”按钮，删除所选择的日训练计划。登录人只能删除未实施的日训练计划，而不能删除已实施的日训练计划，否则会提示“已实施的训练计划无法删除！”。

日计划详细列表

新增　修改　删除　实施　实施记录　查看　返回

	科目名称	开始时间	结束时间	组织者
☑	[illegible]	2011/5/31 14:31:00	2011/5/31 14:31:00	[illegible]
☐	100米跑	2011/5/31 14:33:00	2011/5/31 14:33:00	

提示

已实施的训练计划无法删除!

关闭

图 6-3-61　日训练计划删除提示

在日训练详细列表界面，选择一行记录，点击“实施”按钮，进入日计划实施记录界面。该页面包括实施状态、记录人员、记录时间以及实施情况。

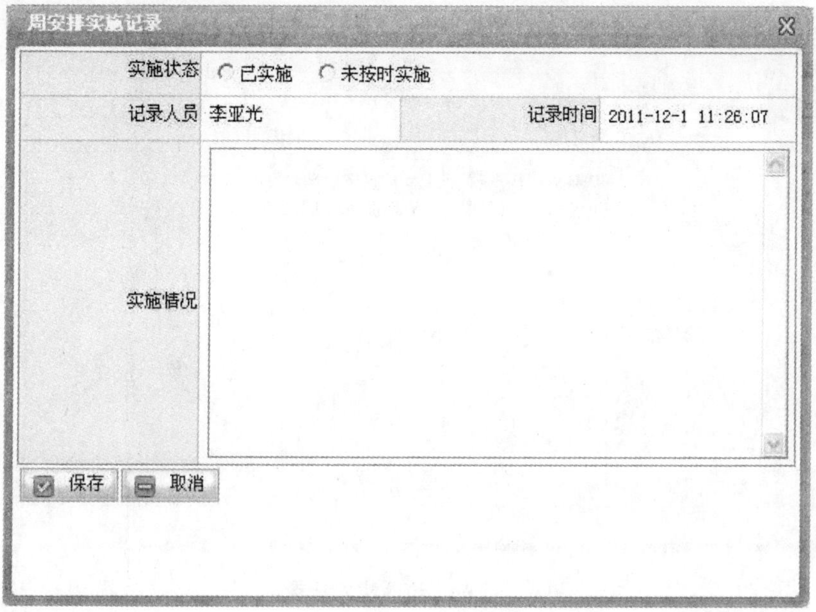

图 6－3－62　实施日训练计划页面

在日训练详细列表界面，选择一行记录，点击“实施记录”按钮，进入日计划实施记录界面。该页面包括所属计划、记录人员、记录时间、训练单位以及训练内容。

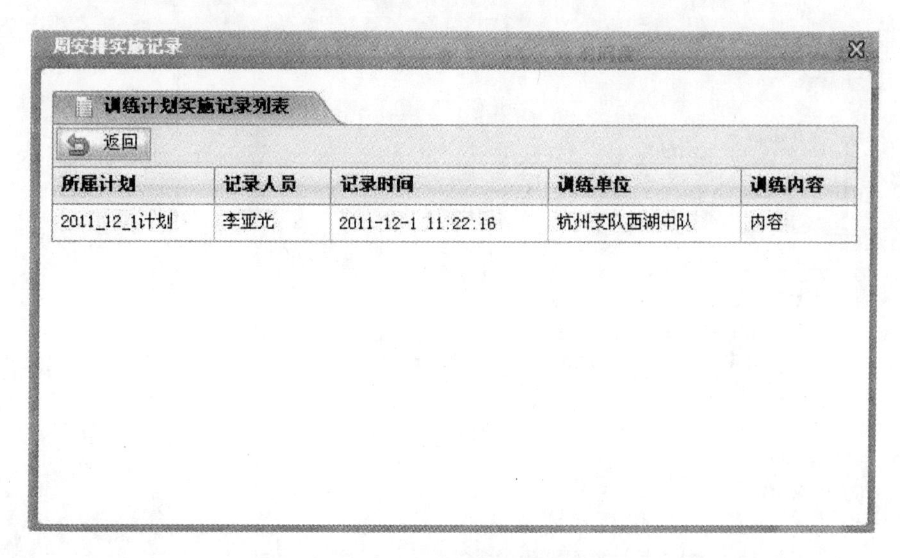

所属计划	记录人员	记录时间	训练单位	训练内容
2011_12_1计划	李亚光	2011-12-1 11:22:16	杭州支队西湖中队	内容

图 6－3－63　日训练计划实施记录页面

点击训练内容列里面的“内容”，可以查看实施记录情况。

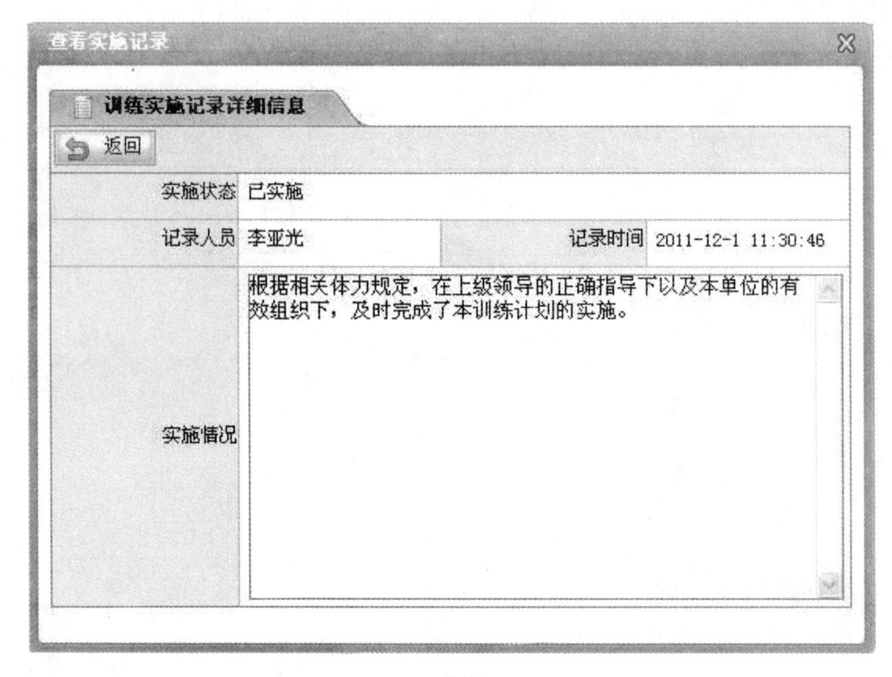

图 6-3-64　查看实施记录页面

在日训练详细列表界面，选择一行记录，点击“查看”按钮，或者直接点击列表中的计划名称列，进入查看日训练计划界面。该页面包括计划名称、是否已实施、训练地点、科目名称、训练日期、组织者、时间段、人员、参训内容、组织实施方法、保障措施、训练重点以及实施记录。

周安排信息

周安排详情

返回

计划名称：	2011_12_2计划		
是否已实施：	未实施	训练地点：	
科目名称：	内务条令|纪律条令		
训练日期：	2011-12-02	组织者：	
时间段：	早上		
人员：	杨兴海，卓宾宾，金荣杰，边海斌，李小飞，卢庆武，许鲁峰，孙超，朱张军，蒋明明，李亚光，陈启亮，徐凉森，潘丕胜，陈洋，丁海雄，杜彬，徐君伟，胡辉，张广声，洪汝攀，王才勇，李犇，阚劲峰，夏卫勇		
训练内容：	111		
组织实施方法：	11		
保障措施：	11		
训练重点：	22		
实施记录：	没有符合要求的结果!		

图 6-3-65　查看日训练计划页面

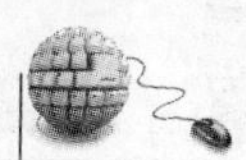

3. 周安排查看

周安排查看是各消防部门按照职责分工，依据《训练大纲》和上级指示，结合本单位的灭火执勤任务、训练水平、器材装备、场地条件和气候特点等实际情况，查询每日训练计划的功能模块。系统默认为当前日期的日训练计划。

说明：只有中队有周安排查看权限。

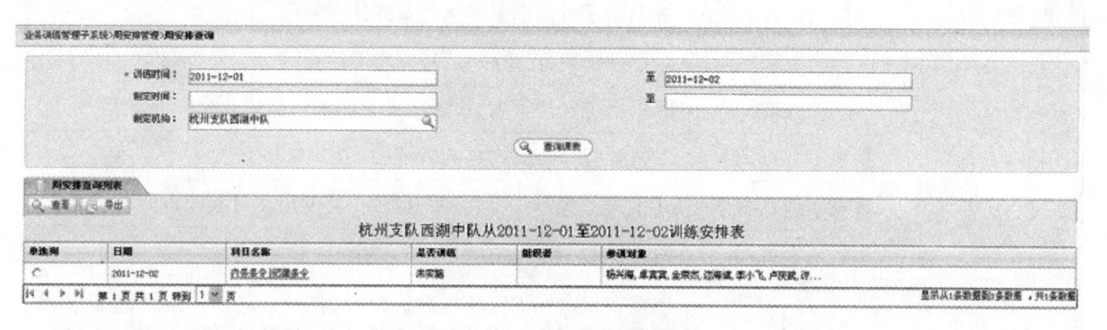

图 6-3-66　周安排查看主页面

在周安排查看界面，选择一行记录，点击“查看”按钮，或者直接点击列表中的计划名称列，进入查看日训练计划界面。该页面包括计划名称、是否已实施、训练地点、科目名称、训练日期、组织者、时间段、人员、参训内容、组织实施方法、保障措施、训练重点以及实施记录。

在周安排查看主界面，点击“导出”按钮，在“选择导出类型”下拉框选择文件导出类型，然后点击“导出”按钮，在弹出页面选择“保存”。

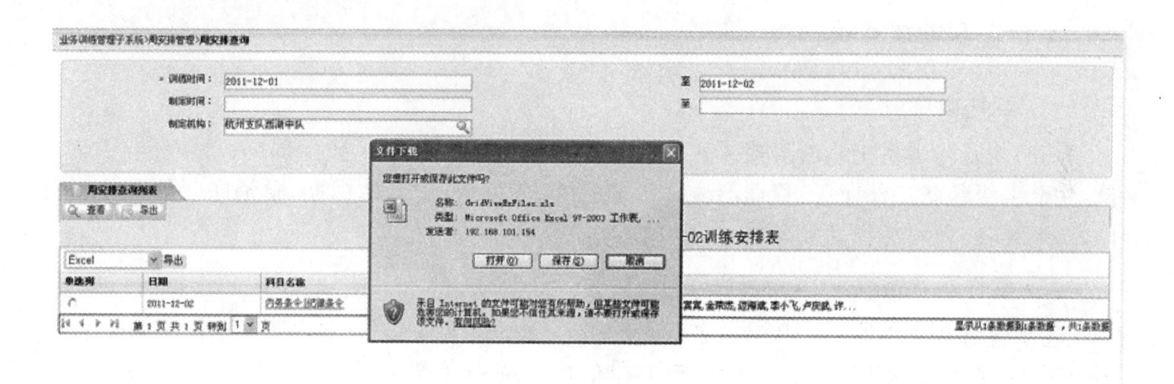

图 6-3-67　导出训练计划页面

（三）指挥决策支持子系统

指挥决策支持子系统是灭火救援业务管理系统的一个组成部分，主要包含应用计算，信息查询，灭火救援圈分析，消防知识维护，化学危险品管理等业务功能(见表 6-3-3)。

(1) 应用计算：根据不同的计算公式对不同环境类别下灭火剂量的计算。

(2) 信息查询：分为预案查询、水源查询、执勤实力查询、预案基础信息查询、指挥决策查询。

(3) 灭火救援圈分析:灭火救援圈分析中提供了车辆圈分析功能。

(4) 消防知识维护:对消防知识进行维护管理。

(5) 化学危险品管理:对化学危险品信息进行维护管理。

表 6-3-3 指挥决策支持子系统菜单功能表

主菜单	子菜单	功　能
应用计算	应用计算	对不同环境类别下灭火剂量的计算
信息查询	预案查询	对类型预案、对象预案、接收预案的查询
	水源查询	提供水源定位查询、水源电子手册查询两种方式查询水源
	执勤实力查询	对执勤实力相关内容的查询
	预案基础信息查询	对灭火预案单位、消防保卫警卫、其他预案对象的查询
	指挥决策查询	对化学品、案件、消防知识的查询
灭火救援圈分析	车辆圈分析	以灾害地点和灾害所在辖区中队为中心,进行作战功能需求分析并按毗邻优先级及中队距离调集车辆,以及在灾害点周边车辆距离及到场时间进行分析计算
消防知识维护	消防知识维护	提供消防知识信息的分类管理、维护,在此对消防知识进行新增、修改和删除操作
化学危险品管理	化学危险品管理	对化学危险品信息的维护功能,包括新增、修改、删除操作

二、装备管理系统

(一) 软件概述

消防装备管理系统是消防救援队伍管理系统包含的系统之一,覆盖部局、总队、支队、大队、中队五级装备工作业务,管理消防装备全系统、全过程、全生命周期,是消防一体化中消防车辆、装备、器材数据的来源。

(二) 软件基本组成

主要包含规划编制、实力统计、装备采购、装备配备、装备储备、装备使用、事故调查、战勤保障、人员管理、证照管理、系统管理、基础信息、数据采集等功能。

(三) 软件部分菜单介绍

表 6-3-4 装备管理系统菜单功能表

主菜单	子菜单	功　能
规划编制	上级规划	查看上级下发的装备建设规划
	本级规划	各级消防救援队伍根据实际情况制定装备建设规划和具体执行规划的过程

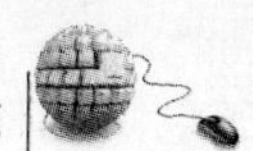

续表

主菜单	子菜单	功 能
实力统计	消防车辆	维护查看消防车辆
	器材管理	查询查看消防装备器材
	消防船艇	维护查看消防船艇
	飞行器	维护查看消防飞行器
	特种消防装备	维护查看特种消防装备
	装备概况	查看消防装备概况
	消防装备统计	查询统计消防装备
	现役消防车统计	查询统计现役消防机构、在装备管理系统中进行全寿命周期管理的消防车
	非现役消防车辆	查询统计在装备管理系统中管理的非现役消防机构下的消防车
	消防车辆高级查询	多条件查询检索消防车辆
	实力分析	结合地图查询机构装备实力
装备使用	装备信息	查询装备信息
	器材配置维护	对本机构下的车辆进行装载卸载器材的配置,查看装载卸载记录,更新配置等操作
	使用情况维护	对装备使用的一个记录,提供新增装备使用记录,查询使用情况、删除使用情况等操作功能
	车辆监理维护	对车辆监理的记录维护,提供新增,编辑,查询,删除等操作

三、其他业务系统简介

(一)营房管理系统

1. 软件概述

营房管理系统是一个横向覆盖消防营房全部业务、纵向贯通各级消防部门的统一的信息化执法平台。实现对统计查询、工程管理、房地租赁、住房保障、地理信息、信息维护和系统管理等的信息化管理。

2. 软件的基本组成和操作概述

营房管理系统功能覆盖消防营房全部业务,用户群涵盖部局、总队、支队、大队、中队五级用户。营房管理系统功能主要由统计查询、工程管理、房地租赁、住房保障、地理信息、信息维护、系统管理等九部分组成。

进入营房管理系统可以进行以下操作:

(1) 统计查询:实力数据查询、其他数据查询、营房质量统计、营房变更统计、现有营房统计、营房分类统计、中队面积统计、中队用房统计、现有坐落统计、坐落变更统计、营房实力对比、坐落实力对比。

(2) 工程管理:营区规划、工程项目、工程项目进度、工程项目决算、报表统计。

(3) 房地租赁:房地租赁接收、房地租赁维护、房地租赁办证、房地租赁同步、房地租赁上报、房地租赁统计。

(4) 住房保障:住房档案接收、住房档案维护、住房档案上报/同步、住房档案打印、住房保障维护。

(5) 地理信息:营房坐落展示。

(6) 信息维护:营房坐落维护、坐落分栋维护、锅炉信息维护、锅炉信息上报/同步、电梯信息维护、电梯信息上报/同步、实力数据上报/同步、实力数据接收。

(7) 系统管理:用户信息管理、单位信息管理、用户角色管理、功能权限管理、基础数据同步、数据字典同步、部署信息同步、系统参数管理、系统日志管理。

(二) 政治工作系统

1. 基本组成及特点

消防救援队伍政治工作系统是遵循"以管理流程为依据、以数据库为中心、以信息更新和整合为重点"原则设计研制的信息化系统,其功能覆盖部局、总队、支队三级的政治工作业务,是对消防救援队伍政治工作业务全系统、全过程、全寿命管理的系统,是消防救援队伍信息化建设的组成部分之一。

政治工作系统软件的特点是:

保证部局、总队、支队三级的各类政治工作业务信息能够与部队实际情况相吻合,重点保证政治工作基础数据库的及时更新和准确,确保三级政治工作业务人员对部队政治工作各类信息的实时、准确掌握;政治工作的各项业务流程通过本系统能够按序、高效、正常实施,并形成信息管理。

2. 软件的基本组成和操作概述

消防政治工作系统主要由组织建设、干部管理、经常性思想工作、心理工作、宣传文化工作、纪保督察和系统管理功能组成。政治工作系统的功能组成如图 6-3-68 所示。

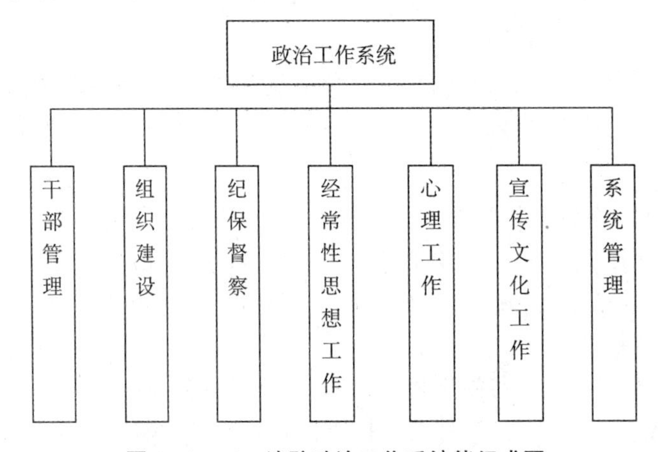

图 6-3-68 消防政治工作系统能组成图

政治工作系统含以下功能模块：

(1) 组织建设：包括党组织建设、团组织建设、武警委员会设置、奖励工作、优抚工作、伤亡统计功能模块。

(2) 干部管理：包括干部基本信息管理、干部实力统计、干部考核、干部任免、专业技术干部管理、计划调配、警衔管理、干部教育培训、干部请销假、干部福利及家属工作、干部出国(境)、证件管理、干部档案管理功能模块。

(3) 经常性思想工作：包括经常性思想形势掌控和思想工作骨干队伍建设功能模块。

(4) 心理工作：包括心理健康测查、心理健康服务和心理骨干队伍建设功能模块。

(5) 宣传文化工作：包括典型培育宣传、文体人才管理和两用人才管理功能模块。

(6) 纪保督察：包括廉政教育、廉政制度、廉政监督、督察工作、专项治理工作、信访受理与案件查处功能模块。

(7) 系统管理：包括权限管理、日志管理、待办事项管理、数据同步功能模块。

(三) 警务管理系统

1. 概述

消防救援队伍警务管理系统是遵循“以管理流程为依据、以数据库为中心、以信息更新和整合为重点”原则设计研制的信息化系统，其功能覆盖部局、总队、支队三级警务管理业务，是对消防救援队伍警务管理业务全系统、全过程、全寿命管理的系统，是消防救援队伍信息化建设的组成部分之一。

2. 软件的基本组成和操作概述

警务管理系统功能主要由编制管理、兵员管理、行政管理、军事实力统计等部分组成。

第四节　技能实训

实训 1　灭火救援业务管理系统应用

(1) 实训题目

登录灭火救援业务管理系统录入今日训练内容，水源信息并查询指定危险化学品。

(2) 实训目的

根据本章介绍内容，理解掌握灭火救援业务管理系统的使用。

(3) 实训内容

登录灭火救援业务管理系统周安排中录入本日业务训练内容(体能、两盘水带连接、6 m拉梯铺设水带、交通事故救援演练)；打开水源管理模块，录入一条水源信息块(信息来源：纸质资料、实战化信息)；在化学危险品信息模块中检索“氯气”，对处置措施进行截图，在20 min 内完成所有操作。

(4) 实训方法

① 登录灭火救援业务管理系统在周安排中录入本日业务训练内容：体能、两盘水带连接、6 m 拉梯铺设水带、交通事故救援演练。

② 打开水源管理模块,录入一条水源信息。

③ 打开预案管理查询指定化学危险品并对其处置措施进行截图。

④ 20 min 内完成所有操作。

(5) 实训总结

根据实训中出现的问题做出总结。

实训 2　装备管理系统应用

(1) 实训题目

登录装备管理系统对指定装备进行保养登记。

(2) 实训目的

根据本章介绍内容,理解掌握装备管理系统的使用。

(3) 实训内容

登录装备管理系统对所有消防车辆进行保养登记,在 10 min 内完成所有操作。

(4) 实训方法

① 登录装备管理系统。

② 装备使用模块,检查保养子模块,对消防车辆进行保养登记。

③ 10 min 内完成所有操作

(5) 实训总结

根据实训中出现的问题做出总结。

实训 3　接处警地图台应用

(1) 实训题目

调用本校大门视频,查询指定车辆当日历史轨迹,查询指定消防栓信息。

(2) 实训目的

根据本章介绍内容,理解掌握接处警地图台的应用。

(3) 实训内容

调用本校大门视频,调用 GPS 模块,查询本校车辆当日历史轨迹,调用水源查询模块,查询 1 号消防栓信息,在 20 min 内完成所有操作。

(4) 实训方法

① 调用视频模块,调用本校大门视频。

② 调用 GPS 模块,选择本校××号车,查询当日历史轨迹。

③ 调用水源查询模块,查询 1 号消防栓信息。

④ 20 min 内完成所有操作

(5) 实训总结

根据实训中出现的问题做出总结。

第七章 消防图绘制

DI QI ZHANG

消防图常用于灭火救援预案制作，战斗力量部署等方面，通过对图纸的观察，能够熟悉辖区的环境，并有助于科学迅速展开救援行动以及战评总结。

因此，消防图制作的好坏直接影响到灭火救援行动。

第一节 制图软件介绍

目前消防救援队伍常用的绘图软件有消防态势标绘、Visio、AutoCAD 等软件。AutoCAD 作为全国设计行业通用的绘图软件使用最为广泛。下面以 AutoCAD 2008 为例介绍该软件常用操作方法。

一、AutoCAD 绘图

（一）AutoCAD 的主要功能

AutoCAD 是一款优秀的绘图软件，它在世界工程设计行业使用相当广泛，例如建筑、机械、电子、服装、气象、地理等领域。建筑行业是使用 AutoCAD 的大户，也是我国建筑设计领域接受最早、应用最广泛的软件，它几乎成了建筑绘图的默认软件，可以用来绘制建筑方案图、施工图和竣工验收图等。AutoCAD 也可以用来创造三维图形，AutoCAD 中的三维造型有 3 种方式，即线框模型、网格模型、实体模型。三维线框模型是一种轮廓模型，这种图形没有面和体的特征，经常用来绘制建筑设计中的轴测图纸。在 AutoCAD 的三维网格造型中，可以绘制各种各样的三维表面，以满足创建各类表面模型的要求。

（二）设置习惯工作界面

AutoCAD 2008 的工作界面包括标题栏、菜单栏、工具栏、绘图区、坐标系图标、命令提示行、状态栏等部分，如图 7－1－1 所示。

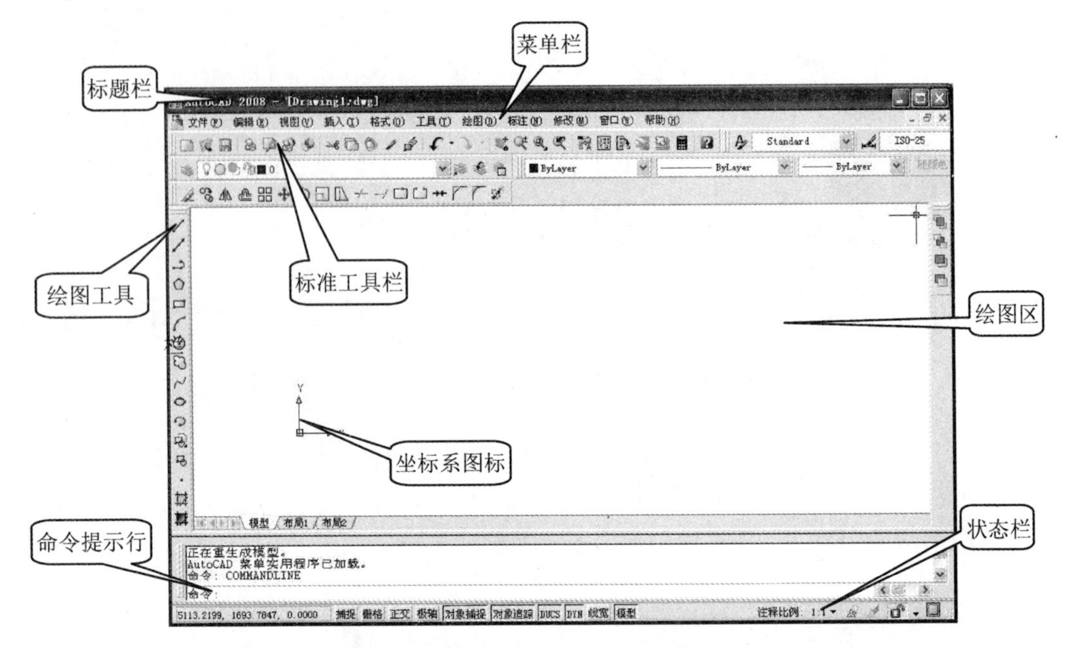

图 7-1-1　AutoCAD 2008 工作界面

在设计和绘制图形的过程中,根据用户不同的操作习惯,可以更改 AutoCAD 2008 的工作界面。本节主要介绍设置光标的大小、设置绘图区的颜色、设置命令行的行数和字体、自定义用户界面以及锁定工具栏和选项板等操作方法。

1. 设置光标大小

根据在绘图过程中不同的需要,可以更改十字光标的大小,这样在绘图过程中的定位就更加方便,其设置方法比较简单。

选择【工具】/【选项】命令打开【选项】对话框,单击【显示】选项卡,在【十字光标大小】栏中拖动滑块,或在文本框中直接输入数值,可改变光标长度,如图 7-1-2 所示。

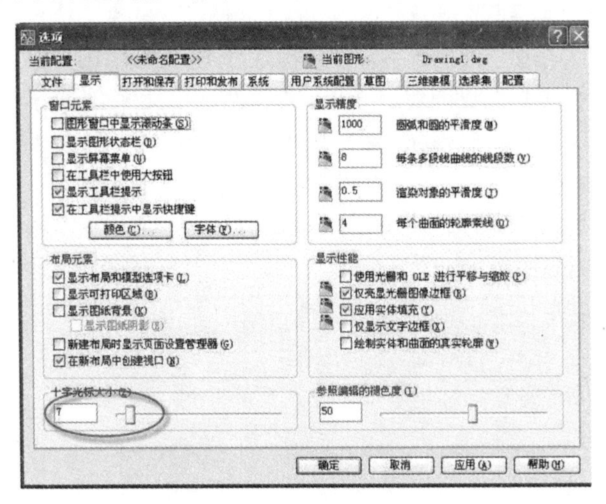

图 7-1-2　光标大小设置

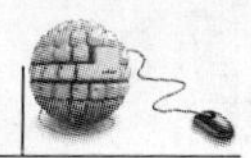

2. 设置绘图区颜色

启动 AutoCAD 后，其绘图区的颜色默认为黑色，根据自己的习惯可对绘图区的颜色进行修改。

设置绘图区颜色：选择【工具】/【选项】命令打开【选项】对话框，单击【显示】选项卡，单击【窗口元素】中的【颜色】按钮，打开【图形窗口颜色】对话框，在该对话框中单击【颜色（C）】下拉列表框后 按钮，打开颜色下拉列表，选择自己习惯使用的颜色。

在【背景（X）】列表框中选择【二维模型空间】选项，【界面元素（E）】列表框中选择【统一背景】选项，此时可预览绘图区的背景颜色。设置完成后，再单击“应用并关闭（A）”按钮，返回到【选项】对话框。最后单击【选项】对话框中的按钮返回到工作界面中，绘图区将以选择的颜色作为背景颜色，如图 7－1－3。

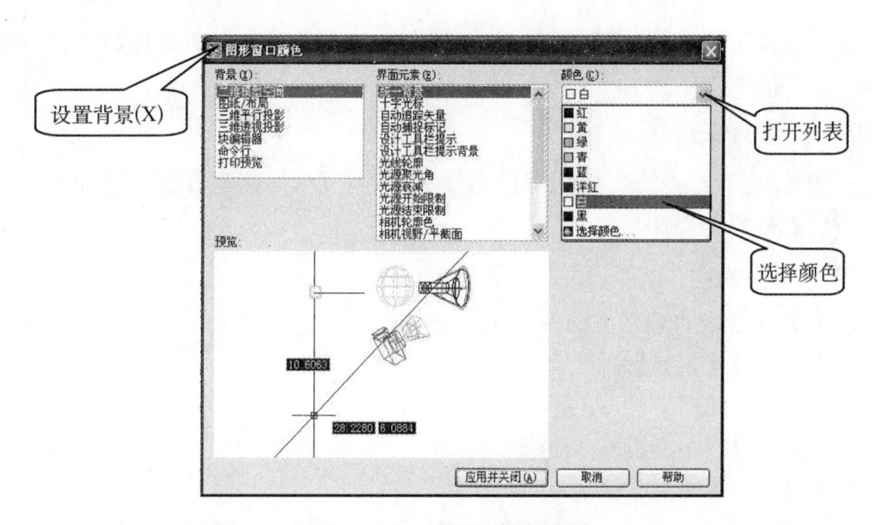

图 7－1－3 绘图区颜色设置

3. 设置命令行的行数与字体

（1）设置命令行行数

在 AutoCAD 中命令行默认的行数为 3 行，如果需要直接查看最近进行的操作，就需要增加命令行的行数。将鼠标光标移动至命令行与绘图区之间的边界处，鼠标光标变为 形状时，按住鼠标左键向上拖动鼠标，可以增加命令行行数，向下拖动鼠标可以减少行数。

（2）设置命令行字体的步骤如下：

① 选择【工具】/【选项】命令，打开【选项】对话框，然后单击【显示】选项卡，在【窗口元素】栏中单击“字体（F）”按钮，打开【命令行窗口字体】对话框。

② 在【字体】列表框中选择适合的字体；在【字形】列表框中选择适合的字形；在【字号】列表框中选择适合的字号。

③ 设置完成后，单击“应用并关闭”按钮，将返回到【选项】对话框中，再单击“确定”按钮，完成字体的设置。

4. 自定义用户界面

软件使用者可以通过【自定义用户界面】窗口自定义用户界面，在该窗口中包括了【自定义】和【传输】两个选项卡。其中,【自定义】选项卡用于控制当前的界面设置;【传输】选项卡可输入菜单和设置。

5. 锁定工具栏和选项板

AutoCAD 2008 可以锁定工具栏和选项板的位置,防止它们移动,锁定状态由状态栏上的挂锁图标表示。

选择【窗口】/【锁定位置】/【全部】/【锁定】命令,在工作界面的右下角将显示各工具栏和选项板是锁定的,如需解锁则选择【窗口】/【锁定位置】/【全部】/【解锁】命令即可。

6. 创建和保存个性化工作空间

在 AutoCAD 中可以创建具有个性化的工作空间,同时还可以将创建的工作空间保存起来。

选择【工具】/【工作空间】/【工作空间设置】命令,打开【工作空间设置】对话框,在该对话框中可以设置当前工作空间。

(三) 图形文件的管理

在绘制图形之前,首先需要熟练掌握图形文件的管理,如创建、保存、打开图形文件以及对图形文件设置密码等操作。

1. 创建新图形文件

新建图形文件命令的调用方法有如下几种:

(1) 选择【文件】/【新建】命令。

(2) 单击标准工具栏中的“新建”按钮。

(3) 直接在命令行中键盘输入 NEW 命令。

(4) 直接按 Ctrl+N 组合键。

2. 保存图形文件

在新建的图形文件中绘制图形时,为了避免电脑出现意外故障,需要使用保存命令对当前图形进行存盘,防止绘制的图形丢失,以便以后再次编辑。

保存图形文件命令的调用方法有如下几种:

(1) 选择【文件】/【保存】命令。

(2) 单击标准工具栏中的“保存”按钮。

(3) 直接在命令行中键盘输入 SAVE 命令。

(4) 直接按 Ctrl+S 组合键。

3. 打开图形文件

在绘图的过程中需要再次编辑存放在电脑中的文件时,需要将该图形文件打开。

打开已有的图形文件命令的调用方法有如下几种:

(1) 选择【文件】/【打开】命令。

(2) 单击标准工具栏中的“打开”按钮。

(3) 直接在命令行中键盘输入 OPEN 命令。

(4) 直接按 Ctrl+O 组合键。

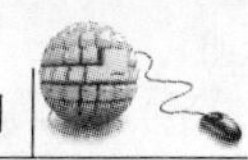

4. 设置密码

在保存图形时，可以对图形设置密码，以防止他人擅自打开该图形文件。

5. 关闭图形文件

当用户将图形绘制完成并保存后，需要将其关闭。

关闭图形文件的方法有如下几种：

(1) 选择【文件】/【退出】命令。

(2) 单击标题栏中的“关闭”按钮。

(3) 直接在命令行中输入 QUIT/EXIT 命令。

(4) 直接按 Alt+F4 组合键。

（四）绘图及编辑工具使用

1. 绘制线段对象

线段对象是绘制建筑图纸中最基本的构造图形对象，大多数建筑图纸中的图形都由线段对象组成的。在 AutoCAD 2008 中，线段对象包括直线、射线、构造线、多线、多段线等。我们可以通过软件界面上的【绘图】工具栏看到常用的几个线段工具，如图 7-1-4 所示。

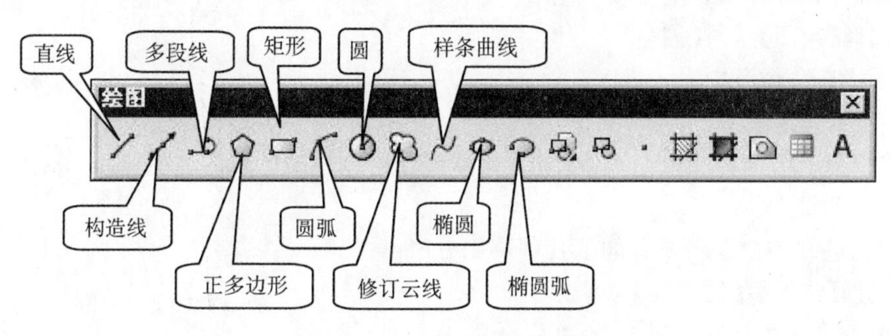

图 7-1-4　绘图及编辑工具

(1) 绘制直线

在 AutoCAD 2008 中，直线对象相当于几何中有方向和长度的矢量线段。并且，AutoCAD 2008 中的直线对象和其他所有基本图形一样都需要设定所在的位置。

绘制直线的命令主要有如下几种调用方法：

- 选择【绘图】/【直线】命令。
- 单击绘图工具栏中的 ⁄ 按钮。
- 直接在命令行中输入 LINE 命令。
- 使用快捷键，直接在命令行中输入 L 命令。

练习：

使用直线命令，绘制垂直线段和水平线段。其中水平线段以坐标(0,100)为起点，长度为 200；垂直线段以坐标(100,0)为起点，长度为 200，如图 7-1-5 所示。

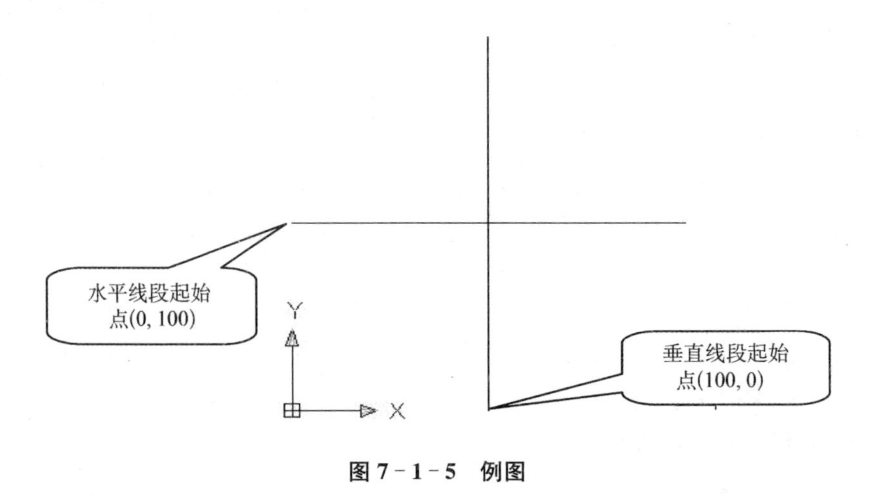

图 7-1-5　例图

(2) 绘制射线

射线在建筑图形中一般作为辅助线使用,它在 AutoCAD 中表示从一个指定的坐标点向某个方向无限延伸的直线段对象。该线段对象拥有起点和方向,没有终点。

射线命令的调用方法有如下几种:

➢ 选择【绘图】/【射线】命令。

➢ 直接在命令行中输入 RAY 命令。

(3) 绘制构造线

构造线只有方向,没有起点和终点。构造线在绘制建筑图形时作为辅助线使用,用于确定建筑图形的结构。

绘制构造线的命令主要有如下几种调用方法:

➢ 选择【绘图】/【构造线】命令。

➢ 单击绘图工具栏中的 按钮。

➢ 直接在命令行中输入 XLINE 命令。

(4) 绘制多线

多线是由多条平行线构成的线段,它具有起点和终点,同时还具有构成多线的单条平行线元素属性。多线是 AutoCAD 中设置项目最多、应用最复杂的直线段对象。一般在建筑制图过程中用于绘制墙体、窗户和细部特殊组件。

① 设置多线命令的调用方法有以下几种:

➢ 选择【格式】/【多线样式】命令。

➢ 在命令行中输入 MLSTYLE 命令。

② 绘制多线命令的调用方法有以下几种:

➢ 选择【绘图】/【多线】命令。

➢ 在命令行中输入 MLINE 命令。

练习:

使用多线命令,绘制一个房间墙体的平面图,房间的长度为 7 200 mm,宽度为 3 900 mm,房间墙厚为 240 mm,如图 7-1-6 所示。

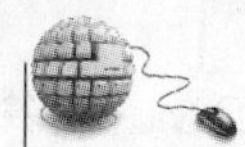

(5) 绘制多段线

图 7-1-6　多线练习

多段线在建筑绘图中是应用比较广泛的图形对象之一，由于多段线是多条直线或弧线所构成的实体，易于选择和编辑，因此很多设计师和绘图员都喜欢使用多段线来绘制线性图形。另外，多段线还可以通过不同的线宽设置绘制出很多有特殊效果的线性图形。多段线的设置决定多段线的样式和属性。

多段线命令主要有如下几种调用方法：

➢ 选择【绘图】/【多段线】命令。

➢ 单击绘图工具栏中的按钮。

➢ 直接在命令行中输入 PLINE 命令。

练习：

综合前面所学的知识，绘制简单的平面书桌和椅子，如图 7-1-7 所示。

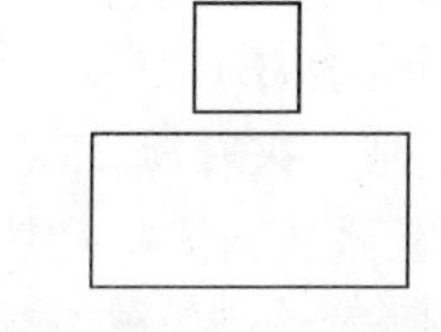
图 7-1-7　多线命令练习图例

2. 绘制弧形对象

相对于线段对象来说，弧形对象的绘制过程要复杂一些。弧形对象在建筑图纸的绘图过程中应用很广泛，通常用作绘制装饰图案、桥梁、建筑组件和家具等。弧形对象包括圆弧(ARC)、圆(CIRCLE)、椭圆(ELLIPSE)和修订云线(REVCLOUD)等。

(1) 绘制圆

圆是弧形对象中最规则和最简单的图形对象，主要的控制元素为圆心和半径，圆心确定圆的位置，半径确定圆的大小，即圆心半径法。另外也可以通过确定圆周上的三点坐标点来绘制圆，还可以通过两点确定圆直径来绘制圆。如果需要参照现有图形绘制相切圆，也可以通过“相切、相切、半径”的方式绘制圆形。

圆命令的调用方法有如下几种：

➢ 选择【绘图】/【圆】命令。

➢ 单击绘图工具栏中的按钮。

➢ 直接在命令行中输入 CIRCLE 命令，或在命令行输入快捷键 C 命令。

(2) 绘制圆弧

圆弧的绘制方式有两种，第一种是利用起点、第二点和端点控制圆弧位置和长度，即三点确定法；第二种是利用圆心确定位置，然后确定半径再以扇形的方式绘制圆弧，即圆心半径法。

圆弧命令的调用方法有如下几种：

➢ 选择【绘图】/【圆弧】命令。

➢ 单击绘图工具栏中的按钮。

➢ 直接在命令行中输入 ARC 命令，或在命令行输入快捷键 A 命令。

(3) 绘制椭圆

椭圆的绘制也有两种方式，第一种是通过椭圆一条半轴的两个端点和另一条半轴的长度来确定椭圆，即端点法；第二种是通过确定中心点坐标再确定两条半轴长度来确定椭圆，即圆心半径法。

椭圆命令的调用方法有如下几种：

- 选择【绘图】/【椭圆】命令。
- 单击绘图工具栏中的按钮。
- 直接在命令行中输入 ELLIPSE 命令，或在命令行输入快捷键 EL 命令。

(4) 绘制椭圆弧

椭圆弧是一种特殊的弧线，它是椭圆上的一段曲线。

椭圆弧命令的调用方法有如下几种：

- 选择【绘图】/【椭圆】/【圆弧】命令。
- 单击绘图工具栏中的按钮。

(5) 绘制圆环

从构成上来看，圆环是由两个同心圆构成的，但是通过圆环绘制命令绘制的圆环是一个整体，并且系统默认在大圆和小圆之间填充颜色。

圆环命令的调用方法有如下几种：

- 选择【绘图】/【椭圆】/【圆环】命令。
- 直接在命令行中输入圆环 DONUT 命令，或在命令行输入快捷键 DO 命令。

(6) 绘制样条曲线

样条曲线是由多个控制点确定的一条流线型曲线。样条曲线在绘制方法上与直线段中的多段线相似。它在建筑绘图中是一个非常重要的曲线类型，常用于图案、园林、规划等图纸的绘制。

样条曲线命令的调用方法有如下几种：

- 选择【绘图】/【样条曲线】命令。
- 单击绘图工具栏中的按钮。
- 直接在命令行中输入 SPLINE 命令，或在命令行输入快捷键 SPL 命令。

(7) 绘制修订云线

修订云线是一种类似云朵的曲线，是由多个控制点和最大弧长、最小弧长控制的一种曲线对象。多用于自由图案的绘制。

修订云线命令的调用方法有如下几种：

- 选择【绘图】/【修订云线】命令。
- 单击绘图工具栏中的按钮。
- 直接在命令行中输入 REVCLOUD 命令。

练习：

利用前面学习的知识绘制一个建筑平面绘制中较常用的洗面盆，我们将使用椭圆命令绘制洗面盆的大轮廓，使用圆命令绘制洗面盆的进水孔，使用圆环命令绘制它的出水孔，使用多段线椭圆弧绘制龙头，如图 7-1-8 所示。

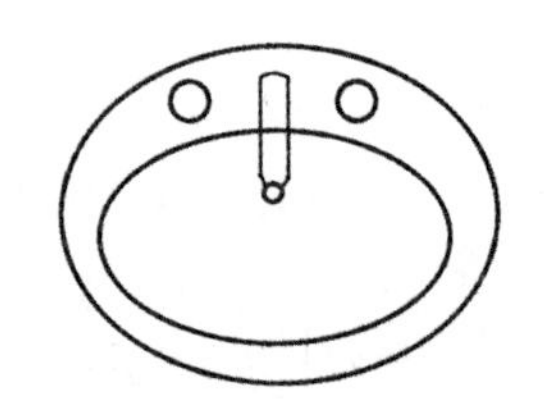

图 7-1-8 修订云线练习图例

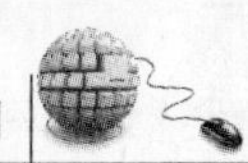

3. 绘制多边形和矩形

多边形和矩形都是基本的几何图形，在建筑绘图中这些集合图形与直线一样是应用最多的图形对象。

矩形属于多边形中一种特殊的四边形，多边形在 AutoCAD 中的构成原理是通过顶点确定位置和形状，顶点之间由直线段连接。

(1) 绘制多边形

创建正多边形是指绘制正方形、等边三角形、八边形等图形。正多边形最少具有 3 条边，在 AutoCAD 2008 中最多边数可以达到 1 024 条边。

正多边形命令的调用方法有如下几种：

➢ 选择【绘图】/【正多边形】命令。

➢ 单击绘图工具栏中的⌂按钮。

➢ 直接在命令行中输入 POLYGON 命令，或在命令行输入快捷键 POL 命令。

(2) 绘制矩形

矩形是特殊的多边形，我们不仅可以指定长度、宽度、面积和旋转参数，还可以控制矩形上角点的类型如网角、倒角或直角。

矩形命令的调用方法有如下几种：

➢ 选择【绘图】/【正多边形】命令。

➢ 单击绘图工具栏中的▭按钮。

➢ 直接在命令行中输入 RECTANG 命令，或在命令行输入快捷键 REC 命令。

练习：

绘制一个面积为 4 000 的矩形，当宽度为 150 时，矩形如图 7－1－9 右所示。当宽度值变为 50 时，矩形如图 7－1－9 左所示。

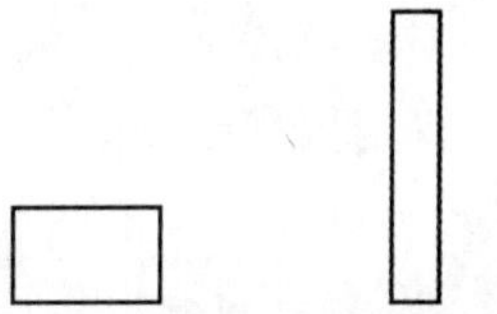

图 7－1－9　绘制矩形练习图例

4. 绘制点对象

在几何学中，点是所有图形的最基本元素，而在建筑图纸中点是控制建筑结构的关键。理论上的点是没有长度和面积的，所以是无法看见的，在 AutoCAD 中可以为点设置一定的显示样式，这样就可以清楚地知道点的位置。

点对象的绘制主要有点(POINT)、定数等分点(DIVIDE)和定距等分点(MEASURE)三种。

(1) 设置点样式

点与其他图形对象最大的不同就是点没有具体的形状，所以点的绘制需要先进行点样式的设置，这样绘制的点对象才能显示出来。

设置点样式命令的调用方法有如下几种：

➢ 选择【格式】/【点样式】命令。

➢ 在命令行中输入 DDPTYPE 命令。

(2) 设置单点和多点

直接绘制的点对象一般都是为其他图形对象设置控制点。点的绘制分为单点和多点两种绘制方式,单点的绘制方式使用一次命令只能绘制一个点对象,而多点的绘制方式使用一次命令可以绘制多个点对象(无数量限制)。

① 单点命令的调用方法有如下几种:

➢ 选择【格式】/【点】/【单点】命令。

➢ 在命令行中输入 POINT 命令,键盘输入快捷键命令 PO。

② 多点命令的调用方法有如下几种:

➢ 选择【格式】/【点】/【多点】命令。

➢ 在绘图工具栏中单击 · 按钮。

(3) 绘制定数等分点

在绘制建筑图形过程中,经常会遇到需要将一段直线或某一个图形的一条线段进行等分的情况,这在 AutoCAD 中可以通过绘制等分点的方法来实现。

定数等分点命令的调用方法有如下几种:

➢ 选择【绘图】/【点】/【定数等分点】命令 。

➢ 在命令行中输入 DIVIDE 命令,或输入快捷键命令 DIV。

(4) 绘制定距等分点

如果需要将某段直线或者曲线以确定的长度进行等分就需要绘制定距等分点。

定距等分点命令的调用方法有如下几种:

➢ 选择【绘图】/【点】/【定距等分点】命令 。

➢ 在命令行中输入 MEASURE 命令。

5. 图案填充

当绘制好图形对象后,需要将部分区域进行图案填充。在建筑图纸中,图案填充通常用于材料的表现。

在填充操作过程中,可以使用预定义填充图案、使用当前线型定义简单的线图案,也可以创建更复杂的填充图案。

(1) 设置图案填充

在对图形进行填充之前需要设置图案的样式、填充原点,以及明确是否填充图形内部的封闭图形。

① 选择图案和控制填充原点

通过【填充图案选项板】对话框可以选择填充图案。该对话框中包含了"预定义""用户定义"和"自定义"3 种图案类型,各种图案类型下包含很多供用户选择的填充图案。默认情况下,填充图案始终相互"对齐",即使用默认"原点",根据需要可移动图案填充的起点。

② 设置"孤岛"

在建筑绘图过程中会遇到填充区域内部还有封闭图形元素,这时就需要进行"孤岛"设置,如图 7-1-10 所示。

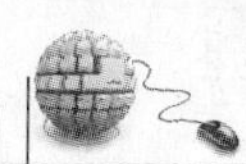

图 7-1-10 图案填充界面

(2) 创建填充边界

用户可以选择以下 3 种方法中的一种以指定图案填充的边界：

➢ 指定对象封闭区域中的点。

➢ 选择封闭区域的对象。

➢ 将填充图案从工具选项板或设计中心拖动到封闭区域。

填充图形时，将忽略不在对象边界内的整个或局部对象。如果填充线遇到文本、属性或实体填充对象，并且该对象被选为边界集的一部分，则 HATCH 将填充该对象的四周。

(3) 编辑图案填充

对封闭图形区域进行填充后，通常需要修改填充图案、填充方式或者其他选项。这时就需要调用【编辑图案填充】命令。

编辑图案填充命令的调用方法有如下几种：

➢ 选择【修改】/【对象】/【图案填充】命令。

➢ 在命令行中输入 HATCHEDIT 命令。

练习：

为如图 7-1-11 左所示的建筑外立面图按区域分别填充不同的图案，以便更好地区分墙面和玻璃材质。

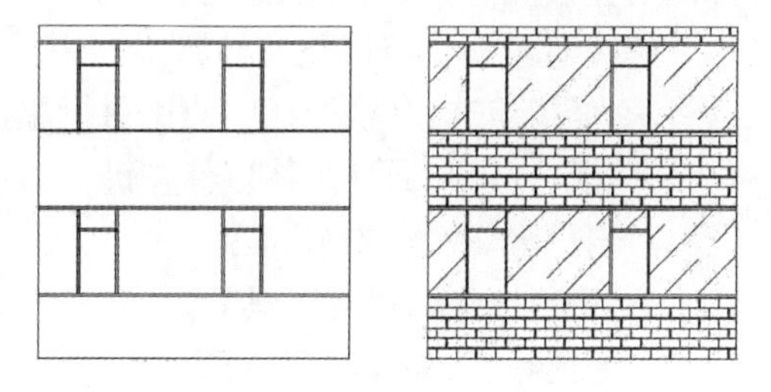

图 7-1-11 图案填充命令练习图例

6. 创建表格

在建筑设计图纸的绘制中，表格是不可缺少的。一般在图纸的右下角需要绘制图纸标签，用以表现图纸的有关信息，如项目名称、图纸名称、设计公司有关信息、图纸比例、设计师、设计时间等；图纸的右上角还会有会签栏，供项目有关技术人员会签使用；一套图纸的说明部分会有以表格形式出现的面层做法说明等信息；门窗汇总表也经常以表格的形式出现，以使图纸清晰明了。

(1) 设置表格样式

表格的外观由表格样式控制，用户可以使用默认表格样式，也可使用自己创建的表格样式。用户可以指定行的格式。表格样式可以为每种行的文字和网格线指定不同的对齐方式和外观。

表格样式的边框特性控制网格线的显示，这些网格线将表格分隔成单元格。行和行的边框可具有不同的线宽和颜色，也可以显示与不显示。

表格中的文字外观由当前表格样式中指定的文字样式控制，可以使用图形中的任何文字样式或创建新样式，也可以使用设计中心复制其他图形中的表格样式。

设置表格命令的调用方法有如下几种：

➢ 选择【格式】/【表格样式】命令 。

➢ 在命令行中输入 TABLESTYLE 命令。

（2）创建表格

设置好表格样式后，可以通过以下几种方法创建表格：

➢ 选择【绘图】/【表格】命令。

➢ 单击绘图工具栏中的▦按钮。

➢ 在命令行中输入 TABLE 命令。

练习：

使用前面学习的知识绘制如图 7－1－12 所示的沙发。该沙发的大小为 850 mm×2 300 mm，首先使用矩形命令绘制外框，再使用圆角命令绘制沙发垫和扶手，最后使用多段线绘制沙发上的小靠枕。

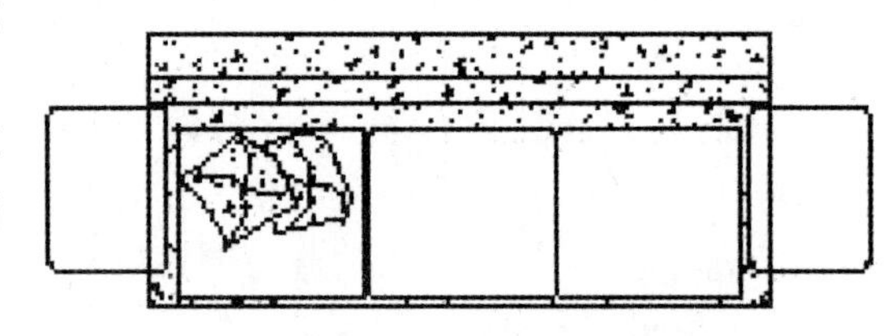

图 7－1－12　绘制沙发练习图例

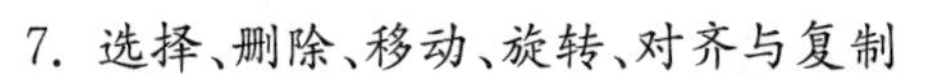

7. 选择、删除、移动、旋转、对齐与复制

（1）选择对象

在编辑图形之前需要选择该图形对象，在 AutoCAD 中选择对象的方式有很多种，常用方法有直接点选、框选和快速选择 3 种。

选择对象命令有以下几种调用方法：

➢ 直接点选：在绘图区中使用鼠标单击图形对象，可以直接将该图形对象选中。

➢ 框选对象：通过按住鼠标左键并拖动鼠标可以一次选择多个对象。框选的方式分为“窗口选择”和“交叉选择”两种。

➢ 快速选择：选择【工具】/【快速选择】命令。

（2）删除、移动、旋转与对齐

在绘图过程中，经常需要调整图面上的对象，将不需要的对象删除，或在不影响对象形状和结构的基础上改变对象位置，将对象的坐标值进行改变，该类编辑工具包括删除工具、移动工具、旋转工具和对齐工具。

① 删除对象

删除对象命令的调用方法有如下几种：

➢ 选择【修改】/【删除】命令

➢ 单击修改工具栏中的✎按钮

➢ 在命令行中输入 ERASE(E)命令。

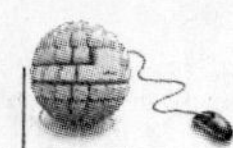

② 移动对象

移动对象命令的调用方法有如下几种：

- 选择【修改】/【移动】命令
- 单击修改工具栏中的按钮
- 在命令行中输入 MOVE(M)命令。

③ 旋转对象

旋转对象命令的调用方法有如下几种：

- 选择【修改】/【旋转】命令
- 单击修改工具栏中的按钮
- 在命令行中输入 ROTATE(RO)命令。

(3) 复制、陈列、偏移和镜像

在绘制建筑图形的过程中，经常会遇到绘制相同或相似的多个对象的情况，对于这些对象只需要绘制出一个，其余的使用复制类工具进行复制即可，这样可以大大提高工作效率。复制类编辑工具包括复制工具、偏移工具、阵列工具和镜像工具。复制类编辑工具共同的特征是能够以一定的复制规则复制图形对象。

① 复制对象

复制对象可以有两种方式：

- 利用剪贴板复制对象
- 直接复制对象。

② 偏移复制对象

偏移复制对象是将对象在一定方向上进行固定距离的偏移复制。

偏移复制对象的命令有如下几种调用方法：

- 选择【修改】/【偏移】命令。
- 单击修改工具栏中的按钮。
- 在命令行中输入 OFFSET(O)命令。

③ 镜像复制对象

镜像 MIRROR 命令生成的对象与镜像原对象成对称关系。在镜像复制时需要指定镜像的对称轴线，该轴线可以是任意方向的，所选对象将根据该轴线进行对称，并且可选择是否删除原对象。

镜像复制对象的命令有如下几种调用方法：

- 选择【修改】/【镜像】命令。
- 单击修改工具栏中的按钮。
- 在命令行中输入 MIRROR(MI)命令。

④ 阵列复制对象

使用 ARRAY 命令可以将被阵列的源对象按一定的规则复制多个并进行阵列排列。阵列复制出的多个对象是分散的对象，可以对其中的一个或者几个分别进行编辑而不影响其源对象。

阵列复制对象的命令有如下几种调用方法：

➢ 选择【修改】/【阵列】命令。

➢ 单击修改工具栏中的器按钮。

➢ 在命令行中输入 ARRAY(AR)命令。

(4) 修改对象的形状和大小

在绘制图形时，经常会遇到需要将其图形放大，或增加图形的高度，而宽度不变的情况，此时就需要使用改变对象大小的编辑工具。修改对象的形状和大小的编辑工具比较多，包括修剪、延伸、按比例缩放、拉伸、拉长、分解对象工具等。

① 修剪对象

在执行修剪 TRIM 命令时需要选定一个对象或者几个对象作为修剪边界，该命令可以将被修剪对象处于边界外的部分剪除。

修剪对象的命令有如下几种调用方法：

➢ 选择【修改】/【修剪】命令。

➢ 单击修改工具栏中的按钮。

➢ 在命令行中输入 TRIM(TR)命令。

② 延伸对象

延伸命令 EXTEND 与修剪命令 TRIM 的原理刚好相反。延伸命令 EXTEND 是针对多个不相交的对象，选定一个或多个对象作为边界，然后延伸其他对象与边界相交。

延伸对象的命令有如下几种调用方法：

➢ 选择【修改】/【延伸】命令。

➢ 单击修改工具栏中的按钮。

➢ 在命令行中输入 EXTEND(EX)命令。

③ 比例缩放对象

SCALE 命令可以按照一定的比例或者参照对象改变对象的大小。该命令可以把图形对象沿一定的方向使用相同的比例因子放大或缩小，而对象的总体形状不会发生改变。一般情况下缩放对象的方法有指定比例方法缩放和根据参照对象缩放两种。

延伸对象的命令有如下几种调用方法：

➢ 选择【修改】/【缩放】命令。

➢ 单击修改工具栏中的按钮。

➢ 在命令行中输入 SCALE(SC)命令。

④ 拉伸对象

使用 STRETCH 命令可将所选对象按指定的方向及角度进行拉伸或缩短。拉伸对象与移动和旋转对象有相似之处，它们都需要指定编辑对象的基点，然后根据基点再指定新的位移点。

拉伸对象的命令有如下几种调用方法：

➢ 选择【修改】/【拉伸】命令。

➢ 单击修改工具栏中的按钮。

➢ 在命令行中输入 STRETCH(S)命令。

(5) 拉长或缩短对象

使用 LENGTHEN 命令可将非闭合的直线按指定的方式进行拉长或缩短。

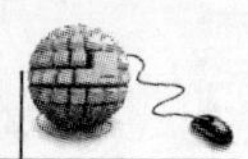

拉长或缩短对象的命令有如下几种调用方法：

➢ 选择【修改】/【拉长】命令。

➢ 在命令行中输入 LENGTHEN(LEN)命令。

(6) 分解对象

执行分解命令后，命令行提示：【选择对象：】，用户直接选择对象，然后按 Enter 键确定，即可把选择的对象分解成单一的图形对象。

分解对象的命令有如下几种调用方法：

➢ 选择【修改】/【分解】命令。

➢ 单击修改工具栏中的按钮。

➢ 在命令行中输入 EXPLODE 命令。

8. 倒角、倒圆角和打断

(1) 倒角对象

倒角 CHAMFER 命令用于将两条非平行直线或者样条曲线做出有斜度的倒角，使用时需要先设定倒角距离再指定倒角线。

倒角对象的命令有如下几种调用方法：

➢ 选择【修改】/【倒角】命令。

➢ 单击修改工具栏中的按钮。

➢ 在命令行中输入 CHAMFER(CHA)命令。

(2) 倒圆角对象

倒圆角 FILLET 命令用来将两个线性对象之间以圆弧相连，可以将多个顶点进行一次性倒圆角。倒圆角命令与倒角命令不同的是可以在平行线之间进行倒圆角；使用倒圆角命令时应首先设置圆弧半径然后再选择需要倒圆角的线段。

倒圆角对象的命令有如下几种调用方法：

➢ 选择【修改】/【倒圆角】命令。

➢ 单击修改工具栏中的按钮。

➢ 在命令行中输入 FILLET(F)命令。

(3) 打断于点编辑工具

将对象打断于点命令的调用方法如下：单击【修改】工具栏中的按钮。

被打断于点的对象只能是单独图形对象的线条，不能是任何组合形体，如图块、编组等。将对象打断于点是指将对象线段进行无缝断开，分离成两条独立的线段，但两条独立的线段之间没有空隙。

(4) 打断对象

打断对象命令与打断对象于一点命令的不同在于前者将在被打断的对象上建立两个断开点，两个断开点之间为空，整个被打断对象以一定距离断开。

打断对象的命令有如下几种调用方法：

➢ 选择【修改】/【打断】命令。

➢ 单击修改工具栏中的按钮。

➢ 在命令行中输入 BREAK(BR)命令。

9. 编辑特殊图形对象

(1) 利用夹点编辑功能编辑对象

夹点是一些实心的小方框，使用定点设备指定对象时，对象关键点上将出现夹点。可以拖动这些夹点快速拉伸、移动、旋转、缩放或镜像对象。夹点打开后，可以在输入命令之前选择所需对象，然后再进行操作。

(2) 编辑特殊图形对象

AutoCAD为特殊的曲线对象提供了强大的编辑功能，并且将这些编辑工具收集到【修改Ⅱ】工具栏中，便于用户调用。

① 编辑多段线

使用多段线编辑对象工具可以对任何多段线和多段线形体(包括多边形、填充图形、二维及三维多端线)以及多边形网格进行编辑修改。

编辑多段线的命令有如下几种调用方法：

- 选择【修改】/【对象】/【多段线】命令。
- 单击【修改 II】工具栏中的按钮。
- 在命令行中输入 PEDIT(PE)命令。

② 编辑样条曲线

对样条曲线进行编辑的命令是SPLINEDIT。该命令可以对样条曲线的顶点、精度、反转方向等参数进行设置。

编辑样条曲线的命令有如下几种调用方法：

- 选择【修改】/【对象】/【样条曲线】命令。
- 单击【修改Ⅱ】工具栏中的按钮。
- 在命令行中输入 SPLINEDIT 命令。

③ 编辑多线

多线是线性对象中最复杂的图形对象，AutoCAD对多线的编辑功能也非常强大。

编辑多线的命令有如下几种调用方法：

- 选择【修改】/【对象】/【多线】命令。
- 在命令行中输入 MLEDIT 命令。

10. 创建、插入图块

图块是AutoCAD中单个或者多个图形对象的集合，这种集合具有一定的整体性。因此，如果在绘图中将复杂的图形组合创建为图块，在以后的绘图过程中不仅可以很方便地选择这些图形进行整体的复制、移动、旋转等编辑操作，还可以很轻松地通过图块的插入操作避免重复绘制相同的图形，从而节省大量的绘图时间和精力。

(1) 创建图块

将多个图形对象整合为一个图块对象后，应用时图块将作为一个独立的、完整的对象。用户可以根据需要按一定缩放比例和旋转角度将图块插入到需要的位置。插入的图块只保存图块的整体参数，而不保存图块中每一个对象的相关信息。

① 创建内部图块

内部图块存储在文件的内部，所以只能在创建图块的文件中调用。

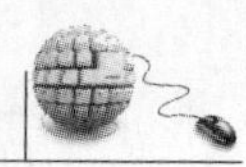

创建图块命令的调用方法有如下几种：

➢ 选择【绘图】/【块】/【创建】命令。

➢ 单击绘图工具栏中的按钮。

➢ 在命令行中输入 BLOCK(B)命令。

② 创建外部图块

外部图块不依赖于某一个图形文件，自身就是一个图形文件。在图形文件中创建完图块后，该图形文件中不包含这个图块，外部图块和创建它的图形文件没有任何关系。

创建外部图块的调用方法只有一种，即在命令行中输入 WBLOCK(W)命令。

(2) 插入单个图块

创建好图块后，就可以使用图块的插入命令把单个图块插入到当前图形中。

插入单个图块命令的调用方法有如下几种：

➢ 选择【插入】/【块】/【创建】命令。

➢ 单击绘图工具栏中的按钮。

➢ 在命令行中输入 INSERT/DDINSERT(Ⅰ)命令。

(3) 插入多个图块

除了可插入单个图块外还可以以阵列、定数等分点和定距等分点的方式插入多个图块。这个命令对一些需要重复插入的情况很有帮助。

① 阵列插入图块

调用阵列插入图块命令的方法只有一种，即在命令行中执行 MINSERT 命令。

② 使用定数等分方式插入图块

使用定数等分方式插入图块的命令与前面讲解的定数等分命令一样。

调用定数等分方式插入图块命令的调用方法有如下几种：

➢ 选择【绘图】/【点】/【定数等分点】命令。

➢ 在命令行中输入 DIVIDE 命令。

③ 使用定距等分方式插入图块

用定距等分方式插入图块的命令与前面讲解的定距等分命令一样。

调用定距等分方式插入图块命令的调用方法有如下几种：

➢ 选择【绘图】/【点】/【定距等分点】命令。

➢ 在命令行中输入 MEASURE 命令。

11. 外部参照

在 AutoCAD 中，外部参照的很多特征与图块类似，但是图块一旦被插入到某一个图形中将作为该图形文件的一部分，与原来的图块没有关系，不会随原来图块文件的改变而改变。而外部参照被插入到某个图形文件后虽然也会显示，但是不能直接编辑，它仅仅是原来文件的一个链接，原来文件改变后，该图形文件内的外部参照图形也会随之改变。

(1) 附着外部参照

附着外部参照命令的调用方法有如下几种：

➢ 选择【插入】/【DWG 参照】命令。

➢ 单击参照工具栏中的按钮。

➢ 在命令行中输入 XATTACH 命令。

(2) 控制外部参照

控制外部参照命令的调用方法有如下几种：

➢ 选择【插入】/【外部参照】命令。

➢ 单击参照工具栏中的按钮。

➢ 在命令行中输入 XREF 命令。

(3) 裁剪外部参照

对于插入的外部参照图形，不能直接进行编辑，但是可以通过裁剪命令进行区域裁剪。

裁剪外部参照命令的调用方法有如下几种：

➢ 选择【修改】/【裁剪】/【外部参照】命令。

➢ 单击参照工具栏中的按钮。

➢ 在命令行中输入 XCLIP 命令。

(4) 绑定外部参照

绑定外部参照命令的调用方法有如下几种：

➢ 选择【修改】/【对象】/【外部参照】/【绑定】命令。

➢ 单击参照工具栏中的按钮。

➢ 在命令行中输入 XBIND 命令。

将选定的外部参照定义绑定到当前图形，可以选择外部参照的特性加入当前图形中实现绑定。外部参照依赖命名对象的命名语法从【块名|定义名】变为【块名n定义名】。

12. 设置文字样式

在 AutoCAD 中，文字都具有相应的文字样式。当输入文字对象时，AutoCAD 使用当前设置的文字样式。文字样式是用来控制文字基本属性和字体的一组功能设置，用户可以利用 AutoCAD 默认设置的 Standard 文字样式，也可以修改已有样式或定义自己需要的文字样式。

(1) 创建新样式

在创建标注文字之前，首先应设置文字样式，所有文字的外观样式都是由文字样式控制的，例如文字字体、字号及其他特效等。

创建新样式命令的调用方法有以下几种：

➢ 选择【格式】/【文字样式】命令。

➢ 单击工具栏中的按钮。

➢ 在命令行中输入 STYLE(ST)命令。

(2) 创建单行文字

创建单行文字命令的调用方法有以下几种：

➢ 选择【绘图】/【文字】/【单行文字(S)】命令。

➢ 在命令行中输入 TEXT(DTEXT)命令。

在使用 TEXT(DTEXT)命令创建单行文字过程中，用户可对单行文字的对齐方向、高度及旋转角度等参数进行设置。

(3) 创建多行文字

创建多行文字命令的调用方法有以下几种：

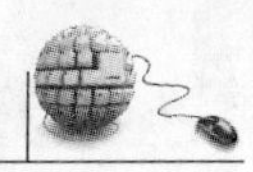

➢ 选择【绘图】/【文字】/【多行文字(M)】命令。

➢ 单击工具栏中的A按钮。

➢ 在命令行中输入 MTEXT 命令。

在使用 MTEXT 命令创建多行文字信息时，用户可在创建过程中直接修改任何一个文字的大小、字体等参数，还可以直接调用电脑中已有的文字，与单行文字相比，多行文字命令具有更加强大的功能。

13. 编辑文字

创建文字后，还可以使用 AutoCAD 提供的文字编辑命令修改文字信息内容。

(1) 编辑单行文字

编辑单行文字命令的调用方法有以下几种：

➢ 选择【修改】/【对象】/【文字样式】命令。

➢ 单击文字工具栏中的按钮。

➢ 在命令行中输入 DDEDIT(ED)命令。

(2) 编辑多行文字

如果原来的多行文本不符合图纸的要求，往往需要在原有的基础上进行修改，使用修改文本命令 DDEDIT 还可以编辑多行文本内容，包括增加或替换字符等。

编辑多行文字命令的调用方法有以下几种：

➢ 选择【修改】/【对象】/【文字】/【编辑】命令。

➢ 单击工具栏中的按钮。

➢ 在命令行中输入 STYLE(ST)命令。

(3) 在特性面板中编辑文字

单击标准工具栏中的【特性】按钮打开【特性】面板，然后在【文字】卷展栏的【内容】文本框中可以对文字进行修改。在【基本】卷展栏可以修改文字的图层、颜色、线型、线型比例和线宽等对象特性。

14. 文字的修改

在绘制图形的过程中，经常会对文字进行修改，下面讲解修改文字的方法。

(1) 查找和替换标注文字

使用 FIND 命令可以查找由 TEXT、MTEXT 命令创建的标注文字中包含的指定字符，并可对其进行替换操作。

查找和替换标注文字命令的调用方法有以下几种：

➢ 选择【编辑】/【查找】命令。

➢ 在命令行中输入 FIND 命令。

(2) 修改文字比例和对正

使用 SCALETEXT 命令可以修改一个或多个文字对象(如文字、多行文字)的比例，用户既可以指定相对比例因子、绝对文字高度，又可以调整选定文字的比例以匹配现有文字的高度。该命令在调整建筑图形的文字标注或调整因版本原因替换字体后形成的字体特性改变时特别有用。

修改文字比例和对正命令的调用方法有以下几种：

➢ 选择【修改】/【对象】/【比例】命令。
➢ 单击工具栏中的A按钮。
➢ 在命令行中输入 SCALETEXT 命令。

二、态势标绘

消防救援队伍态势标绘是基于消防一体化指挥平台共性技术体制，为消防作战部队在日常办公环境中提供标图作业的工具，其生成的态势图文件可以直接在消防一体化指挥信息系统中使用，也可以在消防态势标绘中打开，编辑和打印。它解决了目前消防作战部队日常办公系统与指挥自动化系统态势图不兼容问题，提高部队在日常办公、演习、作战任务中对标图作业的使用效能。

消防态势标绘提供在单机环境或网络环境下满足作战筹划和指挥作业过程中进行要图标绘、想定制作和作战过程推演的使用要求。主要由图形数据管理、标绘（含网上协同标绘）、图形编辑、显示控制、地图管理、查询分析、想定制作、图形打印等部分组成。提供态势图文件创建、图层创建与控制、依据图层标绘的图形数据管理功能；具备灵活的手工标绘等多手段的要图制作功能；提供复制、粘贴、旋转、大小控制、组合、叠放次序调整、对齐等图形编辑功能；提供漫游、缩放、导航图定位等显示控制功能；能够以地图管理作为背景，具备背景设置与调整等功能；提供基于时序图形编辑与演播的作战想定制作推演功能。

消防态势标绘既可独立使用本地的地图数据，也可以在网络环境下共享位于服务器上的地图数据。

第二节　消防专业图绘制

一、消防图例绘制

名称	图例	名称	图例
普通水罐车	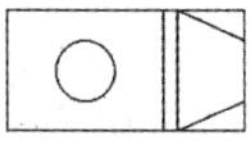	消防机器人	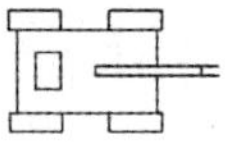
通信指挥车	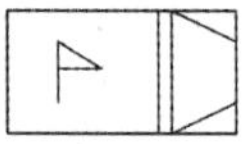	消防艇	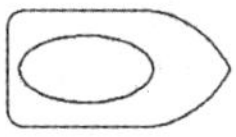
泡沫车	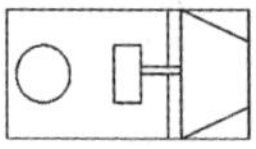	多功能水枪	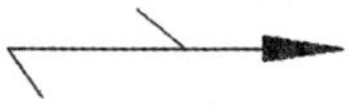
二氧化碳车	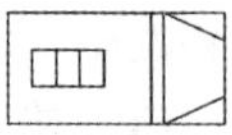	直流水枪	

续表

名称	图例	名称	图例
干粉车		喷雾水枪	
曲臂式登高消防车		位于屋顶水枪	
登高消防车		泡沫枪	
举高喷射车		中低压泵水罐车	
生活保障车		供水消防车	
后援消防车		救护车	
云梯车		照明车	

要求用外部块功能创建上列各消防装备图例图块，下面以普通水罐车为例详细讲解此图例的绘制。

（一）绘制普通水罐车

(1) 使用【矩形】(RECTANG)命令绘制一个长宽比为 1∶2 的矩形 ABCD；

(2) 在此矩形长的三分之二处绘制一条垂直的线段 EF；

(3) 使用【偏移】(OFFSET)命令向右偏移 EF 至适当距离 GH；

(4) 分别在线段 BC 的三分之一处和三分之二出确定点 I，J，连接 IG，JH；

(5) 以矩形 AFED 的中心点为圆点，以 AF 长度的三分之一为直径画圆，至此普通水罐车便画好了。

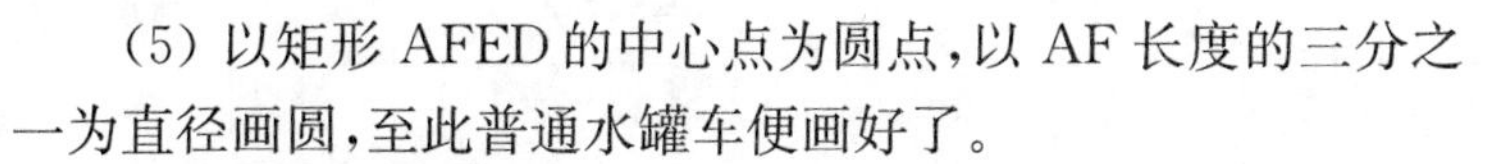

图 7－2－1　普通水罐车图例

（二）写外部块

(1) 在命令栏内输入“WBLOCK”(外部块)命令将水罐车导出成外部块，如图 7－2－2 所示；

(2) 点击“拾取点”按钮，拾取块的基点；

(3) 点击“选择对象”按钮，选取之前画好的普通水罐消防车；

(4) 最后选择文件保存位置。

图 7-2-2　写外部块设置

二、重点部位平面图绘制

(一) 物资仓库平面图

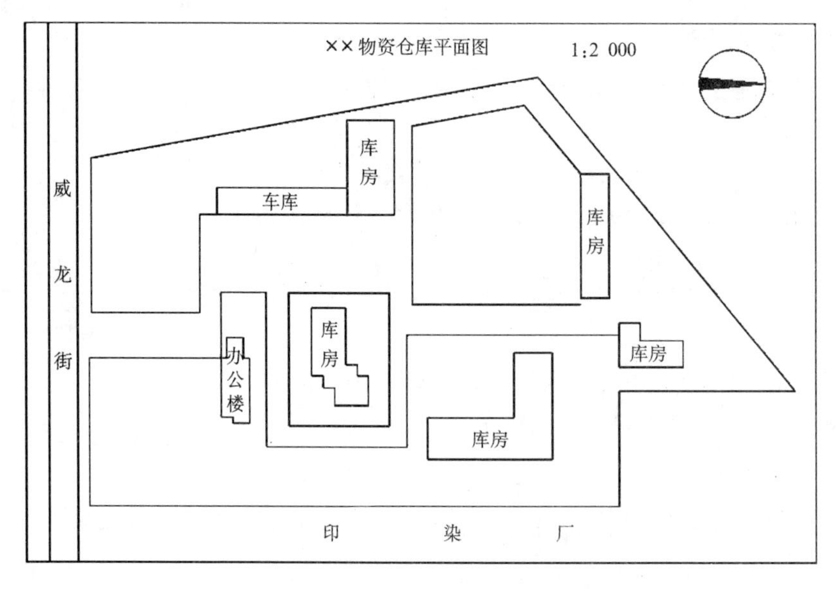

图 7-2-3　物资仓库平面图绘制

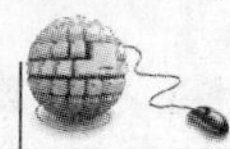

(1) 使用【直线】(LINE)命令对仓库结构进行勾勒；

(2) 使用【圆】(CIRCLE)和【直线】命令画出指北针；

(3) 使用【填充】(BHATCH)命令填充指北针中间黑色部分，点击“拾取点”按钮，点击要填充部分的中间，图案选择“SOLID”，点击“确定”完成填充；

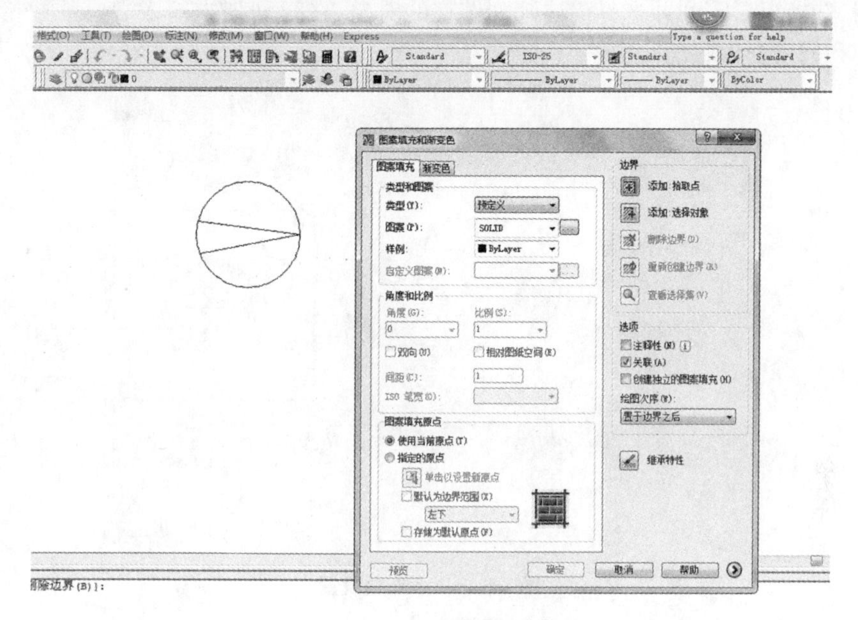

图 7-2-4　图案填充设置

(4) 最后使用【文字】(MTEXT)命令进行标注。

(二) 重点部位平面图

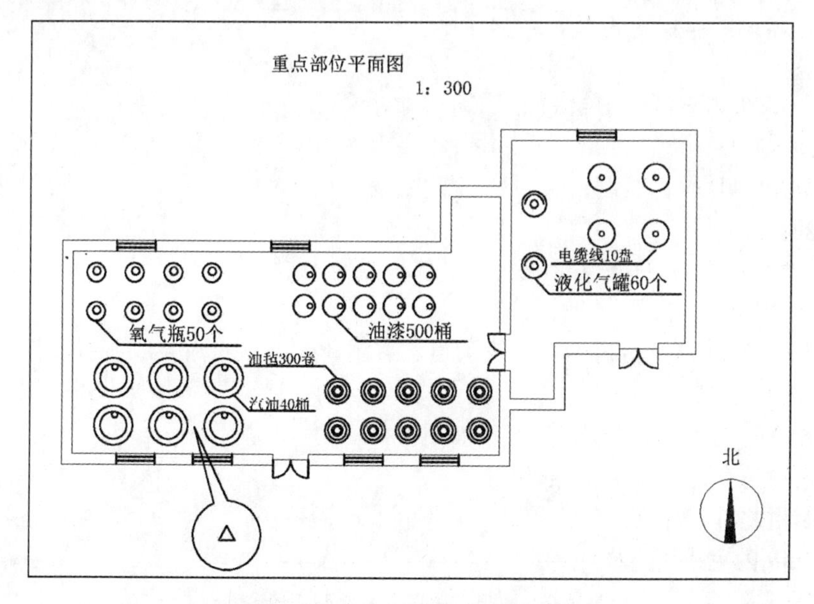

图 7-2-5　重点部位平面图绘制

（1）使用【多线】(MLINE)命令绘制重点部位墙体部分；

（2）使用【直线】(LINE)和【圆弧】(ARC)绘制门窗，其中门可以先绘制一半另一半可以使用【镜像】(MIRROR)命令绘制另一半；

（3）使用【圆】(CIRCLE)命令绘制仓库内物资，重复的物资可以使用【阵列】(ARRAY)命令绘制，选择矩形阵列并选择需要阵列偏移的对象，在行和列中输入需要的数量，然后选择输入行和列需要偏移的距离；

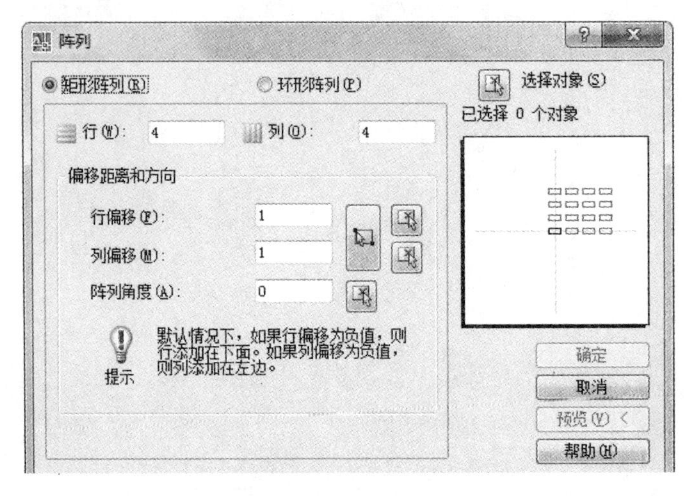

图 7-2-6 阵列设置

（4）最后使用【文字】(MTEXT)命令进行标注。

第三节 技能实训

实训 1 灭火力量部署图绘制

（1）实训题目

使用 AutoCAD 软件绘制灭火力量部署图。

（2）实训目的

根据本章介绍内容，理解掌握灭火力量部署图的绘制。

（3）实训内容

根据图 7-3-1 所示内容绘制灭火力量部署图，在 30 min 内完成所有操作。

（4）实训方法

① 打开 AutoCAD 软件绘制厂区平面图。

② 插入消防车、消防栓的外部块。

③ 绘制指北针、风向标、标注等。

④ 30 min 内完成所有操作。

（5）实训总结

根据实训中出现的问题做出总结。

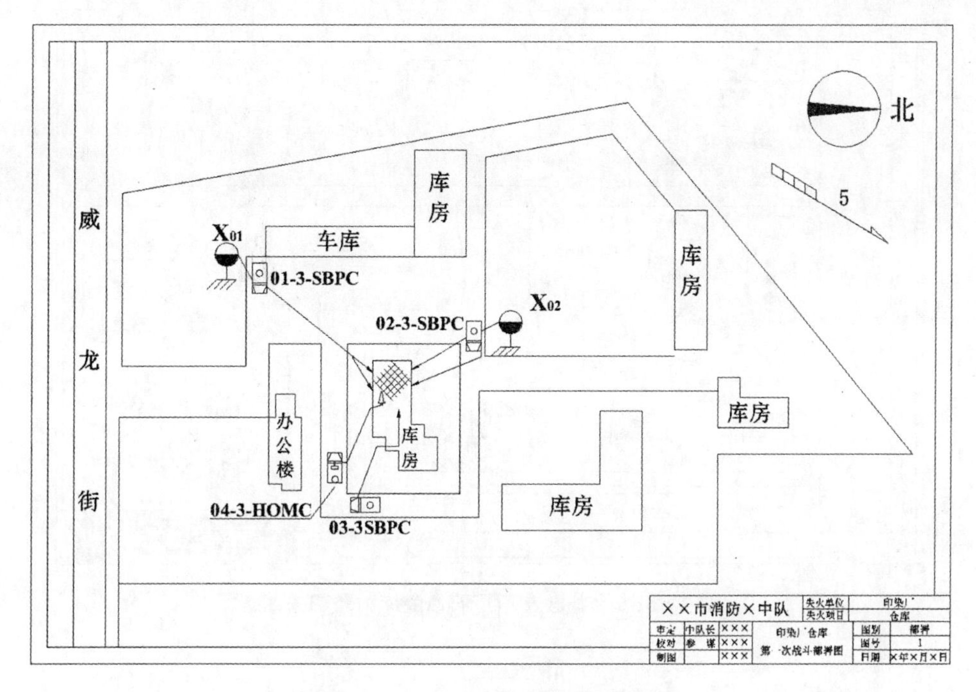

图 7-3-1　灭火力量部署图绘制

实训 2　扑救塑料厂石油醚库力量部署图绘制

(1) 实训题目

使用 AutoCAD 软件绘制扑救塑料厂石油醚库力量部署图。

(2) 实训目的

根据本章介绍内容，理解掌握扑救塑料厂石油醚库力量部署图的绘制。

(3) 实训内容

根据图 7-3-2 所示内容绘制扑救塑料厂石油醚库力量部署图，在 40 min 内完成所有操作。

(4) 实训方法

① 打开 AutoCAD 软件绘制厂区平面图。

② 插入消防车、消防栓的外部块。

③ 绘制指北针、风向标、标注等。

④ 40 min 内完成所有操作。

(5) 实训总结

根据实训中出现的问题做出总结。

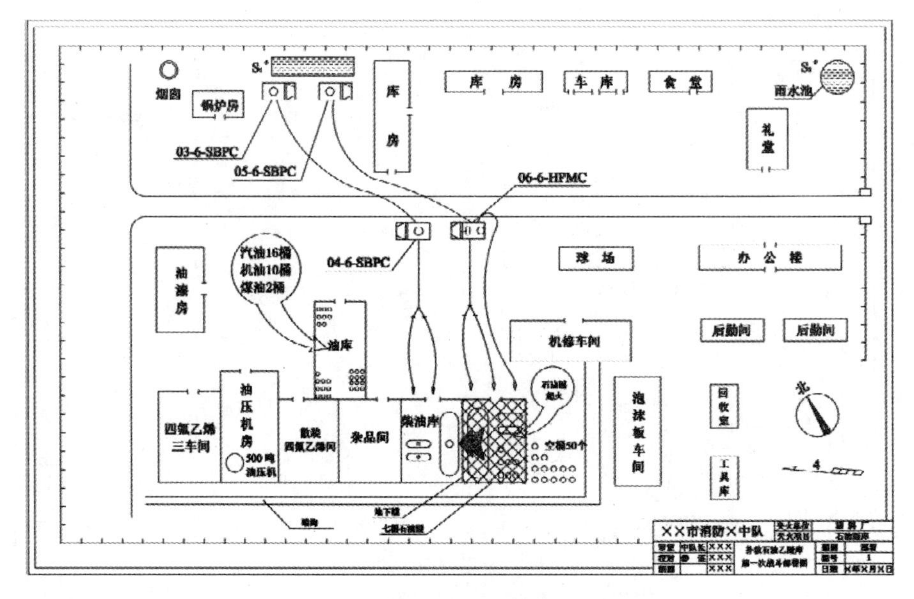

图 7-3-2　扑救塑料厂石油醚库力量部署图

实训 3　消防态势标注图绘制

(1) 实训题目

使用消防态势标注软件绘制灭火力量部署图。

(2) 实训目的

根据本章介绍内容，理解掌握消防态势标注软件的使用。

(3) 实训内容

根据图 7-3-3 所示内容绘制消防态势标注图，在 30 min 内完成所有操作。

(4) 实训方法

① 打开消防态势标注软件绘制平面图。

② 插入消防车、消防栓、指北针等。

③ 标出重点部位、着火点、救援力量部署等。

④ 30 min 内完成所有操作。

(5) 实训总结

根据实训中出现的问题做出总结。

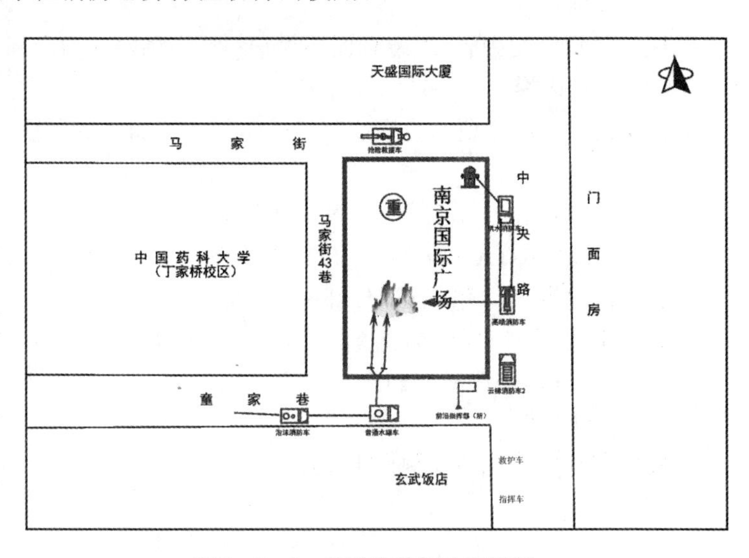

图 7-3-3　消防态势标注图绘制

第八章 消防业务课件设计与制作

DI BA ZHANG

本章主要内容的选取是基于消防基层消防员工作岗位的需要，帮助学员了解消防业务课件制作理论基础和消防业务课件实例制作的要求，熟悉课件制作的方法，掌握课件制作的技巧，以便于更好地应用到消防救援队伍实际工作当中。

第一节 消防业务课件制作理论基础

一、教学目的

消防相关理论知识与组训操作知识是消防救援队伍进行实战、训练的基础与指导，具有极其重要的作用。因此通过消防业务课件进行讲授、教学意义重大，也是在实际中应用非常广泛的一种方法。本节阐述了消防业务课件制作的基本理论知识，通过具体的制作步骤与注意事项表述了如何制作消防理论课件，以此使学员认识消防理论课件，了解消防理论课件的制作要求，熟悉相关方法与技巧。

二、制作步骤

（一）理清思路

思路是否清晰是决定课件内容与主要信息的表达、教学是否成功的关键因素，可以从以下三个方面入手：

1. 自身深入研读理解课件内容

要做到思路清晰主要依靠授课人对讲授内容的深入分析以及对教参、课标准确的深入研读。

2. 采取恰当的方式呈现教学内容

这里需要注意一个问题是严格按照教参内容的要求进行板书，逐条罗列出来未必意味着思路清晰。通过仔细分析可以发现，这仅仅是进行知识的罗列，仍然不利于课件讲授对象的梳理。建议采取“问题”的形式将全部内容归纳为几个问题，而问题之间也应有内在的逻辑关系。可以使原本复杂的板书变得清晰明了,有利于思路的整理,也可为听众由知识灌输向主动思考过渡,更利于其对课件教授内容的学习。

3. 从"重点突出"的角度进行创新

在囊括所有教授内容基础上,紧扣重点内容教学,是提高课堂教学效率的有效策略。每个消防业务课件总有提纲挈领的重点、难点,在课件制作与讲授过程中需要找准切入点,紧紧围绕重点,把握难点内容以更好地拿捏消防业务课件的核心内容。

(二) 提纲设计

拟定课件制作大纲就是确定课件的整体框架以及讲授的逻辑顺序。课件制作提纲的拟定主要有两种形式,一是标题式提纲,即规划出课件各节各部分的小标题,用简洁的表述标出此节要点;二是要点式提纲,即标明所制作课件中心的同时概括出课件的大致内容与详略安排。拟定课件制作大纲时,要认真推敲,确定提纲内容是否简单明了、符合授课主题。

(三) 素材准备

准备优质齐全的素材是制作课件成功的必要条件。很多课件达不到理想的教学效果的重要原因就是没有精心选取素材。媒体素材是传播教学信息的基本材料单元,分为五大类:文本类素材、图形图像类素材、音频类素材、视频类素材、动画类素材。不论采用何种素材都必须表达意思清晰明确,呈现教学内容并配合主题。素材选择时要注意几个原则:

1. 真实性与科学性原则

素材的选取必须严格把关,反对弄虚作假,保证内容的正确性,不能违背科学原理,要做到阐述准确,表达严谨,数据可靠,资料翔实,操作表演规范统一。

2. 教学性原则

素材选取要为培养能力、提高综合素质这个根本目的服务,要对学员的身心发展起到正面的促进作用,还要符合教授目的与主要内容,素材要求主题鲜明,能突出内容的重点和难点。具有说服力和实用价值。素材语言应通俗易懂,深入浅出并起到呈现现实、创设情境、提供示范、解释原理、探究发现的作用。同时还要注重素材的思想性和先进性,陈旧的实例材料应不予采用。

3. 典型性原则

应选择能够普遍反映同类事物现象与本质属性的具有代表性、规范性的素材。在如今的信息爆炸时代,授课时间短暂珍贵,教学与学员学习时间都非常珍贵,所以选择素材时应做到少而精。

(四) 制作装饰

根据提纲的需要收集好了素材后就可以对各种素材进行编辑,按照教学进程、教学结构以及脚本的设计思路,将课件分模块进行制作,然后将各模块进行交互、链接,最后

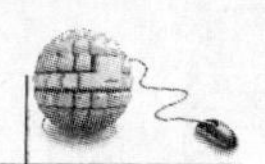

整合成一个多媒体课件。可以通过前文介绍的课件制作基本常识与操作方法，主要包括新建幻灯片、设置背景、添加文本、导入文档、插入图片、音频、视频、超链接以及制作过场动画等基本操作，并对页面排版、文字、图片排版等做好修饰。制作课件时要注意以下几个原则：

1. 内容与形式的统一

课件的目的是用来辅助教学，因此教学内容一定要有针对性，要有利于突出教学中的重点和难点。其次课件要符合教学原则和学员的认知规律，内容组织清楚，阐述、演示逻辑性强。为了达到教学目的，还要采取一定的形式，我们可以通过新颖的表现手法、优美的画面、鲜明和谐的色彩以及恰当地运用动画和特技来调动学员学习的积极性和主动性，启发学员的思维，但一定要注意表现形式不要过于花哨，造成喧宾夺主，把学员的注意力集中到表现形式上去了。

2. 注重参与性

在制作课件时要在课件中留有一定的空间能让教员和学员共同参与进来，这样就能提高学员的学习兴趣和学习热情。一堂课如果从头到尾都是计算机唱主角，就像放电影一样，不经过学员的思考就将教学重点，难点都展示出来，反而不利于培养学员的思维能力，不能培养学员的创新能力，会失去了课件制作的意义。

3. 注意技术性

有的课件讲授的同志计算机水平不是很高，所以首先要求课件操作简单，切换快捷，其次要求课件具有良好的稳定性，在运行过程中，过渡自然，动画、视频播放流畅，不应出现故障；同时，交互设计合理，页面跳转，人机应答都要合理；最后，还要求兼容性强，能满足各种相应媒体所要求的技术规格，在不同配置的计算机上能正常运行。

（五）预演播放

制作完成的课件应在多种环境下预演播放，进行充分测试，包括硬件环境、操作系统、浏览器、播放器版本等，尤其在需要与网页进行控制和信息传递处理时，需确保课件可以在大多数使用者的机器上正常运行。同时，编辑制作完一个课件后，在内容上最好能够组织相关的专业人员进行预演，由教员从课件评价的标准等各方面进行评审，进行修改、补充、完善，直到达到最好的知识讲授与教学辅助效果。

三、注意事项

（一）课件不应该过于花哨或过于单一

一方面，多媒体课件需要借助一定的艺术形式，但不能单纯地为艺术而艺术，仅仅停留于做表面文章。如色彩过于艳丽的界面、美观好看的按钮、字体变化多样的文本，美化了界面，但却成了学员的视觉中心。只有充实的内容与完美的外在形式的有机结合，才能真正达到传授知识、调动学生积极性、改善教学环境的目的。

另一方面，多媒体教学就是以文字为基础，配合图像、声音、动画等手段从多方面刺激学生的感官，引起学生的兴趣，从而提高教学效率和教育效果。形式单一的多媒体课件与黑板加粉笔的教学方式是没有什么区别的，它所获得的教学效果自然就不会显著。

（二）简明扼要的设计文字排版

使用一行行分条罗列的方式，尽量使文字减少，使幻灯片真正成为可视的片子。不要仅仅依赖于数字和文字，多使用意思表达明确的表格、图片、画片和色彩，一张图抵得上一千个字，但不可将这一千个字呈现给观众看。把幻灯片限制在只展示最重要的部分，其他任何东西只会是干扰。

（三）设法减少重复劳动

在制作课件的过程中，有些工作需要大量的重复性劳动，如设置幻灯片的背景、字体、版面格式等。对此，我们可以通过设置“模板”的方式来减少重复性的劳动，以提高课件的制作效率，如用制作数学课件时，可以建立例题、选择题、填空题、解答题等各类模板并提前设计好这些模板的背景、字体、动作按钮、版面、动画效果；幻灯片切换效果后，选择“文件”菜单中的“另存为”→“模板”即可。在以后制作课件时若需用该类演示，可直接调用它们，输入文字或插入相应的图片即可。

（四）杜绝低级错误

如语法错误、排版错误和拼写错误。一定要检查你的幻灯片，保证拼写正确、事实无误、数字准确、大小写正确并且标点正确。使用拼写检查功能，认真校对每张幻灯片，以保证无误。

第二节　消防业务课件制作实例

本节将以制作主题内容为“双人架设六米拉梯”组训操法的教学课件为例，具体展示消防业务课件的制作方法。

一、确定授课思路

“双人架设六米拉梯训练”是消防救援队伍一项极其基础又重要的技能业务训练科目，在基层消防救援队伍的日常训练、考核中应用十分广泛。通过“双人架设六米拉梯”授课教学，应使上课学员深入认识此项目训练内容，清晰了解相关要求，学会双人架设六米拉梯攀登训练塔的方法，掌握操作程序和动作要领，熟练操作技能，以适应灭火战斗行动、灾害事故处置中登高的需要。

以授课思路为指导，按照“双人架设六米拉梯训练”业务流程，设计该项目教学思路为：

首先，应对教学主题、教学目的及主要内容进行整体概括阐述，并介绍相关基础知识。例如，介绍“双人架设六米拉梯训练”的概念、该项目使用的消防装备器材，分析目前该项目

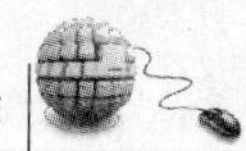

在基层一线消防中队以及培训基地的实际应用等。

第二，正式讲解教学课题的主要内容。例如，在“双人架设六米拉梯训练”项目中，讲授项目的具体内容分为三部分，分别为提要部分、进程部分、结束部分。提要部分主要是训练前科目下达的相关内容；进程部分主要讲解“双人架设六米拉梯训练”过程中的具体实施流程，包括作业前准备、理论提示、讲解示范、训练组织、成绩评定等；结束部分则是训练项目结束后收整器材、集合讲评等内容。

第三，对本次教学内容的总结回顾，同时可以留下课后作业或思考题，便于学员复习巩固。

二、制定课件提纲

在确定授课思路的基础上拟定出课件制作提纲，以“双人架设六米拉梯训练”项目教学内容为例，制作课件提纲可以拟定如表 8－2－1 所示内容。

表 8－2－1　双人架设六米拉梯训练

项目	思路分层	页码	具体提纲	主要内容备注
1	整体介绍	1～8	封面页(1)	课程题目
2			教学目的(2)	学习目的
3			目录及内容介绍(3)	教学内容目录
4			相关基础知识介绍(4～8)	训练项目介绍 器材介绍 实际应用分析等
5	授课主体	9～21	提要部分(9～10)	科目下达(课目、目的、内容、方法、时间、场地以及要求)
6			进程部分(11～20)	作业准备 理论提示 讲解示范(场地设置、操作程序、动作要领、操作要求、成绩评定、训练组织)
7			收操部分(21)	收整器材 集合讲评
8	结束部分	22～24	内容总结(22)	主要内容回顾
9			课后作业(23)	课后题、思考题等
10			结束页(24)	结束语

三、准备课件素材

拟定好教学课件提纲后，对应提纲并结合教学主体内容收集、准备课件制作素材。在“双人架设六米拉梯训练”项目教学课件制作中，我们主要可以通过以下几种方法寻找收集素材：

(1) 相关教材、书本、教案等文字内容，如图 8－2－1 所示。

进 程 部 分	**一、作业准备** (一) 集合整队、清点人数、检查装备 (二) 操前准备活动 (三) 宣布提要 课目、目的、内容、方法、要求、时间(略) **二、作业实施** (一) 理论提示 下面对拉梯的功能、构造、性能参数特性、用途等做一下介绍。 6 m两节拉梯是消防救援队伍车载移动的主要登高设备,是灾害现场开辟架设救援通道的主要工具,可以由地面向下架设,由地面向建筑物架设,在楼层向上架设,6 m拉梯由上节梯、下节梯、升降装置组成,上下节梯分别有13个梯蹬,其中在1,3,5,9,10,11,13梯蹬上设有金属拉筋用于提高强度。 梯梁上设有限位板,升降装置由滑轮和卡梯撑脚组成,6米两节拉梯完全展开长度610 cm缩合长度384 cm

图8-2-1 双人架设六米拉梯训练制作

(2) 通过网络寻找该项目训练的图片,或自行绘制或组织拍摄教学使用照片,如图8-2-2所示。

图8-2-2 双人架设六米拉梯训练

(3) 使用多媒体工具自行制作简单场地设置图,如图8-2-3所示。

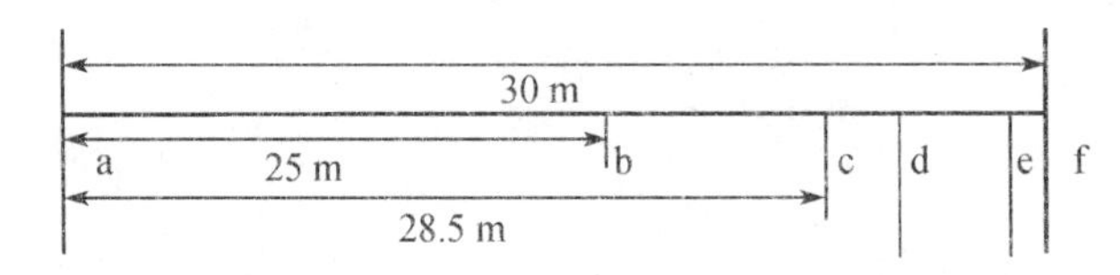

a—起点线;b、c—卸梯区;d、e—架梯区;f—塔基

图8-2-3 攀登六米拉梯操场地设置

四、整合编辑课件

素材收集整理好后,将其按照提纲的顺序进行组织编辑。编辑过程中应注意上一节中提及的几点注意事项,例如:

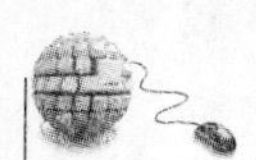

(1) 课件页面避免过于花哨，应该凸显本页主题，使内容清晰明白、一目了然，如图 8-2-4 所示。

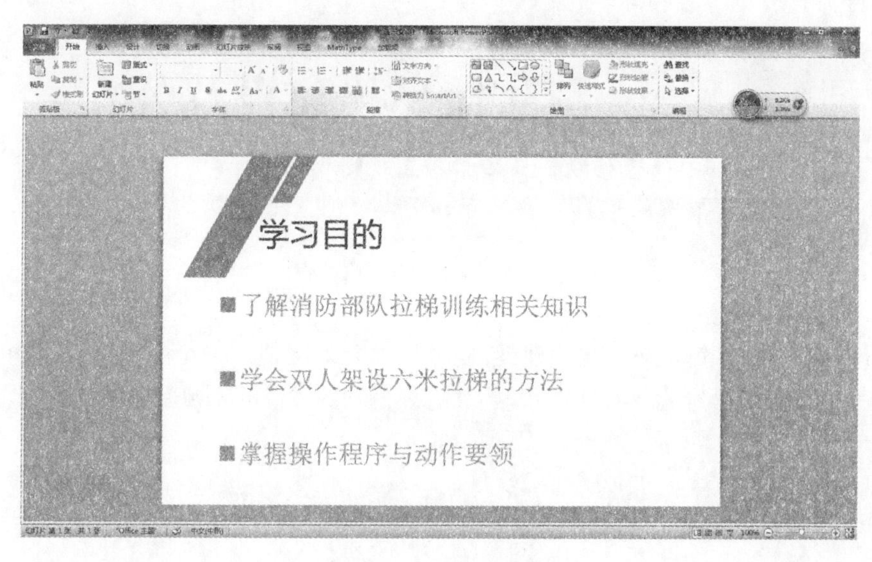

图 8-2-4　课件页面

(2) 课件避免用大量文字，应简明扼要，提示关键点，具体内容以讲授为主，通过图文配阐述讲授内容，如图 8-2-5 所示。

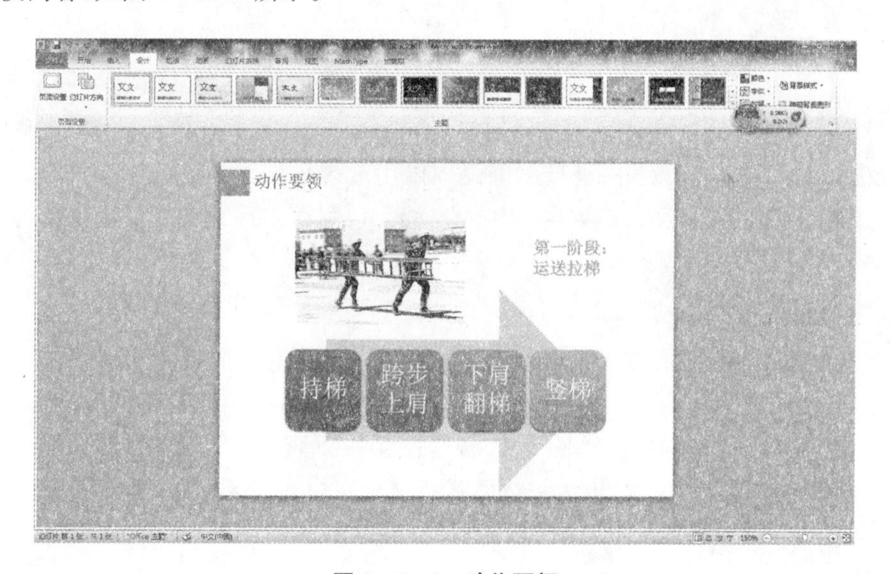

图 8-2-5　动作要领

五、课件预演完善

课件制作完成后，应预演放映检查，留意是否有具体内容错误、播放顺序错误、图文显示错误等问题。同时，可以请有经验的教员从不同方面进行指导，帮助修改完善教学课件。

第九章 消防信息化建设及公安网安全使用

DI JIU ZHANG

通过本章学习，了解消防信息化建设，要求树立公安网使用安全的观念和意识，了解公安网相关的管理规定，避免“一机两用”，熟练掌握公安网系统的安装配置及注意事项。

第一节 消防信息化建设

消防工作面临诸多矛盾叠加、风险隐患增多的严峻挑战。以信息化为支撑手段是时代发展的必然要求，基础信息化建设是“四项建设”之首。

一、基础概念

（一）大数据

大数据(big data)，指无法在一定时间范围内用常规软件工具进行捕捉、管理和处理的数据集合，是需要新处理模式才能具有更强的决策力、洞察发现力和流程优化能力的海量、高增长率和多样化的信息资产。

（二）物联网

物联网是新一代信息技术的重要组成部分，也是“信息化”时代的重要发展阶段。其英文名称是：“Internet of things(IoT)”。顾名思义，物联网就是物物相连的互联网。这有两层意思：物联网的核心和基础仍然是互联网，是在互联网基础上的延伸和扩展的网络；其用户端延伸和扩展到了任何物品与物品之间，进行信息交换和通信，也就是物物相息。

（三）云计算

云计算(cloud computing)是基于互联网的相关服务的增加、使用和交付模式，通常涉及通过互联网来提供动态易扩展且经常是虚拟化的资源。云是网络、互联网的一种比喻说法。过去在图中往往用云来表示电信网，后来也用来抽象表示互联网和底层基础设施。因此，云计算甚至可以让你体验每秒10万亿次的运算能力，拥有这么强大的计算能力可以模拟核爆炸、预测气候变化和市场发展趋势。用户通过电脑、笔记本、手机等方式接入数据中心，按自己的需求进行运算。

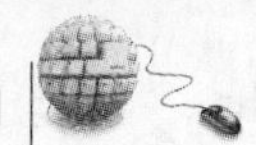

二、消防信息化概况

（一）发展现状

“十一五”以来，在部消防局的统一领导下，公安消防救援队伍通过十几年的专项建设，信息化基础网络和硬件设施不断完善，业务应用全面开展，信息共享水平显著提升，支撑决策能力日益凸显，逐步确立了信息主导警务的理念，基本形成了全面、全员、全程信息化应用的新格局。消防信息化应用已覆盖消防工作主要领域，改变了执法监督手段、指挥决策模式、服务社会方式和队伍管理机制，在火灾防控、灭火救援和队伍管理等方面取得了明显成效。

消防信息化基础建设已初具规模。消防信息化应用覆盖火灾防控方面、灭火救援方面等各业务领域。建设了消防信息网和消防指挥调度网，部消防局、总队、支队、大（中）队四级，实现了100%接入。建设了各级信息中心和指挥中心，全部按照标准完成建设并投入应用。建成了消防卫星通信网，为移动指挥提供了可靠的通信保障。建设了各级消防视频会议系统，保证了作战指挥的畅通。建设了图像综合管理平台和语音综合管理平台，为灭火救援提供了有力的信息支撑。

（二）面临形势和存在问题

消防工作从社会消防安全管理向社会消防安全治理转变，同时，物联网、云计算、大数据、移动互联网等新兴信息技术也给消防信息化发展带来了新方法。面对形势发展变化提出的新挑战，面对消防改革提出的新要求，消防信息化还存在一些问题。

（1）消防安全管理信息化模式不能完全满足社会消防安全治理与服务的需求。目前消防信息化对社会公众的服务内容较为单一，对政府、行业部门和社会单位的消防安全治理信息化服务支持手段不足，消防安全管理信息化模式还不能适应全民参与消防安全治理、全社会分享消防安全服务的社会消防安全治理新格局。

（2）应急通信保障体系不能完全适应日益复杂的消防实战需求。应急通信保障队伍力量相对薄弱，人员流动较为频繁；应急通信系统装备配备还不够科学，新技术新产品推广应用不够，针对不同类型灾害处置的通信保障适应性不强、集成度不高，复杂环境下的现场信号覆盖还存在通信盲点，不能适应灭火救援快速高效的作战保障要求。

（3）消防业务信息系统不能完全适应大数据分析应用的需求。消防业务信息系统多采用分级部署，技术架构复杂，数据存储较为分散，对装备、队站建设的投入效益分析、部队灭火救援能力评估和火灾形势精准化研判等方面的支撑不够，不能完全适应各类数据深层次信息挖掘与大数据分析应用的需求。

三、消防信息化建设主要任务

（一）完善消防综合应用平台

根据现有一体化消防业务信息系统的业务架构、数据框架、数据库和应用体系进行梳理和重构，建设架构合理、功能规范、接口完整、操作简捷的部消防局、总队、支队、大（中）队四级综合应用平台，坚持以块为主，加强应用整合，实现各业务基础信息的集中采集、录入、核查、反馈，满足基层工作"一站式"应用需求，并与公安警综平台实现对接。

（二）建设消防大数据平台

全国统一构建了体现开放性、动态性和互动性的消防大数据平台，面向各级消防救援队伍和社会单位、公众统一提供社会数据采集、批量数据加工、信息查询比对、统计分析挖掘、业务定制推送、个性化应用等服务。其中，互联网业务主要面向行业部门、社会单位和社会公众，提供社会单位消防安全自我管理、行业部门履行监管职责、社会公众报警求助等基础性服务，逐步形成消防生态圈；调度网业务主要面向各级消防救援队伍、政府专职队、微型消防站和社会联动单位，统一数据标准、规范数据来源，对消防内部、外部数据资源进行汇聚和挖掘分析，为火灾风险研判、灭火救援指挥、队伍管理分析、消防宣传服务和领导指挥决策等提供信息支撑。消防大数据平台提供开放的数据及接口服务，支持一个平台、分级管理、多级应用，为各地与政府大数据平台对接、信息交换共享提供必要的技术支持。

（三）建设社会联动共享资源平台

建设了联通共享、协同高效、互利共赢的社会联动共享资源平台，形成基于消防指挥网的消防领域生态圈。与应急办、气象、安监、地震、环保、市政等部门共享交换社会联动信息，满足消防应急联动需求。利用互联网企业的海量用户群，扩展消防目标人群，建立政府用户、企业用户、行业用户、社会公众、消防产品企业、消防宣传培训单位、消防领域专家、消防志愿者等消防目标人群的信息共享与协作机制，通过平台向社会公众提供互动参与的统一窗口服务。通过共享城市消防远程监控系统等物联网报警信息，分析社会火灾防控形势，并对消防安全运行指标异常的区域进行预警提示。积极引入铁路、民航、交通、银行等社会信息资源，为消防实战提供辅助信息支撑。

（四）建设移动警务应用支撑平台

根据《全国公安移动警务建设总体技术方案》要求，将消防救援队伍原有移动接入平台进行升级，建立部消防局、总队两级管控中心，统一接入公安部的部级集中管控中心。依托移动运营商技术支撑，建设基于新一代移动警务架构的移动警务应用支撑平台，完善终端安全监控，规范应用管理流程，建立移动警务信息采集和共享综合数据库。构建警用App应用生态模式，实现集应用开发与发布、资源共享服务、认证授权管理、动态分析评估于一体的全生命周期管控和服务支撑。

（五）推进移动App便民服务

为社会公众提供便捷、高效的消防安全隐患举报投诉、办事访求过程查询、消防安全信息咨询、消防工作建议征集等服务。引导、推行社会公众利用移动App、智能终端等方式进行快速报警，实现报警位置信息、主叫号码、现场图片和视频信息的快捷上传，使消防部门能够多角度了解灾害现场情况，提高接处警和灭火救援效率。依托"二维码"、电子标签等物联网技术，推动社会单位消防工作人员利用移动 APP 开展消防安全巡查管理，实现巡查检查实时录入和动态管理。

（六）拓展基础网络

消防指挥网以原指挥调度网为基础，依托政务外网和互联网，通过 VPN 专网等方式构建，划分为基于政务外网的指挥调度和基于互联网的社会消防安全管理两个业务区域，相互间实现安全逻辑隔离和信息实时共享交换。消防计算机信息网规划如图 9－1－1 所示。

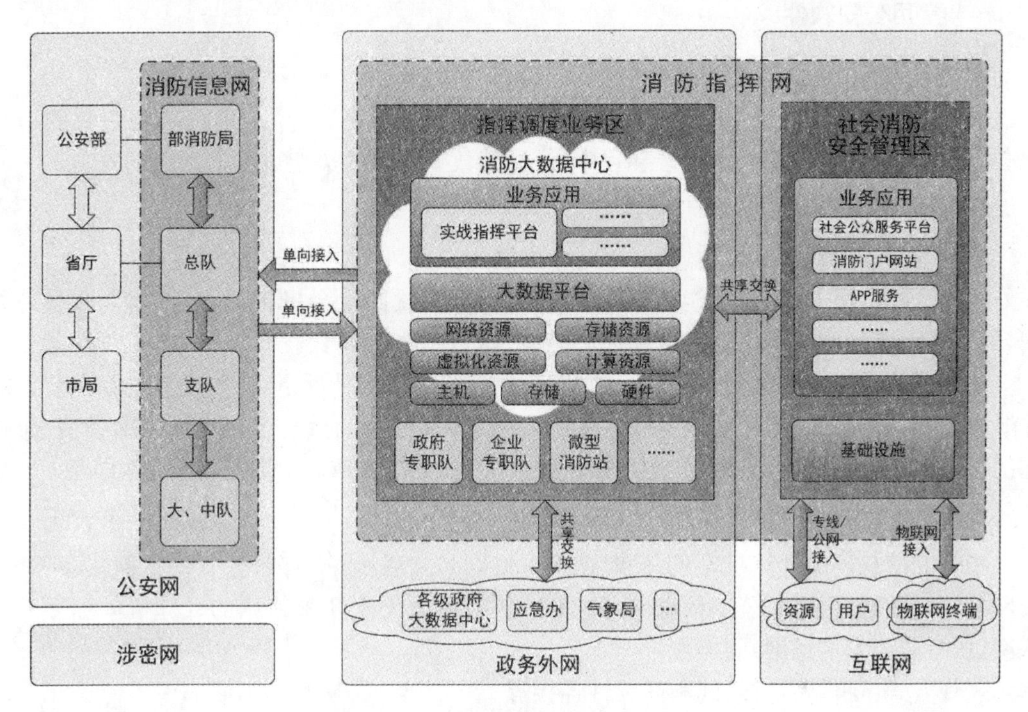

图 9－1－1　消防计算机信息网规划图

（七）改造消防无线通信网

根据公安 PDT 警用数字集群及 LTE 宽窄带融合专网建设，开展消防无线常规、集群通信网“模转数”工作，并争取纳入各地公安机关数字集群专网建设规划，推进 PDT 电台和 PDT＋LTE 宽窄带融合通信终端的配备与应用。依托移动公众网，建立全国互联互通的跨区域应急通信网，侧重保障途中指挥和跨区域指挥需求，着力解决管区覆盖、跨区域联络的畅通和频率资源瓶颈等问题，满足语音、视频、数据高速传输和综合应用的需要。

（八）完善硬件基础

利用社会服务资源，全国统一规划建设集中高效、灵活扩展、安全可靠、运维简便的消防大数据中心，具备消防业务核心应用系统双活和应用级容灾备份功能，将基础设施进行虚拟化和资源池化管理，为消防大数据平台和各级应用系统提供统一的云服务器、负载均衡、弹性伸缩、内容分发、存储、云数据库、消息队列和数据处理等服务。

第二节 公安网系统

一、公安网系统基础知识

（一）常用公安软件

1. 数字证书

数字证书就是类似于U盘的设备，它是一种加密的设备，每个人的设备要正常的运行都必须加载驱动程序，每台电脑必装程序，根据其数字证书的类型进行选择性的安装。

2. 公安网注册软件(一机两用注册)

为了方便公安网内部管理，同时也防止内网用户上外网，当用户装了该软件之后，如果插外网网线或上网卡、手机等能与外网联通的设备，该软件就会报警，同时将网卡或设备禁用，然后将该电脑的注册信息上传到部局。

每台电脑装好系统之后，填好IP地址，确保网络通畅的情况下，必须把该电脑在公安网注册，注册时必须正确地填写该电脑的使用人的个人信息，包括姓名、手机、电脑类型、所在部门、科室、一旦注册成功，则IP地址被该软件绑定，无法更改。

（二）什么是“一机两用”行为

指公安信息网内计算机设备，同时连接公安网和互联网(所有非公安信息网)或断开公安网连接互联网(所有非公安信息网)的操作，包括存放公安涉密信息的计算机单独接入互联网(所有非公安信息网)的操作。

表现方式：一贯性连接、间断间续性连接等。

互联网接入方式包括：Modem拨号、ADSL拨号、双网卡、网关代理、路由、手机上网等方式。

（三）“一机两用”行为的危害

1. 文件泄密

“一机两用”行为导致了公安网同互联网的物理连接，是造成重要机密文件泄密的可能性原因之一。

2. 黑客攻击

公安信息网上的“一机两用”行为导致互联网上黑客攻击，使公安网络、计算机、信息遭受破坏。

3. 病毒感染

公安信息网上的“一机两用”行为导致互联网病毒、蠕虫、木马直接入侵公安网。

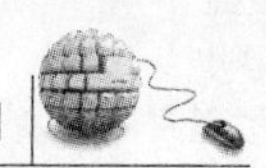

二、"一机两用"监控软件介绍

(一)"一机两用"监控功能

实时检测公安网中存在的同互联网连接的计算机,及时发现"一机两用"行为并做详细记录。

(二)"一机两用"阻断功能

发现违规计算机后,自动阻断其非法联网行为,同时向管理中心上报违规记录。

(三)违规联网报警功能

发现违规行为后在控制台报警,并逐级报送给上级管理台。

(四)设备登记注册功能

自动扫描发现网络中存在的网络设备,支持用户手动或系统自动注册。

(五)病毒检测定位功能

搜索网络注册客户端系统是否有病毒、木马等运行进程,并能够定位病毒源计算机。

三、公安网安全配置

(一)密码策略的配置

使用 Administrator 管理员账户登录到服务器,单击【开始】→【所有程序】→【管理工具】→【本地安全策略】,打开"本地安全策略"窗口,如图 9-2-1 所示。

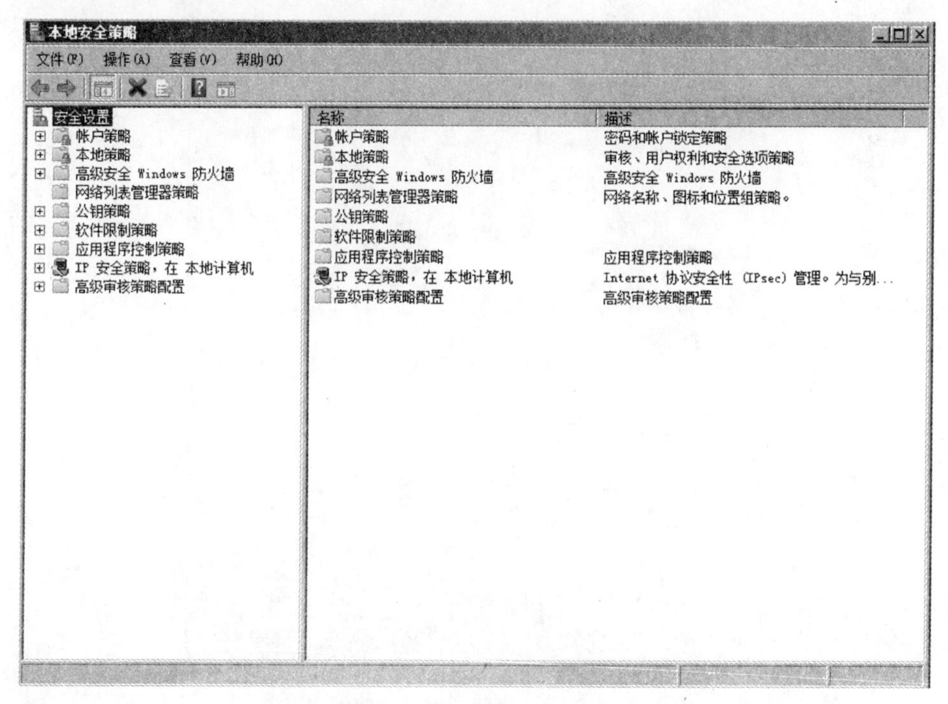

图 9-2-1　本地安全策略

在左侧点击【帐户策略】→【密码策略】,在右侧双击“密码长度最小值”,如图 9-2-2 所示。

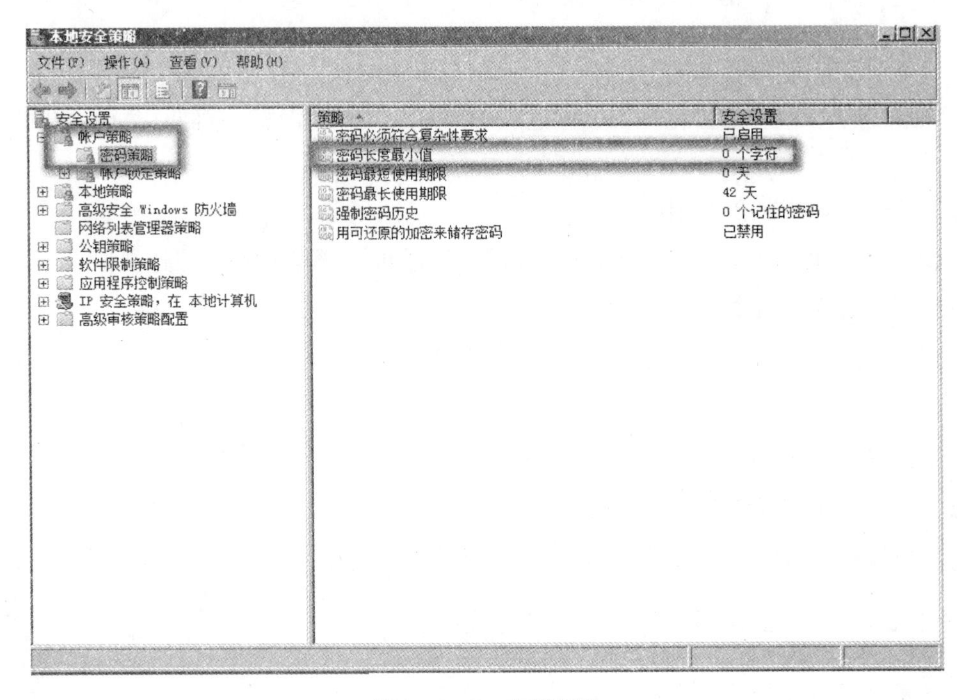

图 9-2-2　密码策略

在弹出的“密码长度最小值属性”窗口中,在“密码长度最小值”输入“10”,点击“确定”关闭该窗口,如图 9-2-3 所示。

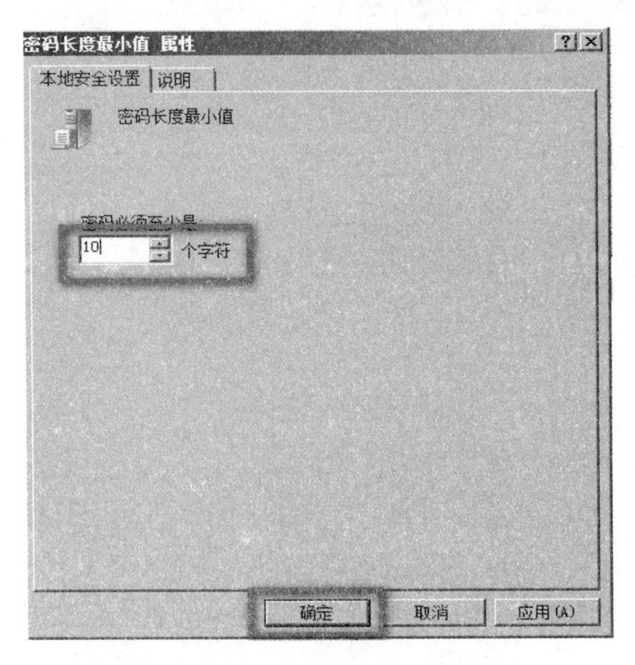

图 9-2-3　密码长度最小值配置

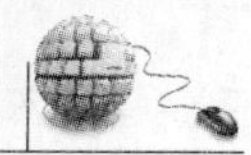

然后在“本地安全策略”窗口右侧双击“密码最长使用期限”，如图9－2－4所示。

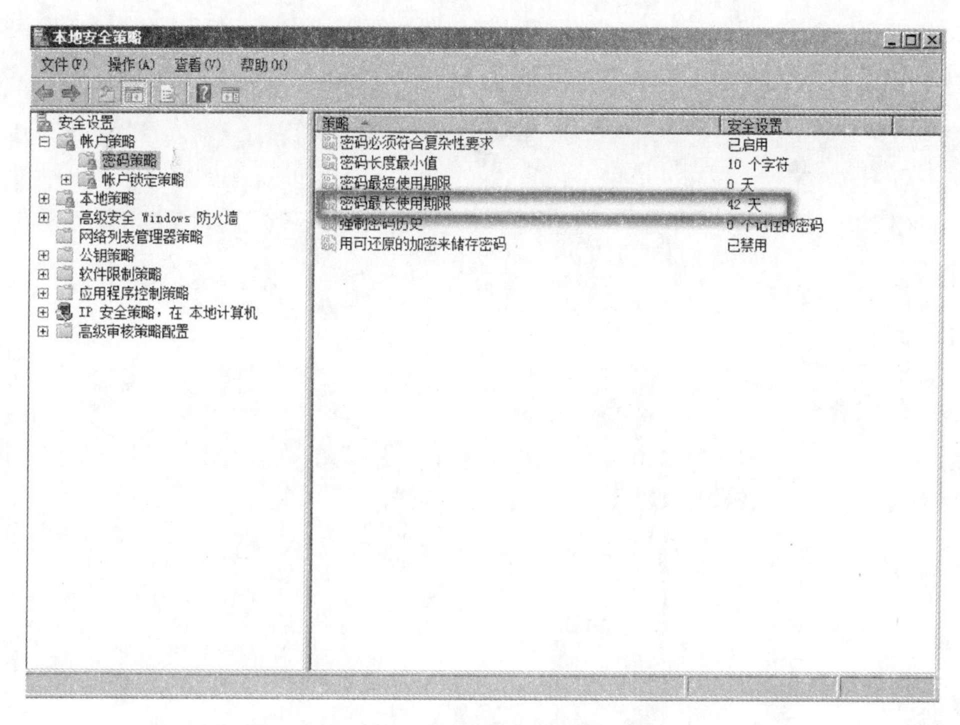

图9－2－4　密码最长使用期限配置

在弹出的“密码最长使用期限属性”窗口中，在“密码过期时间”输入“90”，点击“确定”关闭该窗口，如图9－2－5所示。

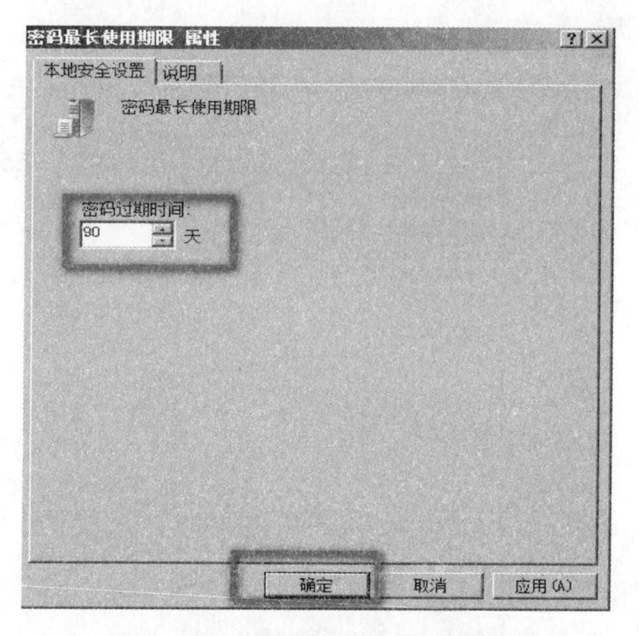

图9－2－5　密码最长使用期限配置属性

（二）审核策略的配置

使用 Administrator 管理员账户登录到服务器，单击【开始】→【所有程序】→【管理工具】→【本地安全策略】，打开“本地安全策略”窗口，如图 9-2-6 所示。

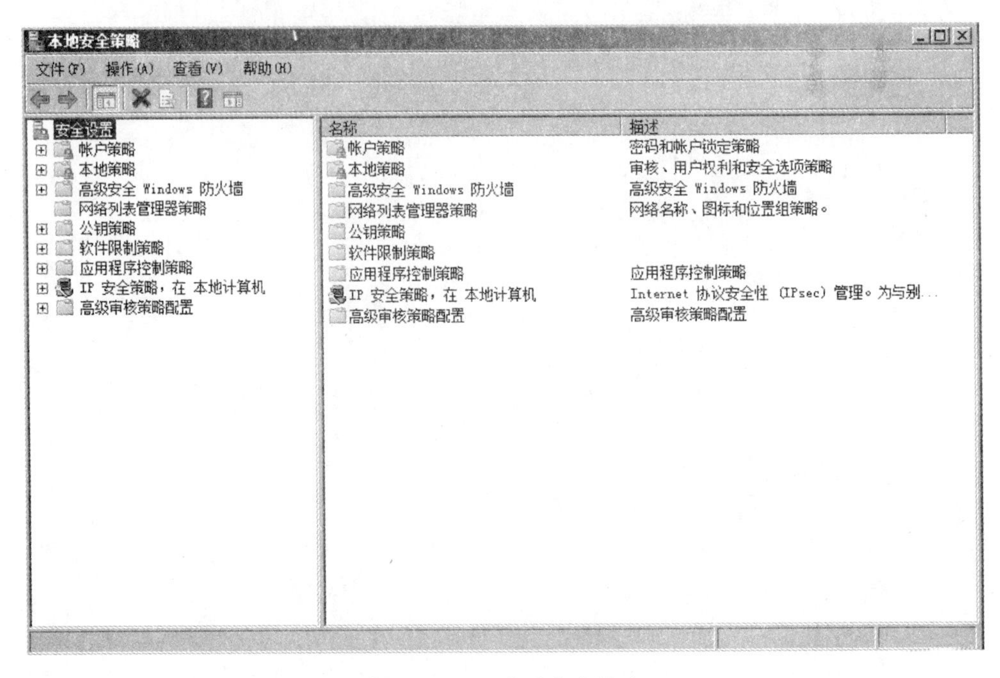

图 9-2-6 本地安全策略

在左侧点击【本地策略】→【审核策略】，在窗口右侧可以看到若干策略项，双击其中一项策略（如“审核策略更改”），如图 9-2-7 所示。

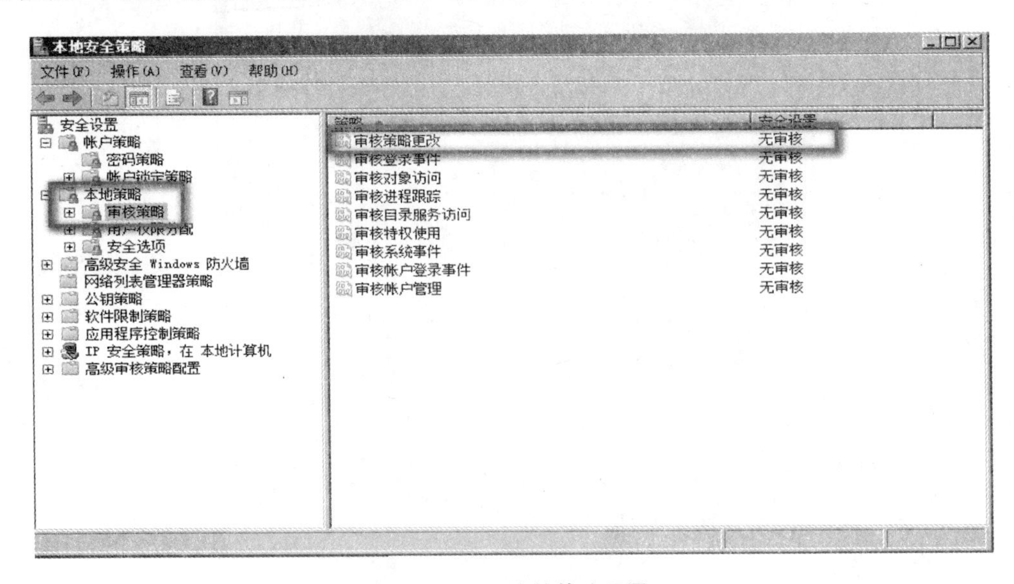

图 9-2-7 审核策略配置

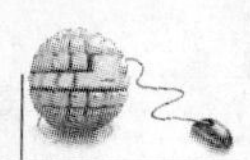

在弹出的“属性”窗口中，勾选“成功”和“失败”，然后点击“确定”关闭窗口，如图 9-2-8 所示。

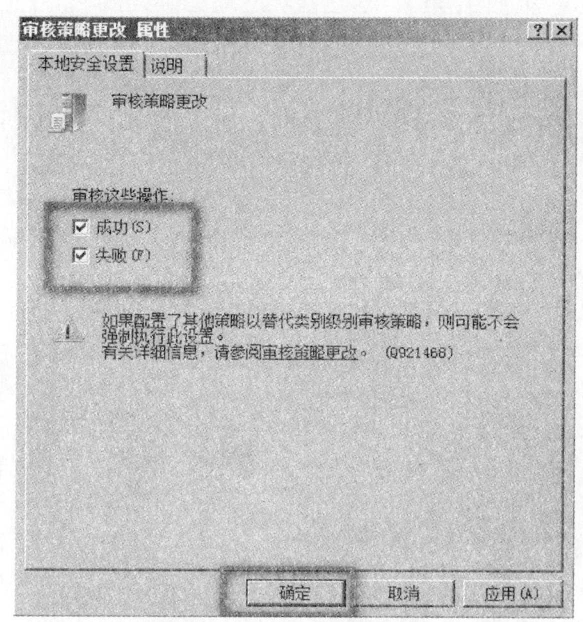

图 9-2-8　审核策略更改配置

如上操作，将所有的策略项的安全设置都改为“成功，失败”。

双击桌面“计算机”图标，在左侧选择 D 盘，右侧找到“NCISoft”文件夹，用鼠标右键点击该文件夹，在弹出菜单选择“属性”，如图 9-2-9 所示。

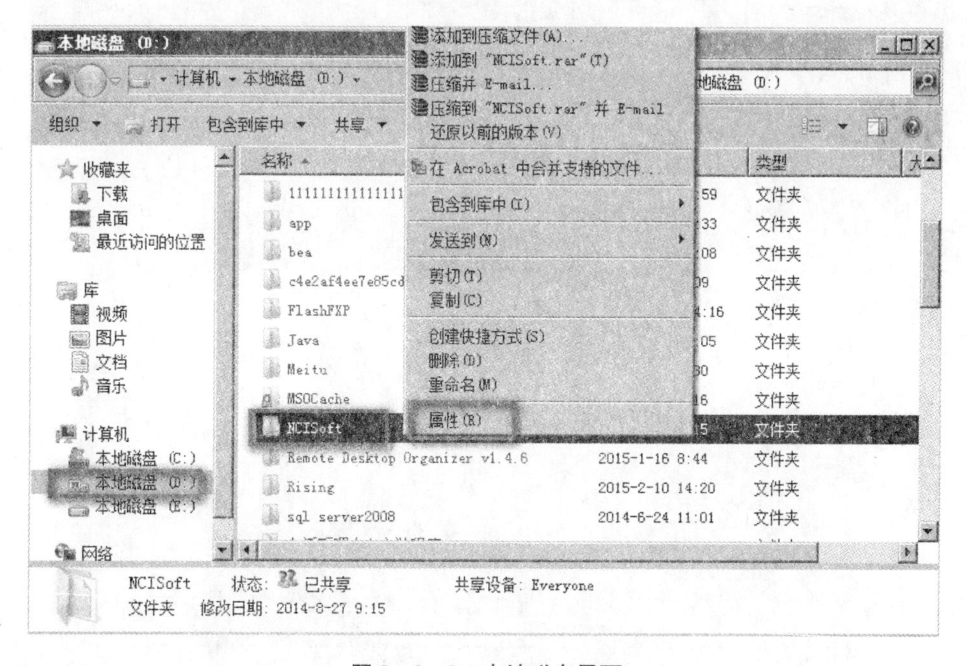

图 9-2-9　本地磁盘界面

在弹出的属性窗口中，选择“安全”选项卡，然后点击“高级”按钮，如图 9－2－10 所示。

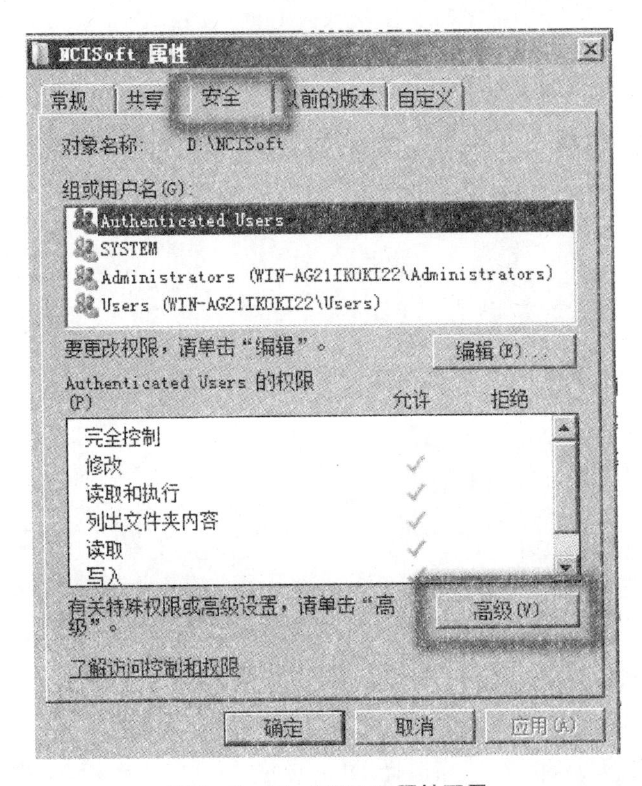

图 9－2－10　NCISoft 属性配置

在弹出的高级安全设置窗口中，选择“审核”选项卡，然后点击“编辑”按钮，如图 9－2－11 所示。

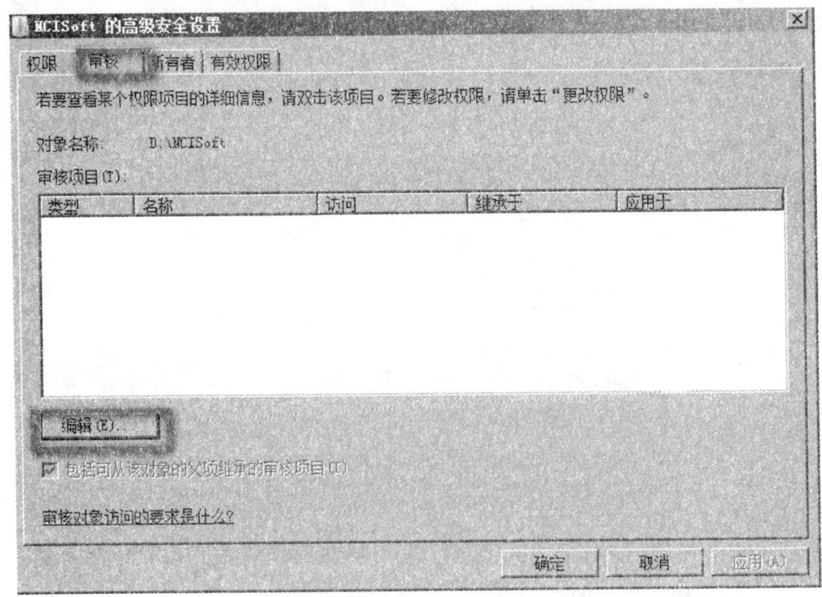

图 9－2－11　NCISoft 高级安全配置

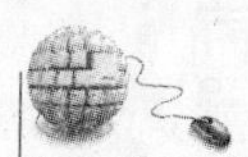

在弹出的高级安全设置窗口中，点击“添加”按钮，在弹出的“选择用户或组”窗口中，在“输入要选择的对象名称”框中输入“Everyone”，点击“确定”按钮，如图 9-2-12 所示。

NCISoft 的高级安全设置

审核

要查看或编辑审核项目的详细信息，请选择该项目并单击“编辑”。

对象名称: D:\NC

审核项目(T):

类型 | 名称

添加(D)...

选择用户或组

选择此对象类型(S):

用户、组或内置安全主体　对象类型(O)...

查找位置(F):

WIN-AG21IKOKI22　位置(L)...

输入要选择的对象名称(例如)(E):

Everyone　检查名称(C)

高级(A)...　确定　取消

包括可从该对象的父项继承的审核项目(I)

使用可从此对象继承的审核项目替换所有后代上现有的所有可继承审核项目(P)

审核对象访问的要求是什么?

确定　取消　应用(A)

图 9-2-12　选择用户或组配置

在弹出的“审核项目”窗口中，勾选“完全控制”项的“成功”和“失败”，此时下方所有其他访问项的“成功”和“失败”应自动打钩。完成后点击“确定”。并关闭之前打开的所有属性窗口，完成对该目录审核功能的配置，如图 9-2-13 所示。

NCISoft 的审核项目

对象

名称(N): Everyone　更改(C)...

应用到(O): 此文件夹、子文件夹和文件

访问(S):	成功	失败
完全控制	☑	☑
遍历文件夹/执行文件	☑	☑
列出文件夹/读取数据	☑	☑
读取属性	☑	☑
读取扩展属性	☑	☑
创建文件/写入数据	☑	☑
创建文件夹/附加数据	☑	☑
写入属性	☑	☑
写入扩展属性	☑	☑
删除子文件夹及文件	☑	☑
删除	☑	☑

仅将这些审核项目应用到此容器中的对象和/或容器(T)　全部清除(L)

管理审核

确定　取消

图 9-2-13　NCISoft 审核项目配置

（三）安全选项配置

使用 Administrator 管理员账户登录到服务器，单击【开始】→【所有程序】→【管理工具】→【本地安全策略】，打开“本地安全策略”窗口，如图 9-2-14 所示。

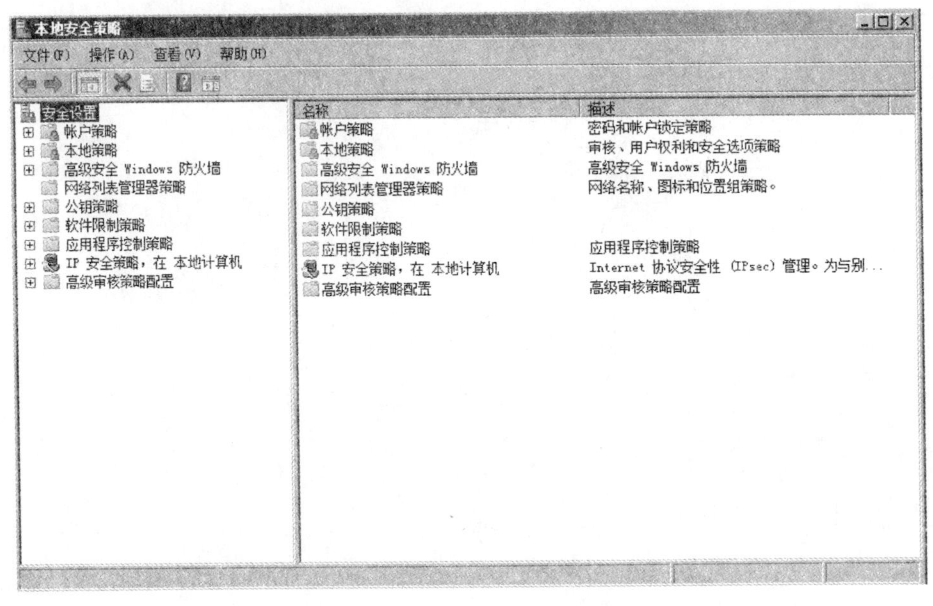

图 9-2-14 本地安全策略

在左侧点击【本地策略】→【安全选项】，在右侧找到并双击“交互式登录：不显示最后的用户名”，如图 9-2-15 所示。

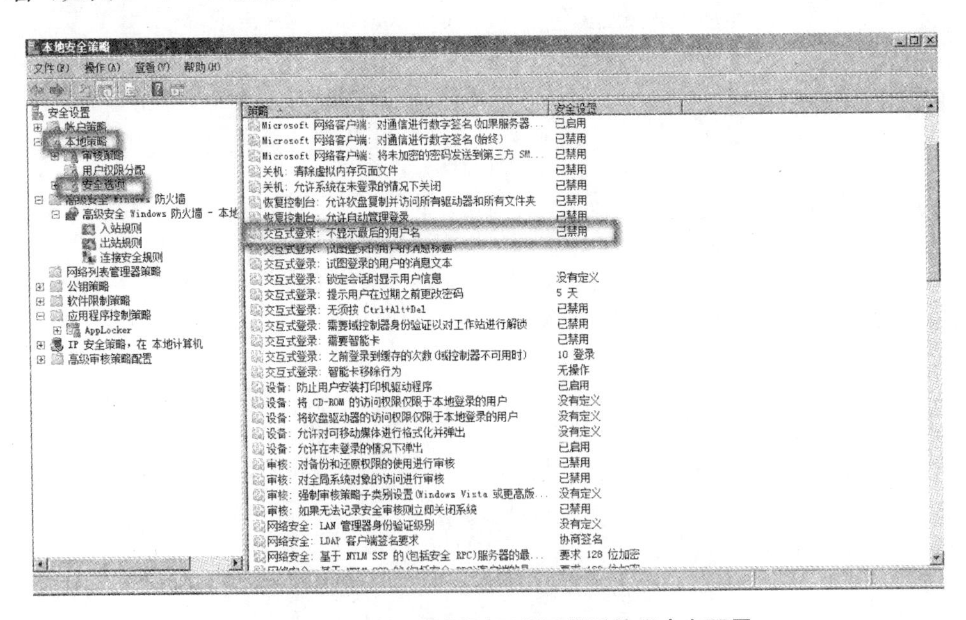

图 9-2-15 交互式登录：不显示最后的用户名配置

在弹出的属性窗口中，点击选中“已启用”前面的单选框，点击“确定”关闭属性窗口，如图 9-2-16 所示。

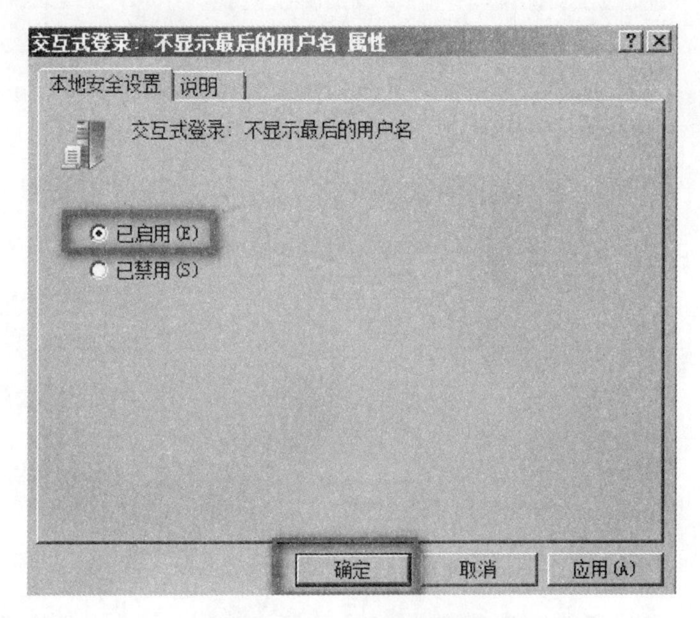

图 9-2-16　交互登录配置

在“本地安全策略”窗口右侧，找到“网络访问：不允许 SAM 账户和共享的匿名枚举”并双击，如图 9-2-17 所示。

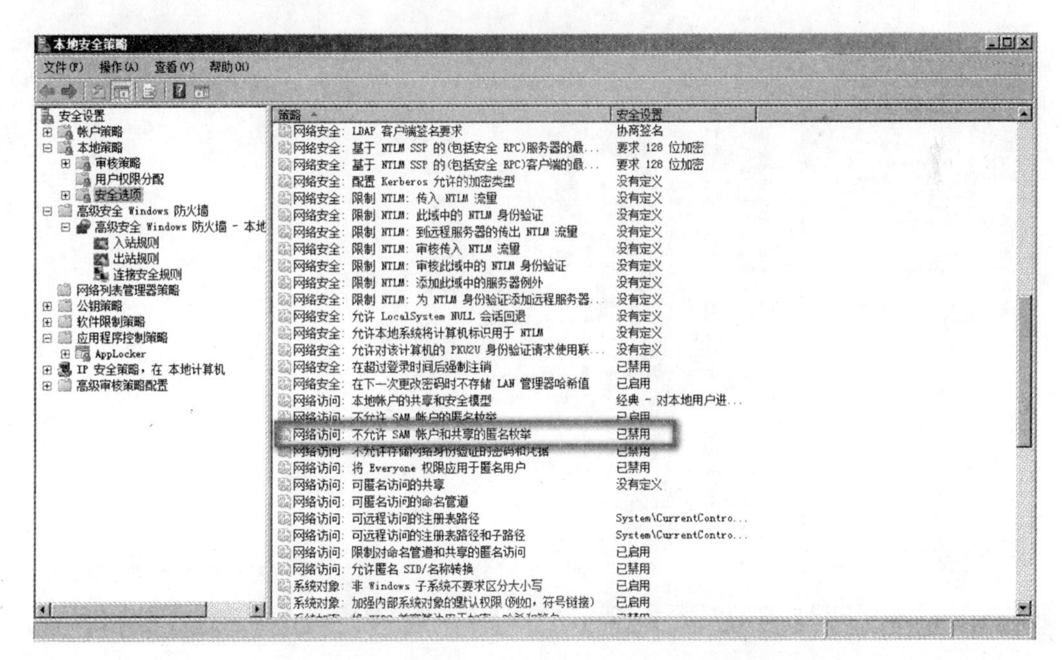

图 9-2-17　不允许 SAM 账户和共享的匿名枚举配置

在弹出的属性窗口中，点击选中“已启用”前面的单选框，点击“确定”关闭属性窗口，如

图 9-2-18 所示。

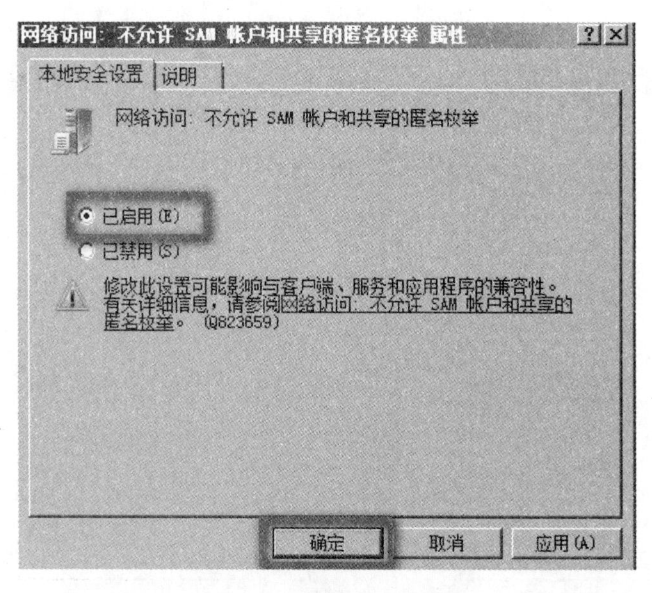

图 9-2-18　不允许 SAM 账户和共享的匿名枚举属性

在"本地安全策略"窗口右侧,找到"网络访问:不允许存储网络身份验证的密码和凭据"并双击,如图 9-2-19 所示。

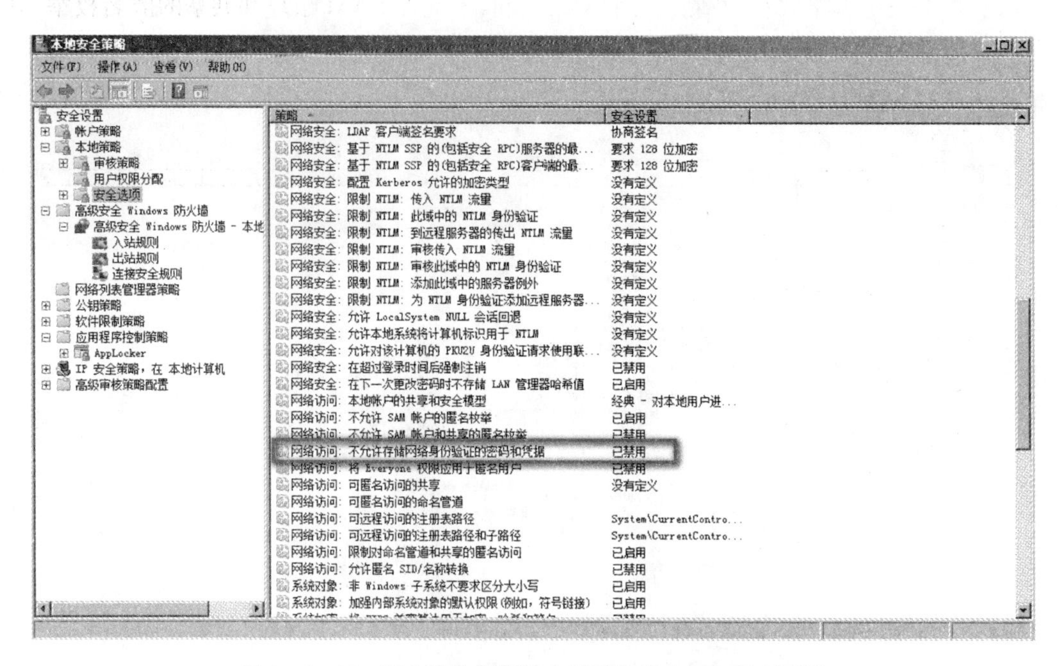

图 9-2-19　不允许存储网络身份验证的密码和凭据配置

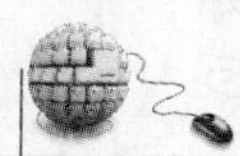

在弹出的属性窗口中，点击选中“已启用”前面的单选框，点击“确定”关闭属性窗口，如图 9-2-20 所示。

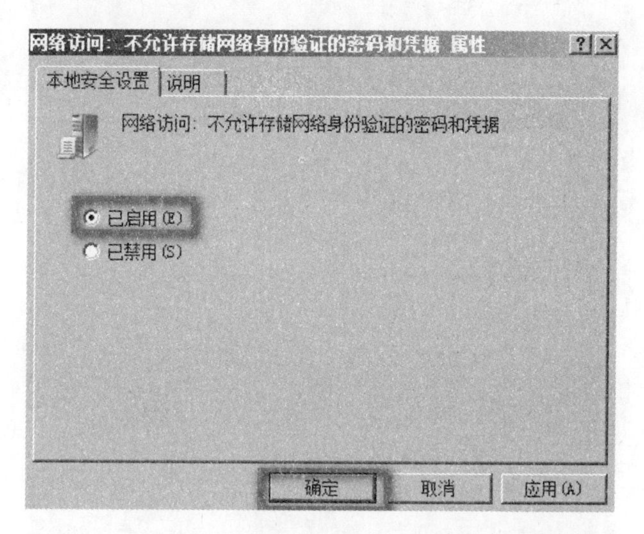

图 9-2-20 不允许存储网络身份验证的密码和凭据属性

在“本地安全策略”窗口右侧，分别找到“网络访问：可匿名访问的共享”“网络访问：可匿名访问的命名管道”“网络访问：可远程访问的注册表路径”“网络访问：可远程访问的注册表路径和子路径”并双击，如图 9-2-21 所示。

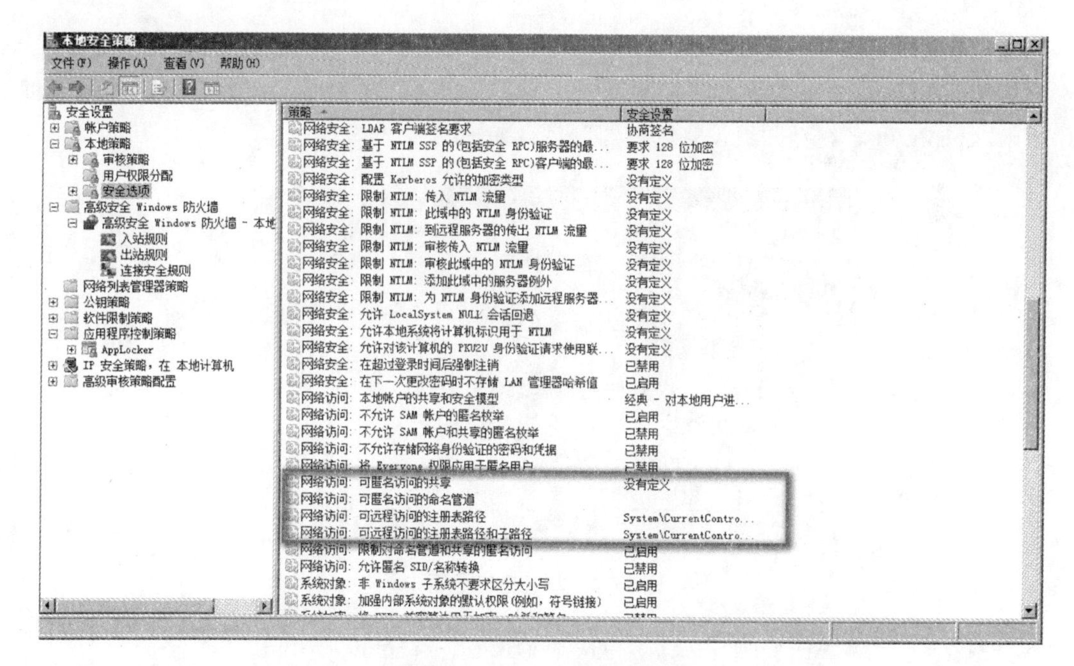

图 9-2-21 安全选项列表

以“网络访问：可匿名访问的共享”为例，双击后在弹出窗口中删除输入框中的全部内容，然后点击“确定”关闭该窗口。对其他 3 个项目进行同样操作。

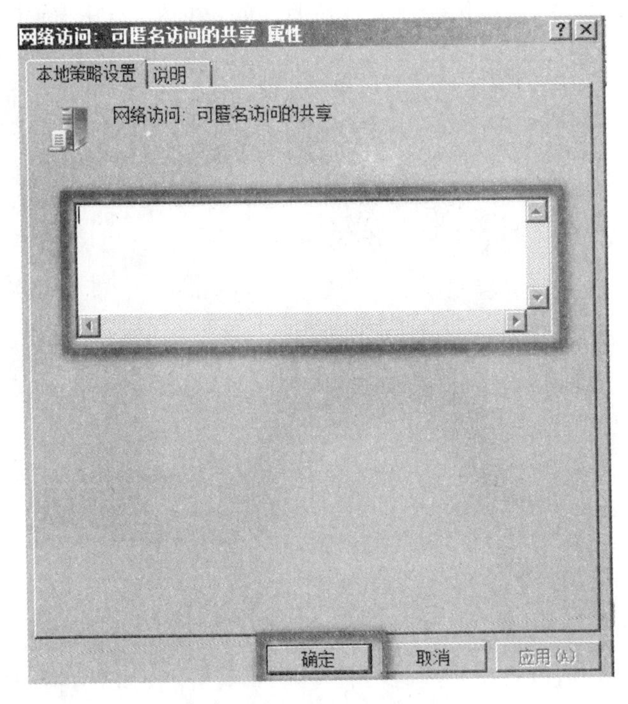

图 9-2-22　可匿名访问属性

（四）禁止系统读取可移动磁盘

使用 Administrator 管理员账户登录到服务器，单击【开始】→【运行】，在“打开”输入框中输入“gpedit. msc”，打开“组策略管理器”窗口，如图 9-2-23 所示。

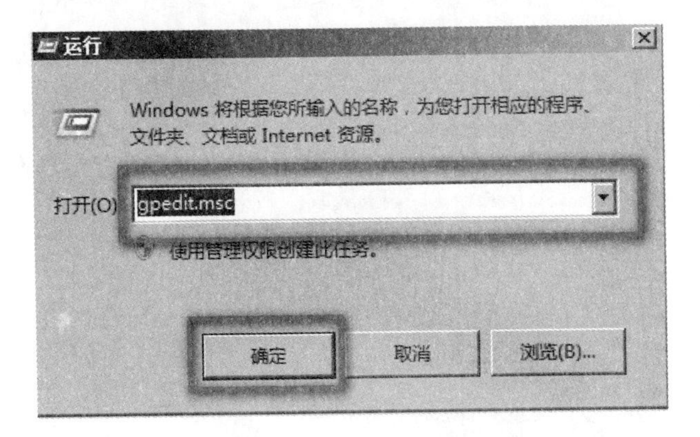

图 9-2-23　运行界面

在打开的“组策略编辑器”窗口中，依次点击左侧的【用户配置】→【管理模板】→【系统】→【可移动存储访问】，在右侧找到“可移动磁盘：拒绝读取权限”并双击，如图 9-2-24 所示。

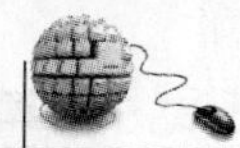

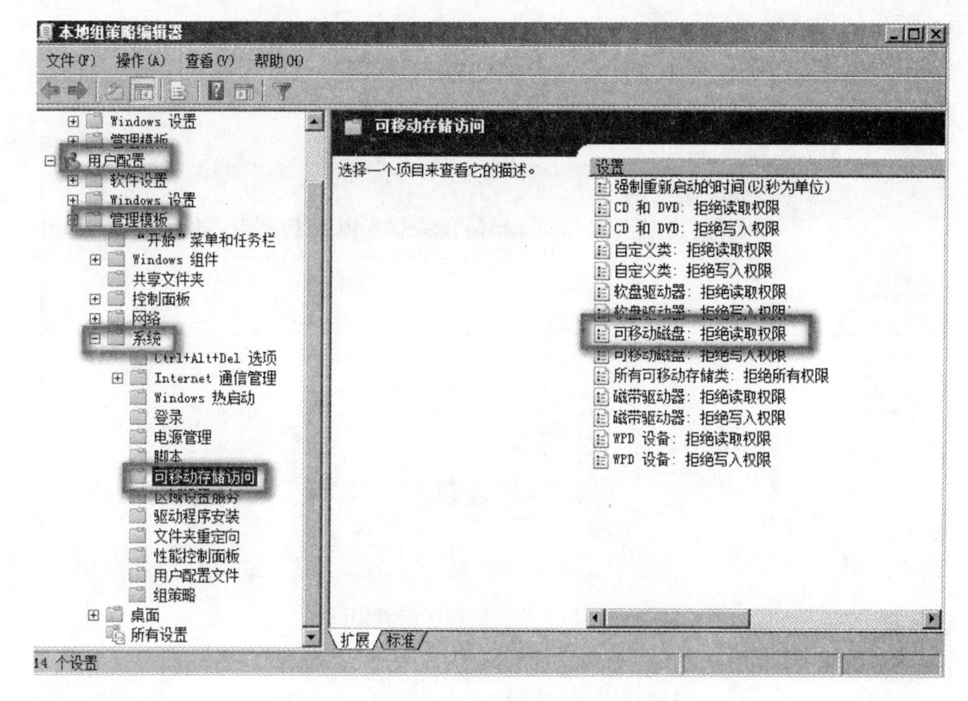

图 9-2-24　本地组策略编辑器界面

在弹出的窗口中，勾选“已启用”前面的单选框，然后点击“确定”关闭窗口，如图 9-2-25 所示。

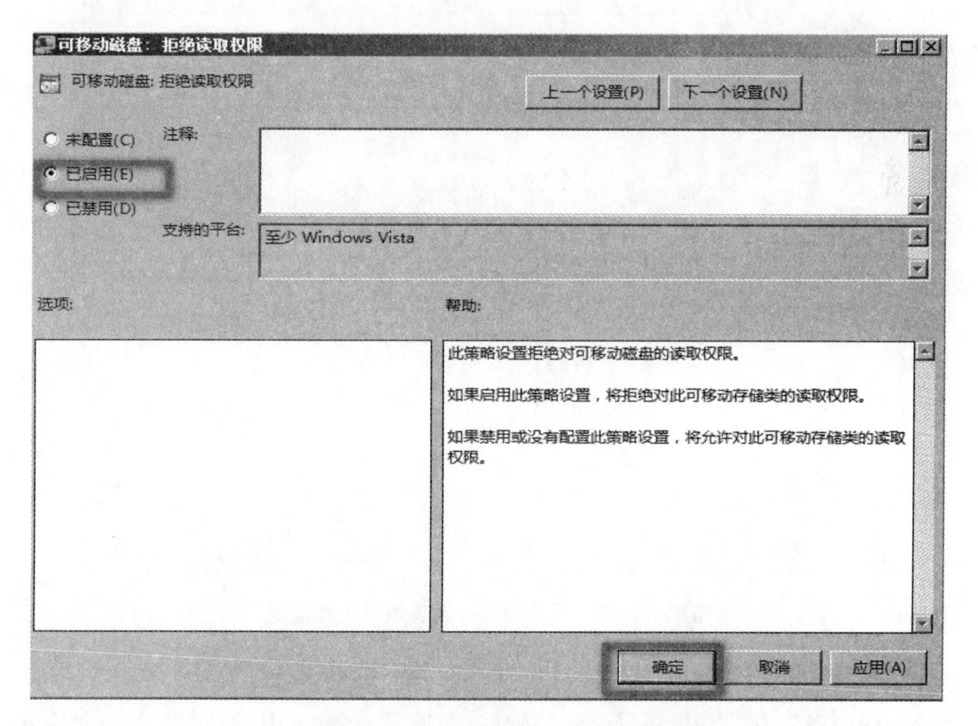

图 9-2-25　可移动存储访问配置

（五）禁止使用注册表编辑器

在“组策略编辑器”窗口中，依次点击左侧的【用户配置】→【管理模板】→【系统】，在右侧找到“阻止访问注册表编辑工具”并双击，如图 9-2-26 所示。

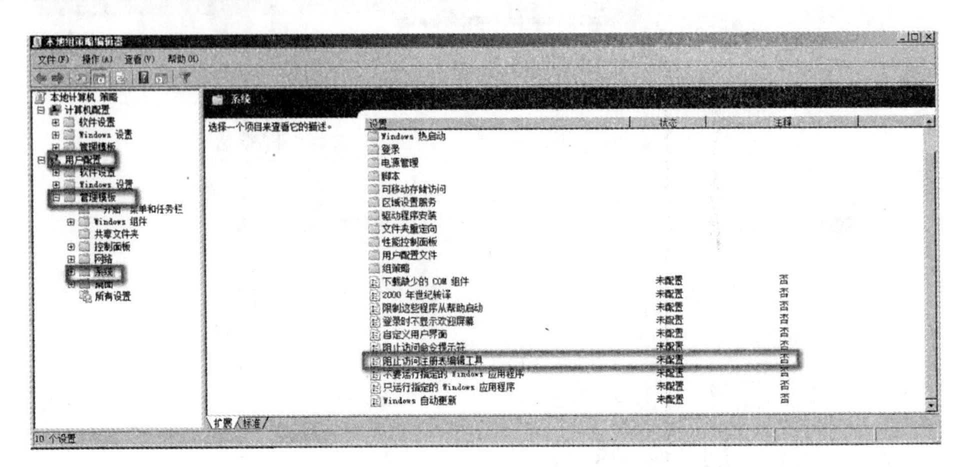

图 9-2-26　禁止使用注册表编辑器

在弹出的窗口中，勾选“已启用”前面的单选框，然后点击“确定”关闭窗口，如图 9-2-27 所示。

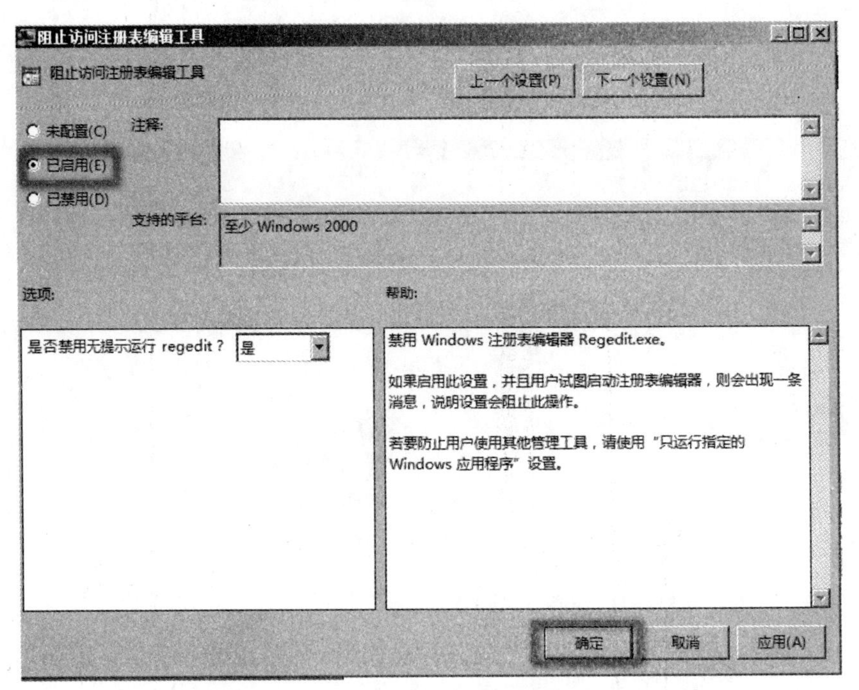

图 9-2-27　阻止访问注册表编辑工具配置

（六）安装安全防控软件

为公安网服务器安装并更新安全防护软件，如瑞星、360、金山、江民等，配置对应安全防

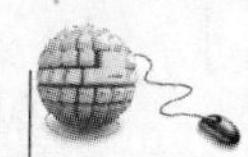

护策略并定期查看防护日志。

（七）更新操作系统补丁

为公安网服务器更新操作系统补丁，如使用公安信息网终端安全服务助手（下载地址 http://10.1.1.242/）更新补丁。

第三节　公安网保密安全

一、公安网使用人员安全操作

（一）人员设置

（1）各单位应设立专职网络与信息安全管理员。

（2）各支队、大队、中队须设立网络与信息安全联络员，安全联络员配合上级机关开展本单位网络安全工作。集中办公部门原则上可共设一个网络与信息安全联络员。

（二）任职资格

（1）安全管理员应了解党的路线、方针、政策和法律法规，有较强的为消防单位工作服务的意识，有较强的组织纪律性，遵纪守法，无违纪违法现象。

（2）安全管理员应具有扎实的计算机理论基础知识、信息系统安全管理和计算机病毒防范的能力，具有一定的基层工作经历。

（3）安全管理员应定期参加省厅举办的安全技术讲座及业务培训，通过认证考核获得网络与信息安全管理员上岗证后持证上岗。

（4）安全管理员需通过厅人事部门、信通部门的政治审查。

（三）主要职责和工作内容

1. 参与网络和信息安全系统建设工作

（1）负责落实公安网络和信息安全工作的各项管理规定，制订本部门信息安全工作的相应管理办法并组织实施，接受上级单位信息通信部门的业务指导。

（2）加强调查研究，全面了解本单位网络和信息系统安全工作基本情况，科学制订网络和信息系统安全项目建设预案，为领导决策提供依据。

（3）根据本单位网络和信息系统安全建设规划，拟定建设方案，参与落实项目招标、采购，在建设过程中做好监督检查和质量验收工作，切实增强本单位计算机信息系统安全管理能力，确保信息系统运行安全、稳定、可靠。

2. 开展网络和信息安全知识宣传工作

（1）积极开展网络和信息安全法律法规的宣传工作。通过对《公安计算机信息系统安全保护规定》《公安机关人民警察使用公安信息网违规行为行政处分暂行规定》《中华人民共和国计算机信息系统安全保护条例》等法规的宣传，每位消防员对网络安全的重要性、违规事件的严重性应有深刻的认识。

（2）开展对消防员安全使用计算机的宣传教育，切实增强广大消防员安全使用计算机的技能，进一步规范消防员业务工作使用计算机的行为。

(3) 深入基层，服务实战，及时反映和解决基层信息化管理人员在网络和信息系统安全工作中发生的困难和问题。

(4) 针对本单位网络和信息系统安全工作的实际需求和基层信息化管理人员的业务需求，组织安排开展业务培训，规范操作，切实增强基层信息化管理人员业务水平。

3. 完成网络和信息安全日常管理工作

(1) 负责本级"一机两用"监控系统的管理和维护。严格按照信息系统运行管理规范操作，确保"一机两用"监控系统设备正常运行，通信畅通。

(2) 严格执行公安用计算机入网、出网、维修的有关规章制度。负责对本单位计算机设备进行登记备案、安全检查、入网注册工作，及时处理未注册设备；负责本单位联网计算机设备的出网申报、送修申报、注册信息注销和内容清理工作；负责对本单位公安计算机定点维修点的管理工作。

(3) 负责本单位计算机病毒查/杀、漏洞扫描和系统补丁更新工作。督促本单位消防员及时安装防病毒软件、更新病毒库、下载系统补丁，切实落实防火墙、漏洞扫描、防病毒等防范措施。

(4) 每日按时登录部、厅网站签到巡检。使用安全员的数字证书，每日登录公安部、厅"一机两用"监控系统、违禁网站、漏洞扫描、边界接入、PKI/PMI 系统等网站签到日巡检。

(5) 查看上级信息通信部门下发的网络安全通知、通报，及时传达、反馈信息。

(6) 每月定期登录公安部漏洞扫描网站查阅系统升级通知，接到通知后及时进行系统升级和扫描工作，扫描结束后及时上报扫描结果。

4. 督促违规安全事件查处工作

(1) 及时检查"一机两用"事件发生情况，发现违规外联报警事件，按要求和处理流程通知到责任人及相关单位，协助信通部门监督责任单位对违规行为进行处理，并在一周内到省公安厅信息通信处汇报事件情况及处理结果。

(2) 检查违禁网站、软件情况，对违禁行为进行劝解，对公安部通报的违禁事件及时查明情况，上传回执，并协助纪检部门依照规定提出处理意见。

5. 制订网络和信息系统安全防范应急预案工作

(1) 根据本单位要求以及网络和计算机信息系统工作的实际，制订网络和信息系统安全防范应急预案。

(2) 严格按照网络和信息系统安全防范应急预案，做好重大节日、节点任务期间以及处置突发性事件的网络和信息系统安全防范技术保障工作。

(四) 处罚

发生以下情况之一的，将给予安全管理员通报处分：

(1) "一机两用"监控系统长时间运行异常，安全管理员在上级单位通知后仍不做处理，并造成较大影响的。

(2) 计算机设备使用人提出入网注册、出网申报、送修申报、注册信息注销等请求，而安

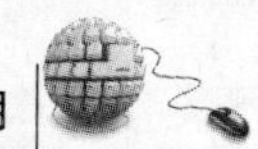

全管理员未能及时处理，且直接导致"一机两用"等违规事件的。

(3) 公安部、省公安厅下发违规事件处理通知后，安全管理员长时间不进行情况调查，且不说明情况的。

(4) 管辖区域发生大面积病毒爆发情况，未及时上报且没有及时处理，并造成较大影响的。

(5) 没有按照日常巡检要求对入侵检测系统进行巡检，发生系统被攻击、涉密信息外泄等重大安全事故的。

(6) 对应通过边界接入系统联入公安网却仍采用其他方式接入的外部系统，安全管理员知而不报，导致涉密信息外泄等重大安全事故的。

二、公安网信息保密操作

(一) 规范入网和离网申请流程

(1) 申请接入公安信息网的单位须填写"申请单位填写项目"上报主管信通部门。

(2) 信通部门接到申请，对需要上网计算机进行安全检查，并填写"备案表"的"信通部门填写项目"。

(3) 信通部门到现场对需要上网计算机进行网络配置，入网注册、杀毒软件的安装。

(4) 申请单位正常上网，网络配置(IP 地址、网关、掩码等)、入网注册程序、杀毒软件不允许私自改动、卸载。

(5) 申请离网单位电话联系主管信通部门。

(6) 申请单位得到信通部门确认后，将需要离网的设备报主管信通部门。

(7) 信通部门和申请单位一起对离网设备进行安全检查，对"一机两用"程序、杀毒软件进行卸载。

(8) 离网设备需要物理销毁的双方同时在场将设备进行物理销毁，并做好记录。不需要物理销毁的交信通部门保管。

(二) 落实好公安网联网设备维修流程

(1) 用户向支队信通科提出联网设备维修申请。

(2) 信通科技术人员判断设备故障，是否进行现场维修。

(3) 需现场维修的，由信通科指派经过安全培训的消防员现场进行维修；故障原因复杂或现场不能及时处理，需离网维修的，由故障设备责任人将设备送至支队信通科。

(4) 故障设备责任人和信通科维修人员认真填写《联网设备维修登记表》，该表主要包括以下内容：设备维修单位、设备责任人、送交时间、故障基本情况、设备安检情况、故障维修记录、信通科责任消防员等。

(5) 将《联网设备维修登记表》报支队信通负责领导批准，经签字同意后才能维修。

(6) 信通科安全管理人员注销"一机两用"系统客户端探头。

(7) 信通科将故障设备送至市公安局定点计算机公司维修。

(8) 维修后公司技术人员将设备送交支队信通科，并详细填写维修记录，签字予以确认。

(9) 信通科安全管理人员对设备进行入网前的安全检查。

(10) 用户重新对设备进行入网注册。

(三) 做好公安信息网络安全保密管理工作机制

1.“两个落实”

(1) 落实信息网络安全管理机构。各级单位要建立信息通信安全管理专门机构或配备专门的人员。

(2) 落实公安信息网上日常巡检工作。各级消防信息通信部门要建立网上巡检制度，安排专门人员每日对公安信息网进行检查，及时发现、处理网上各种违规违纪行为。各级单位保密部门要将公安网络和信息安全保密检查工作日常化，采取定期检查、随机抽查等多种方式，加大对信息安全的监管力度。

2.“三方责任”

(1) 领导的责任。各级各单位领导同志作为公安网络和信息安全保密工作第一责任人，要在公安网络和信息化建设中统筹考虑，将安全保密部门放在重要地位。要下大力气解决安全保密管理组织机构和人员问题，要下大力气解决安全保密技术手段建设和运行的经费保障问题。

(2) 主管部门的责任。各级消防的信通、负责保密等部门是公安网络和信息安全保密工作的组织管理者，要经常性地开展安全保密教育培训，对公安信息系统和网络运行进行安全保密监控，严肃查处安全保密案件、事件。

(3) 使用单位的责任。公安消防各部门、各警种是公安网络和信息的使用者，要设立安全保密管理岗位，认真落实各项安全保密管理规章制度，积极参加各类安全保密活动，并配合信通、相关保密等部门做好安全保密案(事)件的查处工作。

3.“五项措施”

(1) 严格入网设备的管理措施。要严格各类计算机设备入网前的安全检查和注册工作，严格计算机设备出网前的注销和清理工作，严格设备送修的申报手续。

(2) 严格应用系统和网站的管理措施。要严格公安应用系统和网站的登记、备案制度，明确管理单位和责任人，严格上网内容的审批制度。

(3) 严格网络边界的管理措施。对各级公安信息网与非公安网络(或终端)的应用接入，要严格实行上报审批制度，严禁超范围使用。

(4) 严格数字证书的管理措施。要严格数字证书“专人专用”和“谁持有，谁负责”的管理制度，严禁未经批准将证书转借他人使用，严禁私自借用或盗用他人证书。

(5) 严格涉密信息载体的管理措施。要严格执行涉密计算机、涉密网络、涉密移动存储介质与外部网物理隔离的规定，严禁在非涉密计算机上处理涉密内容，严禁在计算机硬盘内存储密级信息，严禁将工作用计算机和涉密移动存储介质带回家，严禁在互联网上使用涉密移动存储介质。

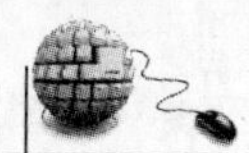

第四节　技能实训

实训 1　常用网络版安全管理软件安装

(1) 实训题目

正确安装配置 360 企业版网络安全管理软件。

(2) 实训目的

根据本章介绍内容,理解掌握 360 企业版网络安全管理软件的安装配置。

(3) 实训内容

正确安装配置 360 企业版网络安全管理软件使其能够自动升级、补丁分发等,在 20 min 内完成所有操作。

(4) 实训方法

① 打开安装包安装 360 企业版网络安全管理软件。

② 配置 360 企业版网络安全管理软件自动升级、补丁分发。

③ 20 min 内完成所有操作。

(5) 实训总结

根据实训中出现的问题做出总结。

实训 2　公安网计算机常见故障排查与修复

(1) 实训题目

快速修复出现故障的公安网计算机。

(2) 实训目的

根据本章介绍内容,理解掌握公安网计算机常见故障的维护的能力。

(3) 实训内容

现有一台公安网计算机无法开机,开机后显示器不亮,无法进入自检程序,光驱或硬盘有启动声音,指示灯闪烁,扬声器发出"嘟嘟"的报警声,针对出现的故障快速修复此计算机,在 20 min 内完成所有操作。

(4) 实训方法

① 维护时小心轻放,以免发生机器、设备等掉落造成机器损坏。

② 对故障现象判断准确,及时修复。

③ 修复时配件选择正确、接线排列无误、接口紧固。

④ 20 min 内完成所有操作。

(5) 实训总结

根据实训中出现的问题做出总结。

实训3　公安网服务器安全检查

(1) 实训题目

对公安网服务器进行一次安全检查。

(2) 实训目的

根据本章介绍内容,理解掌握公安网服务器安全检查的方法。

(3) 实训内容

对公安网服务器分别检查密码策略、审核策略、安全选项的配置是否正确;是否禁止系统读取可移动磁盘、禁止使用注册表编辑器;是否安装安全防控软件,在20 min内完成所有操作。

(4) 实训方法

① 打开本地安全策略查看密码策略、审核策略、安全选项的配置情况。

② 打开组策略编辑器查看读取可移动磁盘、注册表编辑器的禁用情况。

③ 打开控制面板查看安全防控软件的安装情况。

④ 20 min内完成所有操作。

(5) 实训总结

根据实训中出现的问题做出总结。

附　录

附录一　中华人民共和国计算机信息系统安全保护条例

（1994年2月18日中华人民共和国国务院令第147号发布）

第一章　总则

第一条　为了保护计算机信息系统的安全，促进计算机的应用和发展，保障社会主义现代化建设的顺利进行，制定本条例。

第二条　本条例所称的计算机信息系统，是指由计算机及其相关的和配套的设备、设施（含网络）构成的，按照一定的应用目标和规则对信息进行采集、加工、存储、传输、检索等处理的人机系统。

第三条　计算机信息系统的安全保护，应当保障计算机及其相关的和配套的设备、设施（含网络）的安全，运行环境的安全，保障信息的安全，保障计算机功能的正常发挥，以维护计算机信息系统的安全运行。

第四条　计算机信息系统的安全保护工作，重点维护国家事务、经济建设、国防建设、尖端科学技术等重要领域的计算机信息系统的安全。

第五条　中华人民共和国境内的计算机信息系统的安全保护，适用本条例。

未联网的微型计算机的安全保护办法，另行制定。

第六条　公安部主管全国计算机信息系统安全保护工作。

国家安全部、国家保密局和国务院其他有关部门，在国务院规定的职责范围内做好计算机信息系统安全保护的有关工作。

第七条　任何组织或者个人，不得利用计算机信息系统从事危害国家利益、集体利益和公民合法利益的活动，不得危害计算机信息系统的安全。

第二章　安全保护制度

第八条　计算机信息系统的建设和应用，应当遵守法律、行政法规和国家其他有关规定。

第九条　计算机信息系统实行安全等级保护。安全等级的划分标准和安全等级保护的具体办法，由公安部会同有关部门制定。

第十条　计算机机房应当符合国家标准和国家有关规定。

在计算机机房附近施工，不得危害计算机信息系统的安全。

第十一条　进行国际联网的计算机信息系统，由计算机信息系统的使用单位报省级以上人民政府公安机关备案。

第十二条　运输、携带、邮寄计算机信息媒体进出境的，应当如实向海关申报。

第十三条　计算机信息系统的使用单位应当建立健全安全管理制度，负责本单位计算机信息系统的安全保护工作。

第十四条　对计算机信息系统中发生的案件，有关使用单位应当在 24 小时内向当地县级以上人民政府公安机关报告。

第十五条　对计算机病毒和危害社会公共安全的其他有害数据的防治研究工作，由公安部归口管理。

第十六条　国家对计算机信息系统安全专用产品的销售实行许可证制度。具体办法由公安部会同有关部门制定。

第三章　安全监督

第十七条　公安机关对计算机信息系统安全保护工作行使下列监督职权：

（一）监督、检查、指导计算机信息系统安全保护工作；

（二）查处危害计算机信息系统安全的违法犯罪案件；

（三）履行计算机信息系统安全保护工作的其他监督职责。

第十八条　公安机关发现影响计算机信息系统安全的隐患时，应当及时通知使用单位采取安全保护措施。

第十九条　公安部在紧急情况下，可以就涉及计算机信息系统安全的特定事项发布专项通令。

第四章　法律责任

第二十条　违反本条例的规定，有下列行为之一的，由公安机关处以警告或者停机整顿：

（一）违反计算机信息系统安全等级保护制度，危害计算机信息系统安全的；

（二）违反计算机信息系统国际联网备案制度的；

（三）不按照规定时间报告计算机信息系统中发生的案件的；

（四）接到公安机关要求改进安全状况的通知后，在限期内拒不改进的；

（五）有危害计算机信息系统安全的其他行为的。

第二十一条　计算机机房不符合国家标准和国家其他有关规定的，或者在计算机机房附近施工危害计算机信息系统安全的，由公安机关会同有关单位进行处理。

第二十二条　运输、携带、邮寄计算机信息媒体进出境，不如实向海关申报的，由海关依照《中华人民共和国海关法》和本条例以及其他有关法律、法规的规定处理。

第二十三条　故意输入计算机病毒以及其他有害数据危害计算机信息系统安全的，或者未经许可出售计算机信息系统安全专用产品的，由公安机关处以警告或者对个人处以 5 000 元以下的罚款、对单位处以 15 000 元以下的罚款；有违法所得的，除予以没收外，可以处以违法所得 1 至 3 倍的罚款。

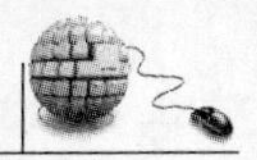

第二十四条　违反本条例的规定，构成违反治安管理行为的，依照《中华人民共和国治安管理处罚法》的有关规定处罚；构成犯罪的，依法追究刑事责任。

第二十五条　任何组织或者个人违反本条例的规定，给国家、集体或者他人财产造成损失的，应当依法承担民事责任。

第二十六条　当事人对公安机关依照本条例所做出的具体行政行为不服的，可以依法申请行政复议或者提起行政诉讼。

第二十七条　执行本条例的国家公务员利用职权，索取、收受贿赂或者有其他违法、失职行为，构成犯罪的，依法追究刑事责任；尚不构成犯罪的，给予行政处分。

第五章　附则

第二十八条　本条例下列用语的含义：

计算机病毒，是指编制或者在计算机程序中插入的破坏计算机功能或者毁坏数据，影响计算机使用，并能自我复制的一组计算机指令或者程序代码。

计算机信息系统安全专用产品，是指用于保护计算机信息系统安全的专用硬件和软件产品。

第二十九条　军队的计算机信息系统安全保护工作，按照军队的有关法规执行。

第三十条　公安部可以根据本条例制定实施办法。

第三十一条　本条例自发布之日起施行。

附录二　公安网使用管理规定

为了明确公安信息网络安全的职责，进一步扎实有效地开展公安信息化网络办公，提高部队的网络化、信息化的办公能力，坚决杜绝任何计算机“一机两用”行为。依据《公安机关人民警察使用公安网违规行为行政处分规定》，特制定此规定。

（一）不准非法侵入他人计算机信息系统；

（二）不准未经授权对他人计算机信息系统的功能进行删除、修改、增加和干扰，影响计算机信息系统正常运行；

（三）不准故意制作、传播计算机病毒等破坏程序；

（四）不准将公安机关使用的计算机及网络设备同时连接公安信息网和国际互联网；

（五）公安机关使用的计算机及网络设备在未采取安全隔离措施的情况下不准同时连接公安信息网和外单位网络；

（六）不准将存有公安信息的计算机擅自连接国际互联网或其他公共网络；

（七）不准擅自在公安信息网上开设与公安工作无关的网站和网页；

（八）不准发布有害信息；

（九）不准擅自对公安计算机信息系统和网络进行扫描；

（十）不准对信息安全案（事）件或重大安全隐患隐瞒不报；

（十一）所有人员不得工作时间玩计算机游戏；不得在网络上浏览、传播不健康的内容；在论坛上发表的言论责任自负；

（十二）严禁在因特网计算机上，进行联网游戏和电驴、BT 等 P2P 断点下载软件的安装和操作；

（十三）接入公安网计算机实行“谁使用，谁负责”的原则。机关、直属单位、各大（中）队的人员。调离岗位之前要将自己使用的计算机注册名改为本单位或部门名称。新到任人员要将自己负责使用的计算机进行重新注册，将注册名改为使用者本人的名字；

（十四）机关、直属单位、各大（中）队的人员，调离岗位之后的计算机由本部门、本单位主要领导负责；

（十五）公安网计算机发生故障需要请地方计算机维修人员维修时，须计算机使用人对维修人员进行监督防止计算机内部数据外泄和接入互联网，如发生泄密和“一机两用”事件由本人负责。

公安网上禁用的违规软件包括：

(1) 各种游戏软件如：魔兽争霸（WARCRAFT）、星际争霸、红色警戒、CS 反恐精英等；

(2) 点对点（P2P）文件共享类下载软件如：BT 类下载软件（BitTorrent，BitComet，BitSpirit，eMule，eDonkey，Kazaa，WinMx 等）、迅雷下载（THUNDER）等。

(3) 各种聊天软件（CHAT）。

违反以上条款发生一切后果由使用者本人承担，并依据《公安机关人民警察使用公安网违规行为行政处分规定》追究其单位领导责任。

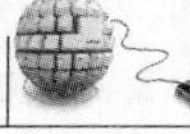

附录三　公安计算机信息系统安全保护规定

第一章　总则

第一条　为了加强全国公安计算机信息系统安全保护工作，确保公安信息网络安全运行，根据国家有关法律、法规，制定本规定。

第二条　本规定适用于全国公安机关计算机信息系统的安全保护工作。有关涉密信息系统安全保护的相关规定另行制定。

第三条　公安机关计算机信息系统安全保护工作的基本任务是开展安全管理工作，保障计算机信息系统的环境安全、网络系统安全、运行安全和信息安全。

第四条　各级公安机关信息通信部门主管公安计算机信息系统安全保护工作，公安计算机信息系统的安全监控和运行由各级公安机关信息中心承担。

第五条　公安机关计算机信息系统安全保护工作坚持积极防御、综合防范的方针，坚持安全技术与规范化管理相结合的原则，坚持“专网专用”“专机专用”的原则，实行“谁管理、谁负责”“谁使用、谁负责”的安全责任制。

第六条　公安机关计算机使用单位和个人，都有保护计算机信息系统和信息安全的责任和义务。

第二章　组织机构与职责

第七条　公安部信息通信部门设立专门的公安信息网络安全管理（以下简称“信息安全管理”）机构，各省（自治区、直辖市）公安厅（局）信息通信部门应当设立专门的信息安全管理机构或专门的信息安全管理岗位，各市（地）、县级公安机关可以设立或指定专门的信息安全管理机构或专门的信息安全管理人员，负责和协调本级公安机关计算机信息系统安全保护工作。

第八条　各级公安机关计算机使用单位应当明确本单位的信息安全管理人员，有条件的可以确定专职的信息安全管理人员。

第九条　对调离信息安全管理岗位的人员，应当履行相应的手续，并更换其使用的系统账号和口令。

第十条　信息安全管理机构和信息安全管理人员履行以下职责：

（1）组织制定本部门计算机信息系统安全保障体系总体方案及相应的安全策略；

（2）指导和监督本级计算机使用单位的信息安全管理工作；

（3）采取各种技术措施，保护计算机信息系统和信息的安全；

（4）监督、检查、分析计算机信息系统安全运行情况；

（5）组织制定信息安全应急预案，建立应急响应机制；

（6）对信息安全案（事）件进行技术调查，协助有关单位做好处理工作；

（7）负责公安机关使用计算机信息系统安全产品的管理；

(8) 负责公安身份认证和访问控制系统的建设和运行管理；

(9) 组织公安计算机信息系统安全教育、培训工作。

第十一条　信息安全管理人员应当具备政治可靠、思想进步、作风正派、技术合格、工作责任心强等基本素质。

第三章　管理制度

第十二条　各级信息安全管理机构和计算机使用单位应当依据《中华人民共和国计算机信息系统安全保护条例》《计算机信息系统安全保护等级划分准则》以及本规定，制定保障公安计算机信息系统安全的管理制度，主要包括如下内容：

(1) 计算机机房安全管理规范；

(2) 计算机信息系统安全岗位工作职责；

(3) 公安应用系统运行安全管理规范；

(4) 信息安全保护管理规范；

(5) 公安机关上网信息审批规程；

(6) 计算机信息系统设备安全操作规程；

(7) 计算机信息系统工程建设安全管理规范；

(8) 应急案(事)件处理规程；

(9) 其他与安全保护相关的规范。

第十三条　严禁下列操作行为：

(1) 非法侵入他人计算机信息系统；

(2) 未经授权对他人计算机信息系统的功能进行删除、修改、增加和干扰，影响计算机信息系统正常运行；

(3) 故意制作、传播计算机病毒等破坏程序；

(4) 将公安机关使用的计算机及网络设备同时连接公安信息网和国际互联网；

(5) 公安机关使用的计算机及网络设备在未采取安全隔离措施的情况下同时连接公安信息网和外单位网络；

(6) 将存有公安信息的计算机擅自连接国际互联网或其他公共网络；

(7) 擅自在公安信息网上开设与公安工作无关的网站和网页；

(8) 发布有害信息；

(9) 擅自对公安计算机信息系统和网络进行扫描；

(10) 对信息安全案(事)件或重大安全隐患隐瞒不报。

第四章　应急处理

第十四条　公安计算机信息系统因人为因素或自然原因而严重影响系统运行并产生严重后果或不良影响的事件为紧急事件。

第十五条　针对各类紧急事件，应当制定应急预案。应急预案包括紧急措施、应急联络手段、资源备用、操作程序、系统和数据恢复措施等。对应急预案的关键环节应当定期进行演习。

第十六条　在发生紧急事件时，为避免造成更大损失和影响，信息安全管理机构有权采取以下措施：

(1) 拆除可能影响安全或有安全隐患的设备或部件；

(2) 隔离相关的服务器或网络；

(3) 关闭相关的服务器或网络。

紧急事件情形消除后，信息安全管理机构应当及时解除所采取的前款措施。

第五章　安全监督

第十七条　公安机关计算机信息系统建设单位在项目建设前应当将设计方案报同级信息安全管理机构进行安全审核。

第十八条　项目实施中，公安计算机信息系统采用的关键安全技术设备应当接受同级信息安全管理机构的监督和检查。

第十九条　项目施工完成后，应当报请同级信息安全管理机构进行安全验收，通过验收后方可投入运行。

第二十条　信息安全管理机构应当定期对管辖范围内的计算机信息系统和使用单位进行安全检查。

第六章　安全产品管理

第二十一条　公安机关计算机信息系统使用的安全产品必须通过国家有关部门的认证和许可，符合相关等级保护要求。关键产品必须通过公安部信息安全管理机构组织的专项检测。

第二十二条　公安机关计算机信息系统中凡涉及机要密码的，按有关规定执行。

第二十三条　公安机关计算机信息系统使用的安全产品必须接受同级信息安全管理机构的审核，并报上一级信息安全管理机构备案。

第七章　罚则

第二十四条　违反本规定，存在计算机信息系统安全隐患的单位，由上一级信息安全管理机构发出整改通知，并限期整改。逾期未改的，视情节轻重对直接责任者及主管领导予以通报批评。造成严重后果的，给予行政处分。

第二十五条　违反本规定，发生重大安全案件和事故的单位，由信息安全管理机构或上级主管部门视情节轻重对直接责任者及主管领导予以通报批评或给予行政处分，违反国家法律、法规或者规章规定的，由有关部门依法追究法律责任。

第八章　附则

第二十六条　各省、自治区、直辖市公安厅、局可以根据本规定制定具体实施办法。

第二十七条　本规定自二〇〇三年十二月十五日起实施。

参考文献

[1] 张福炎,孙志挥. 大学计算机信息技术教程[M]. 4 版. 南京:南京大学出版社,2006.
[2] 公安部消防局. 消防信息化技术应用[M]. 北京:化工工业出版社,2015.
[3] 公安部消防局. 消防信息通信系统运行维护[M]. 北京:化工工业出版社,2015.
[4] 公安部消防局. 计算机系统管理员高级技能[M]. 南京:南京大学出版社,2016.
[5] 董青,姜晓艳. AutoCAD 2008 中文版[M]. 北京:机械工业出版社,2008.
[6] 李艺. 信息技术课程与教学[M]. 北京:高等教育出版社,2005.
[7] 马保吉. 机械制造基础工程训练[M]. 西安:西北工业大学出版社,2009.
[8] 孙勇,苗蕾. 建筑构造与识图[M]. 北京:化学工业出版社,2005.